·普通高等教育“十一五”国家级规划教材·

# 工程设计图学基础

杨培中　吕文波　赵新明　编

上海交通大学出版社

图书在版编目（C I P）数据

工程设计图学基础 / 杨培中，吕文波，赵新明编. —上海：上海交通大学出版社，2007（2013 重印）
ISBN 978-7-313-04942-1

Ⅰ.工… Ⅱ.①杨…②吕…③赵… Ⅲ.工程制图-高等学校-教材 Ⅳ.TB23

中国版本图书馆CIP 数据核字(2007)第134179 号

工程设计图学基础
杨培中　吕文波　赵新明　编
上海交通大学出版社出版发行
(上海市番禺路 877 号　邮政编码 200030)
电话:64071208　出版人:韩建民
常熟市文化印刷有限公司印刷　全国新华书店经销
开本:787mm×1092mm　1/16　印张:18.5　字数:455 千字
2007 年 9 月第 1 版　2013 年 10 月第 3 次印刷
印数: 6 101~8 130
ISBN 978-7-313-04942-1/TB·086　定价:30.00 元

# 前　言

工程图学是高等工科院校的一门技术基础课程。工程图样是“工程界的语言”，它是表达和交流设计思想的重要工具。传统的工程图学课程着重讲授形体的图形表达方法。随着计算机图形学的发展，二维和三维设计造型软件的功能越来越强大，因此计算机图形学与工程图学的结合成为图学发展的必然趋势。

本书以设计为主线，以传统的工程图学和现代计算机图形学为工具，强调空间思维、三维建模以及工程软件应用能力的培养。注重计算机图形处理的基本算法、图形变换的基本方法以及曲线曲面造型和三维建模技术。书中采用 AutoCAD 软件绘制工程图样，采用 Unigraphics 软件进行曲线曲面造型和三维造型。为了适应新形势下与国际接轨，书中对部分专业术语进行了英文注释。

本书采用了最新的国家标准。

本书为 2006 年普通高等教育“十一五”国家级规划教材。

本书由上海交通大学杨培中主编；吕文波编写第 1 章、第 2 章的 2.1，2.2 节和第 7 章；赵新明编写第 2 章的 2.3 节和第 6 章；杨培中编写第 2 章的 2.4 节和第 3，4，5 章。

本书由上海市教学名师蒋寿伟教授担任主审，他提出了许多宝贵意见，在此谨表谢意。

由于编者水平有限，书中难免有错误，敬请广大读者批评指正。

编　者

2006 年 10 月

# 前言

# 目　录

# 第1章 图学与工程设计

# (Graphics and engineering design)

## 1.1 图学在工程设计中的地位

人类为了改造自然界，创造各种满足人类生存和发展需要的产品，这是人类最重要的活动，即称为产品“设计”的创造性活动。无论是远古时代还是科学技术突飞猛进发展的今天，这样的创造性活动一时一刻都没有停止过，只不过人类最初的目的是出于衣食住行的生活需要，而在长期的实践中逐渐形成了意识形态。

“工程”(Engineering)是将自然科学(应用数学、物理学、化学等基础科学)的原理结合生产实践中所积累的技术经验应用到工农业生产中形成的各学科的总称。“工程设计”即是产品设计在工农业各学科方面的创造性活动。

工程设计的过程可大致分为概念设计(Conceptual design)、技术设计(Technical design)和施工设计(Working design)三个阶段。

在概念设计中，设计对象的“功能”是最重要的概念。一个设计，首先必须确定用什么功能去满足人们的需求，实现新的、有实际价值的目标。同时在对功能的分析时确定最佳的原理解，这个阶段也就是一个“创意”的过程。创意来自对需求的认识，而人们的需求常常并不十分明确。创意就要抓住人们潜在的需求，构思出相应的功能，提出某种新颖的目标。因此这一过程是发现、提出、分析和解决问题的过程。

技术设计是将已确定的功能原理解采用各种技术、各种形体结构来实现，任务是确定设计对象的零部件数量、相互位置、形状、尺寸、材料以及加工和装配工艺，并进行表达、评价、检查和修正，这是一个“构思”的过程。它涉及制图、材料、工艺、计算、实验、检测等多学科领域的知识，是一项综合性的工作，也是设计中耗时最多的阶段。技术设计中，以形体、结构来实现功能是最基本的特点。所以，“构形”是技术设计中的重要组成部分。

最后，施工设计是使创意和构思成为真正的现实，即成为满足人们需要的工程产品。

以图形为主的图样是工程设计过程中用来表达设计思想的主要工具，是工程界的语言。而工程图学是以图样为研究对象，研究图样上对产品的功能要求、工艺加工要求、检测要求等的表达方法。因此图样是“工程设计”中重要的、必不可少的技术文件。

通过图学学习，我们认识形体、解决形体的表达，实现形体在三维空间和二维平面中进行相互的转换，了解和掌握转换方法，同时培养空间的分析和想象能力。我们应明确地认识到：

第一，我们的研究客体——“物体”仅当其具有某种功能，满足人们需要而在消费中存在时，物体才成为产品。第二，从创意、构思和表达的角度来实现“产品设计”，是工程设计中的重要阶段，研究物体的构形，是“工程设计”的基本点。总之，我们应从“设计”的角度认识图学。

## 1.2 工程设计基本知识(Basics in engineering design)

“设计”不同于数理化的研究，也不同于艺术家、文学家的创作活动。设计从开始到结束始终追求的是一个真实的目标，要创造出具有某种“功能”的新产品。

### 1.2.1 产品的功能(Function of product)

美国工程师麦尔斯说得好：“顾客购买的不是产品本身，而是产品所具有的功能”。显然，产品的功能是顾客需求的目标，“功能”是产品的本质。因此，产品设计首先应抓住的问题是要实现什么功能？“功能”是设计中首要的，也是本质的概念。

#### 1.2.1.1 什么是“功能”？

可以认为，所谓“功能”就是完成能量、物质、信息等相互传递、相互转换的作用。如：各种机床转换物料起改变物料的形状、大小的作用。空调机转换能量，起到把空气变热或变冷的作用，有制热或制冷的功能。自行车转换能量，起到搬运物体的作用，有承载、运输的功能。文字、图形起到交流的作用，有传递信息的功能等。

基于功能概念的设计思维还使人们认识到，产品设计在保证实现功能的前提下，可以采用不同的原理、结构来实现所要求的功能。例如，实现“指示时间”功能的产品，有用摆作等时运动元件实现“指示时间”的挂钟、台钟、落地钟等，也有以弹性元件实现“指示时间”的机械表，还有以电作为能源实现“指示时间”的电钟、电子表等。

#### 1.2.1.2 功能的分类

从不同角度研究，功能的分类也是不同的。

功能按其性质、用途、重要性等不同的原则可有如下一些分类：

**1. 目的和手段功能**

任何功能都有一定的目的，而实现此目的又可能是实现另一目的的手段。如冰箱的目的是“用低温冷冻食品”，而这一目的是保证食物不腐败的一种手段。微波炉的目的是“用微波加热食品”，而其目的是向人们提供加热食物的一种手段。因此，任何功能同时具有目的和手段两种性质，这就是功能的两重性。

**2. 基本和辅助功能**

基本功能是指产品具有的、能够满足顾客某种需求的主要功能，是产品的主要用途或使用价值。如电话机的基本功能是通信，传递信息流。但许多电话机又可具有显示时间、定时报鸣及电话录音等辅助功能。人们购买电话机，首先需要的是它的基本功能，其次考虑是否需要它

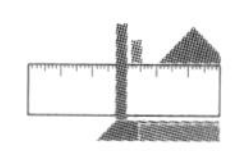

的其他(辅助)功能。

基本功能根据定义的不同可以有一个或数个,如收录两用机具有"收音"和"录音"两个功能。也可视为一个功能,即"接收并保存信息"的功能。

基本和辅助功能有时并不一定严格加以区别,例如轿车的基本功能是"运送乘客",后备箱"放置乘客行李"是辅助功能,但在运输中它们是不会分离的同一过程。而在客货两用车中,两者即可视为一个统一的基本功能。

产品的基本和辅助功能并存使产品的功能多样化、完善化。多功能产品对人们更具有吸引力。因此,在同类型产品中就更具有竞争力。

**3. 使用和表观功能**

使用功能是指产品的实际作用,是顾客的使用需求。如钟表的"指示时间"、冰箱的"冷冻食物"、电灯的"照明"等等都是使用功能。

表观功能是指产品的造型,对产品起美化、装饰作用,是造就文明环境的重要手段功能。随着经济、科技的发展,人们的物质、精神生活水平日渐提高,对产品的表观功能的要求也越来越高。因此产品设计中对表观功能的考虑也越来越重视。

现在,人们一走进商场,看到的钟表、冰箱、电灯等,各种造型五花八门、琳琅满目。而人们也越来越喜欢对同样满足使用功能的产品重点在表观功能上评价,选择自己满意的表观功能后进行购买。

**4. 必要和不必要功能**

必要功能是顾客所需求的目标,而不必要的功能往往是看似需要,其实是实际并不需要的功能,或者是由于某些条件限制或变化使顾客无法享用到的功能。例如有一种四色(黑、红、蓝、绿)圆珠笔,看似能满足书写多种颜色的需要,其实人们常用黑、红两色,顶多三色。一支笔满足四色,结构复杂、成本高,而实际该笔中第四支笔芯的作用不是很必要的。又如有的彩色电视机有一百多个频道的接收功能,但由于电视台没有那么多的发射信号而属多余。同样电视机的外接天线在城市中由于有线电视的普及而逐渐成为多余,等等。

正确区别必要和不必要功能,在产品设计中去伪存真是降低产品成本的重要环节。

讨论功能的分类,在基于功能的设计思维中使我们认识到如下观念:

1) 功能既是目的又是手段的两重性,使我们认识到任何一种功能(目的)都可能作为手段去实现另一种目的(功能)。如车辆的"运载"是目的功能,但作为手段则可用于运送旅客、运送病人、运送货物等,以此达到了不同的目的。因此在功能的这种双重性思维指导下,形成不同的设计,或形成系列产品。功能既是目的又是手段的思维使人们的创造力得到了大幅度的提高与发展。

2) 产品的多功能化是人们的追求目标,但正确区别必要和不必要功能,正确处理好基本和辅助功能的并存,使产品功能多样而不多余,更加能满足顾客的需求,成为经济实用、富有竞争力的佳品。在产品设计中,这是需要我们花大力气去研究的问题。

3) 在当今市场竞争激烈,许多产品使用功能都达到满足要求的情况下,产品的造型起着重要的、有时甚至是关键的作用。在计划经济下的产品设计只注意产品的功能而忽略产品的造型已成为过去,现在的市场经济条件下,产品的质量不仅体现在使用功能上,还体现在表观功能上。只有二者和谐统一的产品才能体现出以人为本的设计思想,才能有很强的竞争力和生命力。

#### 1.2.1.3 功能的分析

产品无论简单还是复杂,无论被称为机器、仪器还是被称为设备、装置等,一律可统称为

“系统”。作为一个系统，其总功能都是在进行能量、物质和信息三种流的转变。

系统工程学用“黑箱”法来描述这种转变。如图 1-1 所示，未知的技术系统是一个黑箱，能量流、物质流、信息流从黑箱的一侧输入，而从另一侧输出。通过输入输出的相互转换、变化的关系来确定黑箱内部的作用。功能系统设计的任务就是作出这样的黑箱图，并以此求取箱内的具体解。

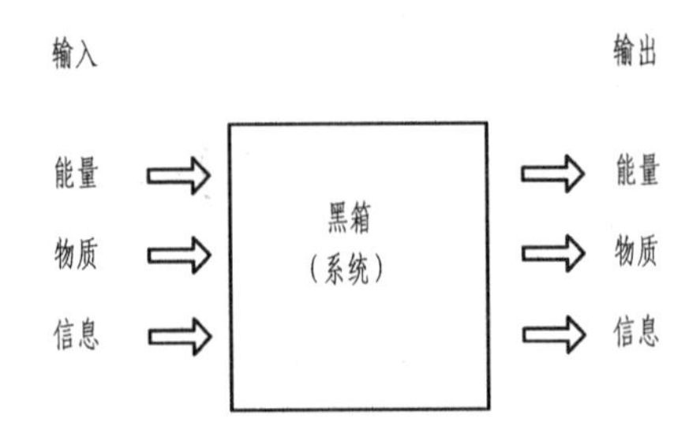


图 1-1　描述系统工程的“黑箱”图

例如全自动洗衣机的系统总功能用黑箱法可描述如图 1-2 所示。

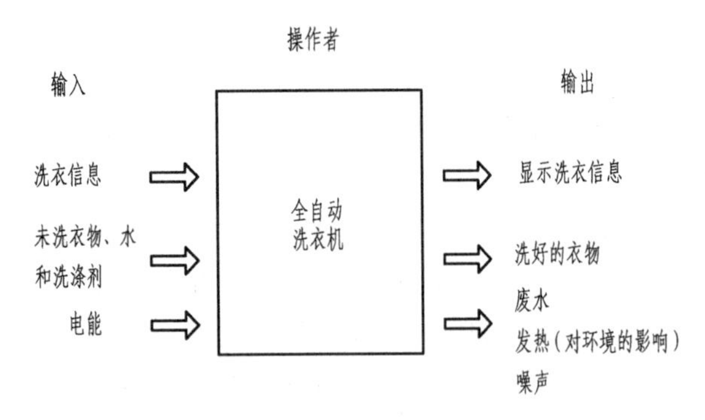


图 1-2　全自动洗衣机系统功能的“黑箱”描述

同时，在其“创意”、“构思”中，确定了系统的总功能后，还有一个如何将总功能分解为分功能的过程，即称为“功能分析”，这是概念设计中的核心。对通过需求确定的产品总功能进行特征和内容的分析，并作出功能结构图，使实现功能的系统得到具体解是系统设计的前提，功能分析过程是设计者确定总体方案的过程。

如上所述，用黑箱法确定了洗衣机的总体功能“洗衣”后，继续分解成“控制信息、容纳衣物、搅动衣物、转换能量”四个基本功能，即子系统功能，如图 1-3 所示。

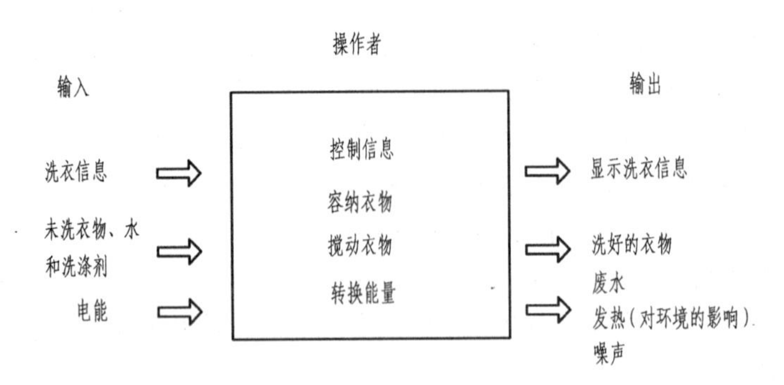


图 1-3　全自动洗衣机系统功能的分解

对子系统功能，再进一步将其分解为很多分功能。如可将洗衣机的控制信息功能分解为控制时间、控制进水量、控制洗衣过程、控制洗涤程序等四个分功能；将搅动功能分解为洗涤和甩干两个分功能等。但这样分解还不能充分表达各功能之间的关系，因此我们进一步用功能结构图来反映各分功能之间的联系和配合，如图 1-4 所示。

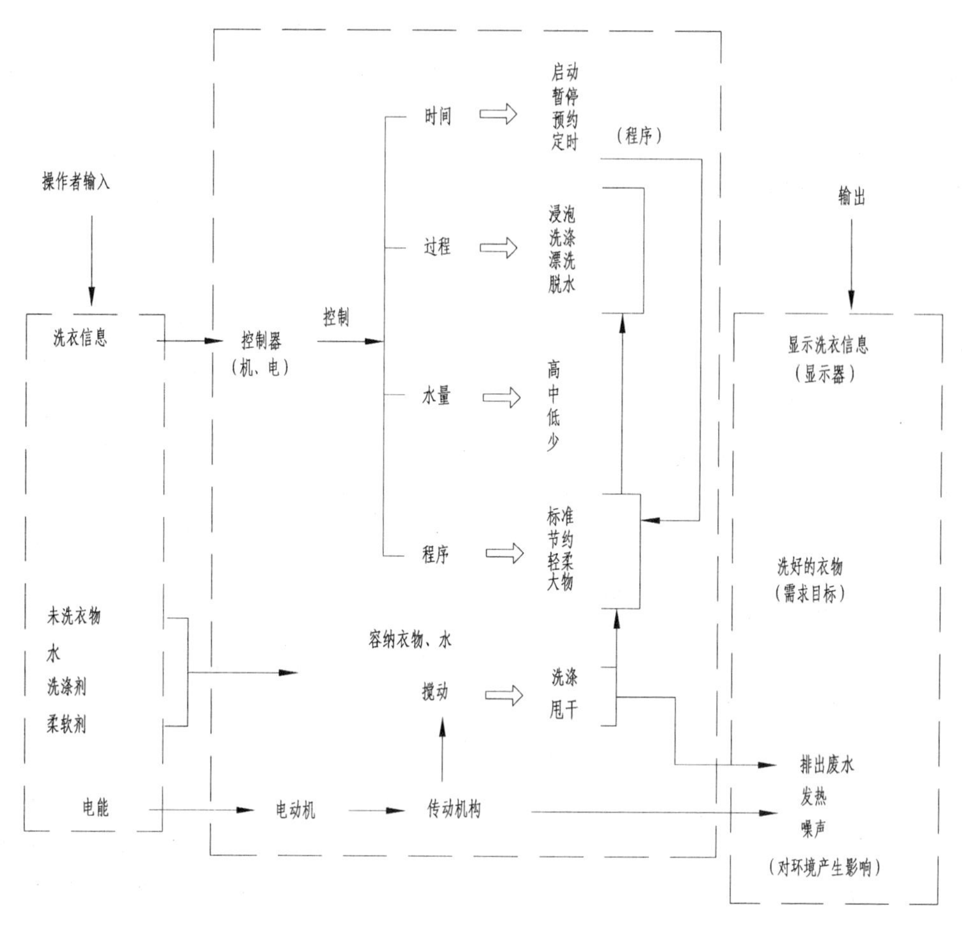


图 1-4 全自动洗衣机的功能结构图

功能结构图使抽象的总功能具体化，在此基础上就能进一步确定最好的方案。对功能结构图建立的要求一般应做到：

1）功能结构图应体现各分功能之间的联系和配合关系。

2）各分功能的描述应语言简明，尽可能抽象化，以利于启迪创造性思维。如对衣物的清洗描述为“搅动”，它是比较抽象的。但这就使我们去考虑如何实现搅动，因此产生了各种方法，出现波轮式、滚筒式等不同的洗衣机。

3）功能结构不是只能有一种形式，它可能有多种不同的组成形式。应尽可能分析对比，以利寻求最佳方案或形成系列产品。

总之，功能分析过程是设计人员基于产品的功能原理设计总体方案的过程，它为下一步的具体设计提供了依据。功能分析的过程也往往不是一次就能完成，而是随着设计工作的逐步深入不断修改、完善的。但是功能分析工作又不能因为需要不断完善可以做得很粗糙，如果这样就极可能造成方向性错误而给设计工作带来不可挽回的损失。

### 1.2.2 产品的构形(Configuration of product)

机械的功能其基本特点是以形体来具体实现的。在明确了功能目标后,寻找最佳结构、形状来实现该目标就成为技术设计中的关键。因此,“构形”是技术设计中的重要组成部分。

“构形”是一个创造性思维的过程,这个过程从开始到结果,是设计者根据功能解在头脑中浮想联翩,构思能满足既定功能解的物体形状、结构,选择材料、确定尺寸及表面特征等,同时动手将头脑里产生的影像画出(或徒手画在纸上或使用计算机绘制)。为使这些形式与功能达到和谐的统一,设计者手、脑、眼配合,由局部到整体,由分散到集中,反复构思,产生许多设计方案并比较、优选,最终确定出新颖的、满足功能要求的结果。

在图学基础知识的学习中,我们将知道一个空间的组合体可以由平面立体、曲面立体等基本几何体经叠加、挖切等组合关系组合而成。但在图形表达的学习中研究这样的组合是着眼于分析组合关系及形体组合后组合体表面交线发生的变化,从而去正确的表达组合体。而对一个满足某一功能的物体(产品),在功能原理解确定之后,则必须从满足功能出发进行“构形”,使已确定的功能原理解成为**在技术上可进行制造的产品**。构思这样的物体,就不仅仅是单一的形体组合问题,而是要涉及到各种因素,涉及到物体能否成为产品的综合性工作。

影响“构形”的因素很多,下面进行一些讨论,以便使我们了解构形的一些规律。

#### 1.2.2.1 实现功能目标是“构形”的根本目的

1) 具体的产品结构总是为了实现某种功能而存在的。例如,螺栓广泛应用于可拆连接,常用的螺栓,如图 1-5(a)所示。它的头部一般设计成六(或四)面体,其目的是为了用扳手卡住以便装拆。如果没有扳手的运动空间,则可采用圆柱头内六角的结构,使用内六角扳手进行装拆,如图 1-5(b)所示。

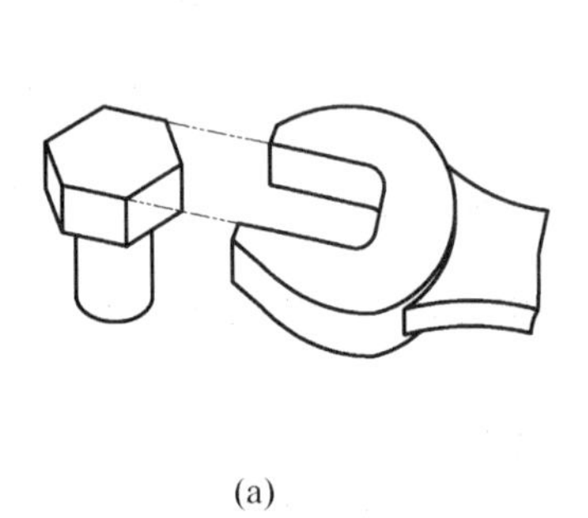

(a)

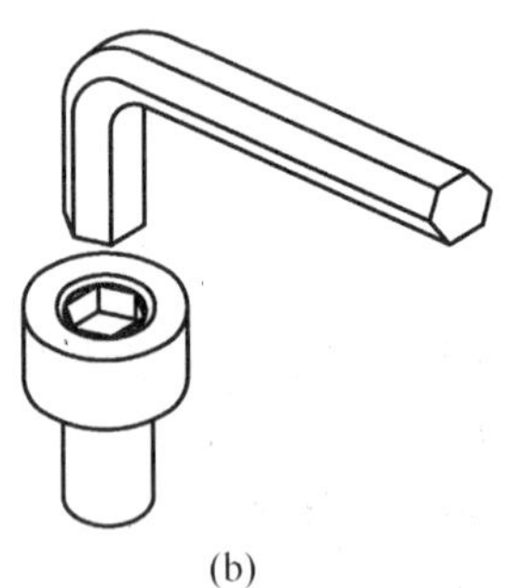

(b)

图 1-5 螺栓头部结构的作用

又如,螺纹连接物体,齿轮传递动力,轴承支承载荷,它们都是常见的紧固件、传动件和支承件,各自具有不同的结构,实现着不同的功能。

再如,能满足滚动功能的形体一般是圆柱体、圆锥体和球体等回转体。满足使运动物体能减小空气、水等介质阻力功能的形状是流线型。切割食物使用刀(薄、扁形),截断木材使用锯(齿状条形),钻孔使用钻头(螺旋形)等不胜枚举。

2) 所满足的功能目标相同时,形状结构未必都相同。现在我们来做一个简单的“构形”:试设计一液体搅拌器,只考虑方案并画出方案示意图。

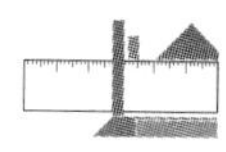

按要求,须满足的功能是"搅拌"液体,寻找不同的工作原理,可有如图 1-6 所示的多种方案。

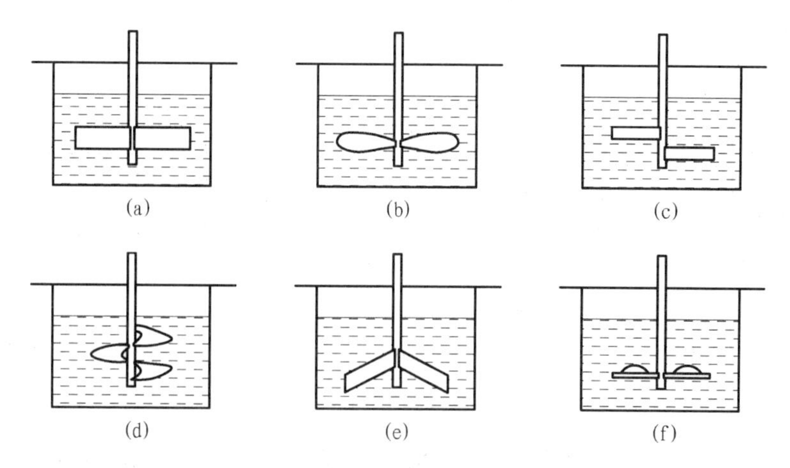


图 1-6　实现搅拌功能的搅拌器

除此之外,我们还可以找到其他不同的结构形状来满足既定的"搅拌"功能。

由上述可知,在基于功能的设计思想指导下的"构形"包含两个方面:首先,构形是为了满足功能要求。其次,满足同样功能要求的形体结构可以是不同的。也就是说,"构形"是基于如何实现即定功能的创造性思维,构思的物体形状结构一定是能体现功能目标,否则就没有存在的必要。同时,实现同一功能,可以采用不同的原理、结构和形状,并不是只有一种解。因此我们就应该寻找多种方案来实现同一功能并进行分析、比较,以便确定最佳方案或形成系列产品。

### 1.2.2.2　加工的可能性、经济性和加工方法是制约"构形"的重要因素

"构形"可以按照不同原理构思出不同的结构形状来实现同一功能,但并不是说所构思出的结构形状就一定能实现。因为,产品的结构形状能否有加工的可能性,能否符合经济原则和能否在现有条件下找到相应的加工方法都制约着构思的结构形状能否变成现实。所以,在构形中应注意如下问题:

1) 必须避免不能加工或加工极为困难的结构出现。为此,应该在构形时尽量采用简洁的表面形状,如平面、圆柱面、圆锥面、螺旋面等,尽量避免不规则的曲面。

2) 在满足功能的前提下,应尽可能缩小形体尺寸,这既节约了材料,减少了制造工作量,又可以使结构紧凑,如图 1-7 所示。

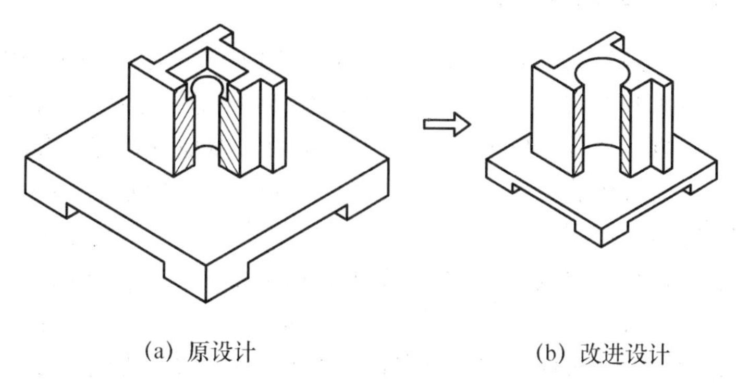

(a) 原设计　　(b) 改进设计

图 1-7　笔筒(Ⅰ)

对须去除材料的加工产品，应使毛坯的形状和尺寸尽可能与成品接近，尽量减少加工量，如图1-8所示。

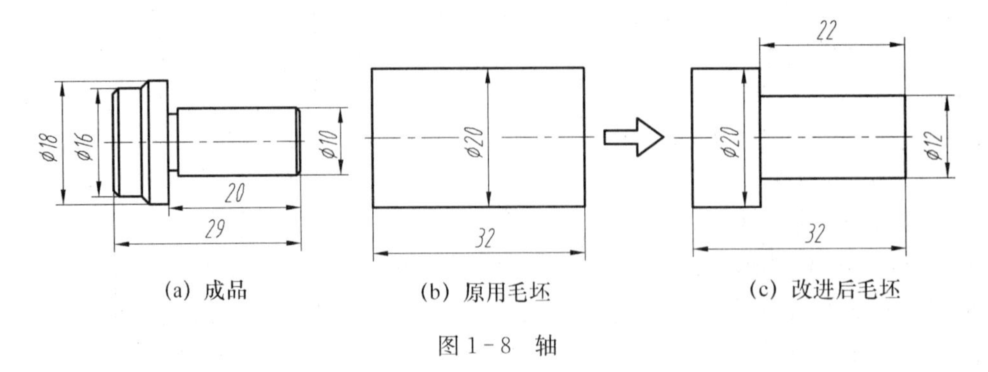


(a) 成品　　(b) 原用毛坯　　(c) 改进后毛坯

图1-8　轴

3) 对加工方法的确定应遵循“用最简单的加工方法制造出符合原定构形”的原则。这些构形的思想都涉及到产品的经济性。在市场竞争中，只有质优、价廉的产品才有竞争力。

4) 现代科技的不断发展为我们提供了许多高、精、尖的加工方法和工艺，如数控技术及电加工、激光加工等新技术使生产效率极大提高，使过去难以实现的复杂形体的加工成为现实。但是，这并不意味着形体的构思不再受加工方法的制约。有大量的例子说明一个好的构形并不一定能成为产品，其原因之一就是加工工艺问题无法得到合理的解决。

#### 1.2.2.3　材料是“构形”的物质基础

材料是组成形体的原料，是物质基础。材料的特性对构形起着极大的作用，同一功能要求由于采用不同的材料而构形也会不同。例如同样的杯子，用陶瓷、搪瓷、玻璃、不锈钢以及塑料等不同材料制作，它们的构形可以是大相径庭的。

现代高科技的发展，使新型材料层出不穷。如高强度的轻质合金(钛合金为代表)，高强度的高分子复合材料、高分子的有机材料以及纳米材料等等正广泛应用于航空、航天及医学方面。同时，随着材料生产成本的逐步降低和加工工艺的发展，它们将会越来越多的应用于民用产品。

“构形”中对材料的选择是否合理，将影响到产品的竞争力。制造工艺简单，性能先进的材料，对提高产品的性能、降低产品成本都有很大的好处。因此，熟悉材料的特性，了解材料的发展，是提高构形设计能力的重要因素。

#### 1.2.2.4　应该充分考虑人机的关系

产品是为人设计的，满足人们需求的产品在为人使用、为人服务的过程中除了实现功能外，客观上还会给人带来精神影响。“构形”使产品的结构合理，能使产品很好的发挥使用功能，但结构合理并不会自然地具备形态的美，并不一定会自然地具备与人和环境的协调关系。因此，构形还应充分考虑人机的关系，在实用、经济、美观的造型原则指导下进行。这里所说的“实用”指产品具有功能好、使用安全、方便、舒适等特点，有利于人的身心健康，对环境没有污染。“经济”指产品的材料使用和加工工艺的运用合理，成本低，因此价格低。“美观”则指产品的造型符合美学原则，为人们所喜爱。实用、经济、美观三方面，其中实用是第一位的，美观是第二位的，经济是它们的约束条件。构形只有将三方面有机结合、协调一致才能使产品美观、新颖，提高其竞争能力。

#### 1.2.2.5　安全第一不可忽视

产品安全涉及到诸多方面，如构成产品的零部件的稳固性、产品工作的可靠性，产品对环境以及人、物之间的安全性等。如何保证产品的安全，有许多必须遵循的原理和应采取的措施，如在产品设计中必须的受力分析、材料选择以及合理的结构形状，保证产品的强度、刚度符合要求，使其工作安全可靠。除此之外，根据具体情况，采取必要的安全保护措施，如有运动功能的产品有过载自动停运，发热产品有过热自动保护，电器产品有安全保护装置……以及在产品上设置警报器、指示灯等等。如何做到产品安全，构形中必须考虑的是形体在承载能力范围内不发生破坏，结构形状合理不给人、物带来不安全感或危险等。例如，分析如图 1－9(a)“笔筒(Ⅱ)”的构形，不难发现该结构虽然具有动感，具有一定的新颖性，但是它尖锐的结构给我们带来随时有可能会被它刺伤的危险，也确实会造成危险的结果。所以，这样的结构形状是不安全的，应该去除，改成图 1－9(b)就较好。

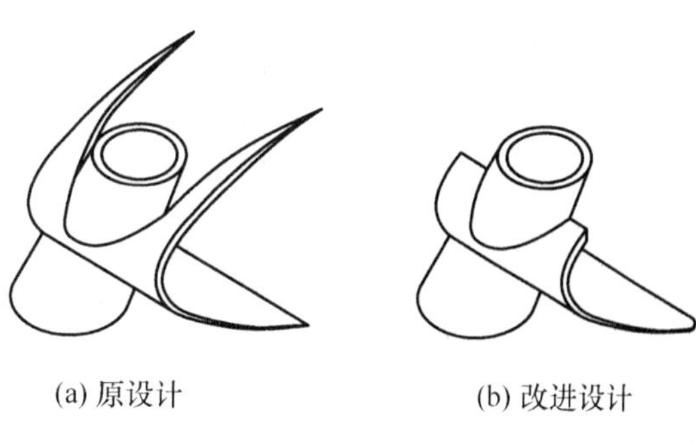

(a) 原设计　(b) 改进设计

图 1－9　笔筒(Ⅱ)

## 1.3　构形基本方法与表达 (Basic method and representation of configuration)

### 1.3.1　组合构形(Combination configuration)

将基本几何体按一定的规律进行合理的连接构成整体形状即为组合。组合构形要使形体在外观形象上体现出稳定、统一、庄重、和谐，避免杂乱无章。

图 1－10(a)手形笔筒的组合构形，使用了圆柱体、立方体进行组合，是一种连续组合方式，给人以整体稳定、和谐之感。图 1－10(b)柱形笔筒使用了三棱柱体进行渐变组合，给人以一种统一和动态感。

又如图 1－11 为置放手机、遥控器等多用途底座构形，其中图 1－11(a)是球体和变形的圆

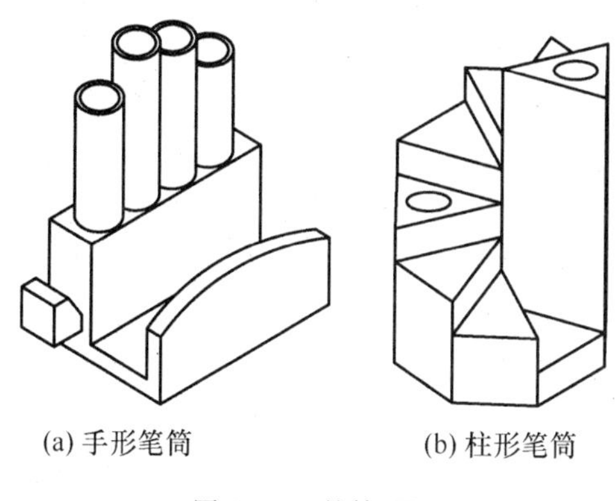

(a) 手形笔筒　(b) 柱形笔筒

图 1－10　笔筒(Ⅲ)

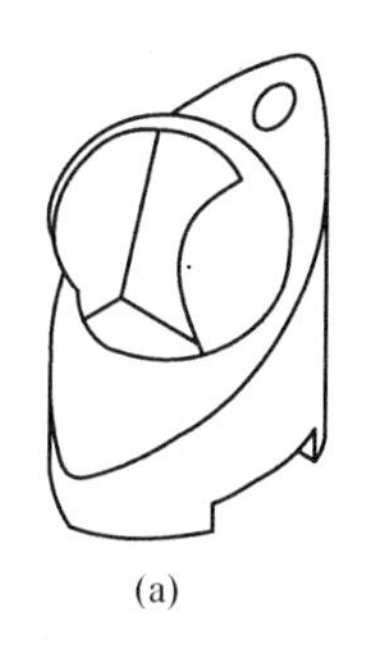

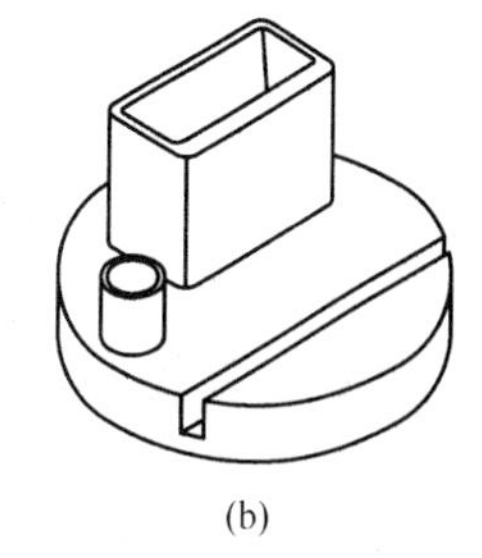

(a)　(b)

图 1－11　多用途底座(Ⅰ)

弧曲面体的组合，正面为斜面，组合简洁、富于立体感。图 1-11(b)则是圆柱体和长方体的组合，简洁、明快。

再如图 1-12 所示的多用途底座构形，在各组成部分的形状和细部上使用了大多数人喜爱的圆形、椭圆形的立体组合，保持相互协调，使整体形象生动、活泼。

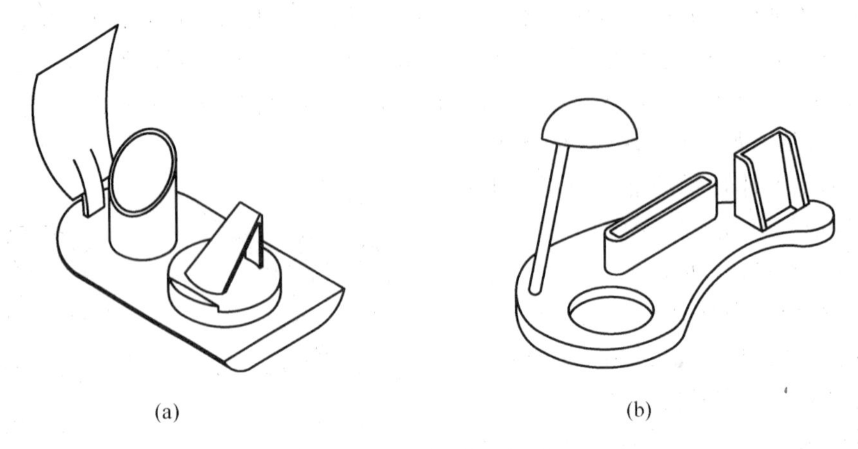


图 1-12　多用途底座(Ⅱ)

## 1.3.2　挖切构形(Cut configuration)

通过对某一形体的挖切产生所需的结构，形成整体形象即为挖切构形。图 1-13(a)和(b)的构形都可看成是一种挖切构形。图 1-13(a)的倾斜线条走向一致，整体统一而具有生动感。图 1-13(b)则是以字母 R 为主体，别具一格。

组合与挖切构形不是截然分开的，从形体的整体来说，按其主流部分是组合还是挖切来区分它们。如图 1-14 的构形则是组合与挖切的综合应用。

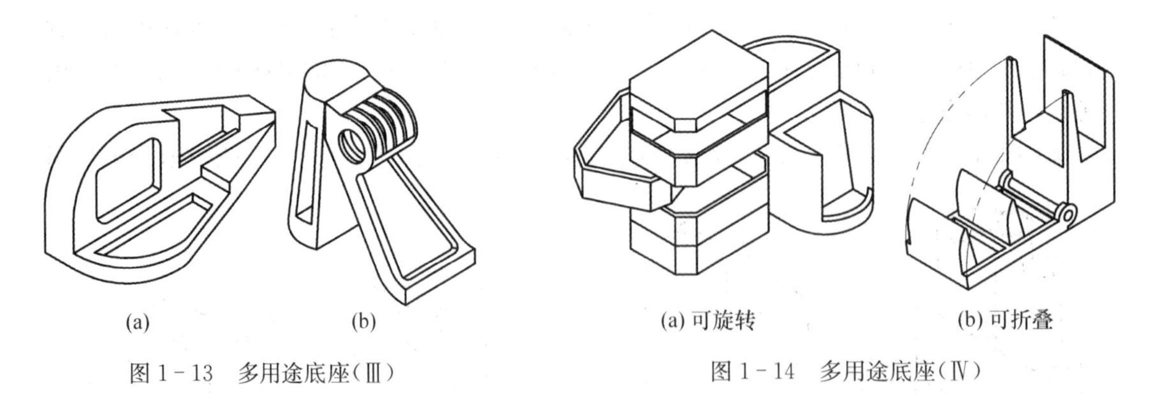


图 1-13　多用途底座(Ⅲ)　　图 1-14　多用途底座(Ⅳ)

## 1.3.3　变换构形(Transformation configuration)

组合与挖切构形是常用的基本方法，它们是立足于以基本几何形体为基础的构形。而变换构形的基础是形体的相似性，利用相似性通过变换构成形体。方式常有形状、尺寸、数量、位

置、顺序、排列、联结等变换之分。变换构形将产生一系列具有相似功能的产品。

如图 1－15 的构形，图 1－15(a)是以矩形为基础变换组合而成。图 1－15(b)是以圆柱面为基础变换组合而成。

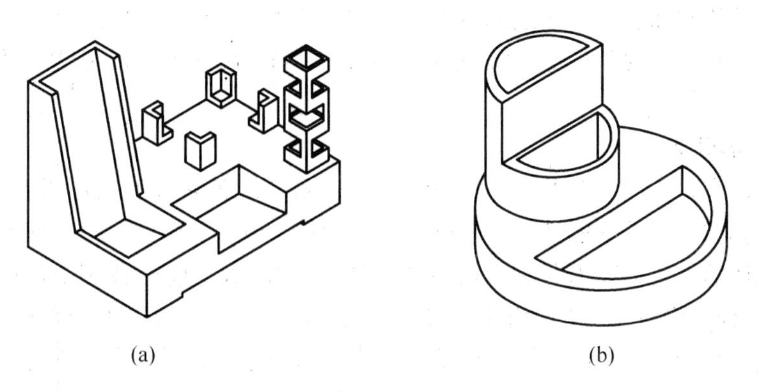


图 1－15　多用途底座(Ⅴ)

## 1.3.4　构形的表达(Representation of configuration)

构形是产品技术设计阶段中重要组成部分。在构形时，设计者必须把自己的构思用写、说、画等方式进行表达，其中"写"与"说"是用文字和语言说明你的设计，但文字和语言的说明往往很难使人理解你构思的"形"。只有"画"，即将你构思的"形"用图(包括三维、二维以及一维等)表达出来，让人读、想，并回味你的构思过程，才真正能使人理解你的设计意图。因此，图形的表达是构形表达的主要方法。特别是今天的计算机绘图，具有强大的三维、二维绘图软件，还有可进行动画或虚拟设计的软件，使图形的表达可以逼近产品的真实结构形状，为构形提供了强大的表达手段。

**1. 二维图形表达**

根据多面正投影原理，采用各种视图、剖视图等方法按照完整、清晰、合理的原则进行表达。如图 1－16 手形笔筒的视图即是一种常用的二维图形。

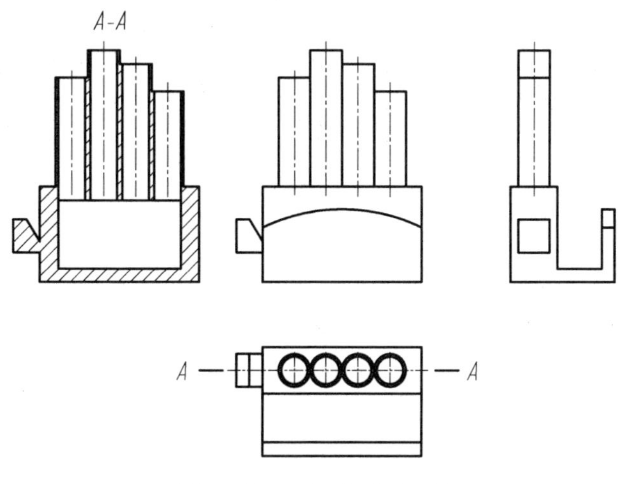


图 1－16　手形笔筒的视图

二维图形常应用计算机软件 Auto CAD 进行绘制。另外，徒手绘制二维图形草图进行设计构思和交流则是一种更为方便和快捷的技能。应该指出的是，“草图”不是潦草的图，它是与正规图样在内容上完全相同的，只不过正规图样是使用绘图工具或使用计算机软件进行绘制，而草图则是徒手绘制而已。徒手绘制草图有一些基本方法，但归根到底是一个熟能生巧的问题。所以，我们应该在掌握一定方法的前提下多画、多练。本教材第 2 章对二维图形表达知识进行了具体介绍。

**2. 三维图形表达**

二维图形没有直观性，在构形的表达中，如果面对的对象是没有或缺乏投影知识的话，用二维图形表达你的构思就不能使人理解你的设计意图。而三维图形具有很强的立体感，能直观的显示出物体的主要空间形状和结构，就能克服上述困难。前面各例中都以直观图形来表达相应的构形，即使没有学习投影知识也能看懂形体的主要形状结构和理解相应的论述。而对图 1－16 手形笔筒的视图，在没有掌握正投影知识时就看不懂。比较图 1－16 和图 1－10(a)的手形笔筒表达方法，不难看出二维图形与三维图形表达的各自特点。

绘制三维图形，在计算机绘图中有许多应用软件，如 Auto CAD，3DS MAX，UG 等都具有绘制三维图形的功能。不仅如此，有些软件还能将所绘制的三维图形旋转，从不同角度观察，就像在空间观察真实物体一样。所以，应用三维图形表达构形在概念设计中具有更大的作用。本教材已有三维图形表达的具体介绍(见第 3 章)，这里不在赘述。

# 第2章 工程设计中空间形体的表达方法

# (Representation method of spatial body for engineering design)

## 2.1 概述(Summary)

图样集中了产品的设计、工艺、检测、装配等信息，是“工程设计”中重要和必不可少的技术文件。本章内容研究正投影、二维和三维表达方法等图样形成的基本理论，是工程设计不可缺少的基础知识。

正投影论述空间几何元素(点、线、面)和空间形体在平面上的表达原理，为二维和三维表达的图示法和有关图解法提供了基本原理。

二维表达是利用正投影原理建立几个二维图形组合表达空间形体的方法。并介绍国家标准《机械制图》“图样画法”中所规定的对于形状、结构多种多样的空间形体，各种二维图形的具体画法。二维图形作图较简便并有良好的真实性，因此是工程生产图样中的主要表达方法。

但是，二维图形缺乏直观性，同时从人的思维过程来看，二维表达不是直接过程，而是间接的过程，这就影响了人们的交流。因此，具有立体感，但存在着“尺寸、形状和角度变化”而与实际形体有着一定“失真”，以及作图较繁的三维表达成为补充二维表达直观性的辅助方法。

随着计算机的出现、应用和发展，三维图形的绘制变得简便，而且一些专用软件进行三维建模、仿真，解决了三维表达图形的“失真”等问题，使三维表达方法的应用越来越广泛。

当然，三维表达的应用并不排斥二维表达。相反，三维和二维的相辅相成已经成为工程设计中的常用手段。

## 2.2 正投影(Orthogonal projection)

### 2.2.1 投影概念(The concept of projection)

如图 2-1 所示，光源 $S$ 照射空间物体 $A$，在平面 $P$ 上得到该物体的影子 $a$，即是人们常见

的投影现象。点光源 $S$ 和物体 $A$ 连成一直线(称为“投射线”),该直线与平面 $P$(称为“投影面”)的交点 $a$ 即是物体的“投影”。投射线通过物体,在投影面上获得图形的方法称为投影法。

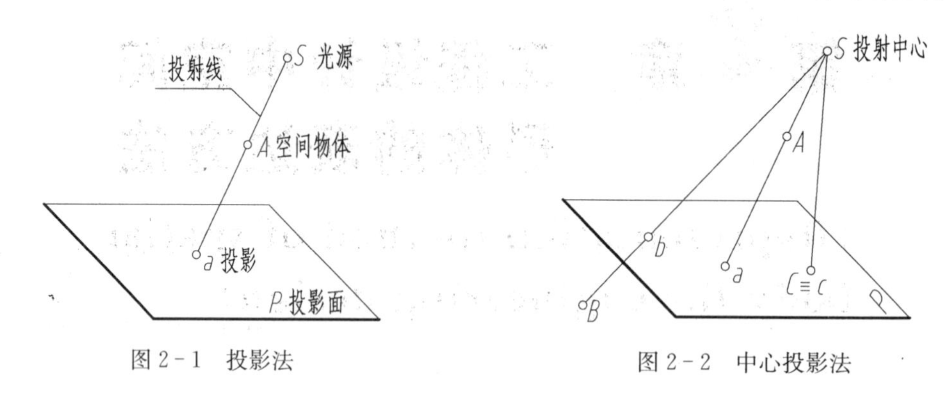


图 2-1　投影法　　　　图 2-2　中心投影法

### 2.2.1.1　中心投影(Central projection)

如图 2-2 所示,当投射线均从一点 $S$(投射中心)发出时,称为中心投影。

### 2.2.1.2　平行投影(Parallel projection)

如图 2-3 所示,当投射线互相平行时,称为平行投影。在平行投影中,若投射线与投影面倾斜,称为斜投影(Oblique projection)[图 2-3(a)];若投射线与投影面垂直,称为正投影(Orthogonal projection)[图 2-3(b)]。

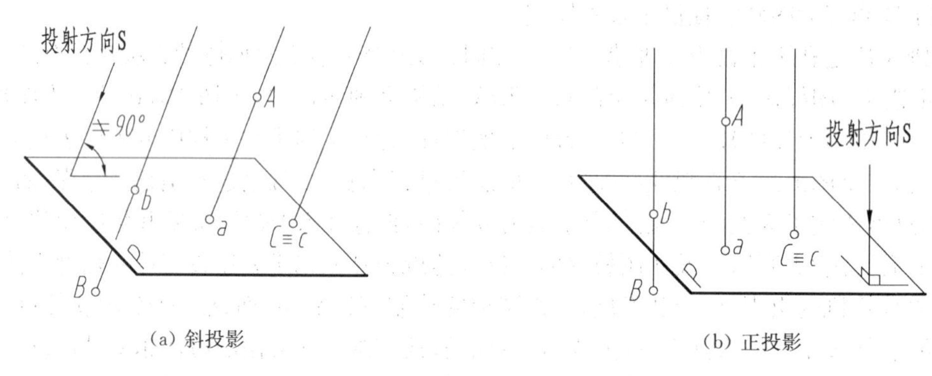


(a) 斜投影　　　　(b) 正投影

图 2-3　平行投影法

### 2.2.1.3　平行投影的一般性质

1) 点的投影仍是点;直线的投影一般仍是直线。

2) 直线上的点,其投影必在直线的相应投影上,且点分线段之比,投影后保持不变。如图 2-4 所示,已知点 $K \in AB$,则 $k \in ab$,且 $AK : KB = ak : kb$ 。

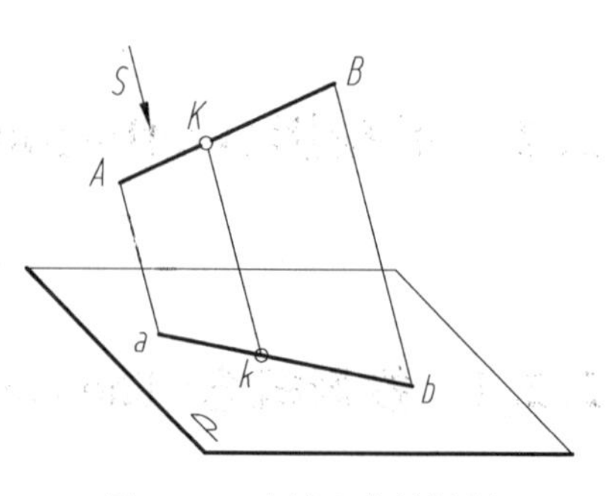


图 2-4　直线上点的投影

3) 互相平行的直线投影后仍平行,如图 2-5(a)所示,直线 $AB \parallel CD$,则 $ab \parallel cd$ 。

4) 当线段和平面图形平行于投影面时,它们的投影反

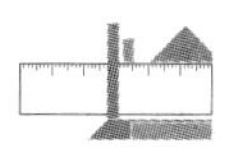

映线段的实长和平面图形的实形。如图 2-5(b)所示，线段 $AB \parallel P$，则 $ab = AB$；$\triangle DEF \parallel P$，则 $\triangle def$ 是 $\triangle DEF$ 的实形。

5) 当直线和平面平行于投射方向时，它们的投影分别积聚成点和直线。如图 2-5(c)所示，直线 $AB$ 和平面 $CDEF$ 平行于投射方向 $S$，则直线 $AB$ 投影积聚成点 $a(b)$；平面 $CDEF$ 投影积聚成直线 $cfde$。

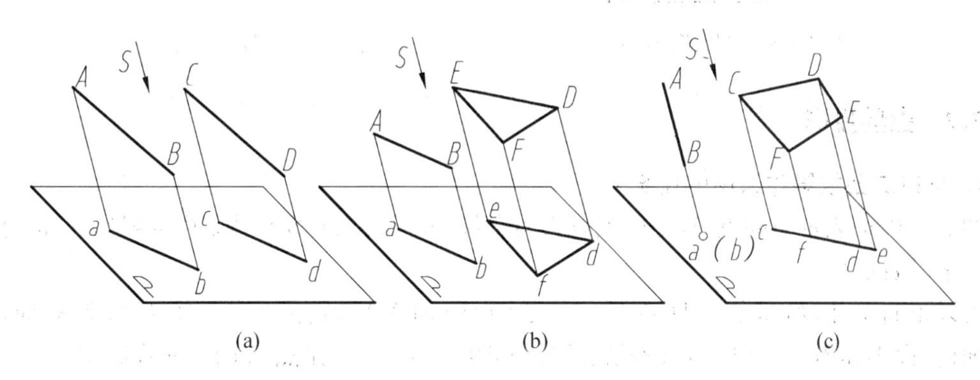


图 2-5　平行投影的一般性质

## 2.2.2　空间要素的投影(The projection of spatial element)

### 2.2.2.1　投影体系

工程上大多采用正投影图表达物体。但一个投影面上的正投影，一般不能唯一地确定物体的结构形状(图 2-6)。因此，必须建立多面投影体系，将物体同时向多个互相垂直的投影面进行投影，以得到确定的表达物体的图样。

如图 2-7，由两个互相垂直的投影面($V \perp H$)将空间分成四个部分，每部分为一个分角(quadrant)，依次为Ⅰ，Ⅱ，Ⅲ，Ⅳ分角。

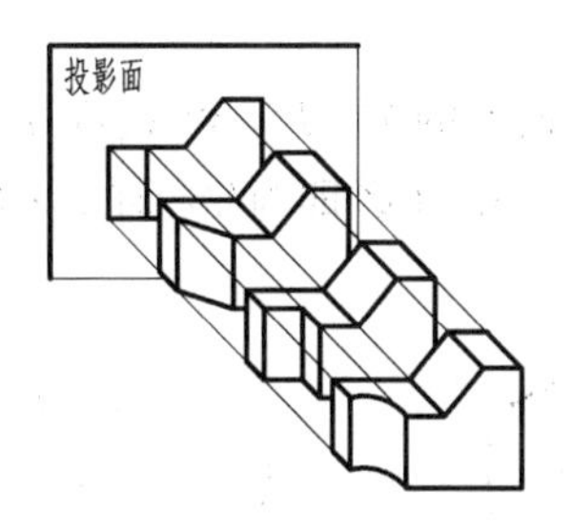


图 2-6　一个投影无法确定物体的空间形状

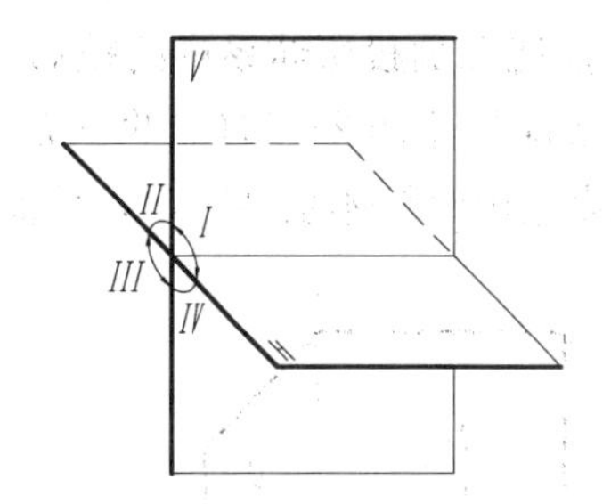


图 2-7　投影空间

国家机械制图标准规定，我国采用第一角投影(First angle projection)法。在第一分角，可构成二投影面体系(The two projection-planes system)，其投影面 $V$ 称为正面投影面、投影面 $H$ 称为水平投影面(如图 2-8)，$V$，$H$ 交线为 $OX$。亦可构成三投影面体系(The three projection-planes system)，即在 $V$，$H$ 二投影面基础上增加 W 面(称为侧面投影面)，三投影面互相垂直，两两交线分别为投影轴 $OX$，$OY$，$OZ$，三面的共点称为原点 $O$(图 2-9)。

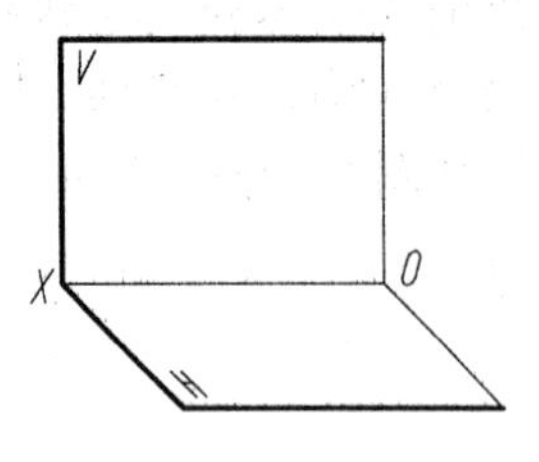


图 2－8　二投影面体系

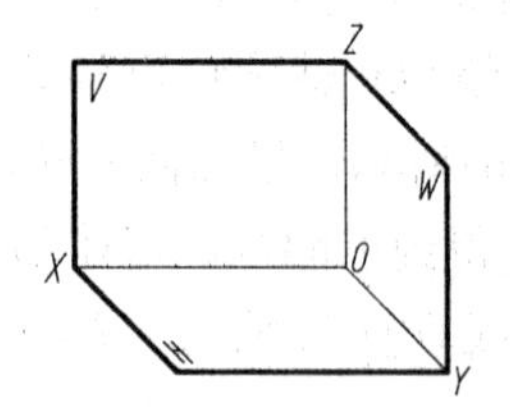


图 2－9　三投影面体系

### 2.2.2.2　点的投影

**1. 点在二面投影体系中的投影**

图 2－10(a)表示空间点 $A$(空间点以大写字母表示)在二面投影体系中的投影 $a$, $a'$(投影以小写字母表示)。

现以正面 $V$ 不动,水平面 $H$ 绕 $V$, $H$ 交线 $OX$(即 $X$ 轴)旋转 90°后,使 $H$ 面与 $V$ 面在同一平面内,投影如图 2－10(b),再去除边框得到图 2－10(c)即是点 $A$ 的二面投影图。

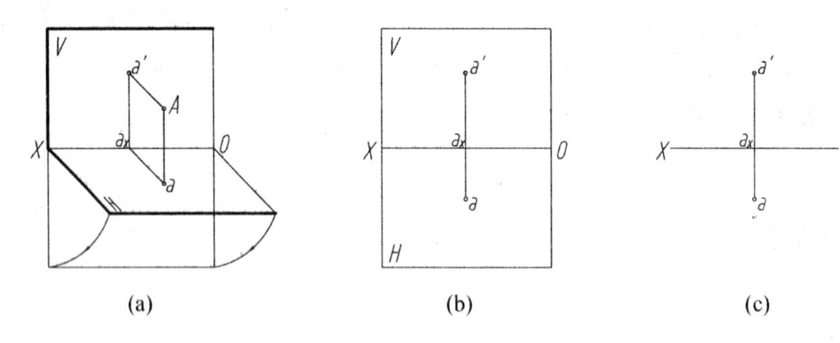


(a)　(b)　(c)

图 2－10　点的二面投影

点的投影有如下规律:点的 $V$, $H$ 投影的连线垂直于 $X$ 轴,即 $aa' \perp OX$;点的 $V$ 投影到 $X$ 轴的线段长反映空间点到 $H$ 面的距离,点的 $H$ 投影到 $X$ 轴的线段长反映空间点到 $V$ 面的距离。即 $aa_x = Aa'$ ($A$ 到 $V$ 面的距离),$a'a_x = Aa$ ($A$ 到 $H$ 面的距离)。

**2. 点在三面投影体系中的投影**

将点 $A$ 置于图 2－11(a)的三面投影体系中,可得到点的 $V$, $H$, $W$ 投影 $a'$, $a$, $a''$。三投影面构成直角坐标体系,$V$, $H$, $W$ 面即为坐标面,$OX$, $OY$, $OZ$ 即为坐标轴,$O$ 点为坐标原点。

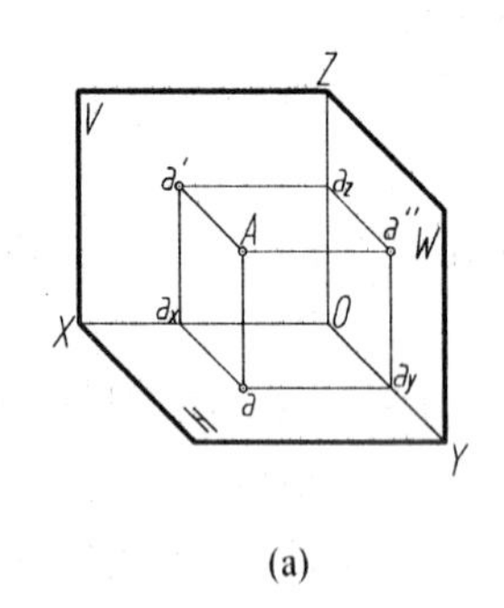


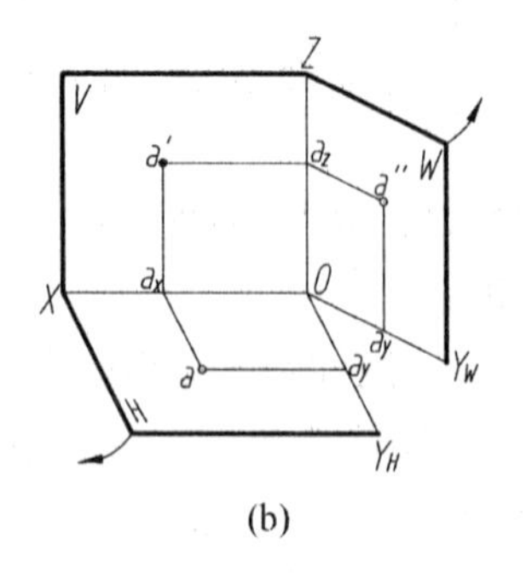


(a)　(b)　(c)

图 2－11　点的三面投影

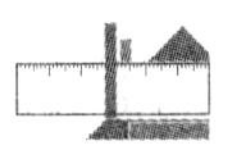

点 $A$ 的直角坐标 $x_A$，$y_A$，$z_A$ 为点 $A$ 分别到三个坐标面的距离。要将三个投影绘制在一个平面上，除将 $H$ 面绕 $OX$ 轴旋转到与 $V$ 面重合外，还需要将 $W$ 面绕 $OZ$ 轴向右旋转到与 $V$ 面重合，如图 2-11(b)所示。投影面旋转后，点 $A$ 的三面投影如图 2-11(c)所示。

从投影图上得到点的投影规律如下：

1) $aa'$的连线垂直 X 轴，$a'a''$的连线垂直 $Z$ 轴。

2) $Aa'' = aa_y = a'a_z = Oa_x = x_A$。

3) $Aa' = aa_x = a''a_z = Oa_y = y_A$。

4) $Aa = a'a_x = a''a_y = Oa_z = z_A$。

由此可见：

$a$ 可由 $Oa_x$ 和 $Oa_y$（即点 $A$ 的 $x_A$，$y_A$ 两坐标）决定；$a'$ 可由 $Oa_x$ 和 $Oa_z$（即点 $A$ 的 $x_A$，$z_A$ 两坐标）决定；$a''$ 可由 $Oa_y$ 和 $Oa_z$（即点 $A$ 的 $y_A$，$z_A$ 两坐标）决定。

就是说，由点 $A$ 的坐标值（$x_A$，$y_A$，$z_A$），可以确定点 $A$ 的三个投影 $a$，$a'$，$a''$。

反之，由点 $A$ 的三个投影 $a$，$a'$ 和 $a''$，即可确定 $A$ 点的坐标值（$x_A$，$y_A$，$z_A$）。

**3. 由点的两个投影求第三投影**

由于点的任意两个投影都包含了该点的 $x$，$y$，$z$ 三个坐标值，所以已知一点的两个投影，即可确定该点在空间的位置。它的第三投影也就唯一确定。因而，根据点的两个投影即可作出其第三投影，如图 2-12 所示。

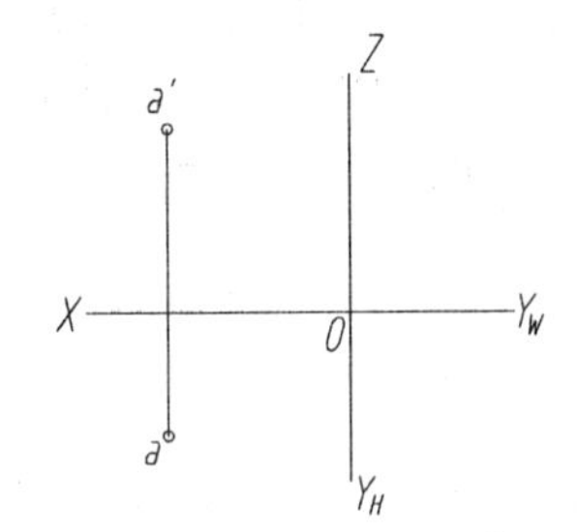


(a) 已知点 $A$ 的投影 $a'$，$a$

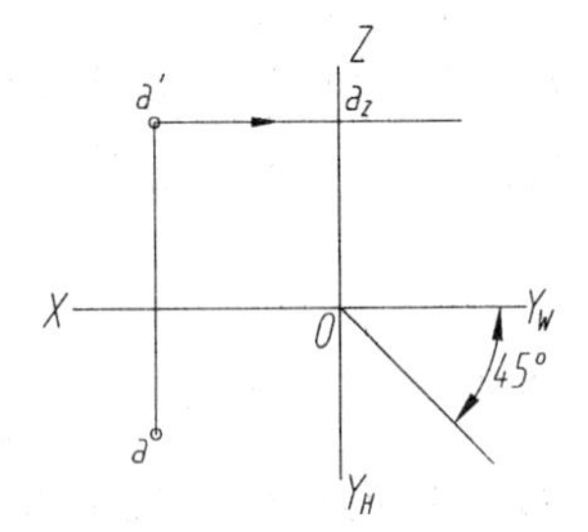


(b) 由 $a'$ 作轴 $Z$ 的垂线 $a'a_z$ 并延长，再自 $O$ 点向右下方作 45°斜线

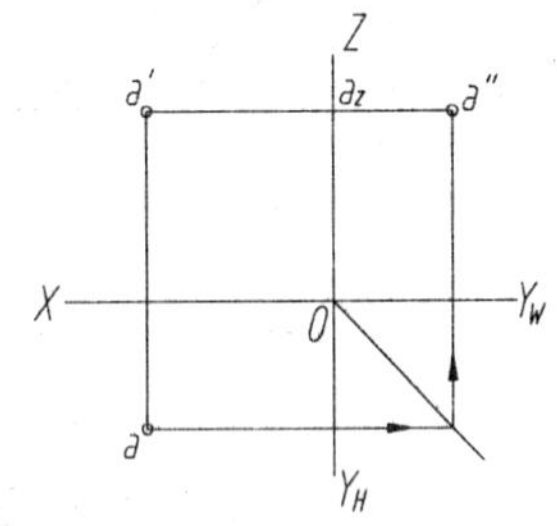


(c) 由 $a$ 作 $Y_H$ 的垂线与 45°斜线相交，由交点作 $Y_w$ 的垂线与 $a'a_z$ 的交点即 $a''$

图 2-12　已知点 $A$ 的两个投影 $a$，$a'$求第三投影 $a''$

**4. 两点的相对位置**

两点的相对位置指两点上下、前后、左右的关系，可由两点的坐标值决定：

$x$ 坐标值大者在左，小者在右；$y$ 坐标值大者在前，小者在后；$z$ 坐标值大者在上，小者在下。

图 2-13(a)中，根据上述相对位置的判别原理，即可知点 $A$ 在点 $B$ 的左方、下方和后方；或者说点 $B$ 在点 $A$ 的右方、上方和前方。

当两点的某两个坐标相同时，该两点即在同一投射线上，因此对某一投影面的投影将重合称为对该投影面的重影点。如图 2-13(b)中，由于 $x_C = x_D$，$y_C = y_D$，所以点 $C$，$D$ 的 $H$ 投影 $c$，$d$ 重影成一点；而两点 $E$，$F$ 的 $x_E = x_F$，$z_E = z_F$，则它们的 $V$ 投影 $e'$，$f'$重影成一点。重影点的可见性判别方法是：对 $H$ 投影的重影点，下面的点被上面点遮住；对 $V$ 投影的重影点，后面的点被前面点遮住；对 $W$ 投影的重影点，右面的点被左面点遮住。规定将不可见点的投影加上括号，如图 2－13 中 $c(d)$，$e'(f')$。

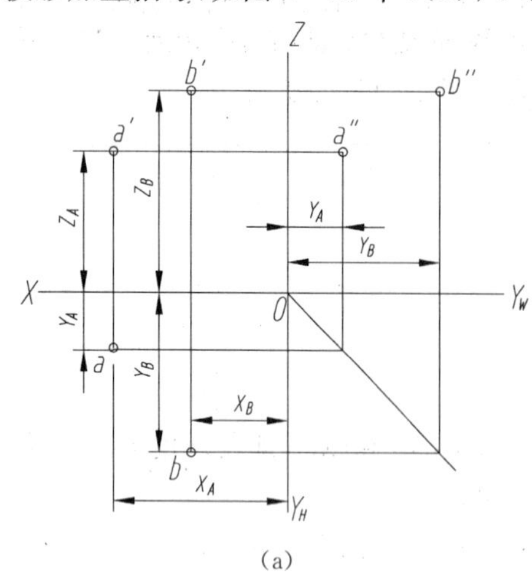


(a)

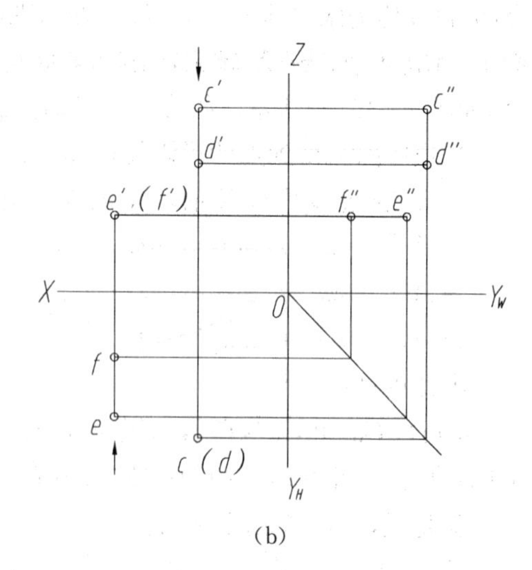


(b)

图 2－13　两点的相对位置

### 2.2.2.3　直线的投影

**1. 直线的投影**

如图 2－14 所示，直线的投影一般仍是直线，它的投影由直线上任意两点的投影确定。连接两点 $A$，$B$ 的各同面投影 $ab$，$a'b'$，$a''b''$即为直线 $AB$ 的三投影。直线对 $H$，$V$，$W$ 三个投影面的倾角分别用 $\alpha$，$\beta$，$\gamma$ 来表示，是直线和它在各投影面上的投影之间的夹角，如图 2－14(a)所示。

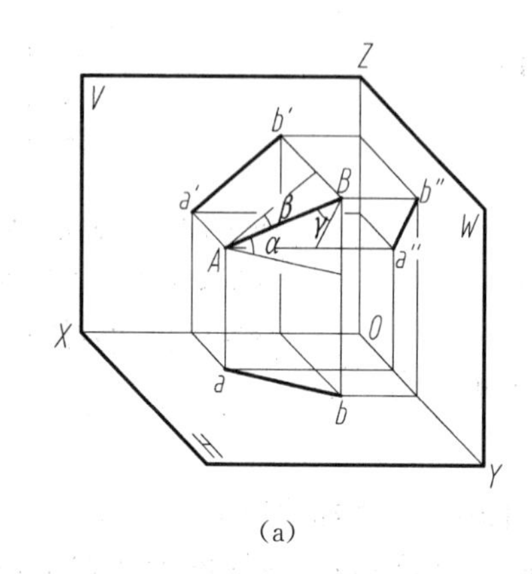


(a)

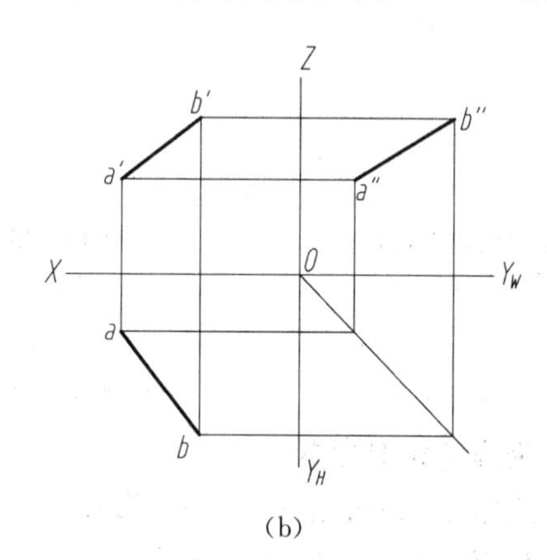


(b)

图 2－14　直线的投影

**2. 各种位置直线的投影特性**

直线相对于投影面，可以是平行、垂直或倾斜。分别称为投影面的平行线（Inclined line of projection plane）、投影面的垂直线（Normal line of projection plane）、一般位置直线（Oblique line）。前两种直线又称为特殊位置直线。

各种位置直线的投影特性列表分述于下：

**投影面平行线**

平行于一个投影面，而与另外两个投影面倾斜的直线称为投影面平行线。其中平行于 $H$

面的直线称为水平线；平行于 $V$ 面的直线称为正平线；平行于 $W$ 面的直线称为侧平线。表2－1列出了这三种投影面平行线的投影特性。

**表 2－1　投影面的平行线**

| 名　称 | 直　观　图 | 投　影　图 | 投 影 特 性 |
|---|---|---|---|
| 水平线（$/\!/ H$ 面） | | | 1. $a'b' /\!/ OX$<br>$a''b'' /\!/ OY_W$<br>2. $ab = L_{AB}$ 反映实长<br>3. $\alpha = 0°$<br>4. 反映 $\beta$，$\gamma$ 角 |
| 正平线（$/\!/ V$ 面） | | | 1. $cd /\!/ OX$<br>$c''d'' /\!/ OZ$<br>2. $c'd' = L_{CD}$ 反映实长<br>3. $\beta = 0°$<br>4. 反映 $\alpha$，$\gamma$ 角 |
| 侧平线（$/\!/ W$ 面） | | | 1. $e'f' /\!/ OZ$<br>$ef /\!/ OY_H$<br>2. $e''f'' = L_{EF}$ 反映实长<br>3. $\gamma = 0°$<br>4. 反映 $\alpha$，$\beta$ 角 |

**投影面垂直线**

垂直于一个投影面也即平行于另外两个投影面的直线称为投影面垂直线。其中垂直于 $H$ 面的直线称为铅垂线；垂直于 $V$ 面的直线称为正垂线；垂直于 $W$ 面的直线称为侧垂线。表 2－2 列出了这三种投影面垂直线的投影特性。

**表 2－2　投影面的垂直线**

| 名　称 | 直　观　图 | 投　影　图 | 投 影 特 性 |
|---|---|---|---|
| 铅垂线（$\perp H$ 面） | | | 1. $ab$ 重影成一点<br>2. $a'b' \perp OX$　$a''b'' \perp OY_W$<br>3. $a'b' = a''b'' = L_{AB}$<br>4. $\alpha = 90°$　$\beta = \gamma = 0°$ |

(续表)

| 名称 | 直观图 | 投影图 | 投影特性 |
|---|---|---|---|
| 正垂线($\perp V$ 面) | 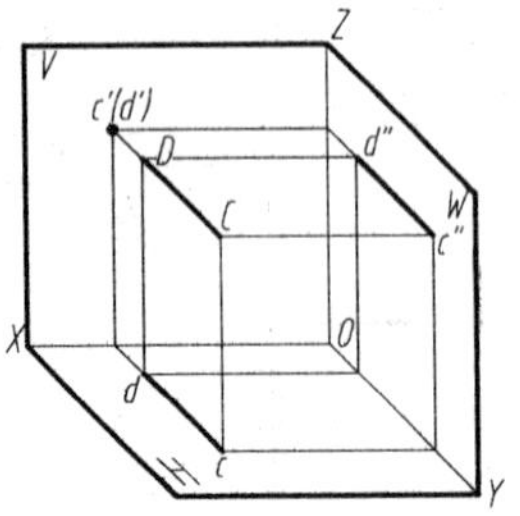 | 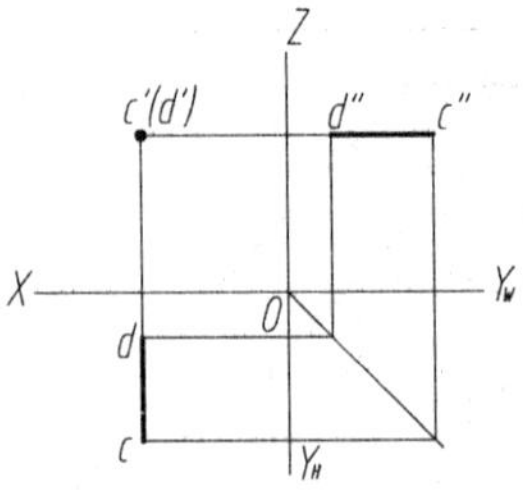 | 1. $c'd'$重影成一点<br>2. $cd \perp OX$　$c''d'' \perp OZ$<br>3. $cd = c''d'' = L_{CD}$<br>4. $\beta = 90°$　$\alpha = \gamma = 0°$ |
| 侧垂线($\perp W$ 面) | 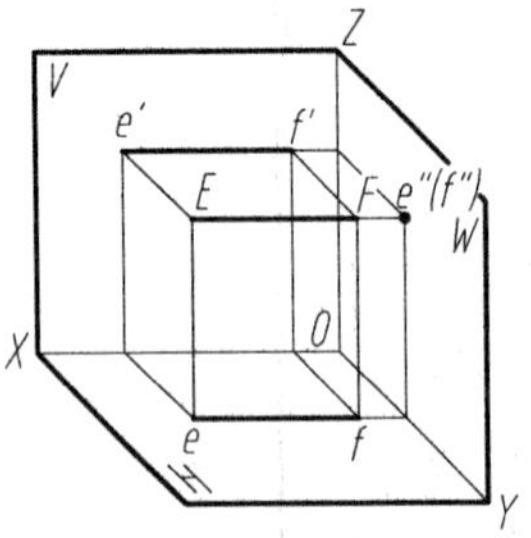 | 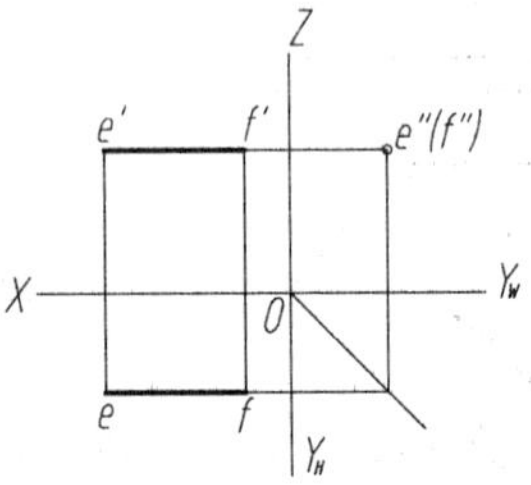 | 1. $e''f''$重影成一点<br>2. $e'f' \perp OZ$　$ef \perp OY_H$<br>3. $ef = e'f' = L_{EF}$<br>4. $\gamma = 90°$　$\alpha = \beta = 0°$ |

**一般位置直线**

一般位置直线对各投影面都倾斜,表 2-3 列出了这种直线的投影特性。

**表 2-3　一般位置直线**

| 直观图 | 投影图 | 投影特性 |
|---|---|---|
| 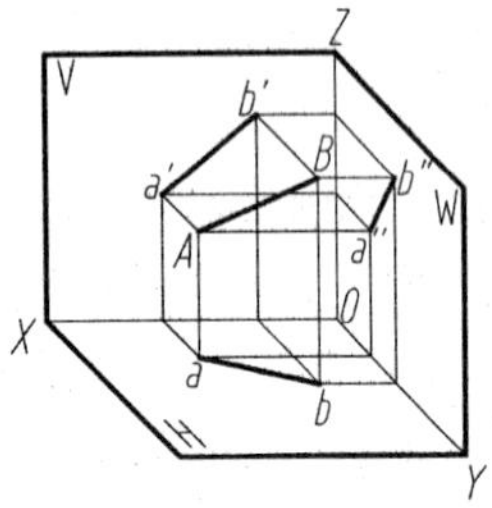 | 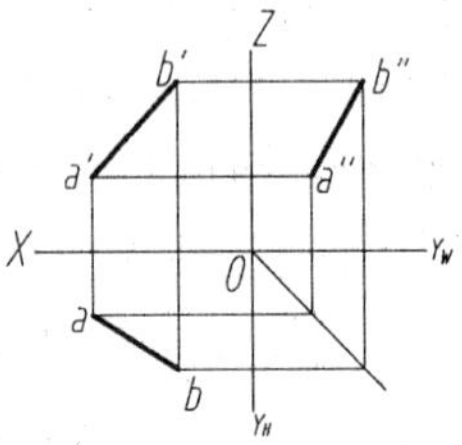 | $ab$, $a'b'$, $a''b''$均倾斜于相应的轴,不反映实长,也不反映 $\alpha$, $\beta$, $\gamma$ 角的真实大小。 |

**3. 一般位置直线的实长及其对投影面的倾角**

一般位置直线的各投影都不反映直线的实长,也不反映直线对投影面倾角的真实大小。一般位置直线的实长及其对投影面倾角的求作方法:

(1) 直角三角形法(Method of right triangle)

直角三角形法是通过分析一般位置直线的空间位置与它的各个投影之间的关系,得到包含直线实长及其对投影面的倾角 $\alpha$, $\beta$, $\gamma$ 的直角三角形,达到求解目的。

如图 2-15(a)所示,过点 $A$ 作 $AB_0 /\!/ ab$,得到直角三角形 $AB_0B$,其直角边 $AB_0$ 等于 $ab$,另一直角边 $BB_0$ 则是两点 $A$, $B$ 的 $z$ 坐标差($Z_B - Z_A$),斜边 $AB$ 即直线的实长 $L_{AB}$,$AB$ 与直角边 $AB_0$(即 $ab$)的夹角是直线 $AB$ 对 $H$ 面的倾角 $\alpha$。同理,过点 $A$ 作 $AB_1 /\!/ a'b'$,得到直角三角形 $AB_1B$,其直角边 $AB_1$ 等于 $a'b'$,另一直角边 $BB_1$ 则是两点 $A$, $B$ 的 $Y$ 坐标差($Y_B - Y_A$),

$AB$ 与直角边 $AB_1$(即 $a'b'$)的夹角是 $AB$ 直线对 $V$ 面的倾角 $\beta$。角 $\gamma$ 所在的直角三角形可在图中自行分析。图 2-15(b)示出了各投影的作图过程。

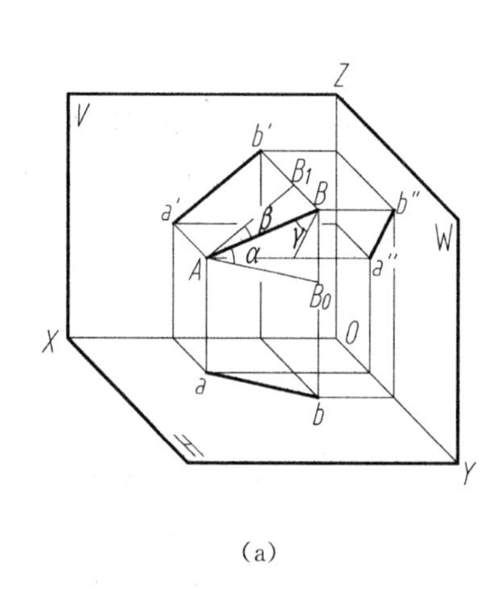


(a)

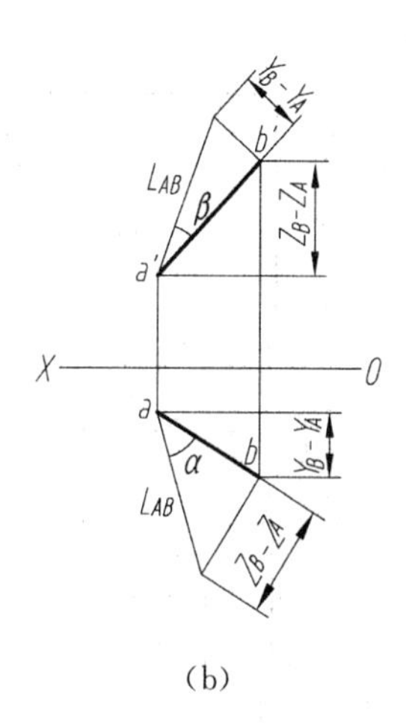


(b)

图 2-15　直角三角形法

上述每个直角三角形中,各包含了四个不同的参数:斜边(直线的实长),两直角边(直线的投影长及坐标差),一锐角(直线对投影面的倾角)。根据直角三角形的确定条件,该四个参数中只要给出任意两个,便可组成一确定的直角三角形而求出其他参数。

所以直角三角形法就是利用直线的投影和坐标差组成直角三角形而求出一般位置直线的实长和倾角。

(2) 旋转法(Method of revolution)

如图 2-16(a)所示,在保持不变的 $V/H$ 投影面体系中,点 $A$ 绕垂直于投影面 $H$ 的轴线 $OO$ 旋转时,点 $A$ 的轨迹是一以旋转中心 $C$ 为圆心,$CA$ 距离为半径的圆周,其 $H$ 投影为实形。$V$ 面上的投影轨迹是一平行于轴 $X$ 的直线段,线段长度等于轨迹圆的直径。

同理,如图 2-16(b)所示,点 $A$ 绕正垂线旋转时,点 $A$ 在 $V$ 面上的投影轨迹是以 $c'$ 为圆心,$ca$ 距离为半径的圆周。$H$ 面上的投影轨迹是一平行于轴 $X$ 的直线段,线段长度等于轨迹圆的直径。

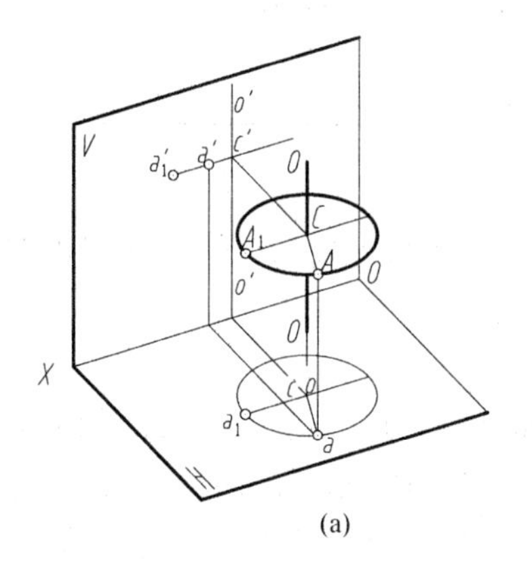


(a)

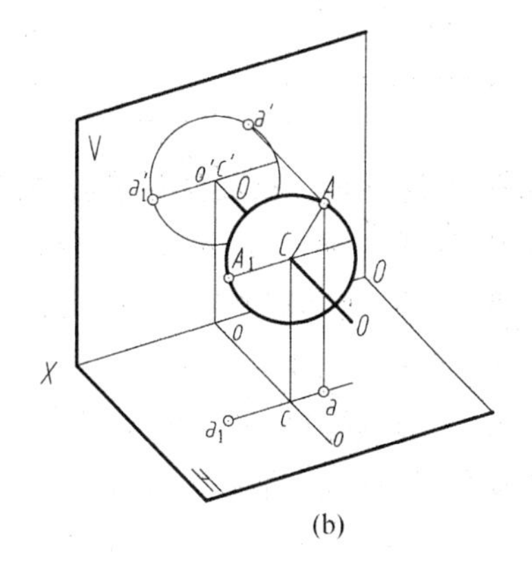


(b)

图 2-16　点的旋转

根据上述旋转法的原理,如图 2-17(a)中,过直线 $AB$ 上的点 $A$,作铅垂线并以其为旋转轴使直线 $AB$ 绕着该铅垂线旋转,此时点 $A$ 不动,点 $B$ 绕着该铅垂线旋转。当点 $B$ 转到 $B_1$

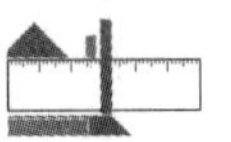


处，使直线 $AB$ 成为平行于 $V$ 面的正平线（即 $ab_1 \mathbin{/\mkern-5mu/} OX$），则 $V$ 面投影 $a'b'_1$ 反映直线实长和对 $H$ 面的倾角 $\alpha$。

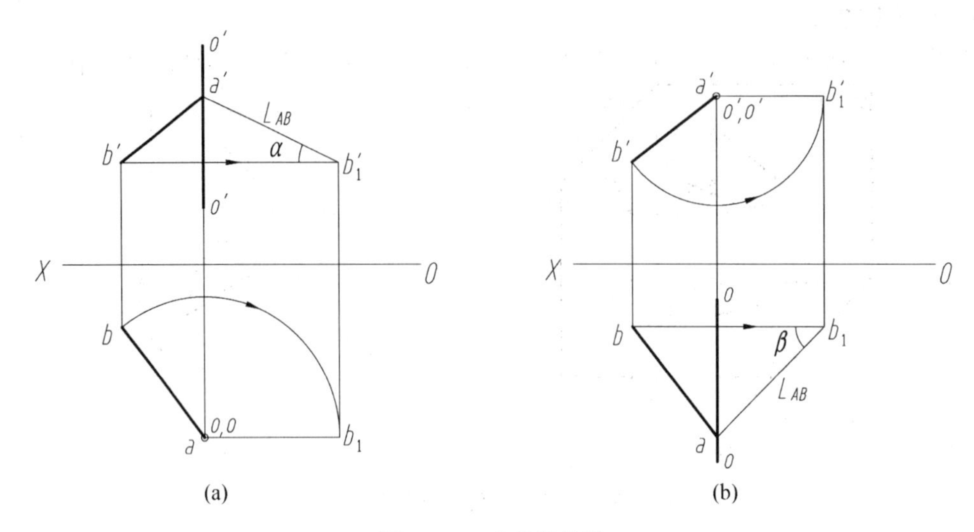


图 2－17　直线的旋转

如果选择正垂线作为旋转轴则能求出该直线对 $V$ 面的倾角 $\beta$。如图 2－17(b)所示。

(3) 辅投影法(Method of Auxiliary projection)

如图 2－18(a)所示，现设一辅投影面 $F_1$ 平行于直线 $AB$ 且与 $H$ 面垂直，构成 $F_1/H$ 投影面体系。在 $F_1/H$ 体系中，$AB$ 成为投影面平行线，因此，直线 $AB$ 在 $F_1$ 面上的辅投影 $a_1b_1$ 反映了 $AB$ 的实长，$a_1b_1$ 与辅投影轴 $X_1$ 的夹角即为直线 $AB$ 对 $H$ 面的倾角 $\alpha$。显然，在 $F_1/H$ 体系中，直线 $AB$ 的 $H$ 投影 $ab$ 应与辅投影轴 $X_1$ 平行(特征投影)，并有 $a_1a_{x1}=a'a_x$；$b_1b_{x1}=b'b_x$。图 2－18(b)即是其投影图，作图过程是：首先作出辅投影轴 $X_1$ 平行于直线的 $H$ 投影 $ab$，再由 $a_1a_{x1}=a'a_x$；$b_1b_{x1}=b'b_x$ 作出点 $A$ 和点 $B$ 的辅投影 $a_1$ 和 $b_1$，连接即得到辅投影 $a_1b_1$。

同理，亦可设垂直于 $V$ 面而平行于直线 $AB$ 的辅投影面 $F_1$，构成 $V/F_1$ 体系，使 $AB$ 也成为投影面平行线，得到直线的实长和直线对 $V$ 投影面的倾角 $\beta$，如图 2－18(c)所示。

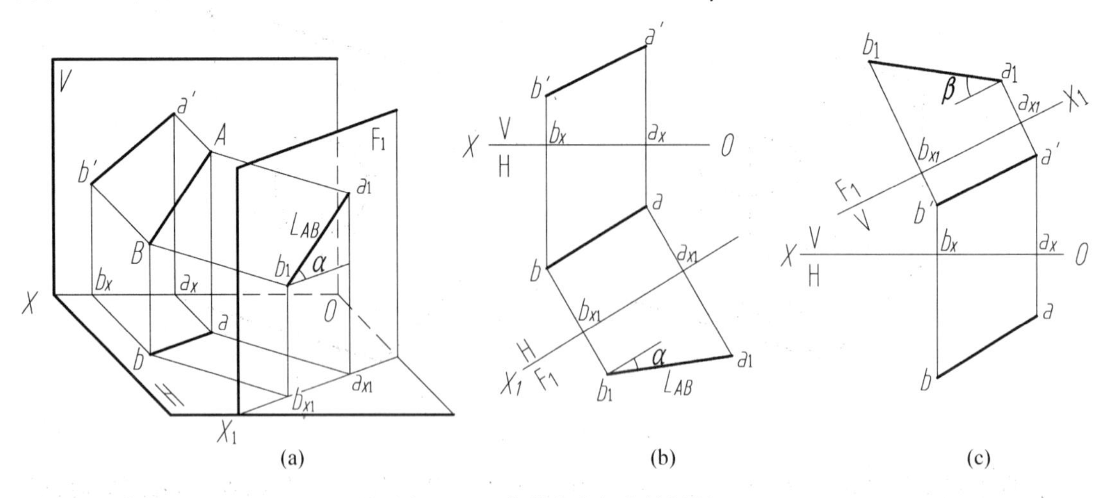


图 2－18　作直线实长的辅投影

#### 2.2.2.4　点与直线、直线与直线的相对位置

**1. 直线上的点**

如图 2－19 所示，点 $K$ 在直线 $AB$ 上，则点 $K$ 的各个投影必在直线 $AB$ 的同面投影上。反之，若某点的各个投影在直线的同面投影上，则此点一定在直线上。另外，直线上的点分直线成两段，两段长度之比投影后不变。即

$$AK : KB = ak : kb = a'k' : b'k' = a''k'' : b''k''。$$

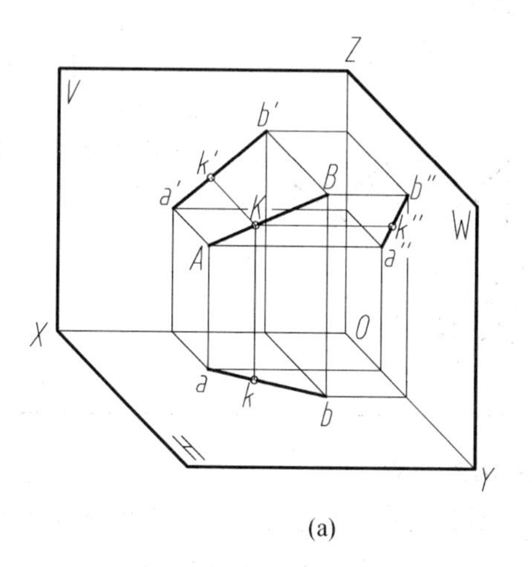


(a)

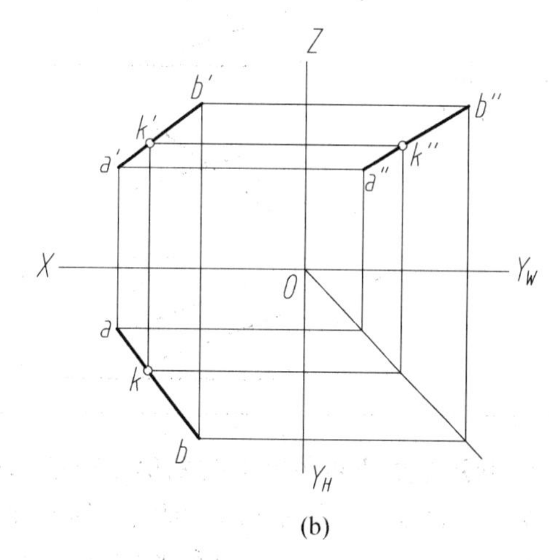


(b)

图 2－19　直线上的点

**2. 两直线的相对位置**

两直线的相对位置有平行、相交和交错三种，其投影特性见表 2－4。

**表 2－4　两直线的相对位置**

| 相对位置 | 直　观　图 | 投　影　图 | 投影特性 |
|---|---|---|---|
| 两直线平行<br>（$AB \parallel CD$） | | | $a'b' \parallel c'd'$<br>$ab \parallel cd$<br>$a''b'' \parallel c''d''$ |
| 两直线相交<br>（$AB \times CD$） | | | $ab \times cd \rightarrow k$<br>$a'b' \times c'd' \rightarrow k'$<br>$a''b'' \times c''d'' \rightarrow k''$<br>且 $k$，$k'$，$k''$投影符合同一点的投影规律 |

（续表）

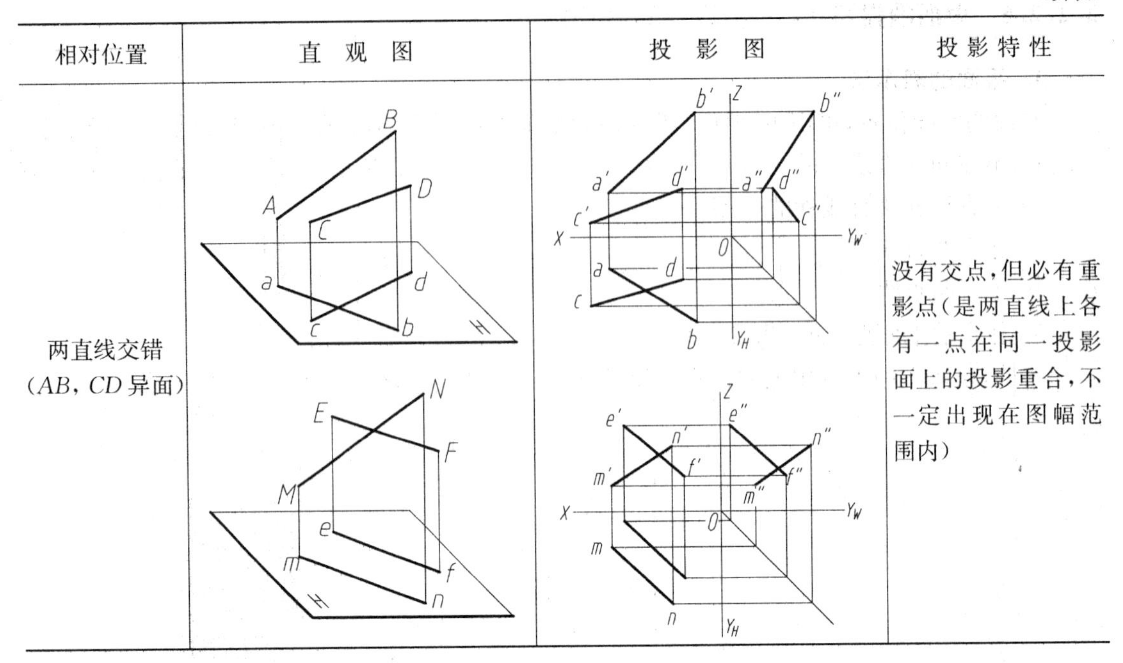

| 相对位置 | 直观图 | 投影图 | 投影特性 |
|---|---|---|---|
| 两直线交错（$AB$，$CD$ 异面） | | | 没有交点，但必有重影点（是两直线上各有一点在同一投影面上的投影重合，不一定出现在图幅范围内） |

### 3. 利用重影点可见性的判别确定交错二直线的相互位置

交错二直线在空间不相交，但它们的同面投影可能有交点，这是两条直线上的两个不同点的重影点。利用重影点可见性的判别可确定交错二直线对于投影面的相互位置。

如图 2-20(a)所示，交错两直线的 $H$ 投影相交于一点，该点既是直线 $AB$ 上点 $I$ 的 $H$ 投影 1，也是直线 $CD$ 上点 $II$ 的 $H$ 投影 2，即是该两直线上两个不同点的 $H$ 投影的重合，这两点位于同一条铅垂线上。在图 2-20(b)中，由于 $z_{I} > z_{II}$，故点 $I$ 的 $H$ 投影 1 可见，点 $II$ 的 $H$ 投影 2 是不可见。这说明相对于 $H$ 投影面直线 $AB$ 在 $CD$ 的上方；同理，直线 $CD$ 上的点 $III$ 和直线 $AB$ 上的点 $IV$ 的 $V$ 投影重合，这两点位于同一条正垂线上。由于 $y_{III} > y_{IV}$，故点 $III$ 的 $V$ 投影 $3'$ 可见，点 $IV$ 的 $V$ 投影 $4'$ 是不可见的。这说明相对于 $V$ 投影面直线 $CD$ 在 $AB$ 的前方。

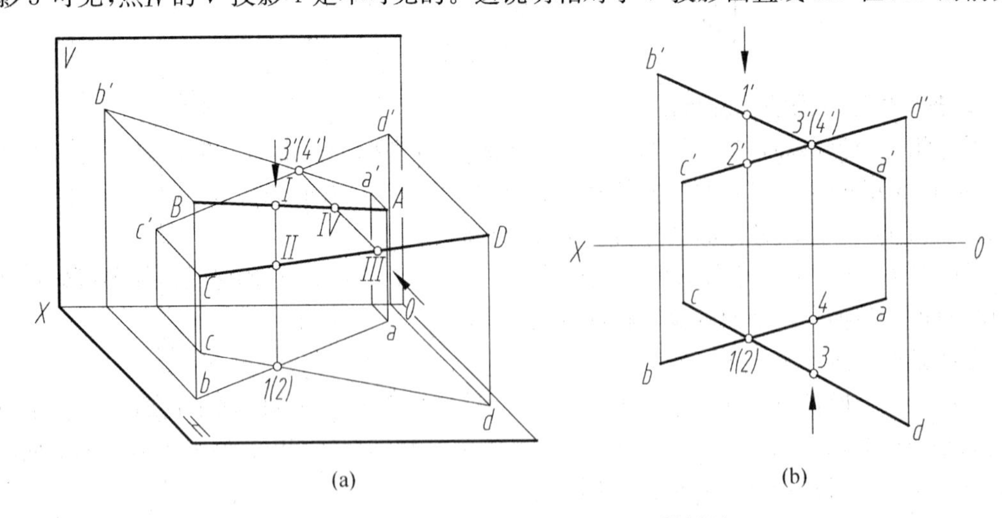


(a) (b)

图 2-20 交错直线的重影点及可见性判别

### 2.2.2.5　平面的投影

**1. 平面的表示法**

平面的空间位置，可由下列任一组几何元素确定：

1）不在同一直线上的三点。

2）一直线和该直线外的一点。

3）相交两直线。

4）平行两直线。

5）任意的平面形（如三角形等）。

因此，投影图中可以用上列任意一组几何元素的投影来表示平面，如图 2-21 所示。

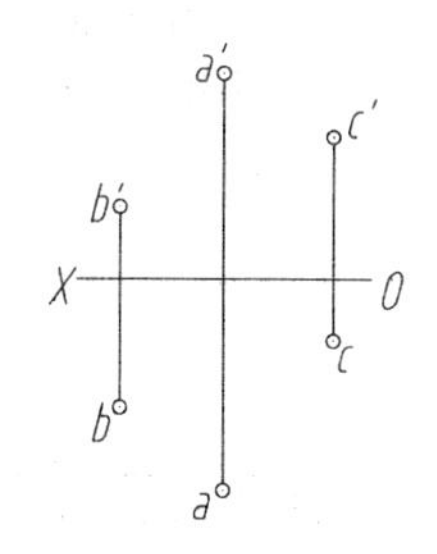

(a) 不在一直线上的三点

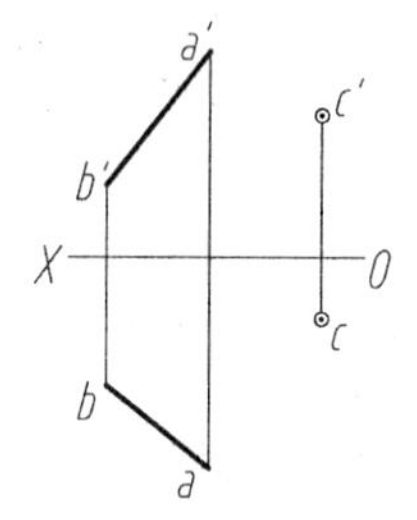

(b) 一直线和线外一点

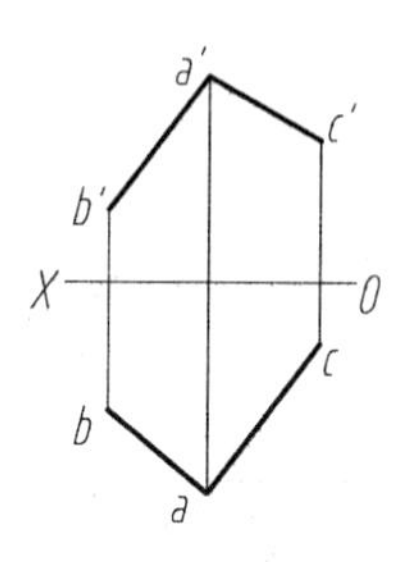

(c) 两相交直线

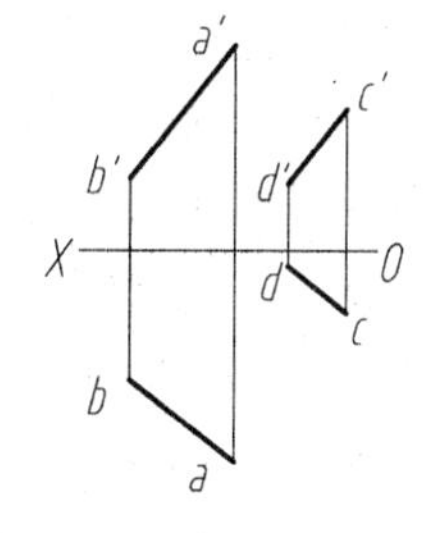

(d) 两平行直线

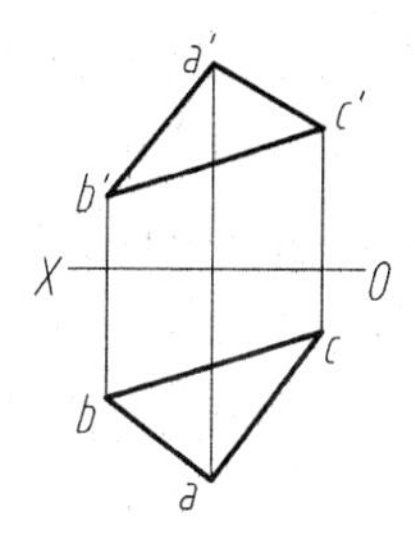

(e) 三角形(平面形)

图 2-21　几何元素平面

**2. 各种位置平面的投影特性**

平面相对于投影面，可以是平行、垂直或倾斜。分别称为投影面的平行面（Normal plane of projection plane）、投影面的垂直面（Inclined plane of projection plane）、一般位置平面（Oblique plane）。前两种平面又称为特殊位置平面。

平面对 $H$，$V$，$W$ 三个投影面的倾角分别用 $\alpha$，$\beta$，$\gamma$ 来表示，它们是平面和各投影面所形成的两面角。各种位置平面的投影特性列表 2-5 至表 2-7 所示。

**投影面平行面**

平行于一个投影面也即与另外两个投影面垂直的平面称为投影面平行面。其中平行于 $H$ 面的平面称为水平面；平行于 $V$ 面的平面称为正平面；平行于 $W$ 面的平面称为侧平面。表 2-5 列出了这三种投影面平行面的投影特性。

**表 2－5　投影面平行面**

| 名　称 | 水平面(//$H$) | 正平面(//$V$) | 侧平面(//$W$) |
|---|---|---|---|
| 直观图 | 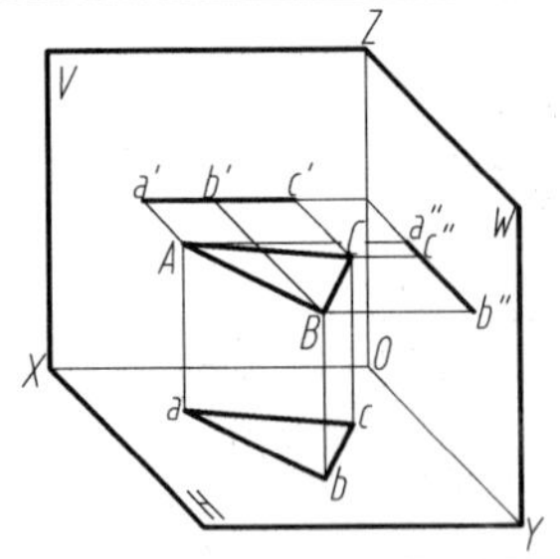 Z V a′ b′ c′ a″ c″ W A C B b″ X O a c b H Y | 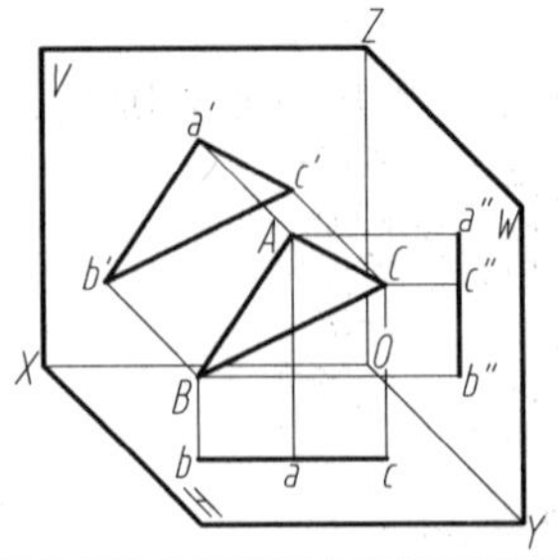 Z V a′ c′ a″ W A b′ C c″ B O b″ X b a c H Y | 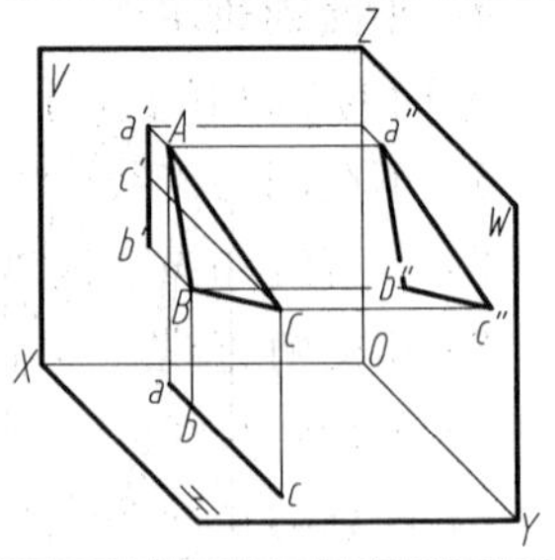 Z V a′ A a″ c′ W b′ b″ B C O c″ X a b c H Y |
| 投影图 | 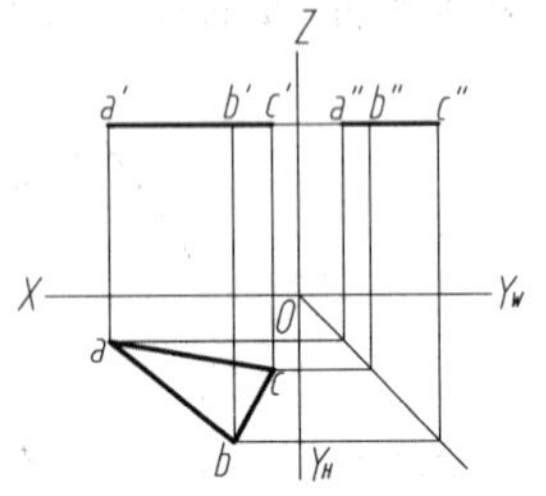 Z a′ b′ c′ a″ b″ c″ X O $Y_W$ a c b $Y_H$ | 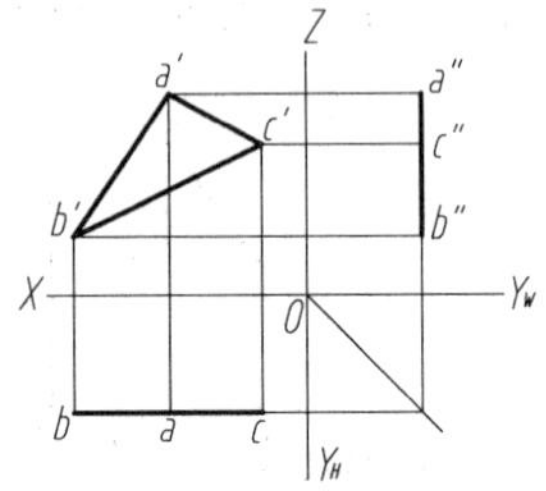 Z a′ a″ c′ c″ b′ b″ X O $Y_W$ b a c $Y_H$ | 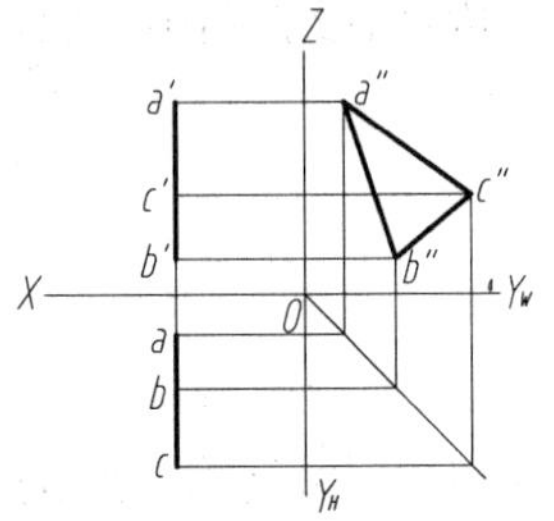 Z a′ a″ c′ c″ b′ b″ X O $Y_W$ a b c $Y_H$ |
| 投影特性 | 1. 正面和侧面投影积聚成平行于轴的直线<br>2. $H$ 投影反映实形<br>3. $\alpha=0°$　$\beta=\gamma=90°$ | 1. 水平面和侧面投影积聚成平行于轴的直线<br>2. $V$ 投影反映实形<br>3. $\beta=0°$　$\alpha=\gamma=90°$ | 1. 正面和水平面投影积聚成平行于轴的直线<br>2. $W$ 投影反映实形<br>3. $\gamma=0°$　$\alpha=\beta=90°$ |

**投影面垂直面**

垂直于一个投影面而与另外两个投影面倾斜的平面称为投影面垂直面。其中垂直于 $H$ 面的平面称为铅垂面；垂直于 $V$ 面的平面称为正垂面；垂直于 $W$ 面的平面称为侧垂面。表 2－6 列出了这三种投影面垂直面的投影特性。

**表 2－6　投影面垂直面**

| 名　称 | 铅垂面(⊥$H$) | 正垂面(⊥$V$) | 侧垂面(⊥$W$) |
|---|---|---|---|
| 直观图 | 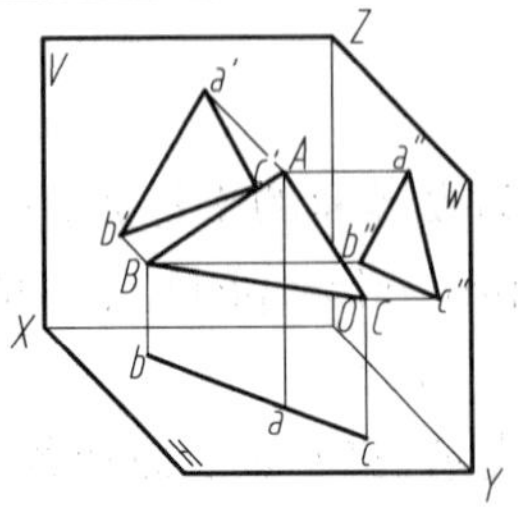 Z V a′ c′ A a″ b′ b″ W B O C c″ X b a c H Y | 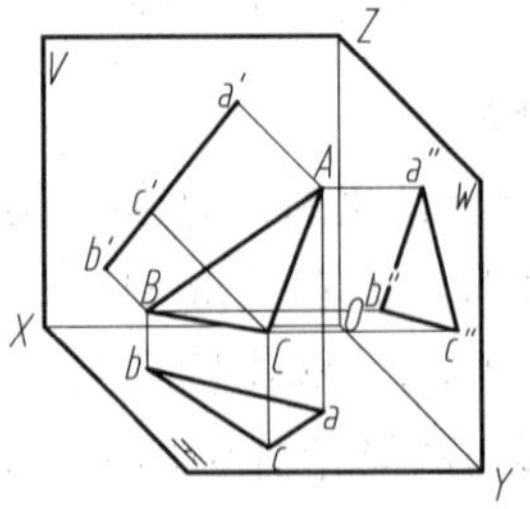 Z V a′ A a″ c′ W b′ b″ B C O c″ X b a c H Y | 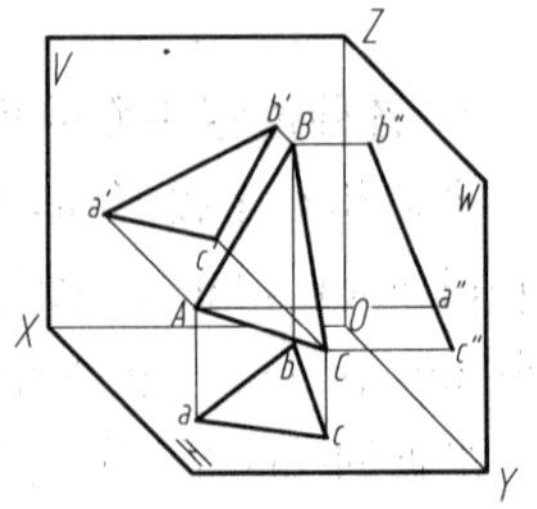 Z V b′ B b″ a′ W c′ A O a″ c″ X b C a c H Y |
| 投影图 | 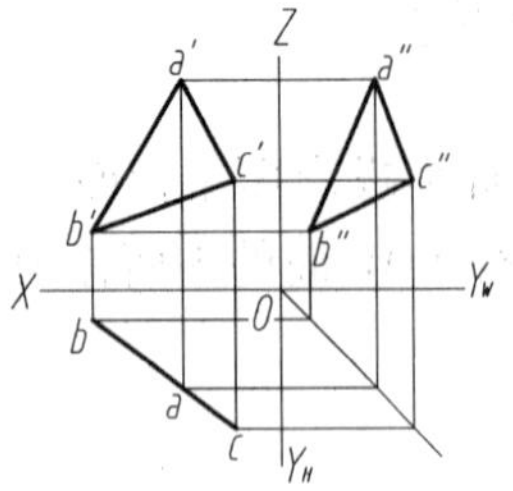 Z a′ a″ c′ c″ b′ b″ X O $Y_W$ b a c $Y_H$ | 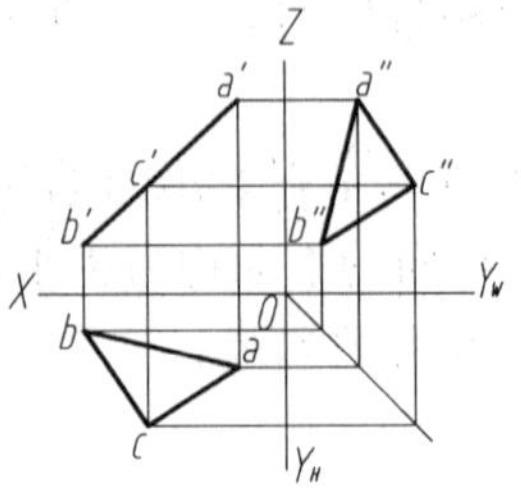 Z a′ a″ c′ c″ b′ b″ X O $Y_W$ b a c $Y_H$ | 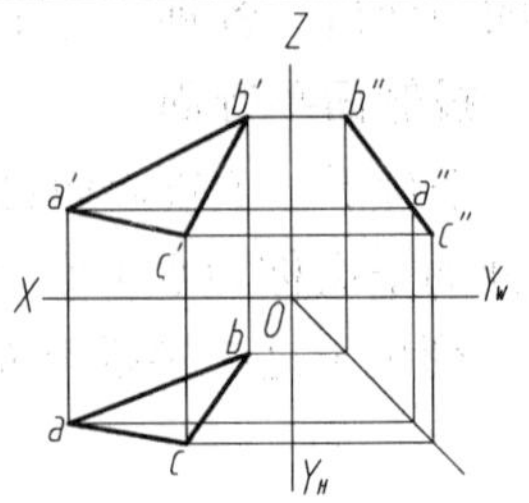 Z b′ b″ a′ a″ c′ c″ X b O $Y_W$ a c $Y_H$ |

（续表）

| 名　称 | 铅垂面（$\perp H$） | 正垂面（$\perp V$） | 侧垂面（$\perp W$） |
|---|---|---|---|
| 投影特性 | 1. 水平投影积聚成倾斜于轴的直线<br>2. $V$, $W$ 投影为类似形<br>3. $\alpha = 90°$，反映 $\beta$, $\gamma$ 角的实形 | 1. 正面投影积聚成倾斜于轴的直线<br>2. $H$, $W$ 投影为类似形<br>3. $\beta = 90°$，反映 $\alpha$, $\gamma$ 角的实形 | 1. 侧面投影积聚成倾斜于轴的直线<br>2. $H$, $V$ 投影为类似形<br>3. $\gamma = 90°$，反映 $\alpha$, $\beta$ 角的实形 |

**一般位置平面**

一般位置平面对各投影面都倾斜，表 2－7 列出了这种投影面的投影特性。

**表 2－7　一般位置平面**

| 直　观　图 | 投　影　图 | 投 影 特 性 |
|---|---|---|
|  |  | 1. $H$, $V$, $W$ 投影均为类似形<br>2. 不反映 $\alpha$, $\beta$ 和 $\gamma$ 角 |

**3. 平面上的点和直线**

由初等几何可知：

1）点在平面的一条直线上，则该点在此平面上。

2）平面上任意两点连成的直线必在该平面上（由两点确定直线与平面从属关系的方法可称为“两点法”）。

3）过平面上一点作平面上已知直线的平行线，则此平行线必在该平面上（将二直线平行理解为同一方向，则由平面上一点和一已知直线确定直线与平面从属关系的方法可称为“一点一方向法”）。

如图 2－22(a)所示，点 $M$, $N$ 分别在平面 $P$ 的直线 $AB$, $AC$ 上，因此点 $M$, $N$ 在平面 $P$ 上，而过点 $M$, $N$ 的直线 $MN$ 必在平面 $P$ 上；图 2－22(b)中，点 $M$ 和直线 $AB$ 在平面 $P$ 上，过点 $M$ 作与直线 $AB$ 平行的直线 $MN$，则直线 $MN$ 必在平面 $P$ 上。投影图中，平面均由相交直线 $AB$, $AC$ 确定。

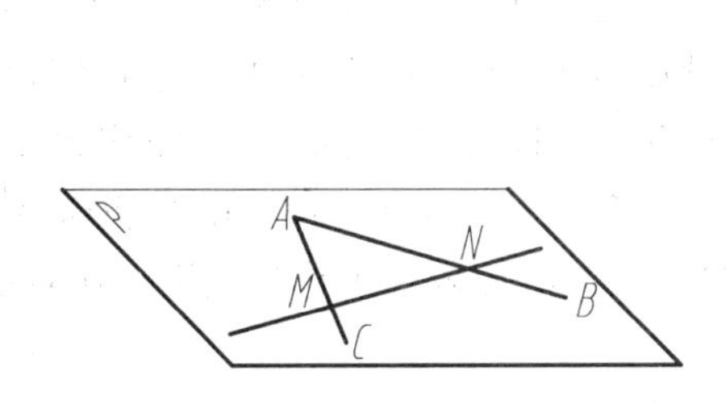


(a) 两点法

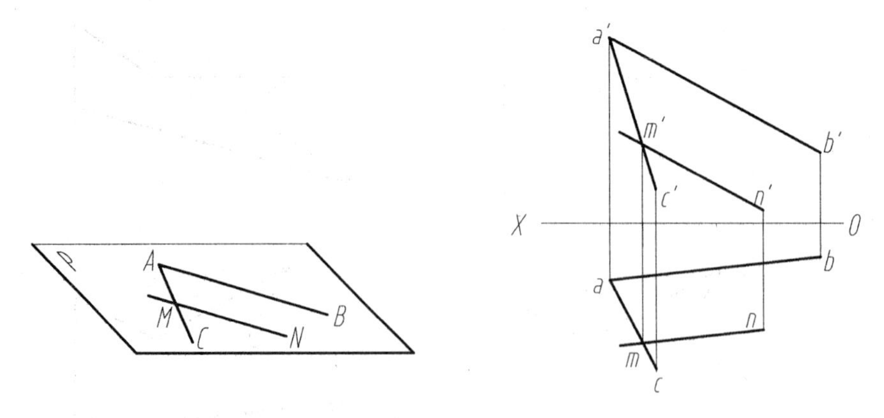


(b) 一点一方向法

图 2-22　平面上的点和直线

根据前述方法,平面上取点、线问题举例如下:

**例 2-1**　如图 2-23(a)所示,已知平面上一点 $A$ 的 $H$ 投影 $a$,求其 $V$ 投影 $a'$。

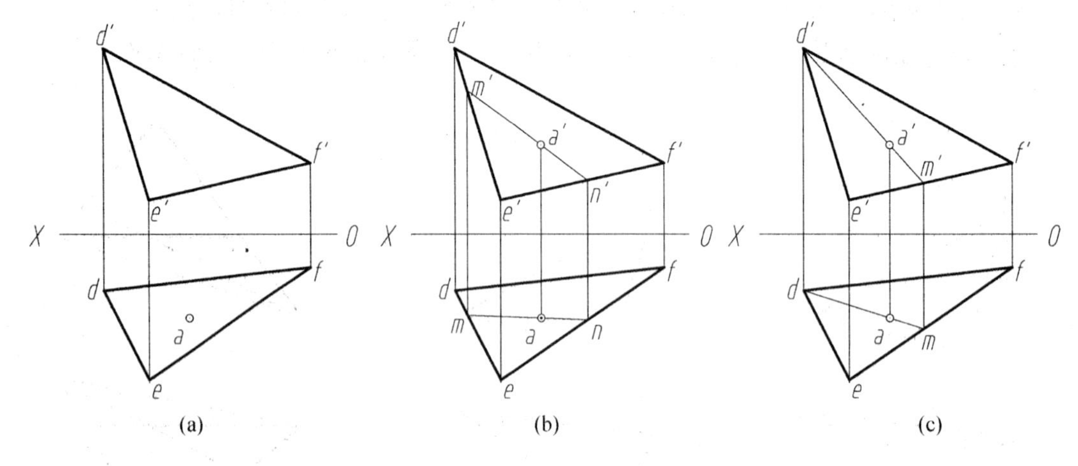


图 2-23　平面上取点

**解**:根据两点法,如图 2-23(b)所示,先过 $H$ 投影 $a$ 任作一直线,与平面上两直线 $DE$, $EF$ 的 $H$ 投影交于 $m$, $n$,自 $m$, $n$ 分别作投影连线求出其 $V$ 投影 $m'$, $n'$, $V$ 投影 $a'$应在 $m'n'$ 的连线上。为使作图简便,如图 2-23(c)所示,可自 $d$ 作 $dm$ 过 $a$ 交 $ef$ 于 $m$,作 $m$ 的投影连线交 $e'f'$ 于 $m'$,$V$ 投影 $a'$应在 $d'm'$ 的连线上。

**例 2-2**　如图 2-24(a)所示,完成平面形 $ABCDEF$ 的投影。

**解**:可根据两点法,如图 2-24(b)所示,首先连接已知三点 $ABC$ 的投影(不在一直线上的三点确定了给出的平面)。再连已知投影 $d'b'$ 与 $a'c'$ 交于 $1'$,过 $1'$ 作投影连线求出其 $H$ 投影 1,连接 $1b$ 与过 $d'$ 的投影连线相交点即 $d$,连接 $abcdef$ 完成该平面形的 $H$ 投影。继续连 $1f$ 交 $ab$ 于 2,同理作出 $f'$,延长 $ef$ 交 $ac$ 于 3,作出 $3'$ 并由 $3'f'$ 作出 $e'$。最后连接 $a'b'c'd'e'f'$ 完成平面形的 $V$ 投影。(此问题亦可由"一点一方向法"作图完成)

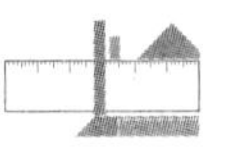

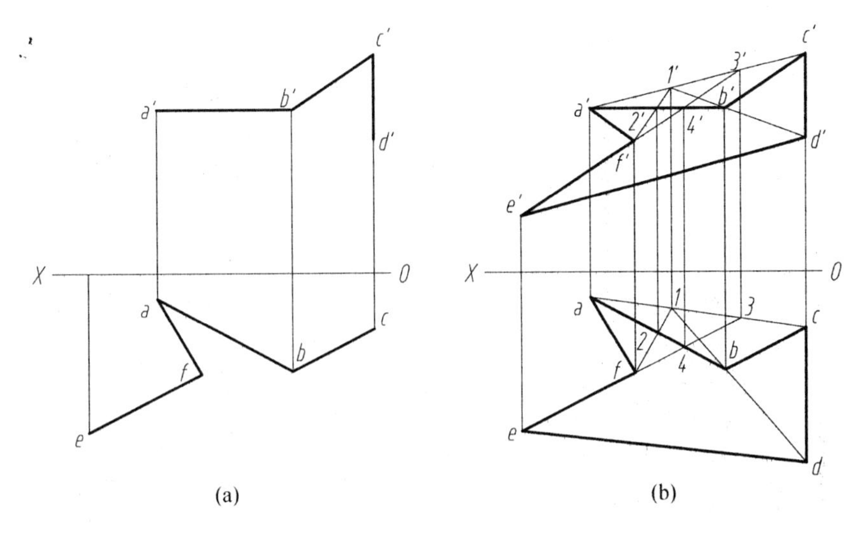


图 2-24　完成平面形的投影

**例 2-3**　如图 2-25(a)所示，检验点 $K$ 是否在三角形 $ABC$ 上。

**解**：根据两点法，如图 2-25(b)所示，可先在 $H$ 投影上作 $ad$ 经过 $k$ 且 $d$ 在 $bc$ 上。过 $d$ 作投影连线求出其 $V$ 投影 $d'$，连接 $a'd'$，但 $a'd'$ 不经过 $k'$，所以点 $K$ 不在三角形 $ABC$ 上。

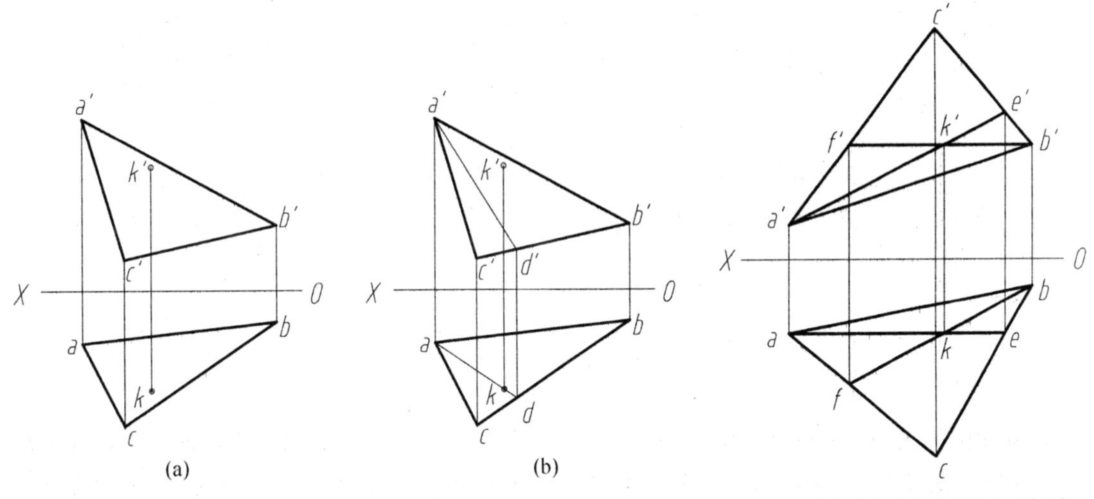


图 2-25　检验点 $K$ 是否在三角形 $ABC$ 上　　　图 2-26　平面上的投影面平行线

**例 2-4**　如图 2-26，在平面上作投影面平行线。

平面上的投影面平行线是在已知平面上且符合投影面平行线的投影特性的直线。如图 2-26所示，在三角形 $ABC$ 上的水平线 $BF$ 和正平线 $AE$。由于分别有 $B$，$F$ 和 $A$，$E$ 各两点在三角形 $ABC$ 上，即 $BF$、$AE$ 是三角形 $ABC$ 上的直线；同时投影 $b'f' /\!/ OX$，$ae /\!/ OX$，所以 $BF$，$AE$ 分别是水平线、正平线。应该注意到，同一平面上的水平线和正平线一定相交。因此作图正确时，它们的交点 $K$ 的投影 $k$，$k'$ 一定符合同一点的投影规律。

### 2.2.2.6　立体的投影(Projections of solid)

立体可分为平面立体和曲面立体。我们仅研究平面立体，如棱柱(prism)、棱锥(pyramid)

等和回转曲面立体，如圆柱(cylinder)、圆锥(cone)、圆球(sphere)、圆环(torus)等。

**1. 平面立体的投影**

平面立体的表面是平面，各表面的交线称为棱线，各棱线的交点称为顶点。因此，**分析各表面和各棱线与投影面的相对位置，是正确表达平面立体投影的关键**。在立体投影中，一般不需反映立体与投影面之间的距离，因此不再画出投影轴。

(1) 棱柱

如图 2－27(a)所示为一正六棱柱，其三面投影如图 2－27(b)所示。

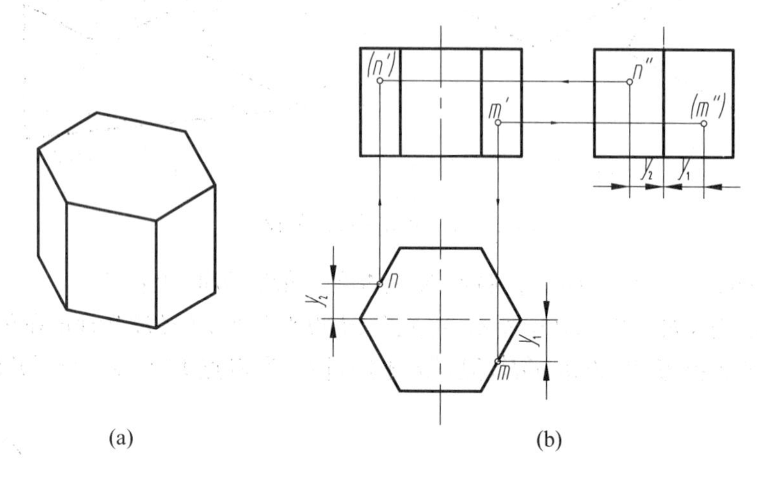


图 2－27　正六棱柱的投影及表面取点

正六棱柱的顶面及底面(正六边形)是水平面，其 $H$ 投影反映实形，$V$，$W$ 投影各积聚成平行于 $X$，$Y$ 轴(不再画出，下同)的直线；前后两侧面是正平面，其 $V$ 投影反映实形，$H$，$W$ 投影各积聚成平行于 $X$，$Z$ 轴的直线；左右四个侧面都是铅垂面，其 $H$ 投影均积聚成倾斜于轴的直线，$V$，$W$ 投影为类似的矩形。

各棱线的位置是：垂直于 $H$ 面的棱线(各侧面交线)有六条，垂直于 $W$ 面的棱线(前后侧面与顶、底面交线)有四条，而平行于 $H$ 面的棱线(左右侧面与顶、底面交线)有八条。

现已知立体表面上点 $M$ 的 $V$ 投影 $m'$，点 $N$ 的 $W$ 投影 $n''$，求两点的其他投影。在平面立体表面取点与平面上取点的方法相同。图 2－27(b)中示出了作图过程。显然，求作各点未知投影的过程利用了立体表面的积聚性投影。

(2) 棱锥

如图 2－28(a)所示为一以 $S$ 为顶点、正三角形 $ABC$ 为底的正三棱锥。其底面△$ABC$ 是水平面，侧面△$SAC$ 是侧垂面(因为 $AC$ 是侧垂线)，另两个侧面△$SAB$，△$SBC$ 是一般位置平面。

各棱线的位置是：$SB$ 是侧平线，$SA$，$SC$ 是一般位置直线，$AB$，$BC$ 是水平线，$AC$ 是侧垂线。图 2－28(b)是该正三棱锥的三面投影。

已知三棱锥表面上点 $M$，$N$ 的 $V$ 投影 $m'$，$(n')$，求出其他投影。图 2－28(b)中示出了作图过程。在这里，点 $N$ 在侧垂面 $SAC$ 上，因此先求出 $n''$后再确定 $n$。而点 $M$ 所在平面无积聚性，所以求作过程用了“两点法”或“一点一方向法”通过在表面上作直线来确定其未知投影。

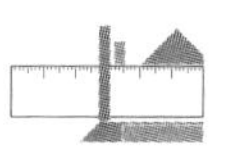

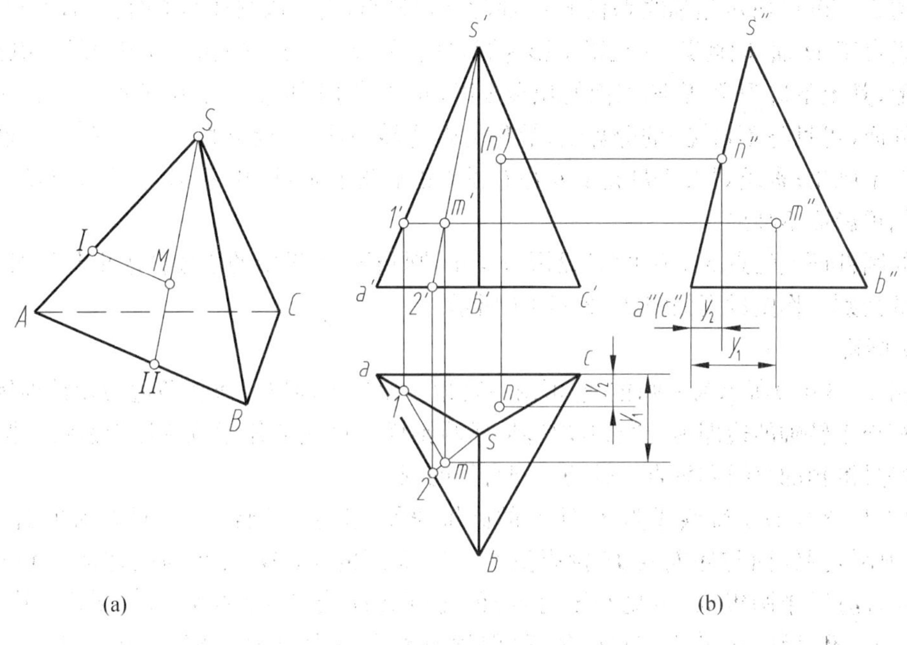


(a)　　　　(b)

图 2-28　正三棱锥的投影及表面取点

**2. 曲面立体的投影**

这里只研究回转体，即圆柱、圆锥、圆球、圆环等的投影及其表面取点。

(1) 圆柱

如图 2-29(a)所示为一圆柱的形成过程：一矩形平面以一条边为转轴旋转一周形成圆柱体。平行于转轴的另一条边即为母线，其轨迹形成圆柱面，母线的任意位置则称为素线。

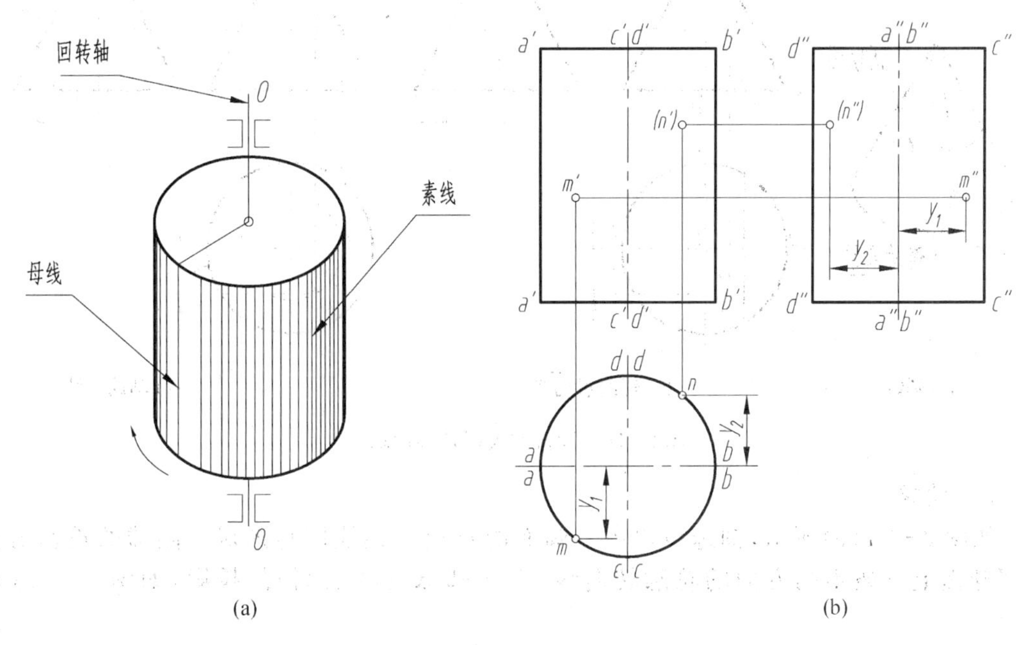


(a)　　　　(b)

图 2-29　圆柱投影及表面取点

如图 2-29(b)所示是轴线垂直于 $H$ 面的圆柱投影，由于该圆柱的顶面、底面为水平面，而各素线垂直于 $H$ 面，因此其 $H$ 投影重影为圆，具有积聚性。圆柱面的 $V$, $W$ 投影缩影成为同样的矩形，其上下边为顶、底圆圆面的积聚投影，长度等于圆的直径。由于素线 $AA$, $BB$ 为前后半圆柱面（可见与不可见）的分界线，故称为轮廓转向线，$V$ 投影为 $a'a'$, $b'b'$, $W$ 投影与回转轴重影不画出；素线 $CC$、$DD$ 是从左往右投影的轮廓转向线，$W$ 投影为 $c''c''$, $d''d''$, $V$ 投影与回转轴重影亦不画出。

已知圆柱面上的点 $M$, $N$ 的 $V$ 投影 $m'$, $n'$，则利用 $H$ 投影的积聚性求出其他投影，注意可见性的判别。作图过程如图 2-29(b)中所示。

(2) 圆锥

如图 2-30(a)所示为一圆锥，它可由一直角三角形平面以一条直角边为旋转轴旋转一周形成。相交于转轴的边即为母线，其轨迹形成圆锥面。母线的任意位置称为素线。圆锥曲面上可作经过锥顶的直线和垂直于轴的不同直径的圆。

如图 2-30(b)是轴线垂直于 $H$ 面的圆锥投影，由于该圆锥的底面为水平面，因此其 $H$ 投影为圆，圆锥面与底面的 $H$ 投影重影。圆锥面的 $V$, $W$ 投影为同样的三角形，素线 $SA$, $SB$ 为前后半圆锥面（可见与不可见）的轮廓转向线，$V$ 投影为 $s'a'$, $s'b'$。其 $H$ 投影应在 $sa$, $sb$, $W$ 投影在 $s''a''$, $s''b''$ 的位置（但均不画出）；素线 $SC$, $SD$ 是从左往右投影的轮廓转向线，$W$ 投影为 $s''c''$, $s''d''$。其 $H$ 投影在 $sc$, $sd$, $V$ 投影在 $s'c'$, $s'd'$ 的位置（亦不画出）。

已知圆锥面上的点 $M$ 的 $V$ 投影 $m'$，可利用经过锥顶的直线或利用垂直于轴的圆周来求出其他投影。作图过程如图 2-30(b), (c)中所示。

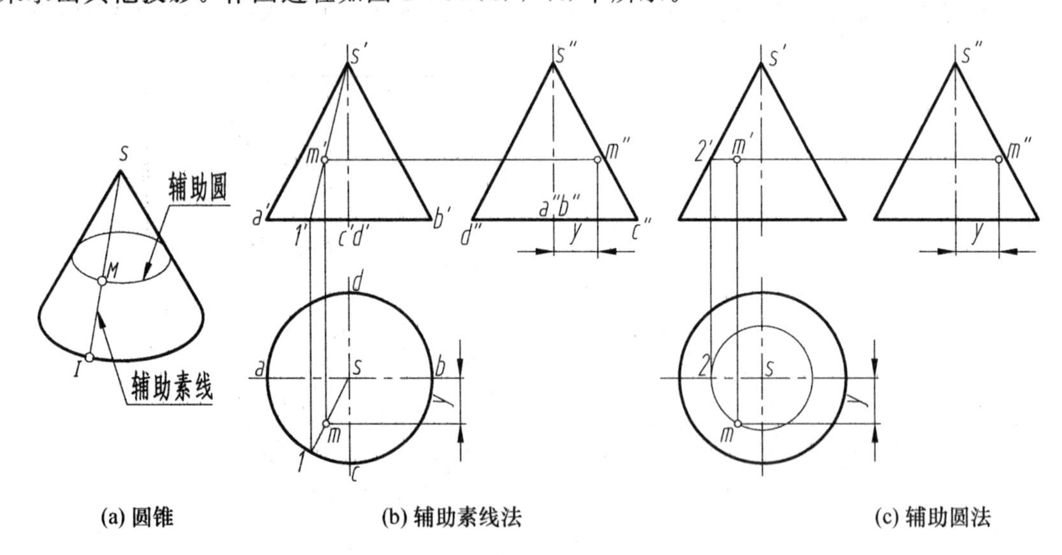


图 2-30 圆锥的投影及表面取点

(3) 圆球

如图 2-31(a)所示，圆球可以由一圆面的直径为轴线回转形成。圆球的投影分别是圆球面上三条不同方向的轮廓转向线（等于圆球直径的圆）的投影，如图 2-31(b)所示。

已知球面上的点 $M$, $N$ 的 $H$ 投影 $m$, $n$，利用球面上经过已知点，且平行于投影面的圆周

求出其他投影。作图过程如图 2-31(a)，(b)所示。

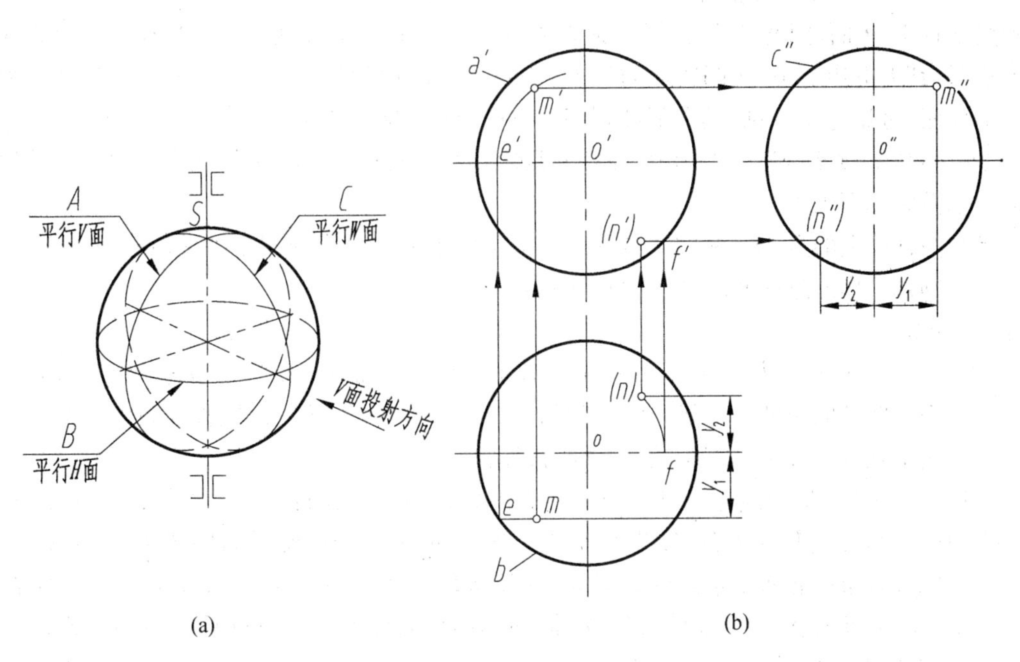


图 2-31　球的投影及表面取点

**应注意球面上可作出任意方向的圆但不能作直线。**

(4) 圆环

圆环是由一圆面绕与其共面但不通过该圆圆心的轴线回转而形成，如图 2-32(a)所示。

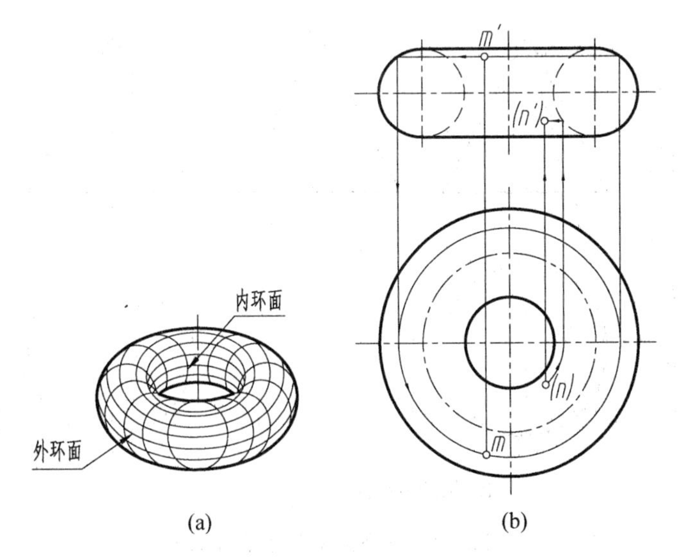


图 2-32　圆环的投影及表面取点

图 2-32(b)是圆环的 $V$，$H$ 投影。$H$ 投影画出内、外环面上轮廓转向线(两个实线圆)和母线圆圆心的回转轨迹(点画线圆)；$V$ 投影画出内、外环面在 $V$ 方向投影的轮廓转向线(虚与实的半圆)和内、外环面分界圆的投影(上下二直线)。

圆环面上取点应采用垂直于轴线的辅助圆，作图过程如图 2-32(b)所示。

### 2.2.3 平面与立体相交——截交线 (Shows the intersection of a solid and a plane)

平面与立体相交在立体表面上产生的交线称为截交线，如图 2-33 所示。该平面称为截平面。截交线围成的平面图形称为截面形。立体被截后的剩余部分称为截余部分。

截交线的形状取决于立体表面的形状和截平面与立体的相对位置。它可以是直线或曲线。截交线具有如下性质：

1）截交线是截平面与立体表面的公有线。

2）截交线是封闭的。

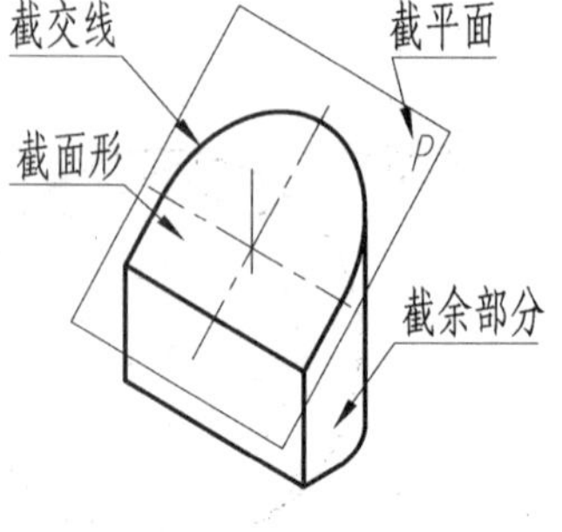


图 2-33　截交线

#### 2.2.3.1 平面截平面立体

平面立体各表面都是平面。因此，平面截平面立体的截交线是一多边形，多边形的各顶点是截平面与立体的棱线的交点，或两截平面交线的顶点。

**例 2-5**　如图 2-34(a)所示，求正三棱锥被平面截后的 $H$，$W$ 投影。

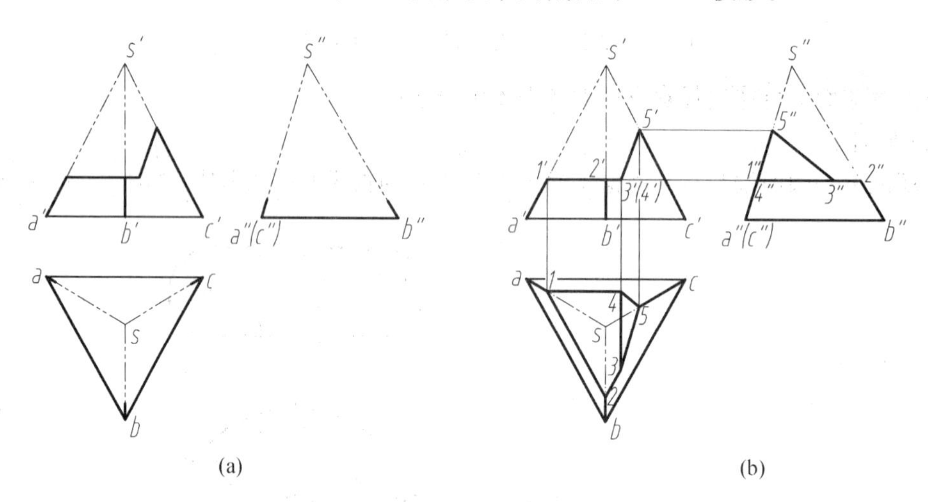


图 2-34　平面截三棱锥

**解**：该正三棱锥被一水平面和一正垂面所截。其中水平面与正三棱锥有Ⅰ，Ⅱ，Ⅲ，Ⅳ个截交点，因此其截面形应是四边形；正垂面与三棱锥有Ⅲ，Ⅳ，Ⅴ三个交点，其截面形应是三角形。而截交点的位置是Ⅰ，Ⅱ，Ⅴ三点在三棱锥的棱线上，Ⅲ，Ⅳ两点在表面上。具体作图如图 2-34(b)所示。

**例 2-6**　如图 2-35(a)所示，求正四棱柱开孔后的 $W$ 投影。

**解**：该正四棱柱被两个水平面（上下对称）和左右侧平面所截。其中每个水平面与正四棱柱各自有Ⅰ，Ⅱ，Ⅲ，Ⅳ，Ⅴ，Ⅵ六个截交点，因此其截面形应是六边形；而每个侧平面与正四棱柱各自有Ⅰ，Ⅰ，Ⅱ，Ⅱ和Ⅳ，Ⅳ，Ⅴ，Ⅴ四个交点，其截面形应是矩形。各截交点的 $V$，$H$ 投影均已知，如图 2-35(b)所示。具体作图如图 2-35(b)所示，由已知二投影求出 $W$ 投影，注意可见性的判别和前后棱线在Ⅲ，Ⅲ和Ⅵ，Ⅵ之间部分已被截除，其 $W$ 投影 3″3″和 6″6″之

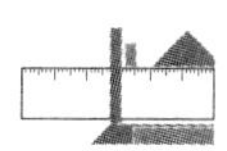

间无线。

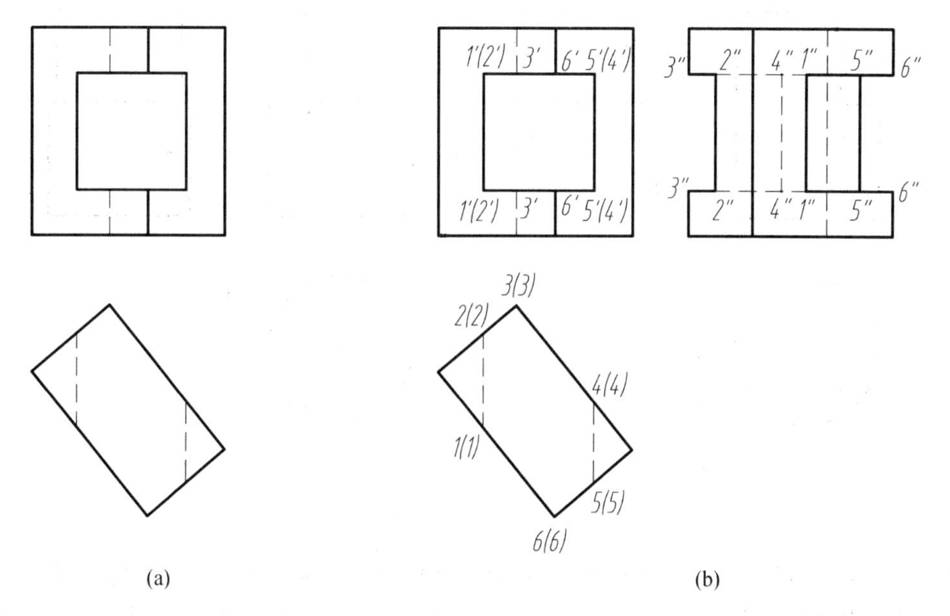


(a)　　(b)

图 2 - 35　平面截四棱柱

### 2.2.3.2　平面截回转曲面立体

截交线的形状取决于回转曲面立体表面的形状和截平面与回转曲面立体轴线的相对位置。截交线为曲线时，其截交线上的点分为特殊点和一般(中间)点。特殊点是：①确定曲线基本性质的点，如椭圆长短轴的端点；②确定极限位置的点，如最高、最低，最左、最右，最前、最后点；③确定某投射方向上可见与不可见的分界点即虚实分界点等。下面分别讨论平面截圆柱、圆锥、圆球和圆环的截交线及其求作方法。

**1. 平面截圆柱**

截平面与圆柱轴线的相对位置有平行、垂直、倾斜三种情况，分别产生的截交线为矩形、圆、椭圆，如图 2 - 36 所示。

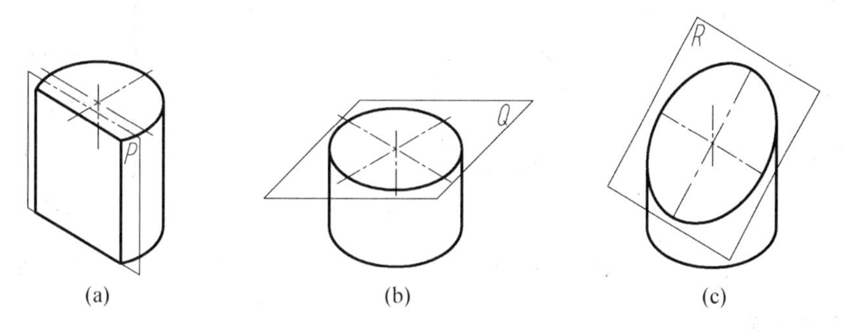


(a)　　(b)　　(c)

图 2 - 36　平面截圆柱

图 2 - 37(a)，(b)为截平面(侧平面和水平面)平行和垂直于圆柱轴线截圆柱时的截交线投影的求作。其中 Ⅰ，Ⅰ，Ⅱ，Ⅱ 为矩形；Ⅰ，Ⅱ，Ⅲ 为圆弧加直线。注意(a)，(b)的不同之处。

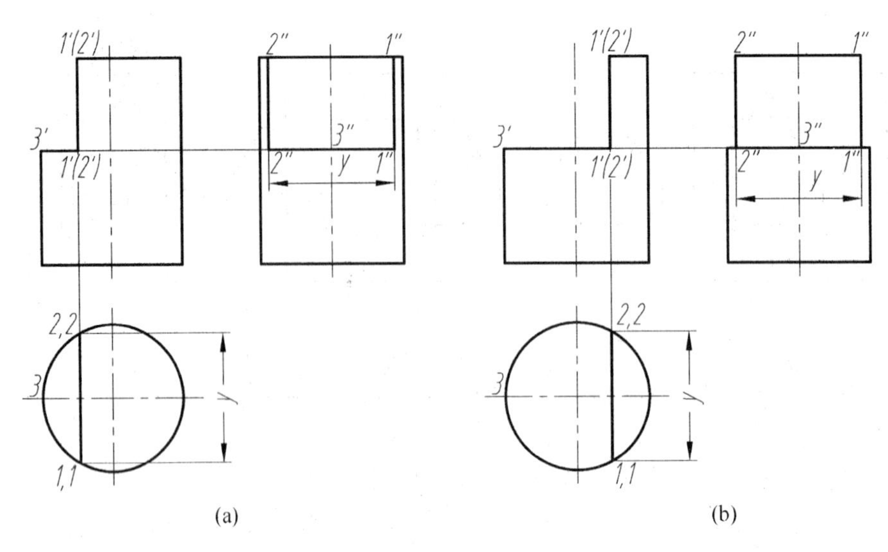


(a) (b)

图 2－37　平面截圆柱(Ⅰ)

图 2－38(a)，(b)为截平面(正垂面)倾斜于圆柱轴线截圆柱时的截交线椭圆投影的求作。其中Ⅰ，Ⅱ，Ⅲ，Ⅳ为椭圆长短轴的端点；是截交线椭圆的最高(最左)、最低(最右)、最前、最后点；Ⅲ，Ⅳ亦为 *W* 投射方向的转向轮廓线上的点，是虚实分界点。Ⅴ，Ⅵ，Ⅶ，Ⅷ是中间点。在图 2－38(a)，(b)中截平面对 *W* 投影面的倾角大于 45°或小于 45°时，空间椭圆的长轴投影到 *W* 面上成了椭圆的短轴或长轴，而空间椭圆的短轴始终是正垂线，其 *W* 投影保持不变。因此，当截平面与 *W* 面成 45°时，则空间椭圆的长轴投影到 *W* 面上与短轴相等，即椭圆投影成了圆。这时的投影如图 2－39 所示。

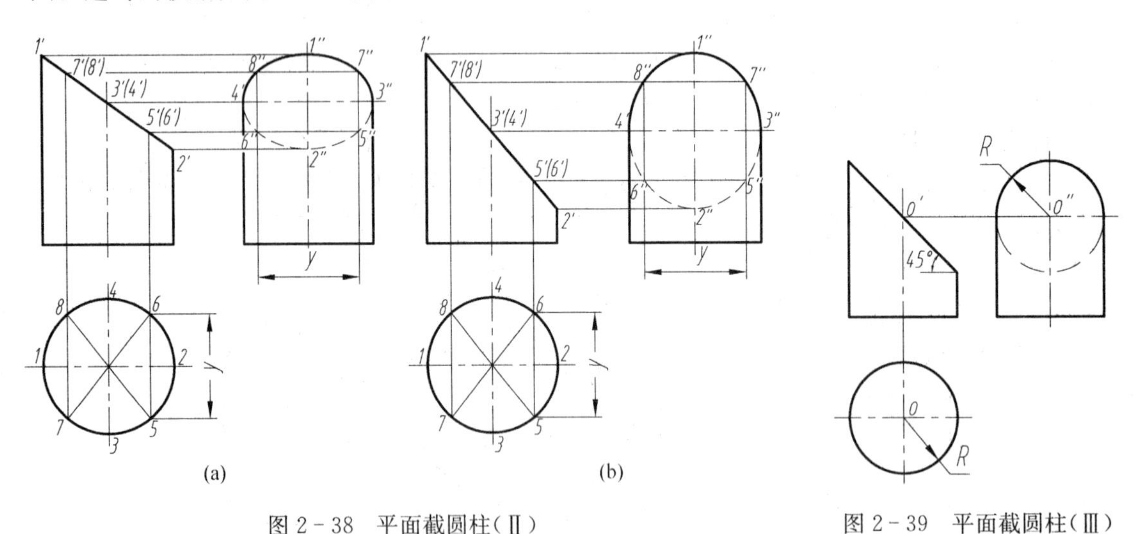


(a) (b)

图 2－38　平面截圆柱(Ⅱ)　　图 2－39　平面截圆柱(Ⅲ)

**2. 平面截圆锥**

根据截平面与圆锥的不同位置，可得到不同的截交线。如图 2－40(a)是截平面过锥顶，截交线为等腰三角形；图 2－40(b)是截平面垂直于轴线，截交线为圆；图 2－40(c)是截平面和轴线倾斜且 $\theta < \alpha$，截交线为椭圆；图 2－40(d)是截平面和轴线倾斜且 $\theta = \alpha$，截交线为抛物线加直线；图 2－40(e)是截平面和轴线倾斜且 $\theta > \alpha$，截交线为双曲线加直线。

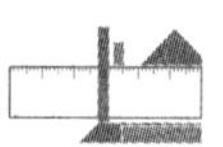

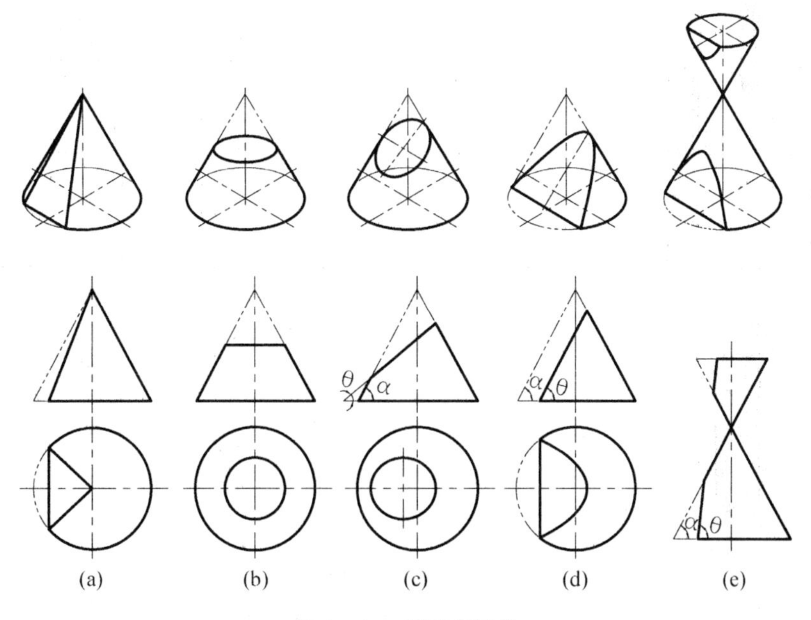


图 2-40　平面截圆锥

图 2-41 为正垂面截圆锥，截交线为椭圆时的投影求作。其中 *I*，*II*，*III*，*IV* 为椭圆长短轴的端点，是截交线椭圆的最高(最左)、最低(最右)、最前、最后点；*V*，*VI* 为 *W* 投射方向的轮廓转向线上的点，是截交线在 *W* 投影上的虚实分界点，这些点都是特殊点。图中未求中间点，投影如图 2-41(b)所示。

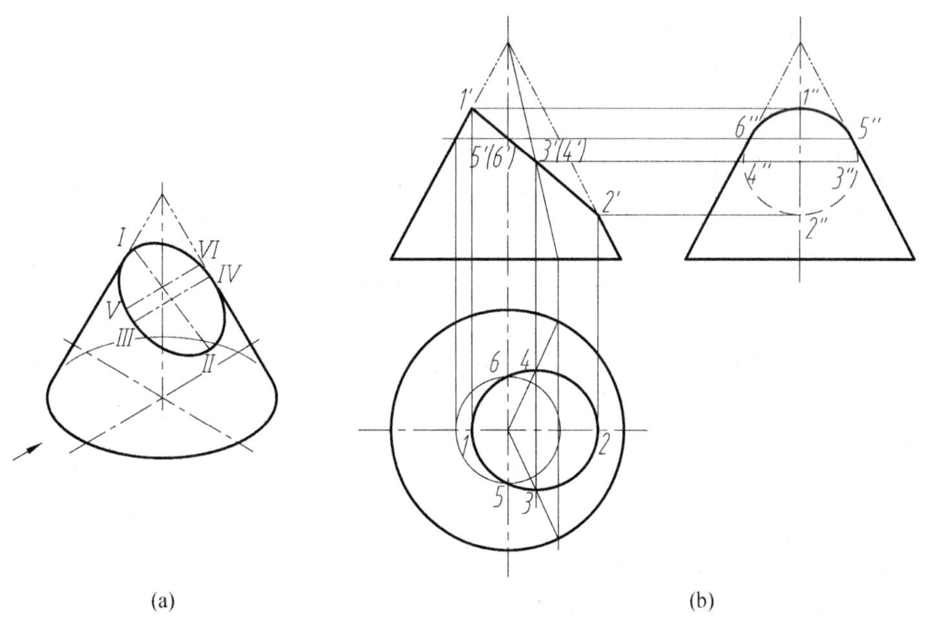


图 2-41　平面截圆锥

**3. 平面截圆球**

平面与圆球的截交线总是圆。投影则取决于截面形对投影面的位置，其投影可能是积聚的直线、圆和椭圆。

图 2-42 是一水平面和正垂面截球，水平面截出的截交线分别在 $V$，$W$ 投影中积聚，而 $H$ 投影反映实形；正垂面截出的截交线在 $V$ 投影中积聚，而 $H$，$W$ 投影均为椭圆加直线。椭圆的求作如图所示。

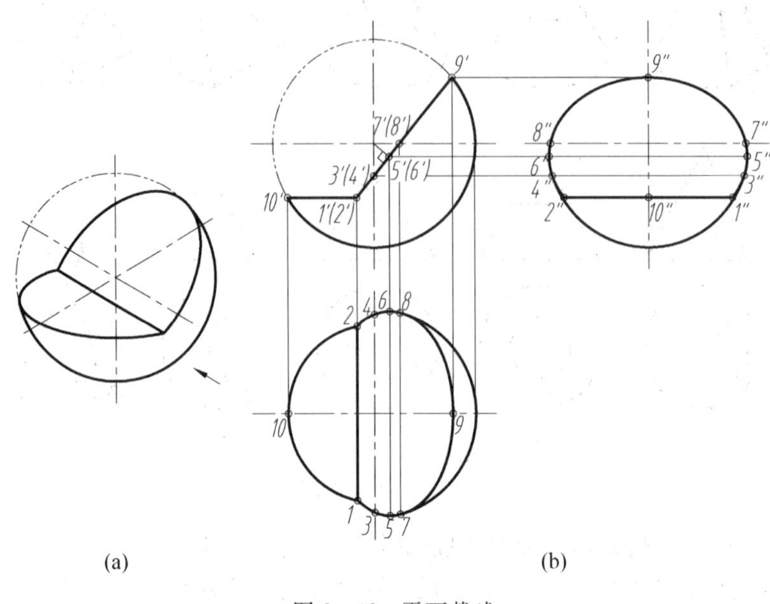


(a) (b)

图 2-42 平面截球

## 2.2.4 立体与立体相交——相贯线 (Intersection of two solids)

### 2.2.4.1 概述

两立体相交称为相贯，其表面的交线称为相贯线。相贯线一般是封闭的空间曲线，如图 2-43所示。特殊时可蜕化成平面曲线、直线等，如图 2-44 所示。

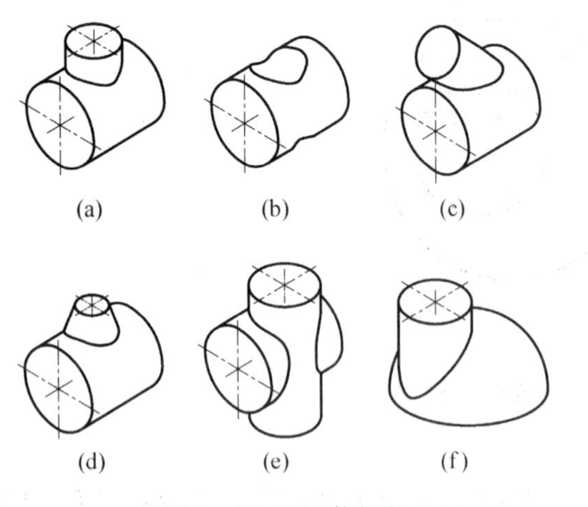

(a) (b) (c)

(d) (e) (f)

图 2-43 两立体相交

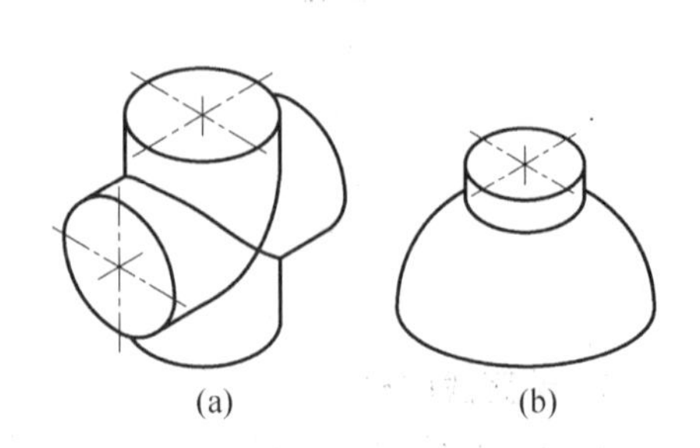

(a) (b)

图 2-44 两立体相交

**确定相贯线的三大因素是:两立体的形状、大小和它们的相互位置。**

相贯线是两立体表面的共有线，相贯线上的点称为相贯点，是两立体表面的共有点。相贯线的求作过程是先求出两立体表面的一系列共有点，然后依次光滑连接成曲线。

相贯点有特殊点和一般(中间)点。如曲面立体的轮廓转向线与另一曲面立体的交点(称为转向点);相贯线上的最高、最低、最左、最右、最前、最后点以及相贯线与曲面上素线的切点(称为极限位置点)等是特殊点。作图时，应求出特殊点，这有助于确定相贯线的投影范围和变化趋势，使相贯线的投影更准确。一般点则按需求出。

#### 2.2.4.2　相贯线的求作方法

相贯线的求作方法一般有表面取点法和根据“三面共点”原理产生的辅助截面法。应用表面取点法的条件是必须已知相贯线的一或两个投影，而辅助截面法则没有条件限制。因此辅助截面法在相贯线的求作中应用较多。

如图 2-45(a)所示的圆柱与圆锥相贯，过锥顶并平行于圆柱轴线作辅助截面 $P$，它截圆锥面为两相交直线;而截圆柱面为两平行直线。它们的交点 Ⅰ，Ⅱ，即为圆柱与圆锥相贯线上的点。图 2-45(b)所示的圆柱与圆锥相贯，辅助截面 $Q$ 垂直于圆锥轴线并平行于圆柱轴线，它截圆锥为平行于 $H$ 投影面的圆，而截圆柱为两平行直线。它们的交点 Ⅲ，Ⅳ 即为圆柱与圆锥相贯线上的点。选择一系列的辅助面，可求得一系列的相贯线上的点，最后依次光滑连接相邻的点完成相贯线的投影。

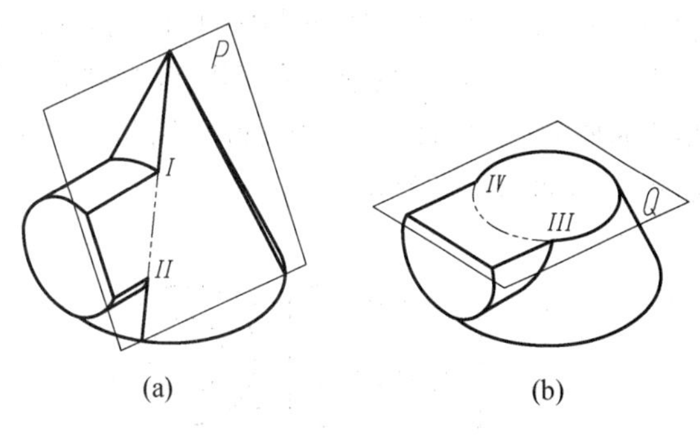


图 2-45　辅助截面法

为使作图简便，辅助截面的选择应使所截得的截交线是直线或平行于投影面的圆。常用的辅助面有平面和球面两种，其中以平面为辅助截面用得最多。

下面举例说明用辅助平面法求相贯线的步骤和方法。

**例 2-7**　求不等直径圆柱正交相贯线的投影。

**解**:有如下几步:

1) 分析:如图 2-46，两圆柱轴线互相垂直相交且直立小圆柱垂直于 $H$ 面、水平大圆柱垂直于 $W$ 面，它们的相贯线是一封闭的空间曲线，其前后、左右对称。相贯线的 $H$，$W$ 投影分别有积聚性，$V$ 投影需要求作。

2) 辅助平面的选择:分析可知，投影面的平行面均能截出直线或平行于投影面的圆，因此可作为辅助平面。如图 2-46(a)所示，本例选正平面 $P$ 为辅助平面。

3) 求特殊点:如图 2-46(b)所示，Ⅰ，Ⅱ 是最高点、又是最左、最右点，也是 $V$ 投影方向上的虚实分界点，Ⅲ，Ⅳ 是最低点、又是最前、最后点。各点的 $V$ 投影 $1'$，$2'$，$3'$，$4'$ 由已知的 $H$，$W$ 投影求得。

4) 求一般(中间)点:如图 2-46(b)，Ⅴ，Ⅵ 两点选择辅助平面 $P$ 求得。

5) 连线并判别可见性:因为该相贯线前后对称，所以其 $V$ 投影虚实重叠。

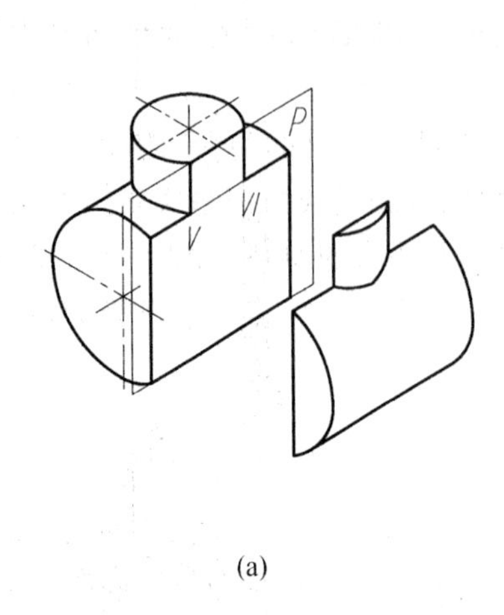


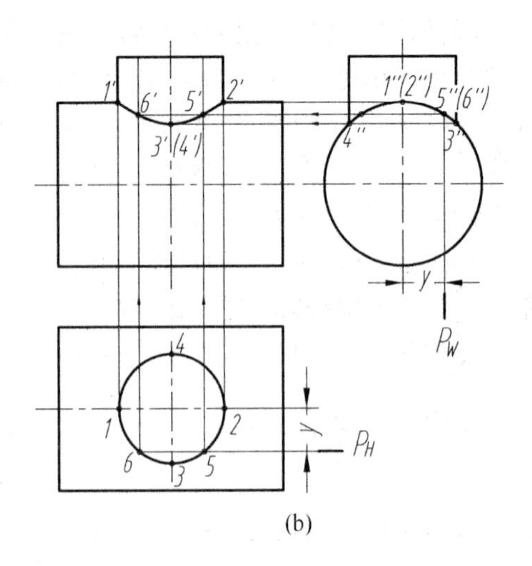


(a) (b)

图 2-46 不等直径圆柱正交(Ⅰ)

上述两圆柱外表面相交的相贯线,同样可出现在圆柱上开圆柱孔的情况下,即圆柱与圆柱孔(外表面和内表面)、圆柱孔与圆柱孔(内表面和内表面)正交时。它们的求作方法是相同的,如图 2-47(a)所示。当轴线垂直相交的两圆柱直径相等时,相贯线变成平面曲线—椭圆。在两圆柱轴线分别垂直于 $H$, $W$ 面时,椭圆处于正垂面上,因此相贯线的 $V$ 投影积聚成两条相交的直线,如图 2-47(b)所示。

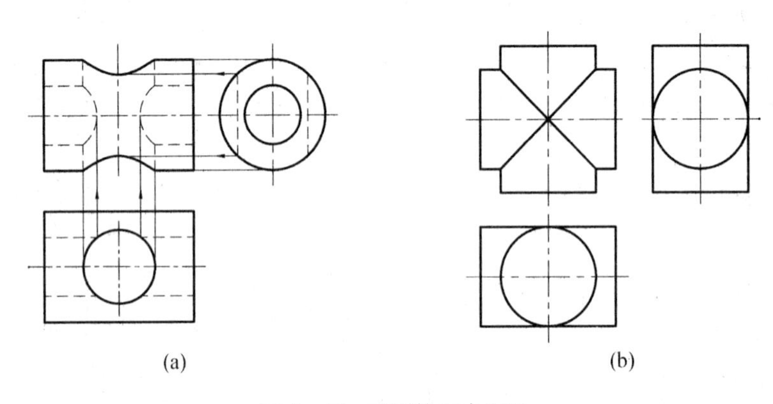

(a) (b)

图 2-47 两圆柱正交(Ⅱ)

**例 2-8** 求圆柱与圆锥正交的相贯线。

**解**:有如下几步:

1) 分析:如图 2-48,圆柱与圆锥轴线垂直相交,具有前后对称中心平面。因此相贯线是一封闭的空间曲线,其前后对称。由于水平圆柱垂直于 $W$ 面,所以相贯线的 $W$ 投影有积聚性,$H$, $V$ 投影需要求作。

2) 辅助平面的选择:选择水平面或过锥顶的侧垂面为辅助平面。

3) 求特殊点:如图 2-48(b)所示,Ⅰ是最高点,Ⅱ是最低点(也是最左点),它们是圆柱和圆锥在 $V$ 投影上的轮廓转向线的交点;Ⅲ是最前点,Ⅳ是最后点,位于圆柱上下轮廓转向线上。必须指出,最右点是不能由辅助平面法求得的。

根据以上分析,各点的 $V$, $H$ 投影由已知的 $W$ 投影和通过作水平辅助平面方法求得。而

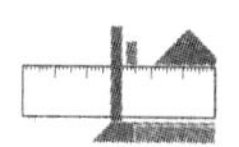

Ⅴ，Ⅵ两点是相贯线与过锥顶的圆锥素线的切点。

4) 求一般(中间)点：现选择水平面(亦可选择过锥顶的侧垂面)为辅助平面可求得Ⅶ，Ⅷ，Ⅸ，Ⅹ各点，如图中所示。

5) 连线并判别可见性：根据两立体公共可见部分的交线才可见的判别原则，由已知的 $W$ 投影分析可知：$V$ 投影方向，由于前后对称，以点Ⅰ，Ⅱ分界，相贯线投影虚实重叠为可见；$H$ 投影方向，以点Ⅲ，Ⅳ为分界，相贯线的上面部分为可见。因此得到如图 2-48(b)中的投影结果。圆柱上下轮廓转向线的 $H$ 投影画到点Ⅲ，Ⅳ为止。

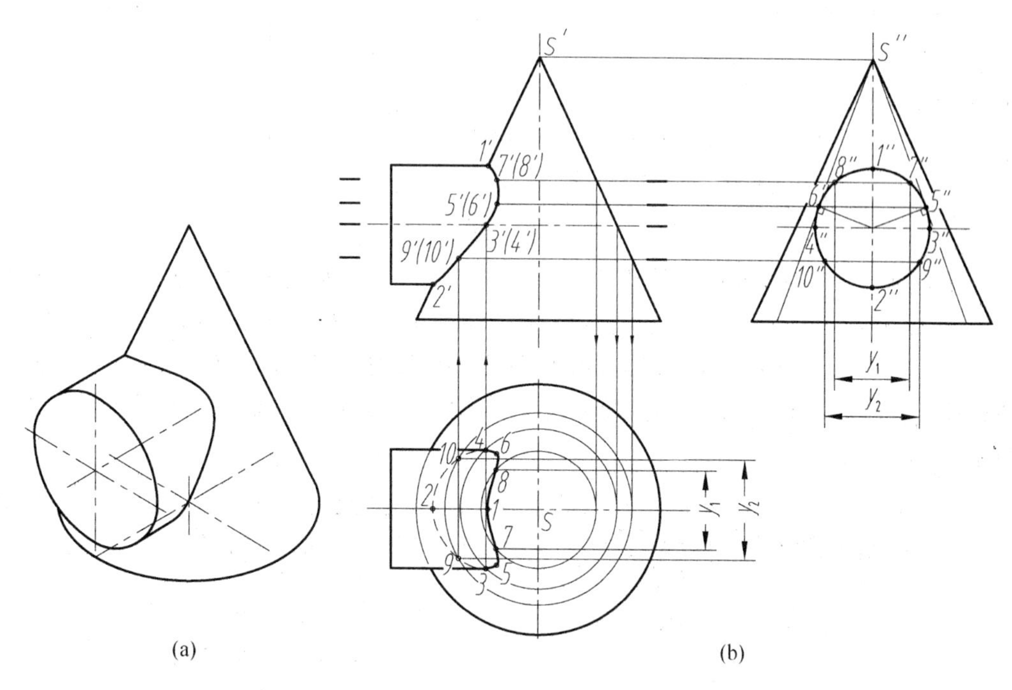


图 2-48　圆柱与圆锥正交

**例 2-9**　求圆柱与球相交的相贯线。

**解**：有如下几步：

1) 分析：如图 2-49(a)所示，圆柱与球轴线平行并且前后对称。相贯线是一封闭的空间曲线。由于直立圆柱垂直于 $H$ 面，所以相贯线的 $H$ 投影有积聚性，由于前后对称，所以 $V$ 投影中圆柱与球的轮廓转向线交点即是相贯线点且相贯线的 $V$ 投影虚实重叠。需求作 $V$，$W$ 投影。

2) 辅助平面的选择：如图 2-49(b)所示，选择与 $V$ 投影面平行的平面为辅助平面，其与圆柱的截交线是直线(图中为铅垂线)，而与球的截交线是平行于 $V$ 投影面的圆。

3) 求特殊点：如图 2-49(b)所示，Ⅰ，Ⅱ是最左(最低)、最右(最高)点，Ⅲ，Ⅳ是最前、最后点，Ⅴ，Ⅵ是球的 $W$ 投影轮廓转向线上的相贯线点。以上各点的 $V$、$W$ 投影由它们已知的 $H$ 投影和通过作正平面 $P$ 为辅助平面的方法求得，其求作过程如图中所示。

4) 求一般(中间)点：可同样选择正平面为辅助平面求得Ⅶ，Ⅷ，Ⅸ，Ⅹ各点。

5) 连线并判别可见性：$V$ 投影中相贯线投影虚实重叠，圆柱与球的转向轮廓线交点即是相贯线点Ⅰ，Ⅱ的 $V$ 投影 $1'$，$2'$；根据两立体公共可见部分的交线才可见的判别原则，由已知的 $H$ 投影可知：$W$ 投影以点Ⅲ，Ⅳ为虚实分界点，相贯线的左面部分为可见。圆柱和球的轮廓转向线在 $W$ 投影中补画情况如图所示。

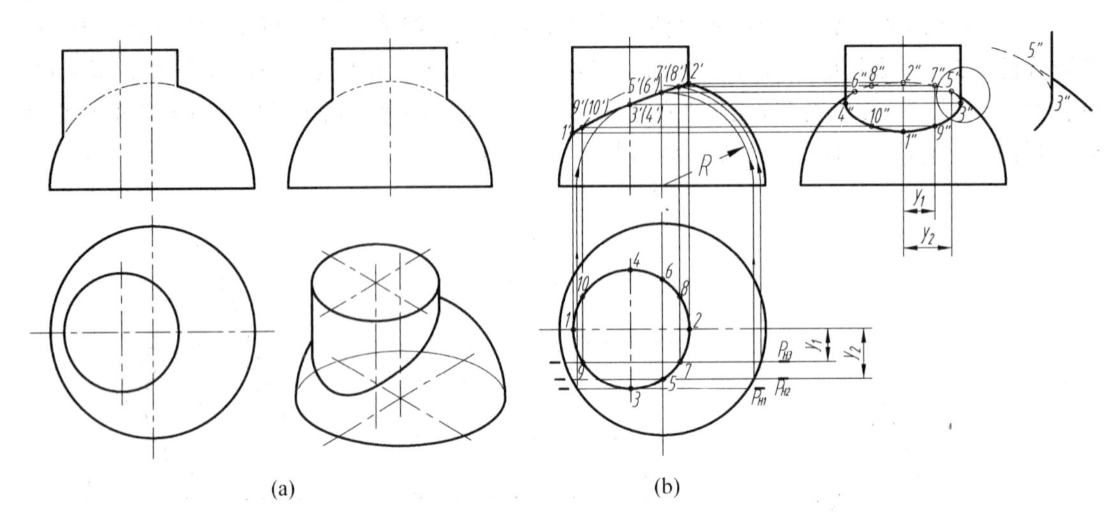

图 2-49　圆柱与球相交（Ⅰ）

**例 2-10**　求圆柱与球偏交的相贯线。

**解**：通过如下几步：

1）分析：如图 2-50(a)所示，圆柱与球轴线平行但不相交。相贯线是一封闭的空间曲线。由于直立圆柱垂直于 $H$ 面，所以相贯线的 $H$ 投影有积聚性，现仅求作 $V$ 投影。

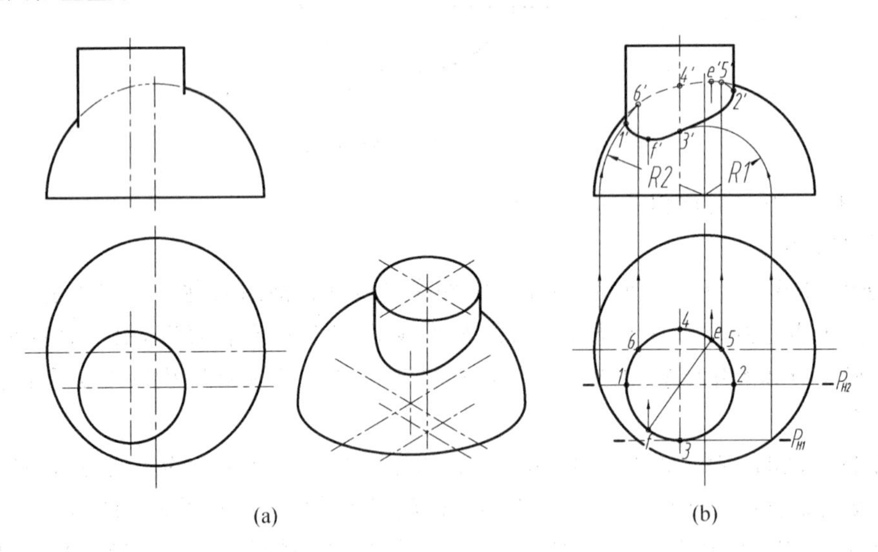

图 2-50　圆柱与球相交（Ⅱ）

2）辅助平面的选择：选择投影面平行面为辅助平面，其与圆柱的截交线是直线或平行于投影面的圆，而与球的截交线是平行于投影面的圆。

3）求特殊点：如图 2-50(b)，Ⅰ，Ⅱ是最左、最右点，Ⅲ，Ⅳ是最前、最后点。而最高、最低点 $E$，$F$ 的 $H$ 投影应是在 $H$ 投影中圆柱和球中心连线与圆周相交的 $e$、$f$ 点。以上各点的 $V$

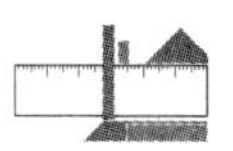

投影由它们已知的 $H$ 投影和通过作正平面 $P$ 为辅助平面的方法求得，其求作过程如图中所示。

4）求一般（中间）点：可同样选择正平面为辅助平面求得，本例图中未作。

5）连线并判别可见性：根据两立体公共可见部分的交线才可见的判别原则，由已知的 $H$ 投影分析可知：$V$ 投影中，以点 Ⅰ，Ⅱ 为虚实分界点，相贯线的前面部分为可见。圆柱和球的前后轮廓转向线在 $V$ 投影中补画情况如图所示。

#### 2.2.4.3　相贯线的特殊情况

1）两立体相交，当它们公切于一个球面时，其相贯线由空间曲线蜕化成两个椭圆。如图 2-51中，各椭圆所在平面均与 $V$ 面垂直，因此它们的 $V$ 投影都积聚成直线，由两立体在 $V$ 面上的轮廓转向线的交点所连成。

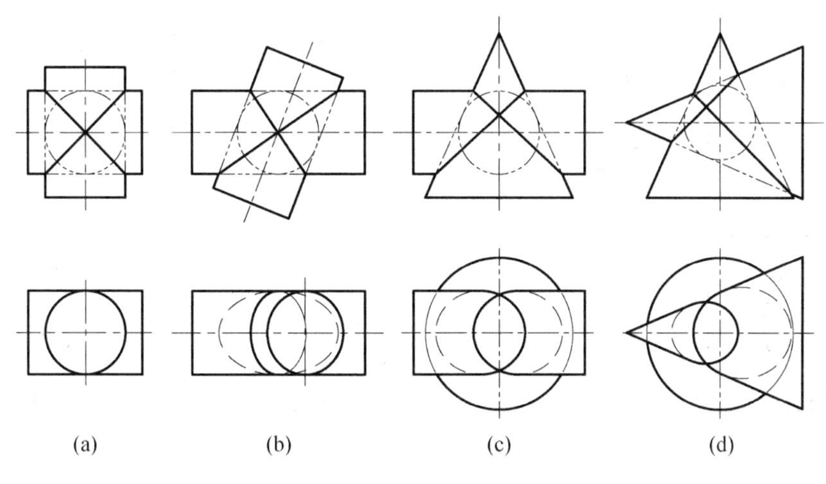


图 2-51　相贯线的特殊情况（Ⅰ）

2）如图 2-52 所示，回转体与球相交，且回转体轴线过球心时，其相贯线为一垂直于回转体轴线的圆。因此，当圆柱和圆锥同时与球相交且轴线均过球心时，它们分别与球产生的交线都是垂直于相应轴线的圆。

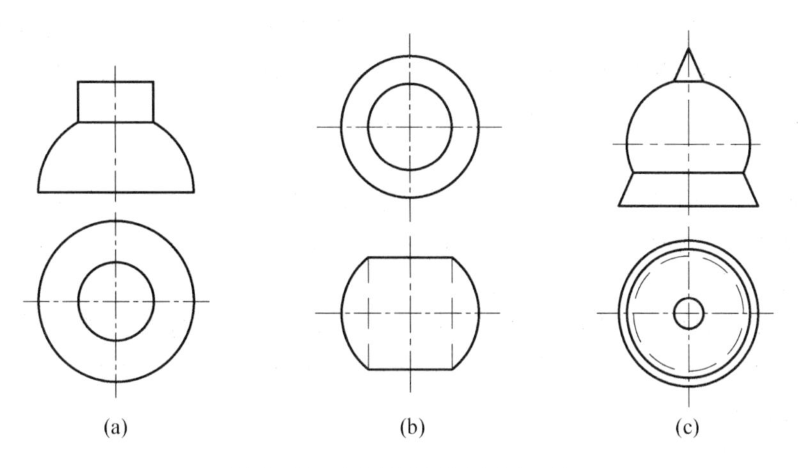


图 2-52　相贯线的特殊情况（Ⅱ）

## 2.2.5 综合举例(Integrated Example)

当几个基本几何体相互相交组成一个复杂的组合体时，如何正确作出它们的交线，除了很好掌握单一基本几何体被平面所截产生截交线和两个基本几何体相交产生相贯线的分析和求作方法之外，还应注意：

1）分析清楚组合体由哪几个基本几何体组成、它们的相对位置以及何处存在交线；

2）分析清楚交线的形状和不同交线的分界点，以及它们的各个投影情况。

**例 2-11** 如图 2-53(a)所示，求下列立体交线的投影。

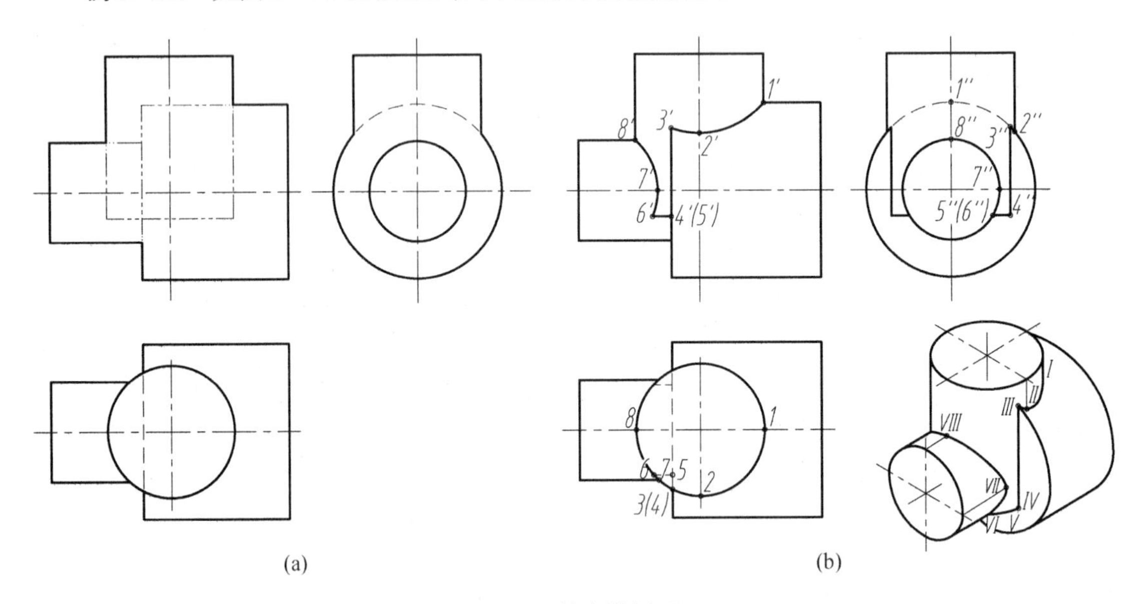


图 2-53 综合举例(Ⅰ)

**解**：由已知的图 2-53(a)分析可知，该组合体是由三个直径不同的圆柱组成。其中左右水平的小、大两圆柱共轴线并垂直于 $W$ 面；直立圆柱垂直于 $H$ 面并与水平两圆柱垂直相交。组合体前后对称。

直立圆柱与水平大、小圆柱的相贯线均为不等直径圆柱正交，相贯线各是一前后对称的空间曲线。它们分别经过点Ⅰ，Ⅱ，Ⅲ和点Ⅵ，Ⅶ，Ⅷ，且分别在 $W$，$H$ 投影中积聚，$V$ 投影如图 2-53(b)所示，分别为前后重影，曲线为 $1'$，$2'$，$3'$ 和 $6'$，$7'$，$8'$ 的光滑连接。

水平大圆柱左端面是侧面平行面，与直立圆柱轴线平行，因此它们产生的交线在直立圆柱面上是二平行直线(铅垂线)。前面交线的投影是：其 $V$ 投影重影即 $3'4'$ 一段，$H$ 投影积聚成一点即 3(4)，$W$ 投影是 $3''4''$。后面与前面完全对称。

直立圆柱的下端面是水平面，与水平小圆柱面相交也是二平行直线(侧垂线)。前面交线的投影是：其 $V$ 投影重影即 $5'6'$ 一段，$W$ 投影积聚成一点即 $5''(6'')$，$H$ 投影是 56(不可见)。后面与前面完全对称。

最后，补全其他投影，完成作图。

**例 2-12** 如图 2-54(a)所示，完成开孔立体的 $H$，$W$ 投影。

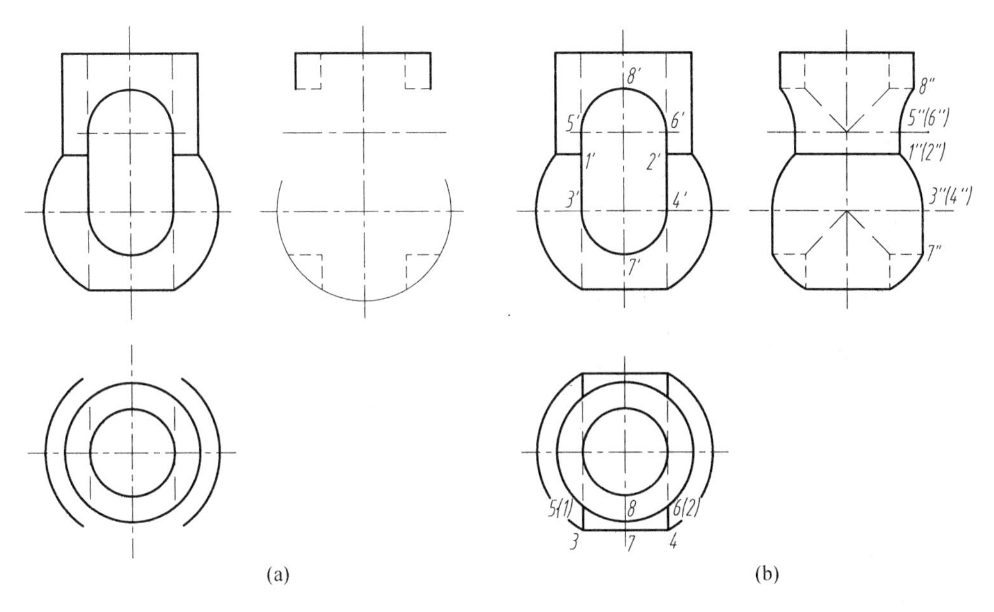


图 2-54　综合举例(Ⅱ)

**解**:由已知的图 2-54(a)分析可知,该组合体是由共轴线的圆柱和球组成,轴线垂直于 $H$ 面。组合体开有上下、前后通孔,且互相垂直相交。组合体前后、左右均对称。

如图 2-54(b)所示,直立圆柱因开孔在外表面产生的是不等直径圆柱正交的相贯线和平行于圆柱轴线的平面截圆柱的二平行直线,相贯线经过Ⅴ,Ⅵ,Ⅷ点,其 $V$,$H$ 投影积聚,$W$ 投影为 5″(6″),8″的光滑连接;截交线Ⅴ(Ⅰ)和Ⅵ(Ⅱ)是铅垂线,其 $W$ 投影为 5″(6″)和 1″(2″)点的连线。而内孔是两等直径圆柱正交,交线椭圆的 $W$ 投影积聚成直线(不可见)。

球部分开孔后产生圆柱孔轴线通过球心,外表面的相贯线是圆、而截交线也是圆。相贯线经过Ⅲ,Ⅳ,Ⅶ点,其 $V$ 投影积聚,$H$ 投影积聚为 3,4,7 点的直线连接,$W$ 投影为 3″(4″),7″点的直线连接;截交线Ⅰ,Ⅲ和Ⅱ,Ⅳ是圆,其 $V$,$H$ 投影积聚,$W$ 投影为 1″(2″),3″(4″)点的圆弧连接。内孔同样是两等直径圆柱正交,交线椭圆的 $W$ 投影积聚成直线(不可见)。

$W$ 投影中,圆柱和球的轮廓转向线在点Ⅶ,Ⅷ之间已不存在,交线前后对称。最后,补全其他投影,完成作图。

## 2.3　二维表达(2D Representation)

机械零件的形状往往是多种多样的,为了将机件的内外结构表达清楚,国家标准规定了视图、剖视图(Section View)、断面图、局部放大图(Detail View)、简化画法,以及针对标准件和常用件的各种规定方法。

## 2.3.1 视图(Views)

将机件向基本投影面投射所得的图形称为视图。用于主要表达机件外部结构形状的视图有基本视图(Basic View)和辅助视图(Auxiliary View),辅助视图又分局部视图(Partial View)、斜视图(Oblique View)和向视图。

### 2.3.1.1 基本视图及其表达(Basic View and its representation)

**1. 基本视图的形成及视图位置配置**

国家标准规定,将机件置于一个正六面体中,分别向六个基本投影面作正投影,即可得到六个基本视图。六个基本投影面展开时,规定正立投影面不动,其他各投影面的展开方法如图2-55所示。

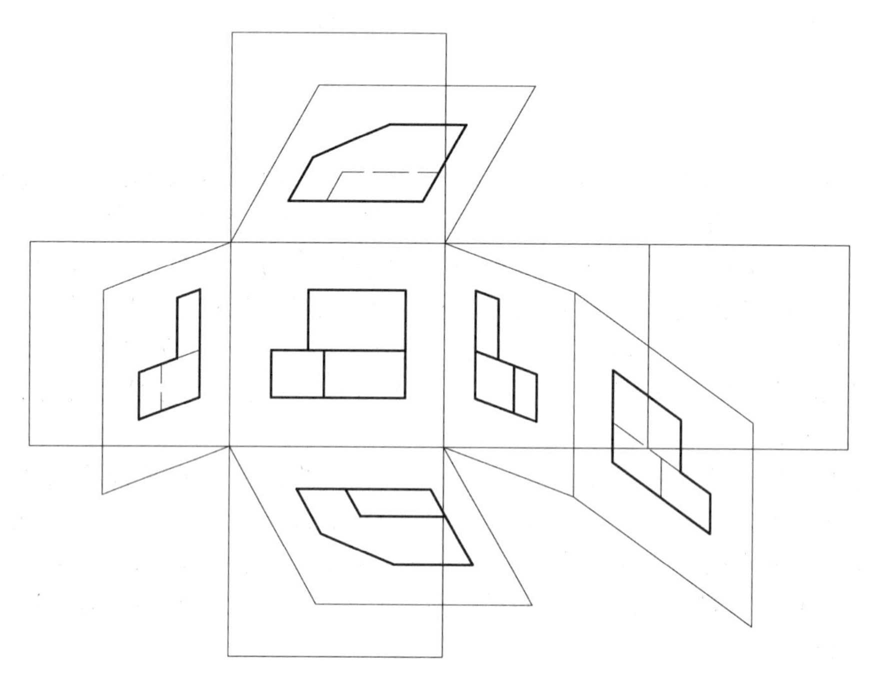

图2-55 六个基本视图的形成及展开

主视图(Front View):由前向后投影所得的视图。

俯视图(Bottom View):由上向下投影所得的视图。放在主视图的下方。

左视图(Left View):由左向右投影所得的视图。放在主视图的右方。

右视图(Right View):由右向左投影所得的视图。放在主视图的左方。

仰视图(Top View):由下向上投影所得的视图。放在主视图的上方。

后视图(Rear View):由后向前投影所得的视图。放在左视图的右方。

六个基本视图的位置配置关系如图2-56所示。当六个基本视图的位置按此方式布置时,一律不标注视图名称;若不按此方式布置时,应在视图上方注出视图名称,如"X"向("X"为大写的拉丁字母),并在相应的视图附近用箭头指明投影方向,并在箭头上注以字母。如图2-57所示。

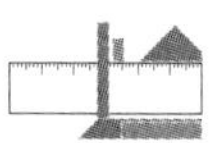

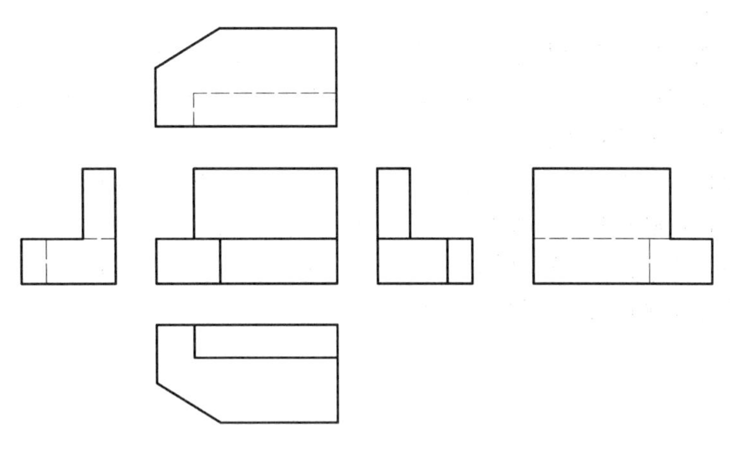

图 2-56　六个基本视图的配置

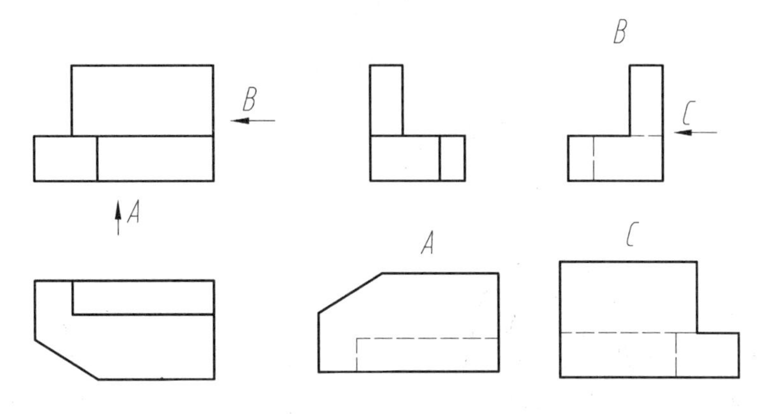


图 2-57　基本视图的标注

在视图选择时，主视图是必需的，其他视图的取舍，要根据机件的结构特点和复杂程度适当选取。在完整、清晰表达的前提下，视图数量应尽可能少。对于一般结构的机件，通常采用由主视图、俯视图和左视图组成的三视图来表达。

**2. 视图的表达**

(1) 形体分析

在对机件进行表达时首先要对机件进行形体分析。所谓形体分析是分析机件是由哪几个简单体组成，分析各简单体的形状、相对位置、组合形式以及表面连接关系，从而获得对机件的整体印象，为机件画图、读图和尺寸标注做准备。

对于如图 2-58 所示的机件——轴承座可以看出是由位于下方的底板、上方的空心圆柱，以及位于空心圆柱和底板之间起支撑作用的支承板和肋板组成。支撑板与底板是相叠关系，支撑板的后面与底板后面平齐，支撑板的两侧面与空心圆柱是相切关系，肋板与空心圆柱是相交关系。

图 2-58　轴承座

(2) 视图的选择

根据形体分析,轴承座的结构可以用主视图、俯视图和左视图组成的三视图完整表达。视图中主视图是最重要的,主视图一旦选定,其他视图的投影方向相应得到确定。选择主视图要解决机件的安放位置和投影方向。

机件的安放位置一般按机件工作位置或加工位置,视具体情况而定。而投影方向的选择原则是尽可能多地反映机件的形状特征,以及各形体之间的相对位置关系,同时还要考虑各视图中的虚线尽可能少。图 2-59 所示轴承座的 *A* 向和 *B* 向视图均可作为主视图,而 *C* 向和 *D* 向视图则不适合作主视图,因为这时会在视图中出现较多的虚线。

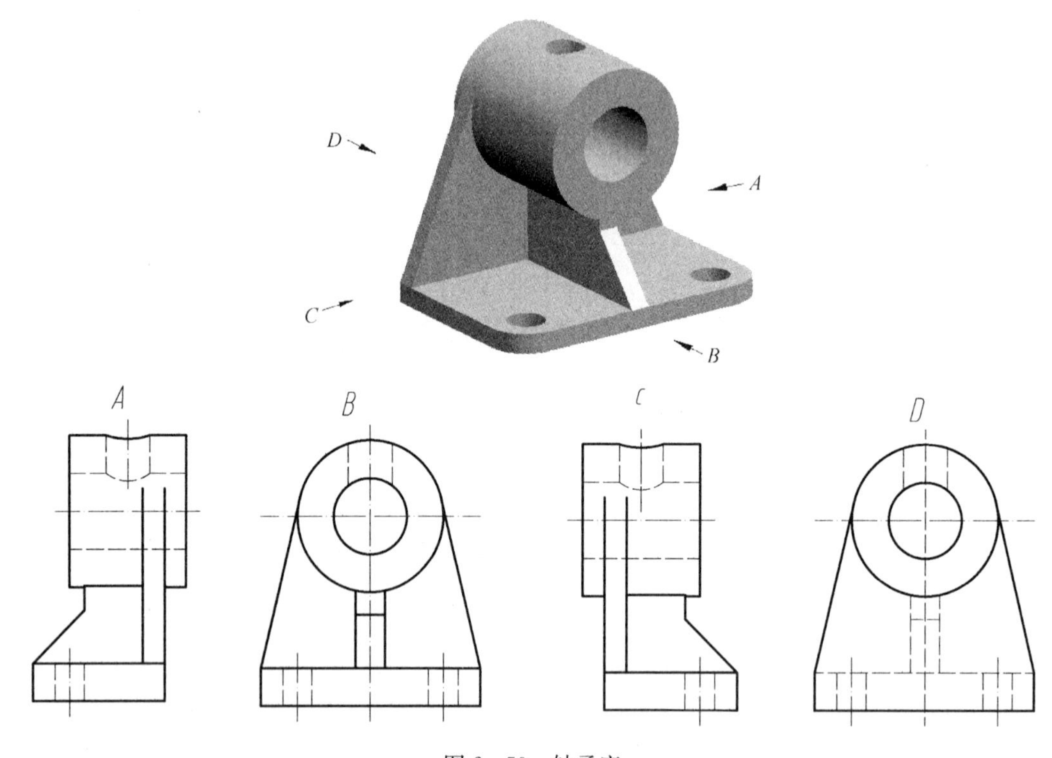


图 2-59 轴承座

主视图一旦确定,俯视图和左视图的投影方向随之而定。

(3) 绘图步骤

1) 按国标规定选取适当的绘图比例及图幅。根据机件的大小和结构的复杂程度,选择绘图比例,一般尽可能地选择 1∶1。这样既便于直观地反映机件的大小,也方便画图。图幅的选择要考虑视图、尺寸标注以及周边的适当间距,不可顶天立地。

2) 图面布置。先固定图纸,然后根据各视图的大小和视图间留出的间距,画出视图的对称中心线、轴线和底面位置。

3) 画底稿。画图的顺序应按形体分析的结果,先画主体,后画细节;先画可见,后画不可见;先画简单,后画复杂。而且画每个形体时,要三个视图结合起来画,且从反映形体特征的视图画起,再按投影规律画出其他两个视图。

图 2-60 给出了轴承座的画图顺序为,先画底板(可先不画小孔和圆角),再画轴套(先画有圆的视图),再画支承板(注意切点位置),最后画肋板。主体完成后再画细节,即小孔、圆角。

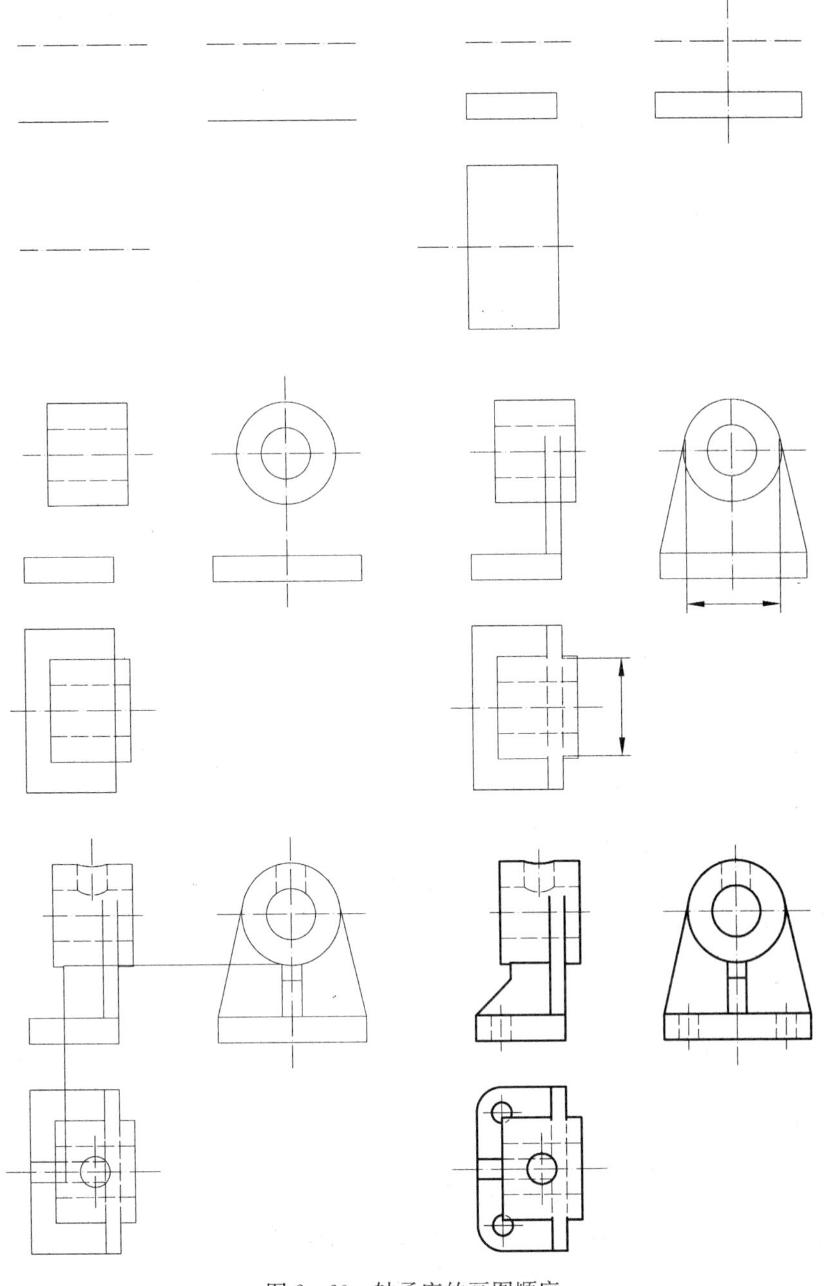

图 2-60　轴承座的画图顺序

**检查**

按投影规律逐个仔细检查每个形体，补上遗漏的线，擦除多余的线。

**加深**

检查无误后，加深粗实线至国标规定的线宽。一般先加深圆、圆弧，再加深直线。

#### 2.3.1.2　局部视图(Partial View)

将机件的某一局部结构向基本投影面投射所得的视图，称为局部视图。当机件仅有某局部结构形状需要表达，而没有必要画出其完整的基本视图时，可用局部视图表示。

**1. 局部视图的画法**

局部视图的断裂边界以波浪线表示，波浪线不超出机件的轮廓线。如图 2－61 所示。当局部结构完整，且外轮廓线又成封闭时，波浪线可省略不画。如 *A* 向视图具有完整的边界。

**2. 局部视图的标注**

一般在局部视图的上方标出视图名称，如“*A*”，在相应视图附近用箭头指明投影方向，并注以相同的字母“*A*”。当局部视图按投影关系配置，中间又无其他图形隔开时，可省略标注。如图 2－61 中的局部左视图。

局部视图应尽量配置在箭头所指的方向，并与原视图保持相应的投影关系。

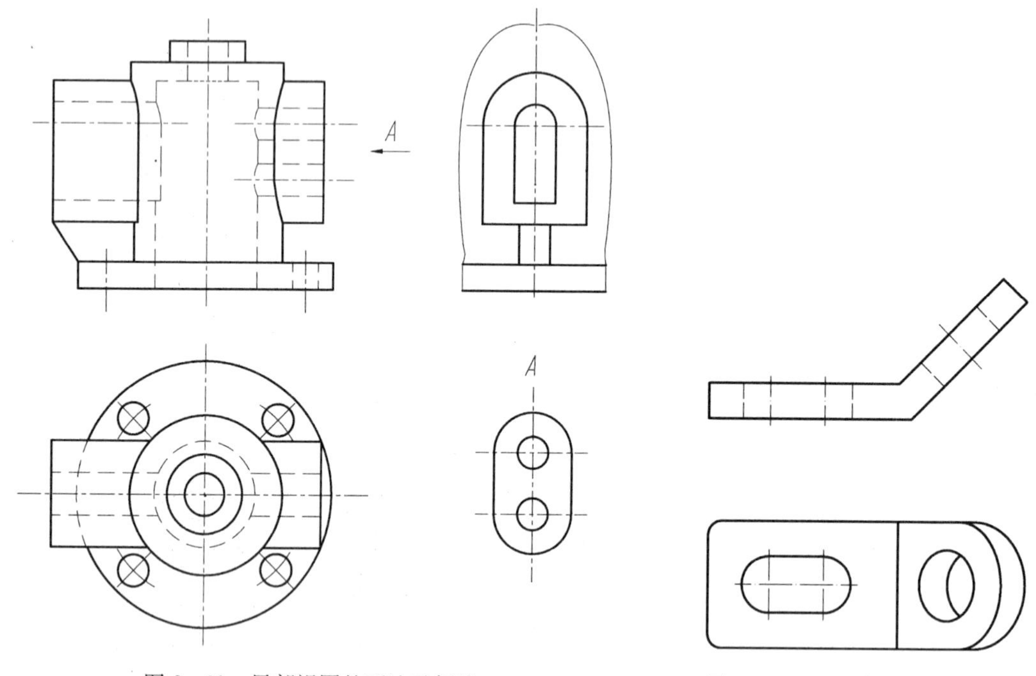


图 2－61　局部视图的画法及标注

图 2－62　具有倾斜结构的机件

### 2.3.1.3　斜视图(Oblique View)

当机件上某一结构与基本投影面倾斜时，用基本视图一般不能反映实形，如图 2－62 所示。为了反映倾斜结构的实形，采用一个与倾斜结构表面相平行的辅助投影面，将机件的倾斜结构向辅助投影面投射所得的视图为斜视图。

**1. 斜视图的画法**

画出倾斜结构实形后，其他部分不用画出，用波浪线断开。

斜视图一般按投影关系配置，必要时可以配置在其他适当位置。在不至于引起误解时，允许将视图旋转。

**2. 斜视图的标注**

斜视图必须标注，不能省略。在视图上方水平标出视图名称，用大写字母表示，如“*A*”；在相应视图附近用箭头指明投影方向，并注以相同字母。当斜视图旋转后，标注形式为“*A*⌒”，字母靠近旋转符号的箭头端，如图 2－63 所示。

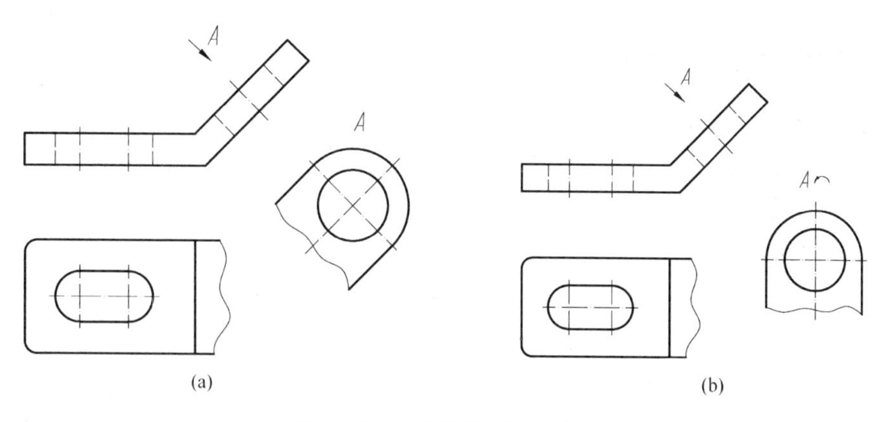


图 2－63　斜视图的画法及标注

#### 2.3.1.4　向视图

向视图是视图位置可以自由支配的视图。向视图必须进行标注。在向视图的上方标注大写的拉丁字母，如“*A*”，并在相应的视图附近用箭头指明投射方向，同时标注相同的字母。向视图是可以自由支配的基本视图、剖视图、局部视图等各种视图，如图 2－57 所示可以自由支配的基本视图，是向视图中的一种。

### 2.3.2　剖视图(Section Views)

#### 2.3.2.1　剖视图的基本概念

当机件内部结构比较复杂时，在视图中会出现较多的虚线，甚至重叠不清，既影响图形的清晰，不便于读图，又不利于标注尺寸。这时，常采用剖视图来表达。

假想用剖切面将机件剖开，把处于观察者和剖切面之间的部分移去，然后将余下的部分向投影面投射所得的视图称为剖视图，简称剖视，如图 2－64 所示。

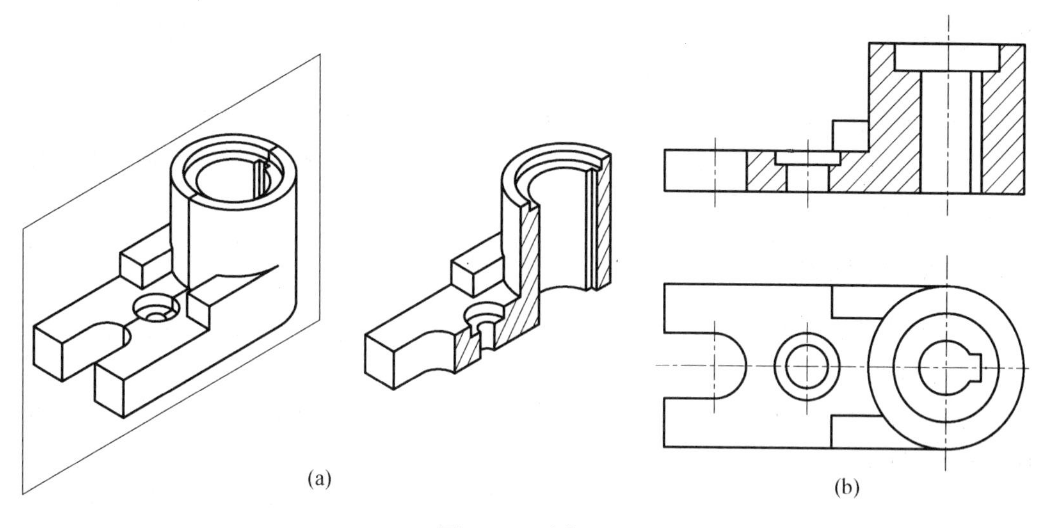


图 2－64　剖视图

### 2.3.2.2 剖视图的画法与标注

**1. 确定剖切面的位置**

剖切面的位置取决于所需表达的结构的位置，为保持剖视图的完整性，剖切面一般应通过机件的对称平面或孔、槽等结构的轴线，且与某个投影面平行。

**2. 剖视图的画法**

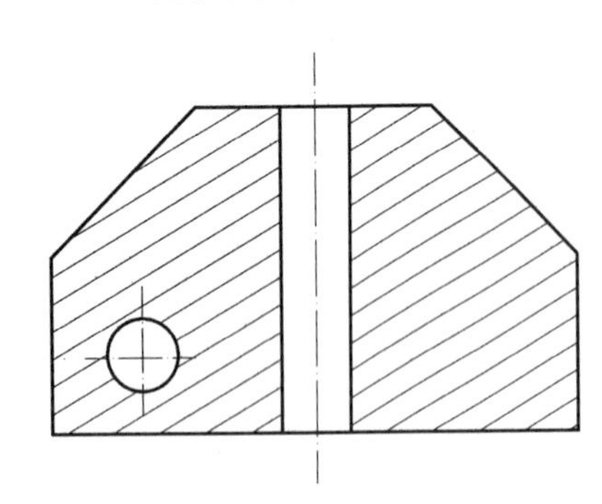

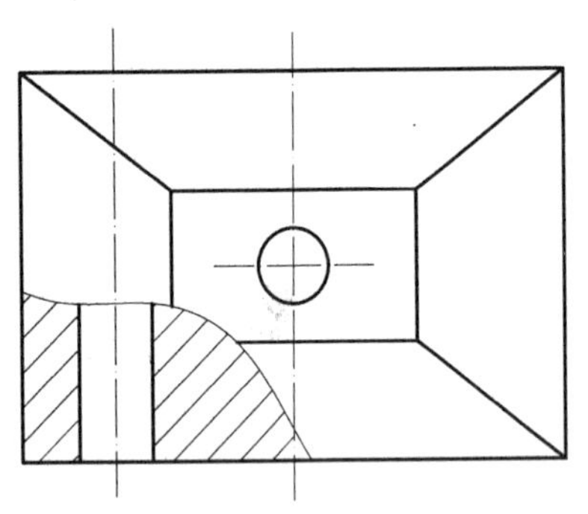

图 2-65　主要轮廓与水平向成 45°的剖面线

1）假想将机件位于剖切面的前半部分移去，把余下部分向投影面投射，画出剖视图。剖切面后面的可见轮廓线必须画出，如图 2-64 所示。

2）剖面区域内要画出剖面符号。剖切面与机件接触的部分称为剖面区域，剖面区域上要画出剖面线符号。国家标准规定，金属材料的剖面线符号是与水平线成 45°，相互平行和间隔均匀的一组细实线，如图 2-64 所示。同一机件在不同视图中的剖面线的方向、间隔应一致。当图中主要轮廓与水平向成 45°时，该视图中的剖面线方向应与水平线成 30°或 60°，而其他视图中的剖面线方向仍与水平向成 45°，同一零件在各视图中的剖面线朝向一致，如图 2-65 所示。

3）剖切是假想的，当机件的一个视图画成剖视图后，其余视图仍按完整机件画出。如图2-64中的俯视图为完整视图。

4）在剖视图中一般只画可见部分，只有当剖视图和其他视图均未表达清楚的不可见结构，才需要用虚线画出，如图 2-66 所示。

**3. 剖视图的标注**

1）一般应在剖视的上方用大写字母标出剖视图的名称“*X*-*X*”，在相应的剖视图上用剖切符号表示剖切位置、用箭头表示投射方向并注上相同的字母。图 2-66 为完整标注。剖切符号为线宽 1～1.5 b，长约 5～10 mm 的粗实线，标注时尽可能不与轮廓线相交。

2）当剖视图按投影关系配置，中间又没有其他视图隔开时，可省略箭头。

3）当单一剖切平面通过机件的对称平面或基本对称平面、按视图投影关系配置，中间又没有其他视图隔开时，可省略标注。

### 2.3.2.3 剖视图的种类

按照剖切面剖开机件的范围，剖视图可分为全剖视图、半剖视图和局部剖视图。

**1. 全剖视图（Full Sections）**

用剖切面完全剖开机件所得的视图称为全剖视图。全剖视图主要用于外形简单、内部形状复杂且不对称的机件。

在图 2-67 中有一肋板结构，《机械制图》国家标准规定，对机件的肋板、轮辐及薄壁等，如纵向剖切这些结构，均不画剖面符号，而用粗实线将它与其相邻接的部分分开。

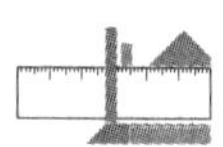

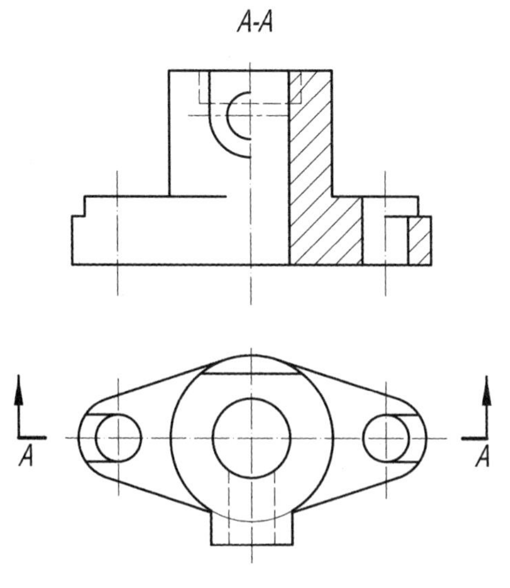


图 2 - 66　剖视图中的虚线

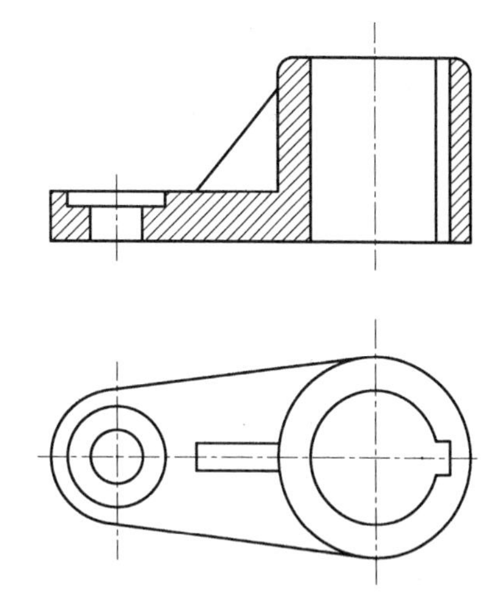

图 2 - 67　全剖视图

**2. 半剖视图(Half Sections)**

当机件具有对称平面时，在垂直于对称平面的投影面上投影所得的图形，可以对称中心线为界，一半画成剖视图，另一半画成视图，这样画出的图形为半剖视图。如图 2 - 68 所示。半剖视图用于内外结构都需要表达的对称机件。

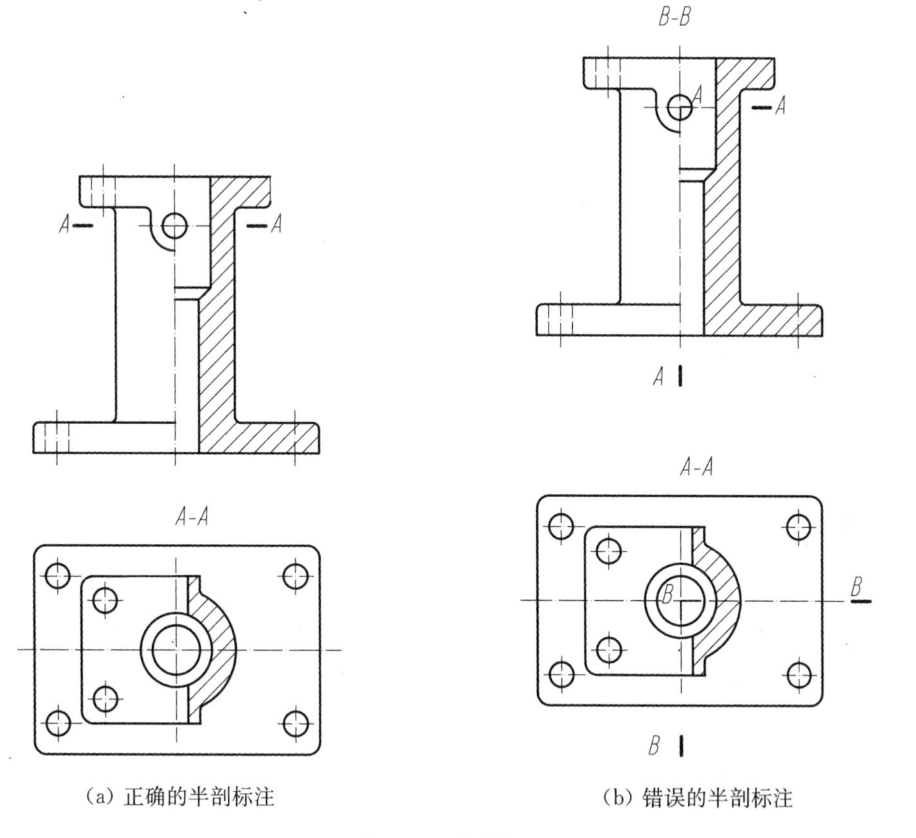


(a) 正确的半剖标注　　(b) 错误的半剖标注

图 2 - 68　半剖视图

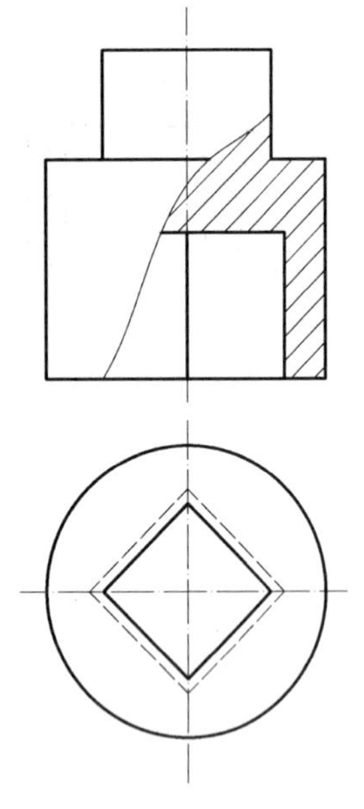

图 2-69　不可用半剖表示的视图

半剖视图中剖视图视图的分界线用单点画线绘制。由于图形对称，机件的内部结构已在剖出部分表达清楚了，在视图部分不再画虚线。半剖视图的标注与全剖视图一样。当剖切平面通过其对称平面，剖视图的位置配置符合投影关系，中间又没有其他图形隔开，可省略标注。图 2-68 中，主视图由于剖切面前后对称，视图位置的配置符合投影关系，故省略标注；而俯视图由于剖切面上下不对称，不可省略标注。剖视图位置的配置符合投影关系，故省略箭头。

在半剖视图中对称面上不应有平面和棱线。如图2-69所示结构机件虽然对称，但是机件的轮廓线与对称中心线重合，不可用半剖视图表示。

当机件的形状接近于对称，且不对称部分已另有图形表达清楚时，也可画成半剖视图。

**3. 局部剖视图(Break-Out Section)**

用剖切面局部地剖开机件所得的剖视图称为局部剖视图。局部剖视图不受机件是否对称的限制，剖切的部位和范围可按需要而定，视图表达灵活、简便。常用于内部和外形均需要表达的非对称结构的机件。

局部剖视图中剖切部分与外形部分用波浪线分开。画剖面线时应注意：

1) 波浪线不应超出机件的实体部分，图 2-70(a)的俯视图中波浪线超出实体。没有实体的地方无断裂轮廓，图2-70(a)的孔处。

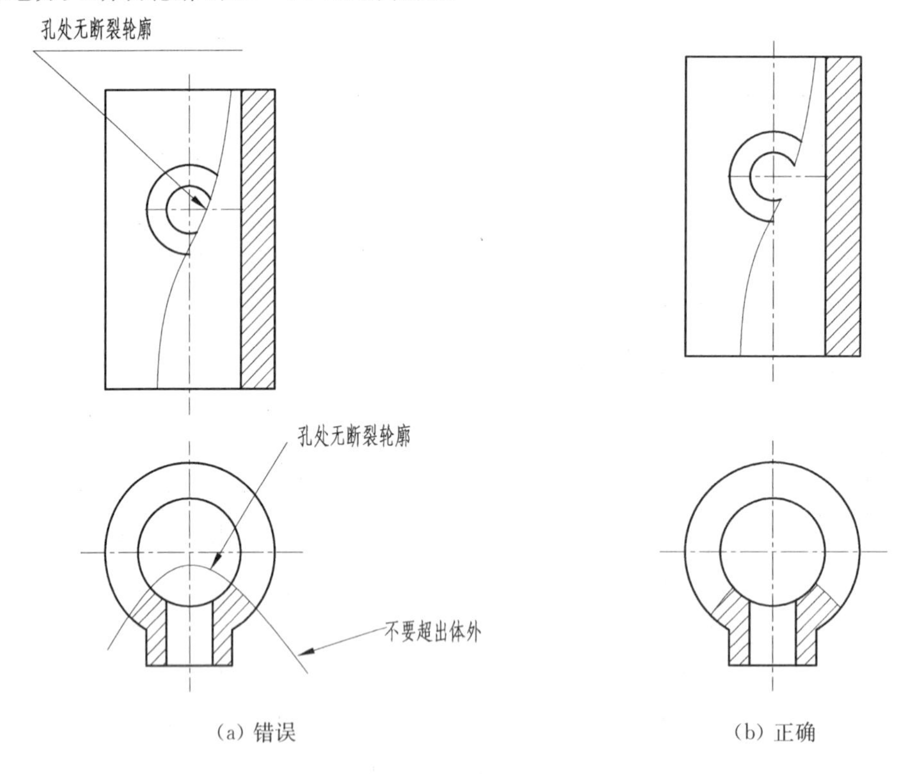


(a) 错误　　　　(b) 正确

图 2-70　局部剖视图波浪线的画法

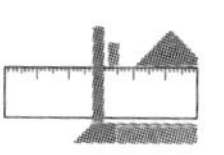

2）波浪线不得与图形的轮廓线重合，或在轮廓线的延长线上。如图 2－71(a)。

3）当被剖结构为回转体时，允许将该结构的中心线作为局部剖视图与视图的分界线，如图 2－71(b)所示。

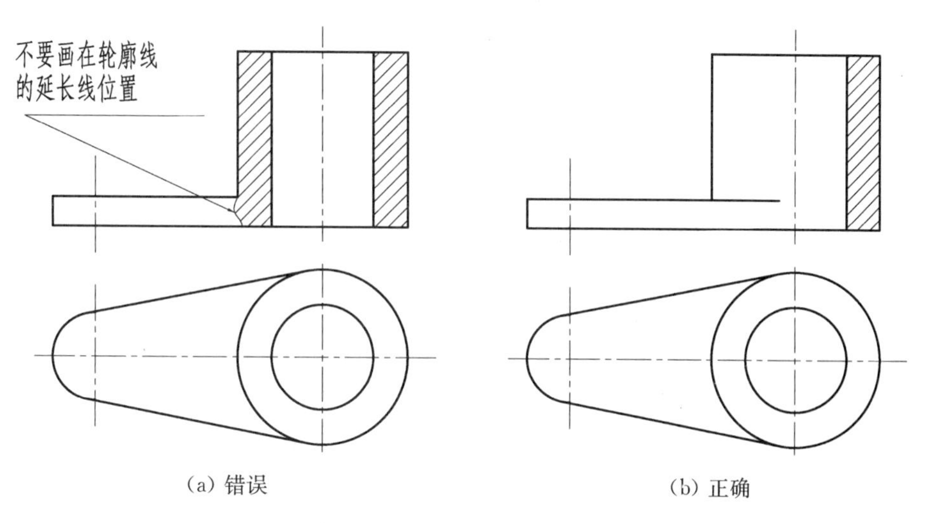


图 2－71　中心线可代替波浪线

对于图 2－72 所示结构，可采用局部剖视图，其内外结构都表达清楚了。

#### 2.3.2.4　剖视图的剖切方式

根据机件的结构特点，除了按照剖切面剖开机件的程度不同，可分为全剖视图、半剖视图和局部剖视图之外，还可选择多种剖切方式获得上述三种剖视图。

**1. 单一剖切平面**

单一剖切平面指的是用单一平面作为剖切平面剖开机件的方法。前面所述的全剖视图、半剖视图和局部剖视图都是用一个单一的、平行于基本投影面的剖切平面剖开机件后所得到的视图。

当机件的倾斜部分的内部结构需要表达时，可选择用不平行于基本投影面的单一剖切平面剖开机件的方法。这种方法是选择一个与该倾斜结构平行的辅助投影面，然后用一个平行于该投影面的平面剖开机件，向该辅助投影面进行投影。

这样的视图是倾斜的，但标注的字母必需水平书写。在不会引起误解的情况下，允许将图形旋正，此时必须标注“$X-X$ ↶”。如图 2－73 所示。

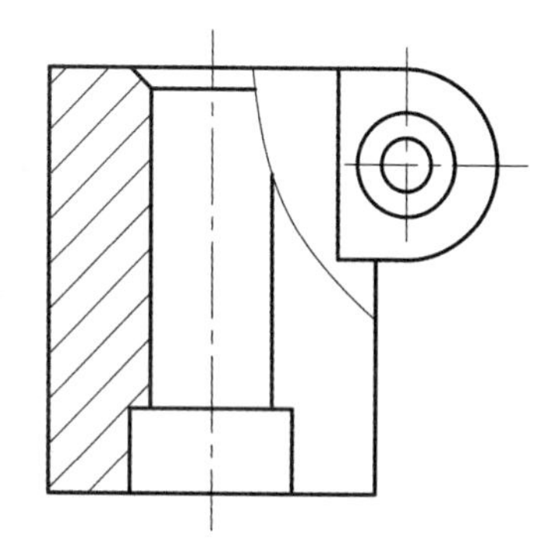

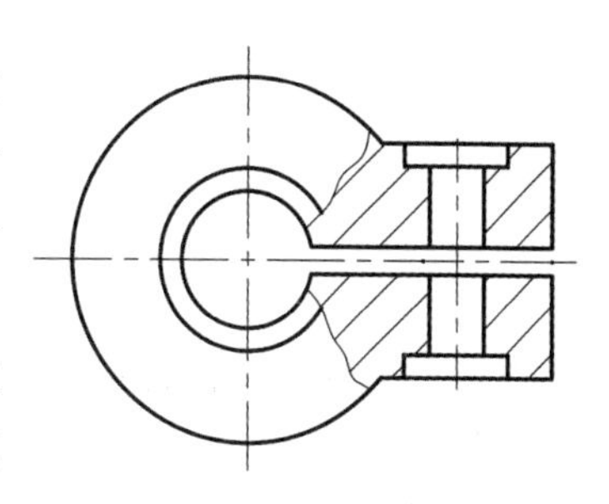

图 2－72　局部剖视图

**2. 几个平行的剖切平面**

当机件内部结构层次较多，用几个平行于投影面的剖切平面剖开机件。如图 2－74 所示。

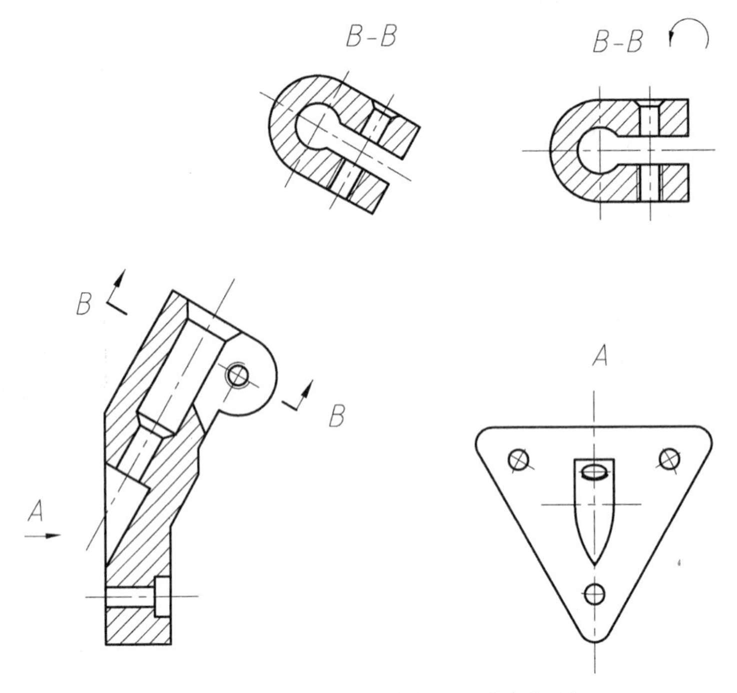


图 2-73　不平行于基本投影面的剖视图

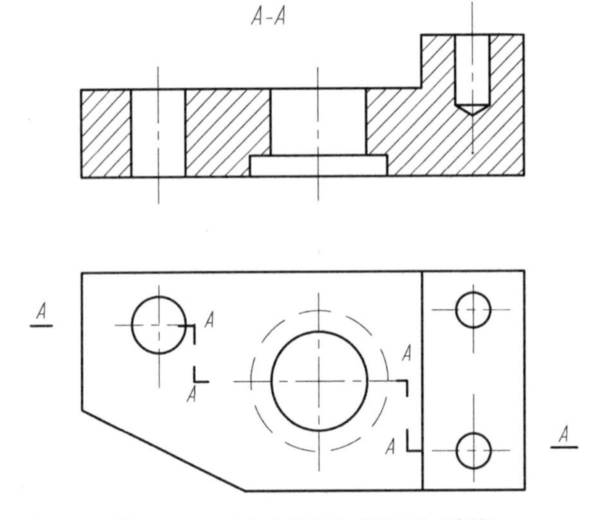


图 2-74　用几个平行的剖切平面剖切

用几个平行于投影面的剖切平面剖切只能省略箭头，其他标注一律不得省略。在其得到的剖视图上应注意：

1）正确选择剖切平面的位置，在图形内不应出现不完整的结构要素如图 2-75(a) 所示。

2）剖切平面的转折处不应与图中轮廓线重合，即转折处不能与视图中的粗实线或虚线重合。

3）不能在剖视 A-A 图中画出各剖切平面的交线，即转折处不画 A-A 线，如图 2-75(b)

所示。

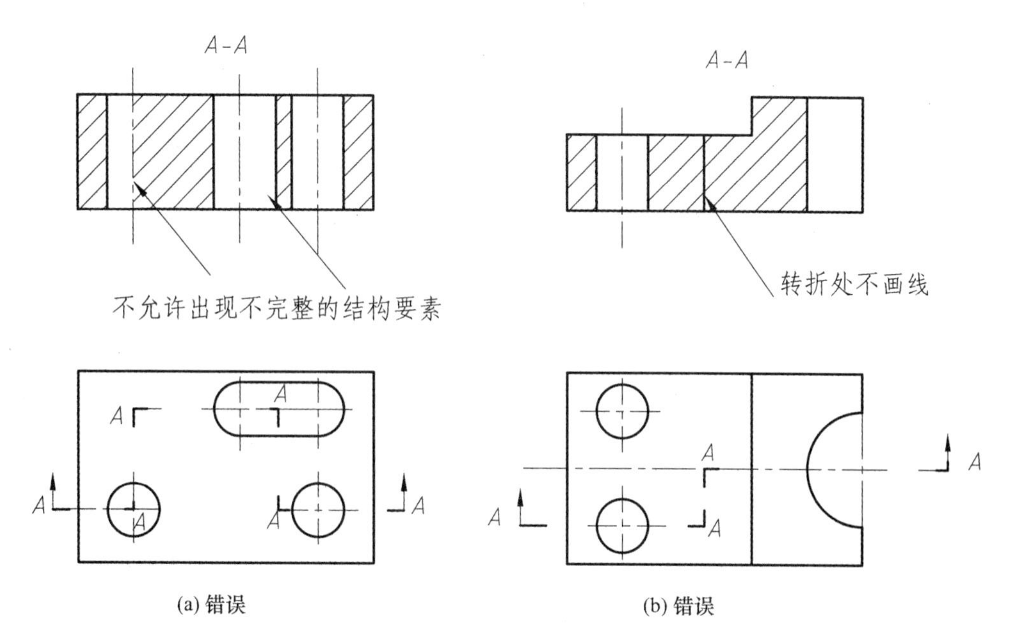


图 2-75　平行剖切的常见错误

4）当机件上的两个要素具有公共对称中心或轴线时，可以各画一半，此时应以对称中心或轴线为界，如图 2-76 所示。

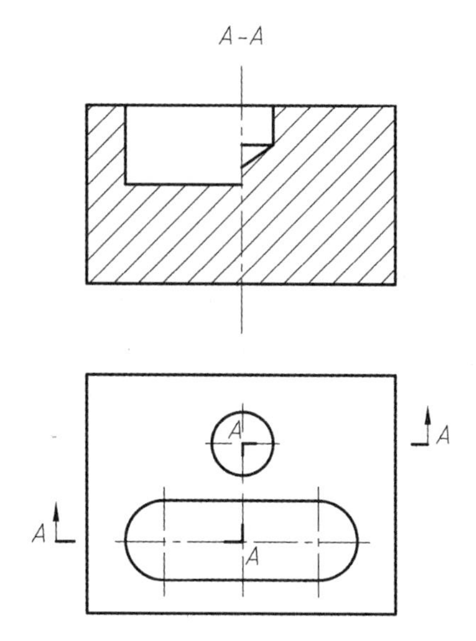


图 2-76　平行剖切的特殊情况

**3. 用几个相交的剖切平面**

此种方法，先假想用两个相交的剖切平面剖开机件，移去观察者与剖切平面之间的部分，并将被剖切面剖开的倾斜结构及有关部分旋转到与选定的基本投影面平行，然后再进行投射。如图 2-77 所示。

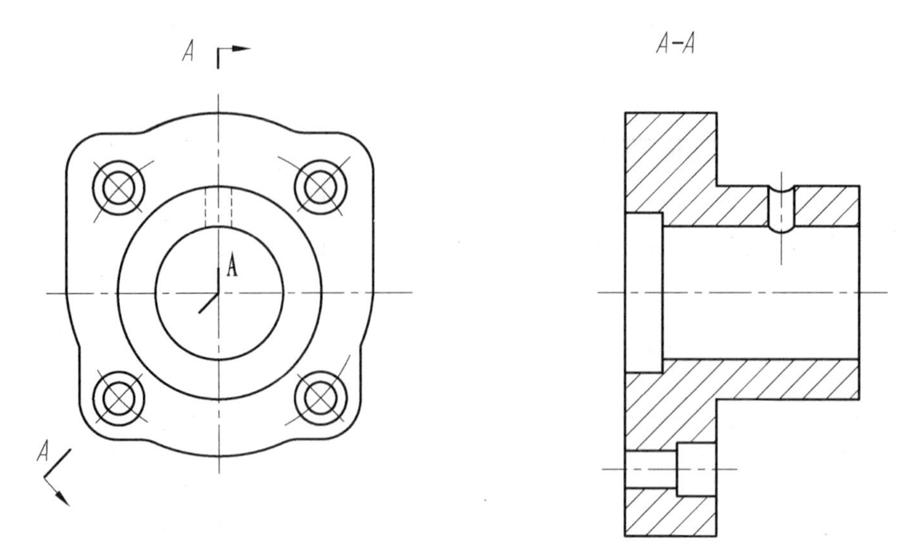


图 2-77　相交剖切的画法和标注

在画剖视图时应注意：

1）剖切平面的交线一般是机件上的轴线。

2）倾斜的剖切平面旋转后，剖切平面后的其他结构一般仍按原来位置投射。如图 2-78 所示。

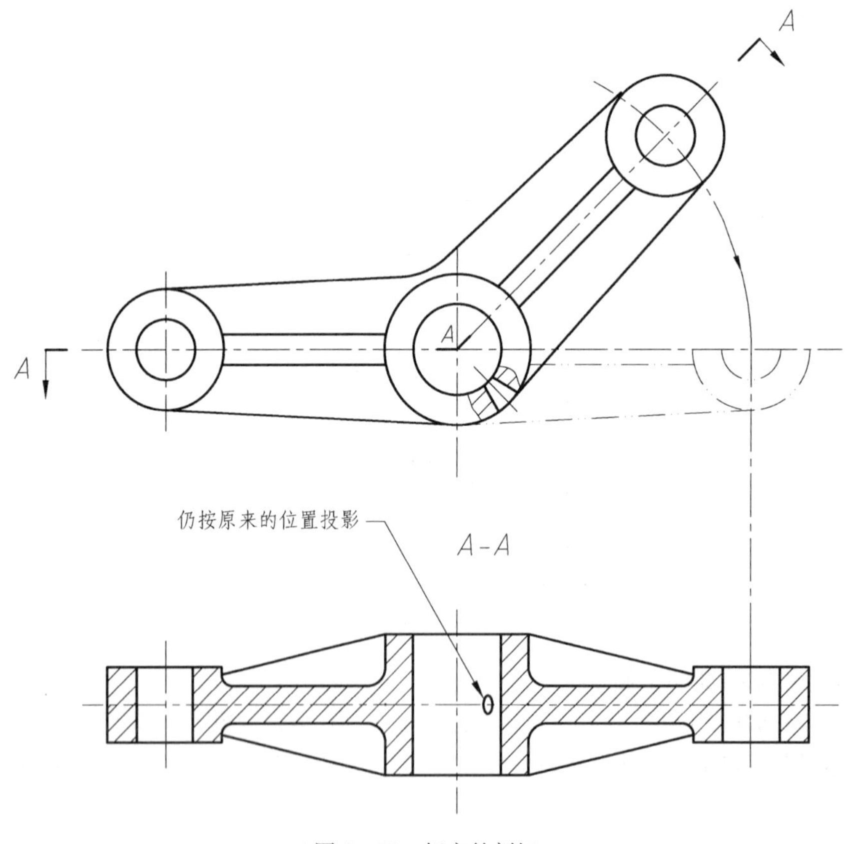


图 2-78　相交的剖切

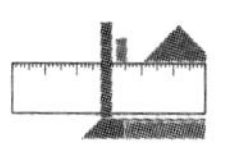

3）旋转绘制的剖视图必须标注，必要时可省略箭头。箭头的方向是所画剖视图的投射方向，而不是表示将剖切平面旋转至与基本投影面平行的旋转方向。

4）当剖切后物体上的某结构会出现不完整要素时，则这部分结构以不剖处理。如图 2－79 所示。

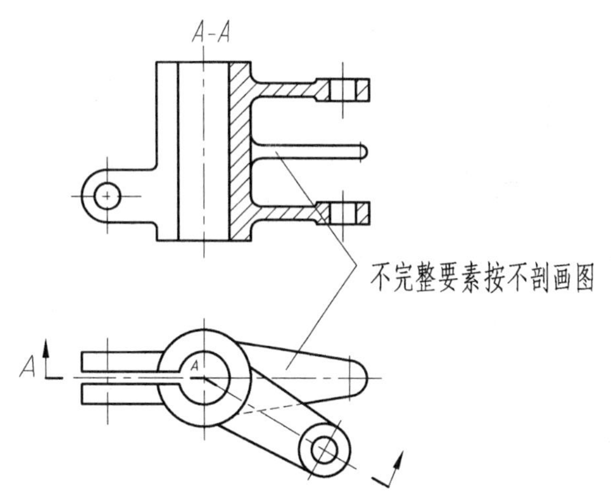


图 2－79　两相交的剖切平面剖切画法

5）用组合的剖切平面剖切。当机件内部结构形状较复杂，可以采用几个相交的剖切平面剖开机件。如图 2－80 所示。

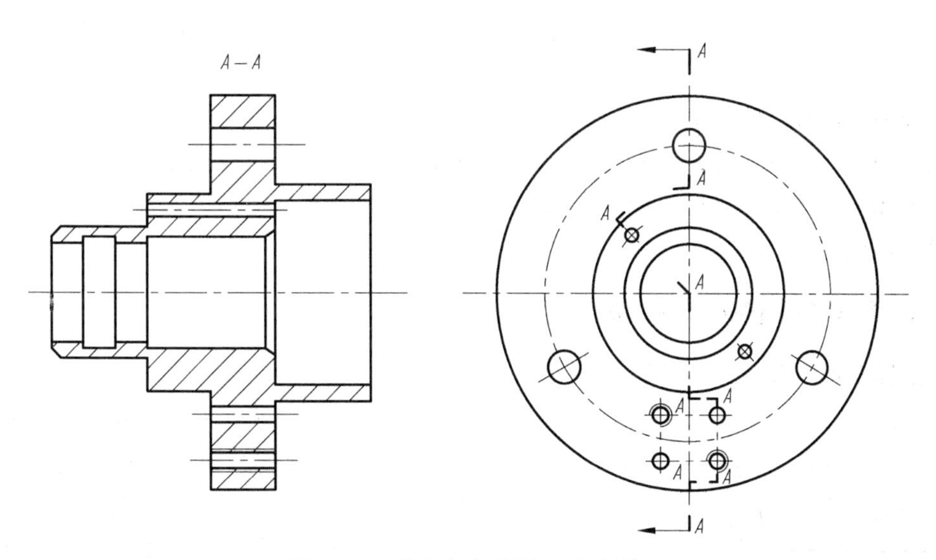


图 2－80　几个相交的剖切平面剖切

当采用连续的几个相交的剖切面剖切时，一般用展开画法，视图上方标注“$X-X$ 展开”。如图 2－81 所示。

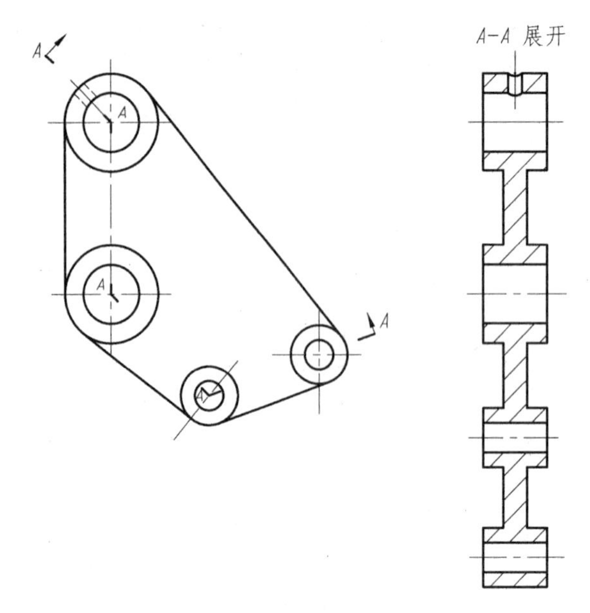


图 2-81 展开画法

## 2.3.3 断面图

### 2.3.3.1 断面图的基本概念

假想用剖切面将机件的某处切断，仅画出该剖切面与机件接触部分的图形称为断面图。

断面图与剖视图的区别：断面图仅画出剖切面与机件接触部分的图形，而剖视图除了要画出剖切面与机件接触部分的图形外，还须画出剖切面后的可见部分的轮廓。

断面图主要用来表达机件的某一部位的断面形状，如轴类零件的断面，以及机件上的肋板、轮辐、键槽等。

### 2.3.3.2 断面图的种类及其画法

断面图分移出断面和重合断面。

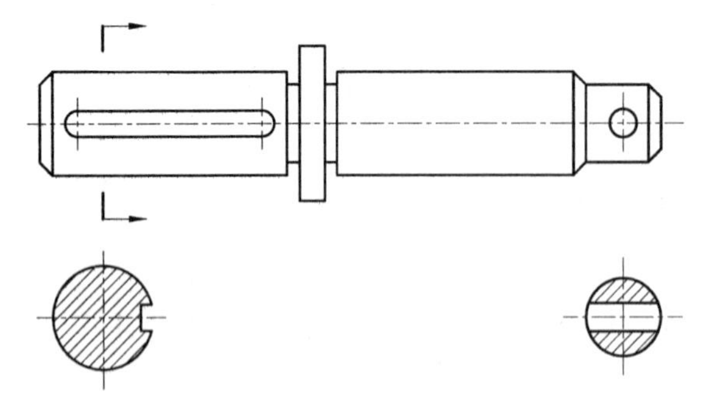

图 2-82 断面图

**1. 移出断面图(Removed Sections)**

移出断面图是画在视图之外，轮廓用粗实线绘制的断面图。移出断面图一般仅画出断面的真实图形，如图 2-82 所示。

当剖切平面通过由回转面形成的孔或凹坑的轴线时，这些结构按剖视图要求画出。如图 2-83 所示。对剖切平面通过非圆孔，导致出现完全分离的两个剖面时，这些结构也应按剖视图要求画出。如图

2－84所示。

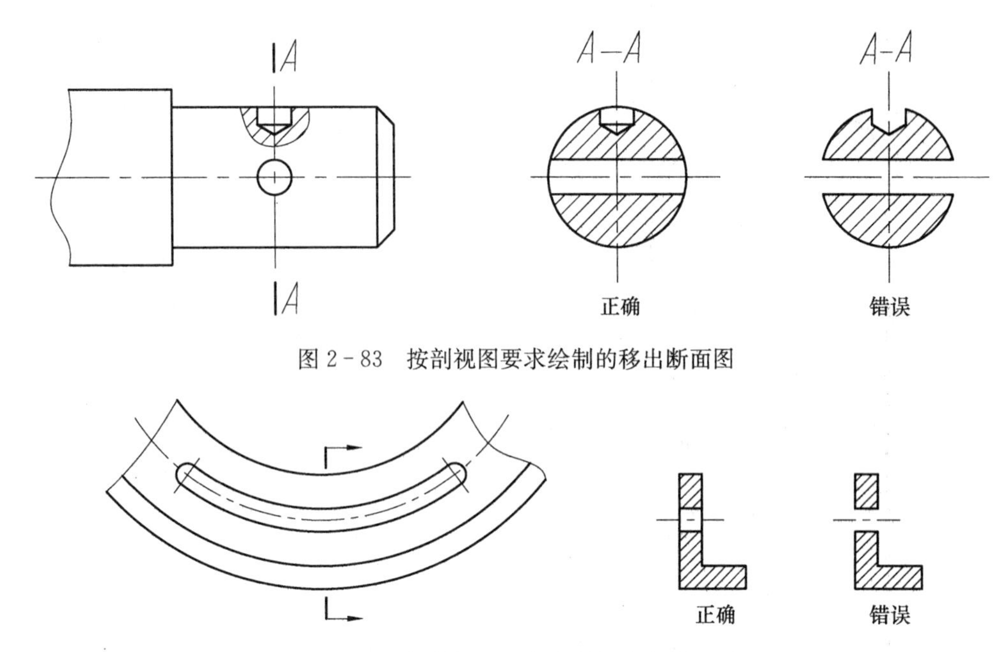


图 2－83　按剖视图要求绘制的移出断面图

图 2－84　按剖视图要求绘制的移出断面图

移出断面图应尽量配置在剖切平面迹线的延长线上，如图 2－82 所示。当移出断面形状对称时，也可画在视图的中断处，如图 2－85 所示。

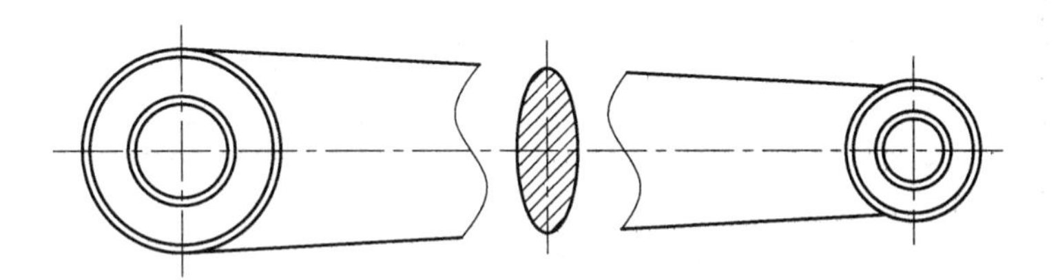

图 2－85　移出断面图画在视图的中断处

剖切平面一般应垂直于被剖切部分的主要轮廓线，如图 2－86 所示的结构，当用两个相交的剖切平面分别垂直于左右两边轮廓线，剖切时其断面图中间用波浪线断开。

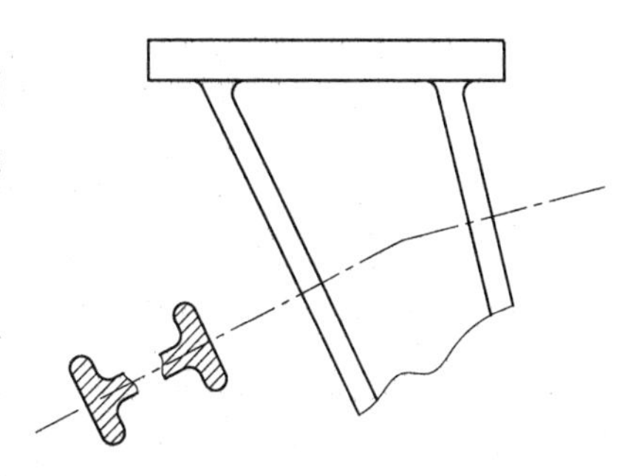

图 2－86　断开的移出断面图

移出断面图的完整标注是用剖切符号表明剖切位置，用箭头表示投射方向，并注上字母，在相应的断面图上方用相同的字母表示断面图名称：“$A－A$”，如图 2－87 所示。当断面图配置在剖切符号的延长线上，可省略字母；对称的移出断面图可省略箭头，另外，不对称的移出断面图按投影关系配置时，也可省略箭头。如果是对称的移出断面图，又配置在剖切平面的延长线上则可省略箭头和字母。配置在视图中断处的对称断面图则可省略标注。

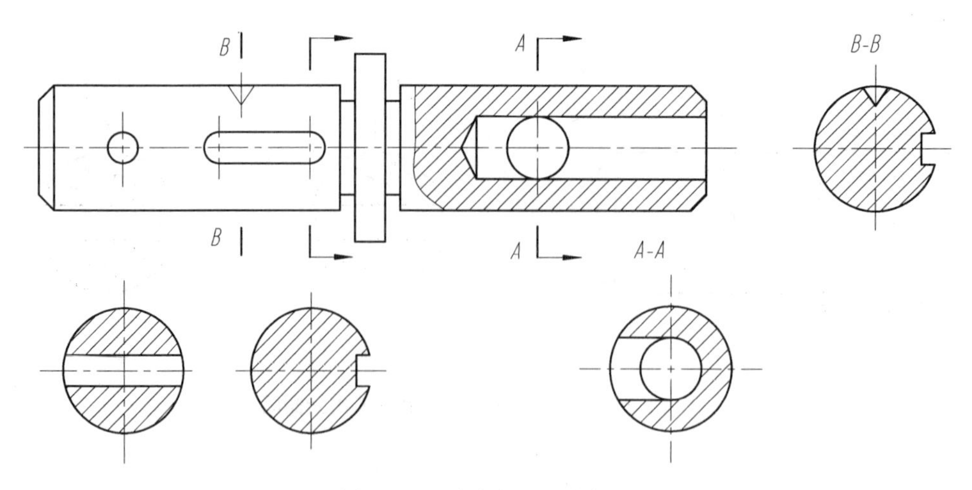


图 2-87　移出断面图的标注

**2. 重合断面图(Revolved Sections)**

重合断面图是画在视图之内,轮廓用细实线绘制的断面图。只有在断面形状简单,且不影响视图清晰时,方可采用重合断面图。

重合断面图的轮廓用细实线画出,目的是与原视图的轮廓线相区别。当视图中的轮廓线与重合断面图的轮廓线重叠时,视图中的轮廓线仍应连续画出,不可间断,如图 2-88 所示。

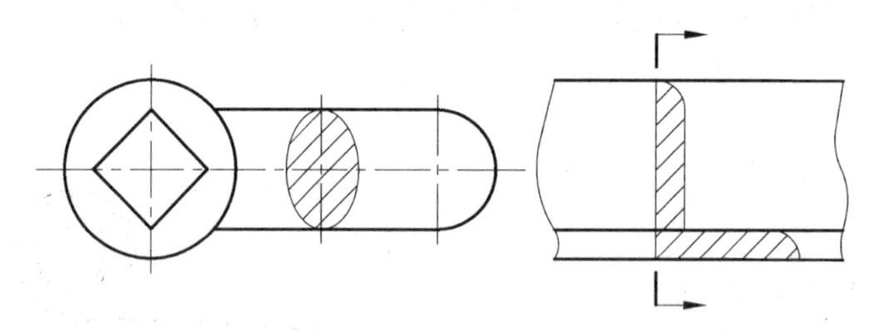

图 2-88　重合断面

对称的重合断面图不必标注;不对称的重合断面图须标注出剖切符号及箭头,省略字母。

## 2.3.4　局部放大图(Detail View)

将机件的局部结构用大于原图形所采用的比例画出的图形称为局部放大图。局部放大图常用于机件的局部结构尺寸较小、清晰地表达和标注有困难时采用。

局部放大图可画成视图、剖视图、断面图,他与被放大部位的表达方式无关。局部放大图应尽量配置在被放大部位附近。

画局部放大图时,先用细实线(一般为圆)圈出被放大部位,如果同一机件上有几个被放大部分时,必须用罗马数字依次标明放大部位的序号,并在局部放大图的上方标注相应的罗马数字以及该局部放大图所采用的比例,如图 2-89 所示。当机件上被放大部分仅一个时,局部放大图上方只需注明所采用的比例,不注罗马字母。

局部放大图的投射方向和被放大部位的投射方向一致,与整体联系的部分用波浪线绘出。若放大部分是剖视图或断面图时,其剖面符号的方向和距离应与被放大部分相同。

局部放大图上所标注的比例为图样中机件要素的线性尺寸与实际机件相应要素的线性尺寸之比，不是与原图之比。

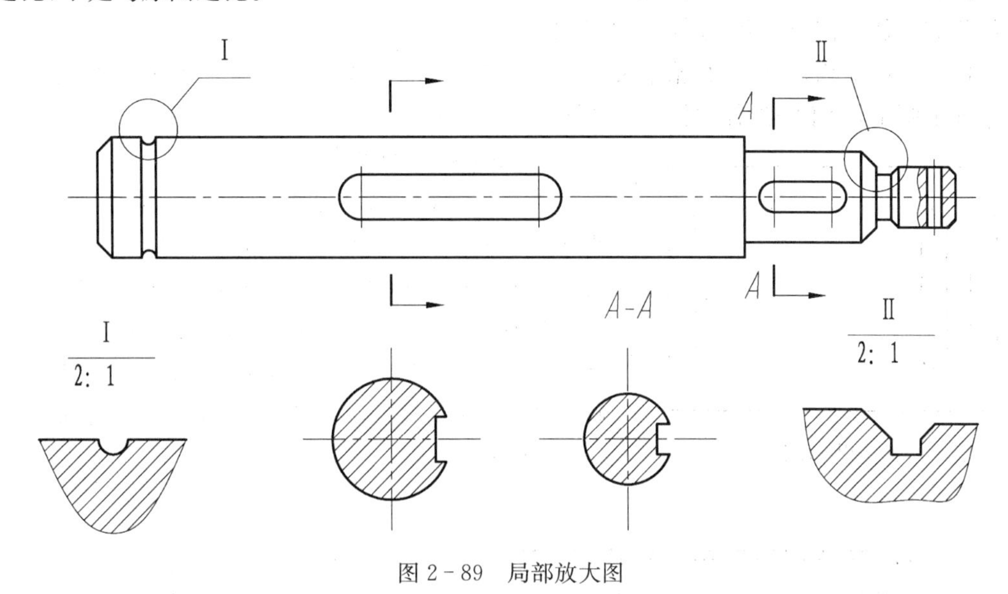


图 2-89　局部放大图

## 2.3.5　简化画法(Simplified representation)

在《技术制图》国家标准(GB/T16675.1-1996)中规定了一些简化画法，简化的原则是必须保证不致引起误解和不会产生多义性理解。

**1. 均匀分布的孔**

对回转机件上均匀分布的孔不处于剖切平面上，可以将孔旋转到剖切平面上画出一个，其余只画出中心线，如图 2-90 所示。

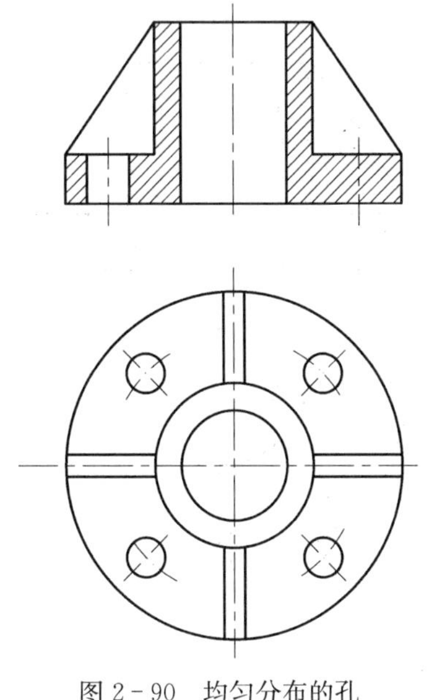

图 2-90　均匀分布的孔

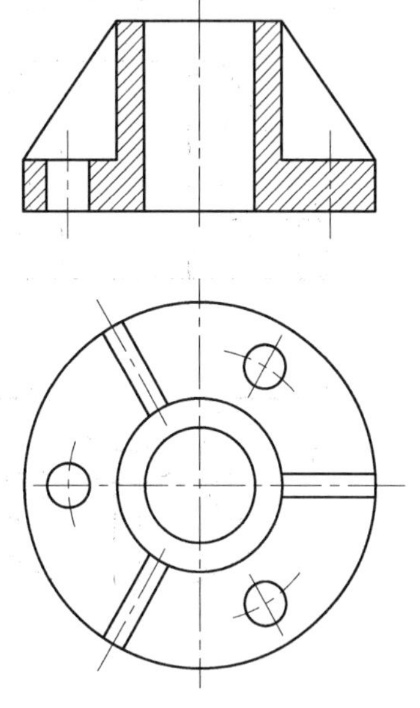

图 2-91　均匀分布的肋等结构

**2. 肋、轮辐及薄壁的规定画法**

对回转机件上均匀分布的肋、轮辐及薄壁等，如纵向剖切，这些结构都不画剖面符号，而用粗实线将其与邻接部分隔开，如横向剖切，则应画上剖面符号。

当回转机件上均匀分布肋、轮辐及薄壁等结构不处于剖切平面上时，可将这些结构旋转到剖切平面上画出，而不需加任何标注。如图 2－91 所示。

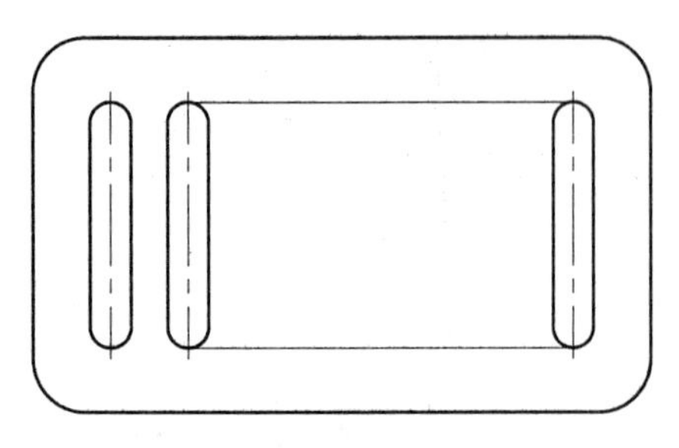

图 2－92　相同结构的简化

**3. 相同结构的简化**

当机件上具有多个相同结构(齿、槽等)并按一定规律分布时，只需画出几个完整的结构，其余用细实线连接，并在图中注明该结构的总数，如图 2－92 所示。

当机件上具有多个直径相同且成规律分布的孔(圆孔、螺孔、沉孔等)，只需画出一个或几个，其余用点画线表示其中心位置，并在图中注明孔的总数，如图 2－93所示。

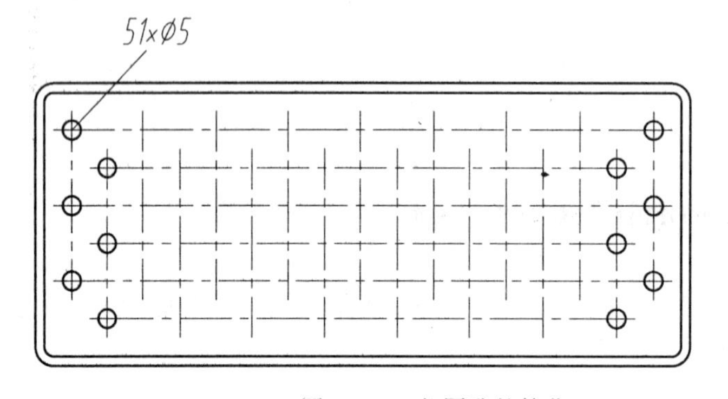


图 2－93　相同孔的简化

对于对称图形可画出一半的结构，也可画出四分之一，此时必须在对称中心线的端部画出两条与其垂直的平行细实线以示对称，如图 2－94 所示。

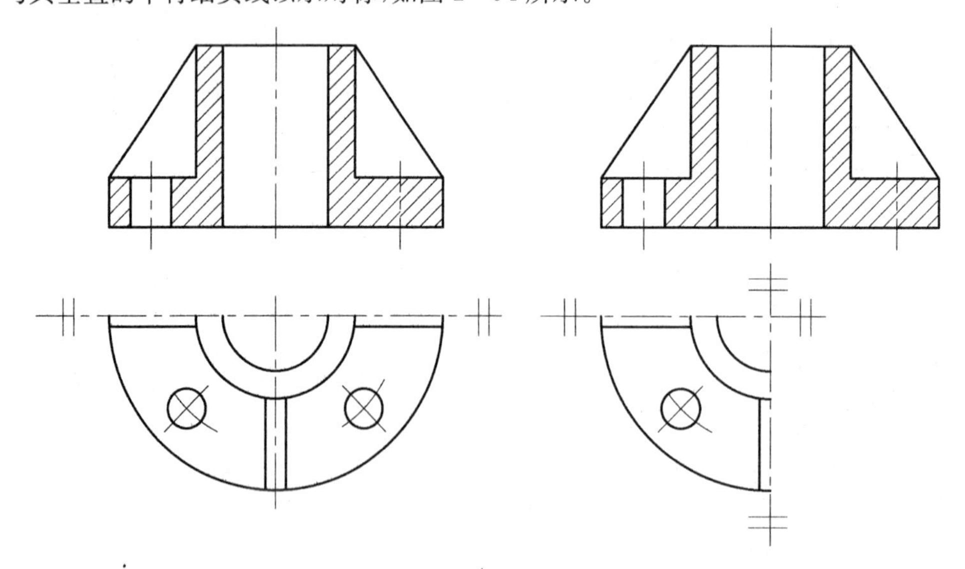

图 2－94　对称图形的画法

对于网状物、编织物或机件上的滚花部分，可在轮廓线附近用粗实线示意画出，并在图上或技术要求中注明这些结构的具体要求，如图 2－95 所示。

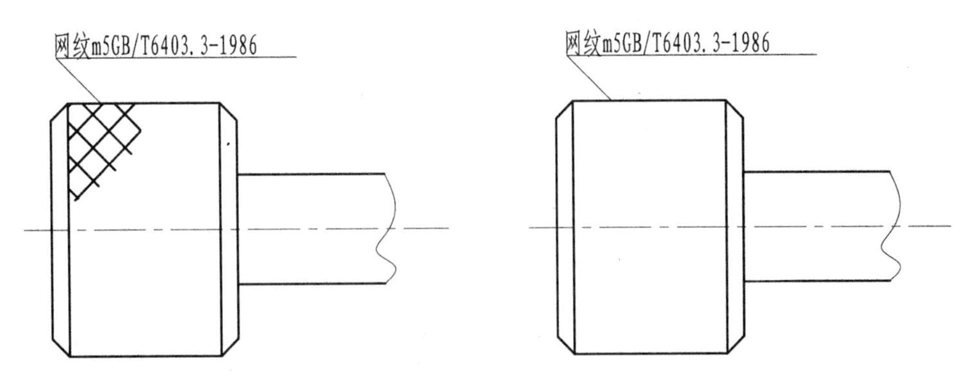


图 2－95　网状物的简化

**4. 对图形的简化**

当图形不能充分表达平面时，可用平面符号（相交的两条细实线）表示，如图 2－96 所示。

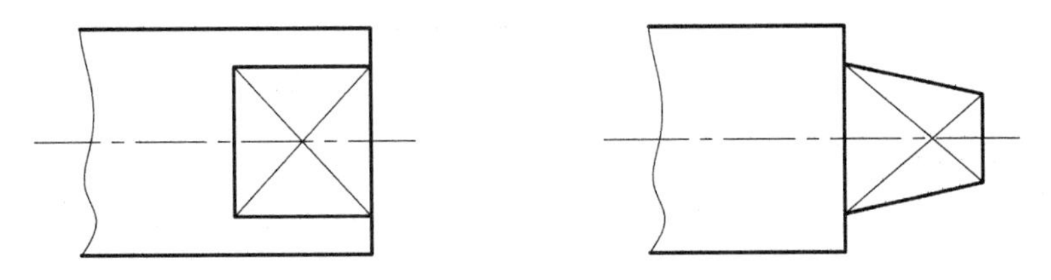

图 2－96　平面的表示

圆柱形法兰和类似零件上有均匀分布的孔，可按图 2－97 所示形式简化表示。

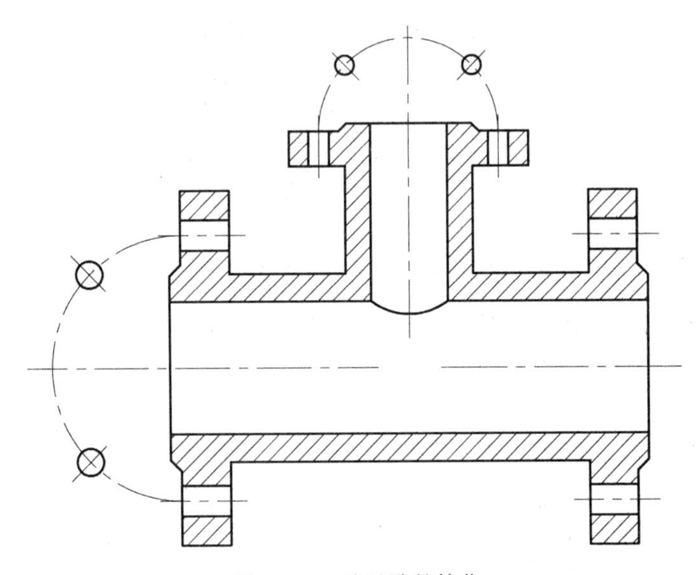

图 2－97　法兰孔的简化

与投影面倾斜角度小于或等于 30°的圆或圆弧，其投影可以用圆或圆弧来代替，如图2－98所示。

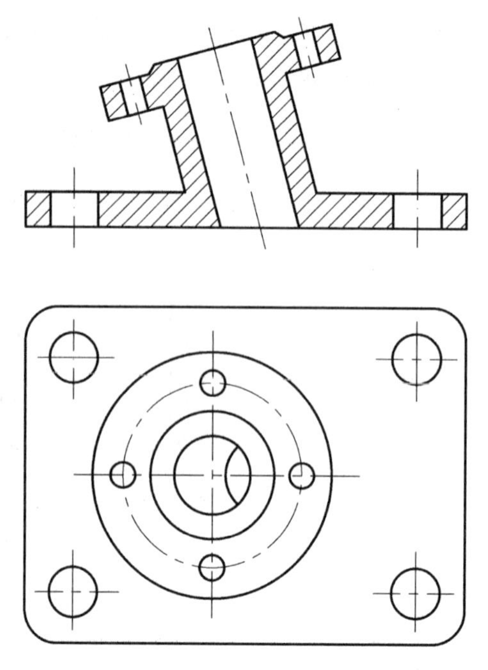

图 2－98　与投影面倾斜的圆或圆弧的简化

**5. 对小结构的简化**

对圆柱机件上一些较小的孔、键槽产生的表面交线，允许简化为直线，如图 2－99 所示。

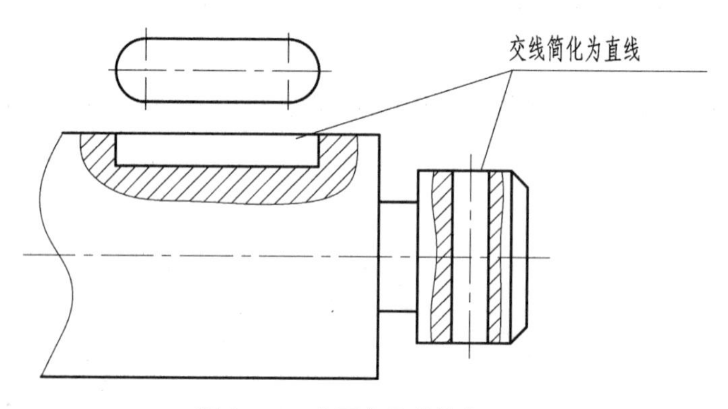


图 2－99　表面交线的简化

对机件上的小圆角，小倒角，在不至于引起误解时，允许省略不画，但必须注明尺寸或在技术要求中加以说明，如图 2－100 所示。

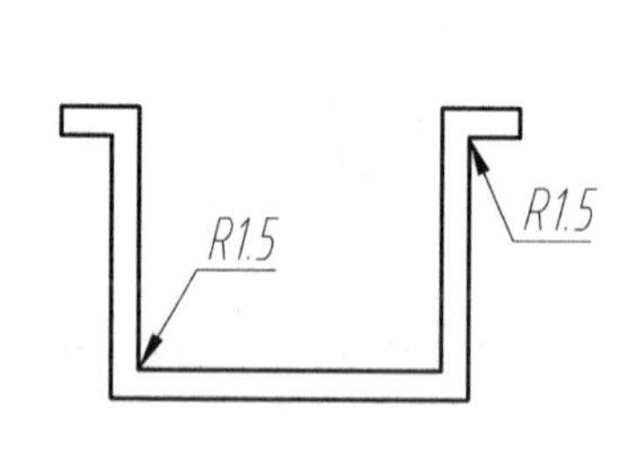


图 2－100　小圆角，小倒角的画法

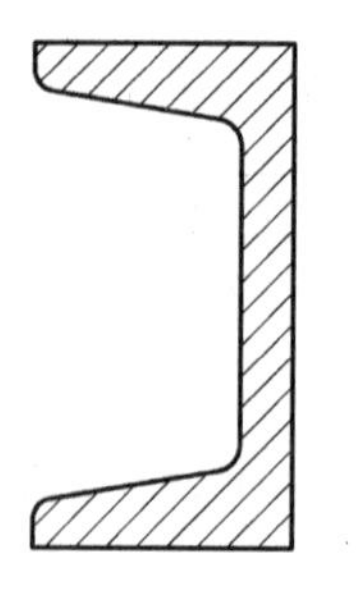

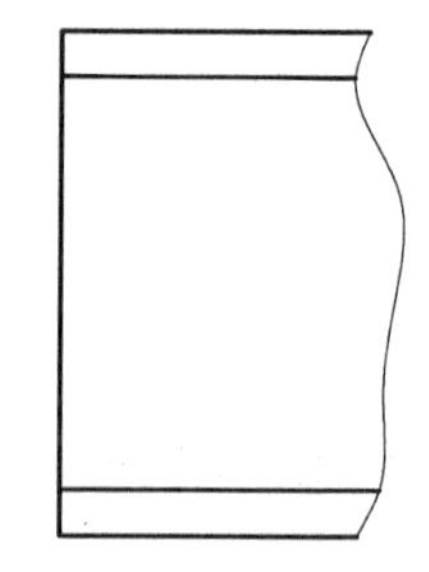

图 2－101　斜度不大的结构

对机件上斜度不大的结构，如果一个图形中已经表达清楚，则在其他视图中可以只按小端画出，如图 2－101 所示。

**6. 较长机件的简化**

如果较长机件沿长度方向形状一致或按一定规律变化时，例如轴、杆、型材、连杆等，可以断开后缩短表示，但要标注实际尺寸，如图 2－102 所示。

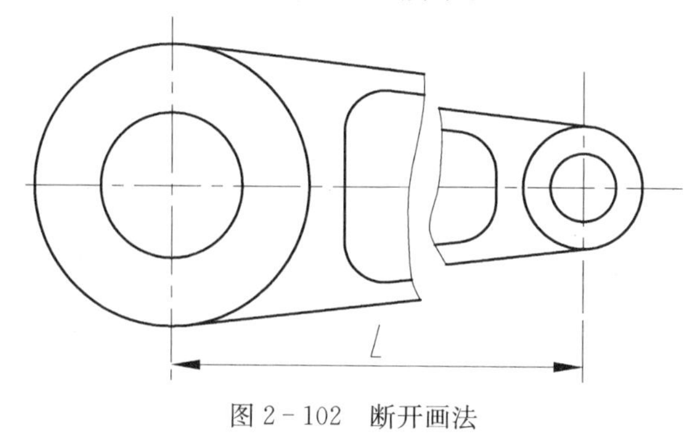


图 2－102　断开画法

## 2.3.6　综合举例(Integrated Example)

**例 2－13**　支座。

如图 2－103(a)所示机件上部为圆柱，下部为底板，中间有用于连接的十字肋，内外结构比较复杂，故不宜用简单的三视图表达。选择反映机件的主要结构特征的投影方向作为主视图，并在与大圆柱垂直相贯的小空心圆柱处采用局部剖。这样既表达了小圆柱与大圆柱的关系，又保留了外形。大圆柱的内部结构既可通过俯视图表达，也可通过左视图表达。左视图上的局部剖，既反映了大圆柱的内部结构，又将小圆柱与肋板的位置关系反映清楚，故没有必要在俯视图上再作表达，俯视图上只需表达十字肋的断面形状及底板上结构。底板上的两个孔在主视图上通过局部剖的表达。如图 2－103(b)所示的一组视图表达的机件简捷、直观，便于读图。

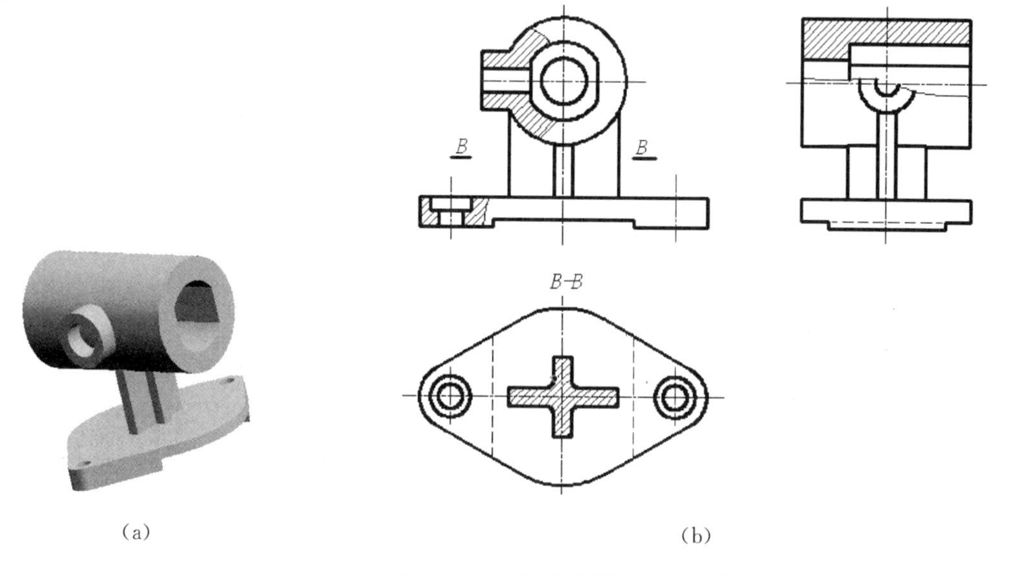


图 2－103　综合举例

## 2.3.7 第三角投影法简介
## (Brief Introduction of Third Angle Projection)

国际标准 ISO 规定,可采用第一角投影法(First Angle Projection),也可以采用第三角投影法(Third angle projection)。我国的国家标准规定,我国的工程图样采用第一角投影。而美国、日本、加拿大等国采用第三角投影法。为了便于进行国际间的技术交流,本节对第三角投影法作简要介绍。

相互垂直的三个投影面 $V$, $H$, $W$ 将空间分为八个部分,如图 2-104 所示,将左边的四个依次称为第Ⅰ,Ⅱ,Ⅲ,Ⅳ分角。将机件放在第一分角表达称为第一角投影法;将机件放在第三分角表达称为第三角投影法。

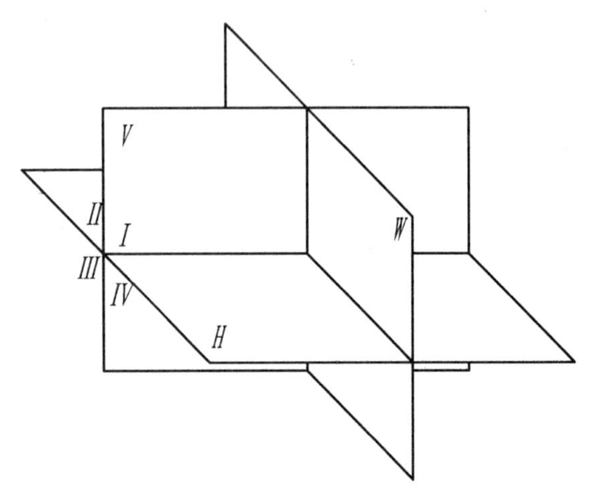

图 2-104 分角的划分

第一角投影法是将机件放在投影面与观察者之间,从投射方向看,是观察者—机件—投影面;而第三角投影法是将机件放在投影面与观察者之外,即投影面在机件与观察者之间。从投射方向看,是观察者—投影面—机件。

第三角投影法也是采用正投影法,投射时,好像隔着玻璃看东西一样。在 $V$ 面所得的投影为前视图(同主视图从前向后投影);在 $H$ 面上所得的投影为顶视图(同俯视图从上向下投影);在 $W$ 面上所得的投影为右视图(从右向左投影),如图 2-105(a)所示。

展开投影面时,也是 $V$ 面不动,$H$ 面绕着它与 $V$ 面的交线向上旋转 90°,$W$ 面绕着它与 $V$ 面的交线向前旋转 90°。投影面展开后,顶视图位于前视图的上方,右视图位于前视图的右方,如图 2-105(b)所示。

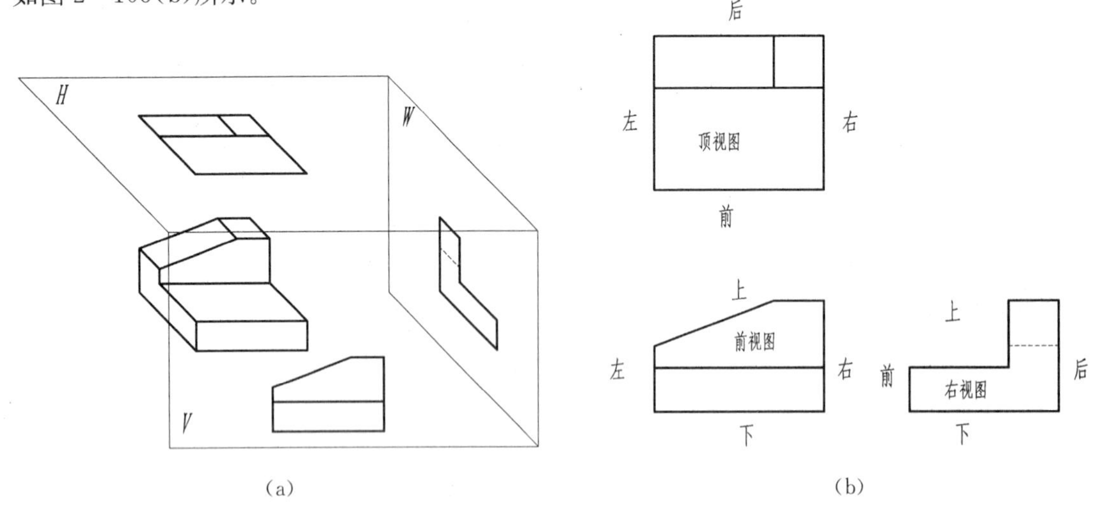

图 2-105 第三角投影

如果将机件置于透明的正六面体中以透明的六面体的六个面为投影面，按第三角投影法，分别将机件向六个投影面作正投影，然后再把各投影面展开到与 $V$ 面重合的平面上，如图 2-106(a)所示。

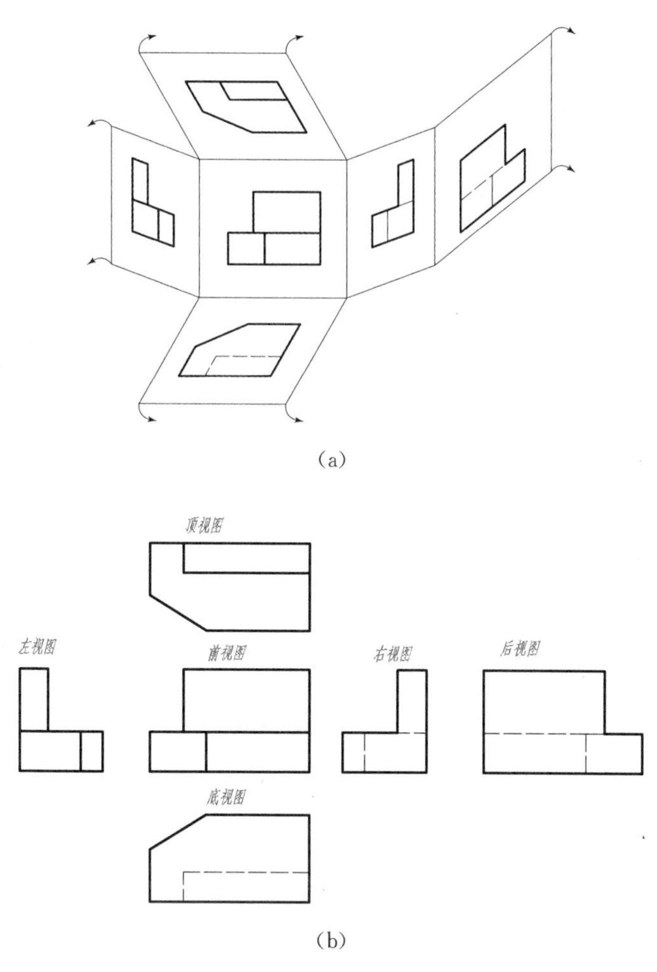


(a)

(b)

图 2-106　第三角视图

从前向后投影为前视图(位置不动)；

从上向下投影为顶视图(向上翻转位于前视图的上方)；

从右向左投影为右视图(向右翻转，位于前视图的右方)。

从左向右投影投影为左视图(向左翻转，位于前视图的左方)。

从下向上投影为底视图(向下翻转位于前视图的下方)；

从后向前投影为后视图(同右视图一同向右翻转，位于右视图的右方)；

即可得到第三角投影法六个基本视图的配置，如图 2-106(b)所示。

第三角投影法与第一角投影的比较：

共同点：两者都采用正投影法，投影的对应关系：“长对正，高平齐，宽相等”对两者都适用。

不同点：

1) 观察者、机件、投影面的位置关系不同。

2）视图的配置不同。

3）在第一角投影中，离主视图最近的图线是机件最后面要素的投影；而在第三角投影中，离前视图最近的图线是机件最前面要素的投影。

4）两种投影的识别符不同，如图 2－107(a)所示为第一角投影的标识符，图 2－107(b)所示为第三角投影的标识符。若采用第三角投影法，国标规定必须在标题栏中画出第三角投影的标识符。

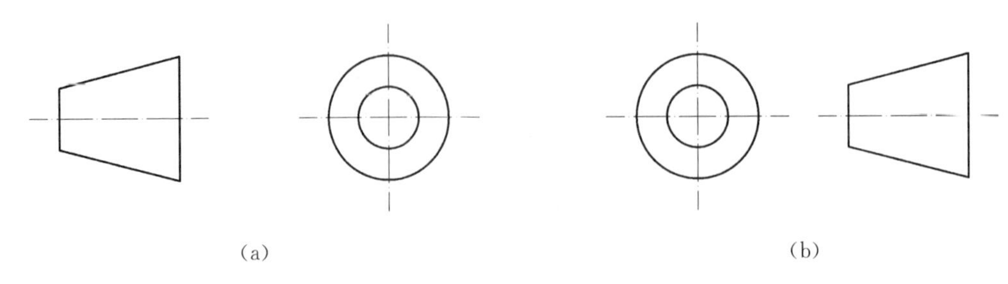

(a)　　(b)

图 2－107　投影的标识符

## 2.3.8　标准件和常用件(Standard Parts)

在现代化生产中，对于那些应用广泛、使用量大的螺钉、螺栓、螺母、垫圈、键、销等零件，为了便于制造和使用，国家标准对它们的结构、尺寸、画法、符(代)号和标记等制定了统一的标准，这类零件称为标准件。而另一些零件，国家标准对它们的部分结构、尺寸及画法制定了统一的标准，这类零件称为常用件，如齿轮、弹簧等。

本章主要介绍标准件和常用件的基本结构、规定画法及标注。

### 2.3.8.1　螺纹及螺纹连接件(Threaded parts)

螺纹是一种常见的结构要素，它可以用于连接、紧固，也可用于传递运动和力。由于其结构简单、性能可靠、装拆方便、制造容易等特点，而成为机电产品中不可缺少的结构要素。螺纹应该具有两大基本功能，即良好的旋合性与足够的强度和刚度。

**1. 螺纹的形成**

螺纹是在圆柱或圆锥表面上沿着螺旋线所形成的具有规定牙型的连续凸起(凸起是指螺纹两侧面间的实体部分，又称牙)。在圆柱或圆锥外表面上所形成的是外螺纹，在圆柱或圆锥内表面上所形成的是内螺纹。

螺纹的加工方法很多。图 2－108 中(a)(b)为在车床上车制圆柱内、外螺纹，(c)为用板牙和丝锥加工小直径螺纹。

**2. 螺纹的主要参数**

螺纹的牙型、直径、线数、螺距和旋向是设计和制造螺纹时所不可少的五大要素。只有当内外螺纹的五大要素完全一致时，才能成对使用。

(1) 牙型(tooth shape)

在通过螺纹轴线的剖面上，螺纹轮廓的形状称为螺纹的牙型。常见的牙型有三角形(triangle)、梯形(trapezia)、锯齿形(hackle)等，其基本牙型及应用场合见表 2－8。

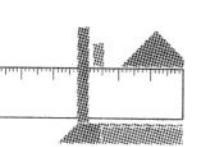

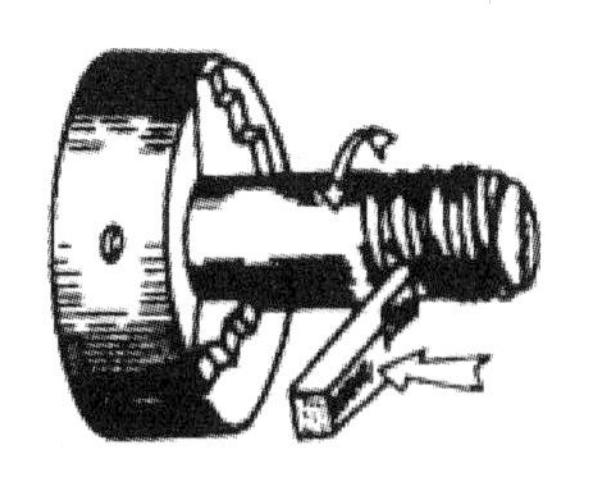

(a) 车削外螺纹

(b) 车削内螺纹

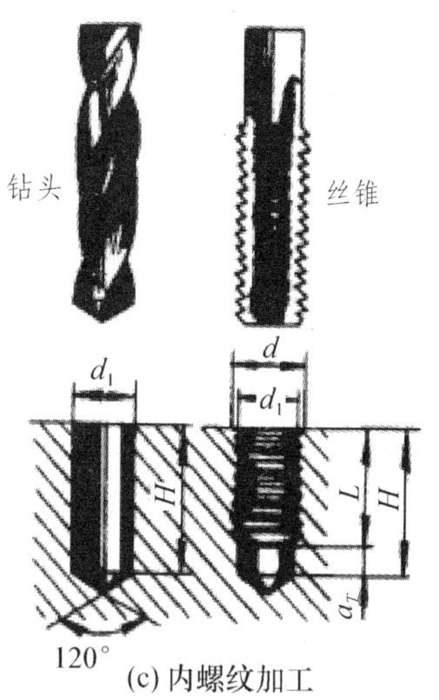


(c) 内螺纹加工

图 2-108　螺纹的加工方法

**表 2-8　常用的标准螺纹**

| 螺纹的种类 | 特征代号 | 基本牙型 | 应用场合 |
|---|---|---|---|
| 普通螺纹 | M | 60° | 一般的连接 |
| 非螺纹密封管螺纹 | G | 55° | 用于压力较低的水管、油管、气管等管路连接 |
| 密封管螺纹 | R | 27°30′ 27°30′ | 用于高温、高压系统和润滑系统 |
| 梯形螺纹 | Tr | 30° | 用于双向传动，如机床的丝杠 |

（续表）

| 螺纹的种类 | 特征代号 | 基 本 牙 型 | 应 用 场 合 |
|---|---|---|---|
| 锯齿形螺纹 | B | 3°　30° | 只能传递单向的力，如千斤顶等 |

普通螺纹是原始三角形为等边三角形，牙形角为 60°，在圆柱表面上所形成的螺纹。普通螺纹一般用于连接，故又称连接螺纹。普通螺纹又有粗牙和细牙之分。当螺纹的公称直径和牙型相同时，细牙螺纹的螺距与牙型高度比粗牙螺纹的螺距与牙型高度要小，故细牙螺纹常用于薄壁零件的连接。

管螺纹的牙形为 55°的等腰三角形，牙顶和牙底为圆弧形的螺纹。在圆柱表面上形成的螺纹为圆柱管螺纹，它有密封与非密封之分。在圆锥表面上形成的螺纹为圆锥管螺纹，用于需要密封的水管、油管和气管等场合。

牙型角为 30°的等腰梯形所形成的螺纹为梯形螺纹。它是一种常见的传动螺纹。车床的丝杠是梯形螺纹，一般用于传递动力。

牙型角为 33°，其一侧边与铅垂线的夹角为 30°，另一边为 3°的不等腰梯形所形成的螺纹为锯齿形螺纹。它也是一种最常见的传动螺纹，用于传递单方向的力。机械式千斤顶即是锯齿形螺纹。

(2) 直径(diameter)

螺纹直径有大径、中径、小径之分。如图 2－109 所示。

螺纹大径：外螺纹牙顶或内螺纹牙底相重合的假想圆柱的直径，代表螺纹的公称直径。外螺纹大径用 $d$ 表示，内螺纹大径用 $D$ 表示。

螺纹小径：与外螺纹牙底或内螺纹牙顶相重合的假想圆柱的直径。是螺纹的最小直径。外螺纹小径用 $d_1$ 表示，内螺纹小径用 $D_1$ 表示。

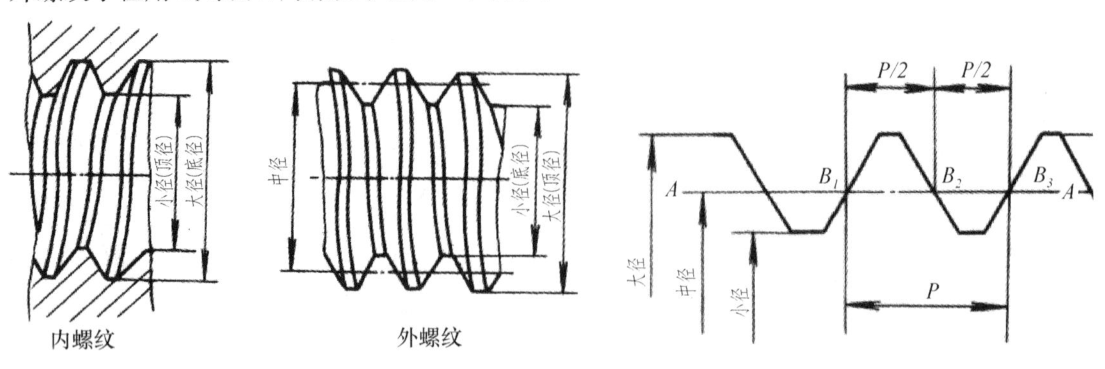


图 2－109　螺纹的直径

图 2－110　螺纹的中径

螺纹中径：是一个假想圆柱的直径，该假想圆柱的母线通过牙型上沟槽和凸起部分宽度相等的地方。在原始三角形中，中径母线处于三角形的中间位置。但因牙顶和牙底的削平高度

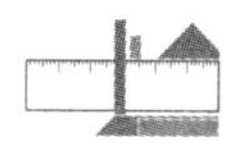

不一致，故在基本牙型中中径母线不处于牙高度的中间。但 $B_1B_2 = B_2B_3$ 的几何特性是不变的，如图 2－110 所示。

(3) 线数(number of spiral cords)

螺纹有单线螺纹和多线螺纹之分。沿着一条螺旋线形成的螺纹为单线螺纹；沿着两条或两条以上螺旋线所形成的螺纹为多线螺纹，如图 2－111 所示。

(4) 螺距和导程(pitch of screws)

相邻两牙在中径上对应两点间的轴向距离称为螺距，用 $P$ 表示；而同一条螺旋线上相邻两牙在中径线上对应两点的轴向距离称为导程，用 $P_h$ 表示。如图 2－112 所示。螺距与导程的关系为

$$P_h = nP$$

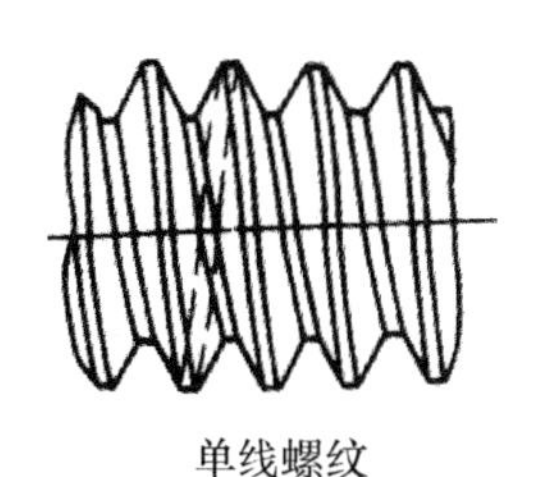

单线螺纹

多线螺纹

图 2－111　螺纹的线数

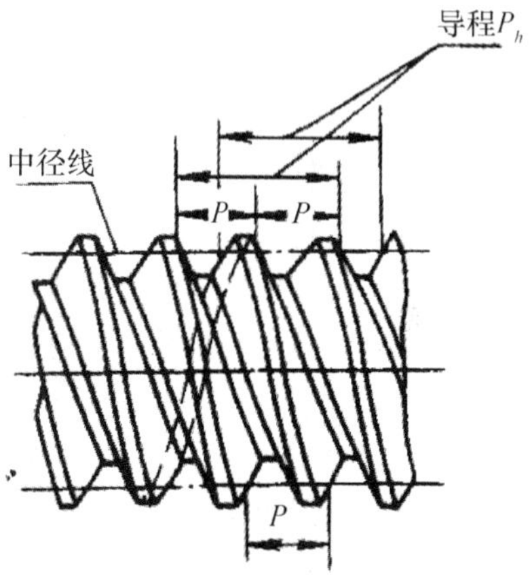

导程$P_h$

中径线

$P$

$P$

$P$

图 2－112　螺纹的螺距和导程

(5) 旋向(Orientation of screw)

旋向有左旋和右旋之分。顺时针方向旋入的螺纹为右旋螺纹，逆时针旋入的螺纹为左旋螺纹。螺纹旋向的简便判别方法是将螺纹轴线竖直放置，可见部分右高左低为右旋，可见部分左高右低为左旋，如图 2－113 所示。

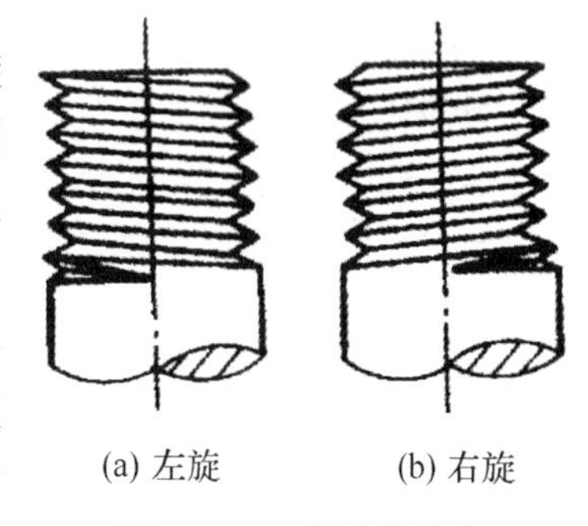

(a) 左旋　　(b) 右旋

图 2－113　螺纹的旋向

螺纹的五大要素中，牙型、直径和螺距是基本要素，基本要素符合国家标准的称为标准螺纹；而牙型符合国家标准，直径和螺距不符合国家标准的螺纹称为特殊螺纹；牙型不符合国家标准的螺纹称为非标准螺纹。

**3. 螺纹的画法**

由于螺纹的形状和大小完全由螺纹的五大要素确定，为了便于绘图，国家标准规定了螺纹的画法。

(1) 外螺纹的画法

螺纹的大径(牙顶)用粗实线绘制，螺纹的小径(牙底)用细实线绘制，螺纹终止线用粗实线表示。当需要表示螺尾时，用与轴线成 30°角的细实线表示。

在投影为圆的视图中，大径画粗实线圆，小径画 3/4 的细实线圆弧，倒角圆不画。

在剖视图中，螺纹终止线只画出大径和小径之间的部分，剖面线终止到粗实线处(图 2－114)。

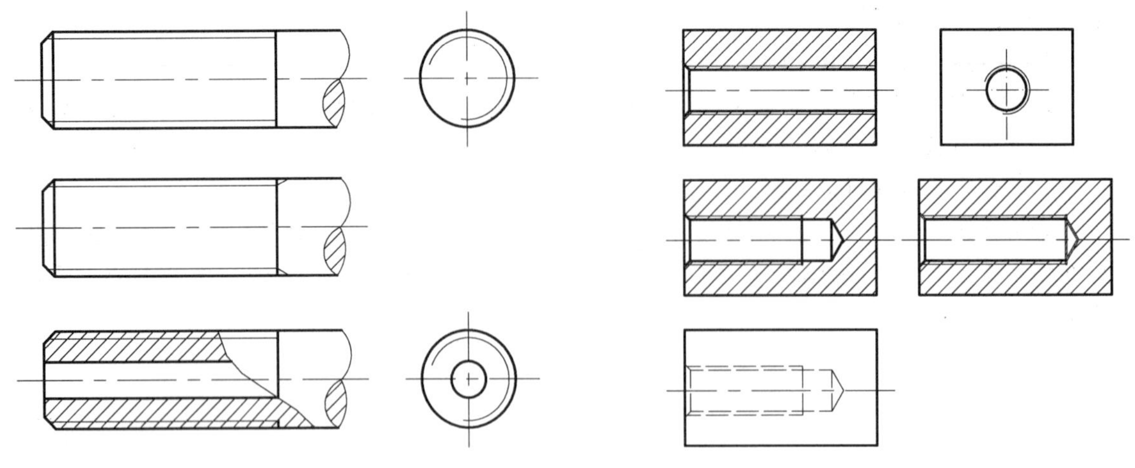

图 2－114　外螺纹的画法　　　　图 2－115　内螺纹的画法

(2) 内螺纹的画法

内螺纹(螺孔)一般用剖视图表示。大径(牙底)用细实线表示，小径(牙顶)用粗实线表示，螺纹终止线用粗实线表示。剖面线画到粗实线处。

在投影为圆的视图中，小径画粗实线圆，大径画 3/4 细实线圆弧，倒角圆不画。

对于不通的螺孔，一般应将钻孔的深度和螺孔的深度分别画出。钻孔底部的锥顶角画成 120°。在装配图中允许螺孔深度与钻孔深度重合画出，画法如图 2－115 所示。

内螺纹不剖时，大径、小径、螺纹终止线均画虚线。

(3) 内、外螺纹旋合的画法

内外螺纹旋合的条件是内外螺纹的牙型、公称直径、螺距、旋向和线数必须相同。在画内外螺纹旋合的剖视图时，其旋合部分按外螺纹绘制，其余部分按各自的画法绘制。

在剖视图中，剖面线画到粗实线。

当剖切平面通过实心螺杆的轴线时，螺杆按不剖绘制，如图 2－116 所示。

(4) 非标准螺纹的画法

因非标准螺纹的牙型非标准，所以应画出螺纹牙型，并标注所需尺寸及要求，如图2－117 所示。

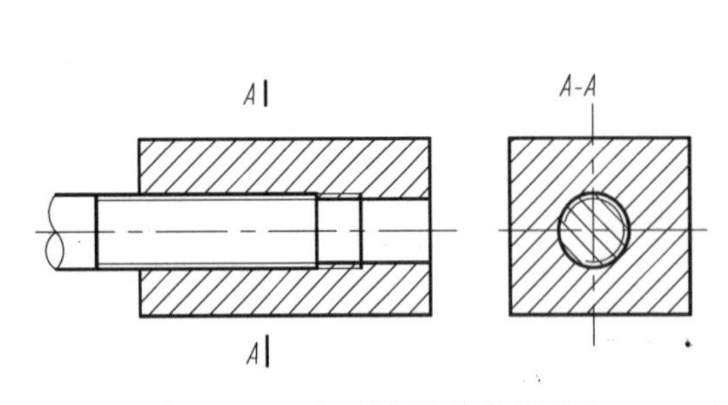


图 2－116　内、外螺纹旋合的画法

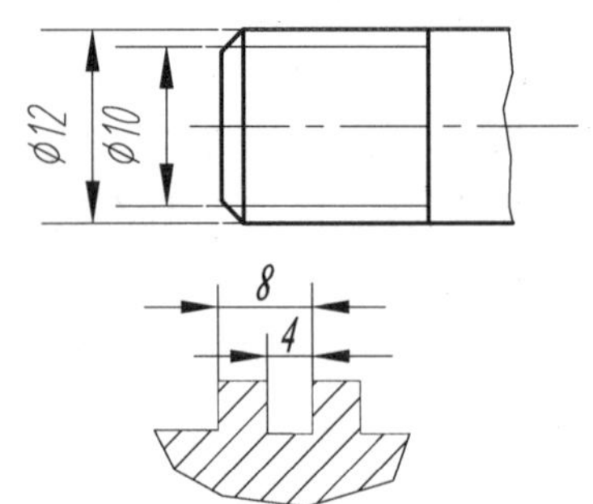


图 2－117　非标准螺纹的画法

**4. 螺纹的标注**

螺纹的标注是由主要参数和控制要素两部分组成。主要参数包括螺纹特征代号、公称直

径、螺距、导程、线数、旋向等。控制要素则由该控制要素的公差带代号及旋合长度代号组成。

螺纹的标注格式为：

螺纹特征代号 公称直径×导程(螺距)-螺纹公差带代号-旋合长度代号-旋向

其中螺纹的特征代号见表 2-8。

对于普通螺纹，其螺纹特征代号为“M”。单线普通螺纹有粗牙和细牙之分，粗牙普通螺纹的螺距与直径是一一对应的，故粗牙普通螺纹不标出螺距；而细牙普通螺纹同一直径有多种螺距，必须标出螺距。

国标规定，右旋螺纹不标旋向，左旋必须标出旋向代号“LH”。

螺纹公差带代号由表示公差等级的数字和表示基本偏差代号的字母组成，内螺纹用大写字母，外螺纹用小写字母。螺纹公差带代号由中径和顶径的公差带代号组成，中径公差带代号在前，顶径公差带代号在后。如两者相等，只写一次。

螺纹的旋合长度代号由 S, N, L 表示，S 代表短旋合长度，N 代表中等旋合长度，L 代表长旋合长度。中等旋合长度代号“N”可不予标注。

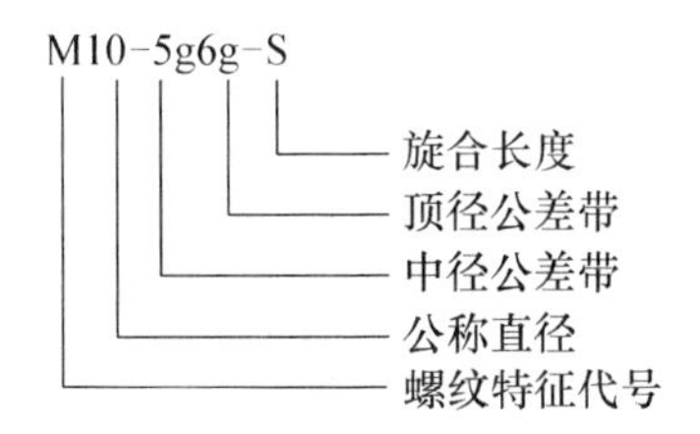


普通螺纹标注示例如图 2-118 所示。

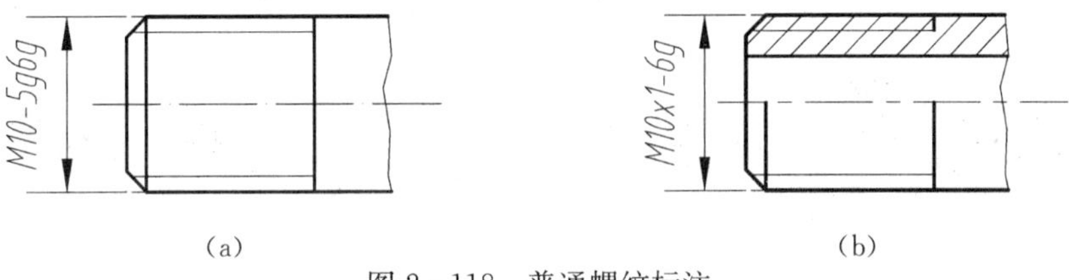


(a)　(b)

图 2-118　普通螺纹标注

管螺纹的特征代号见表 2-8，管螺纹的尺寸代号为管螺纹公称直径的英寸数，必须注意，管螺纹的公称直径不是螺纹的大径，而是指管螺纹的通孔孔径。管螺纹必须采用指引线标注，指引线从大径引出。公差等级代号，对外螺纹分 A，B 两级标记，内螺纹则不标记。右旋螺纹不标旋向，左旋必须标出旋向代号“LH”。图 2-119(a)为表示尺寸代号 3/4 非螺纹密封的 B 级圆柱管螺纹；图 2-119(b)表示尺寸代号为 $R_c1\frac{1}{2}$用于密封的圆锥管螺纹。

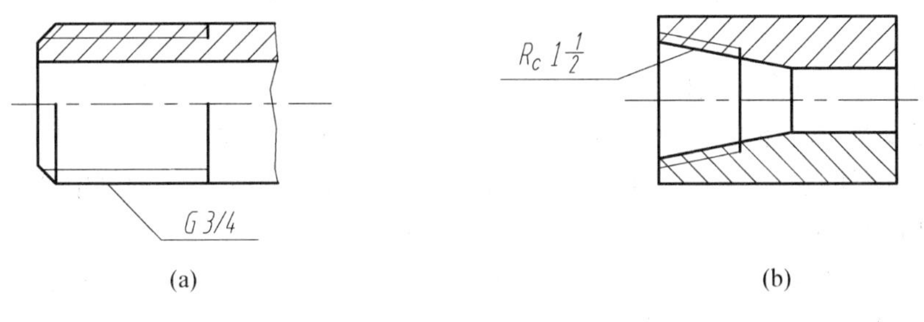


(a)　(b)

图 2-119　管螺纹的标注

梯形螺纹和锯齿形螺纹公差带代号只标注中径公差带代号，螺纹的旋合长度只分中等旋合长度N和长旋合长度L两种，当旋合长度为N时，可省略不标。图2－120（a)表示公称直径为40，螺距为7，公差带代号7g，右旋的，中等旋合长度的梯形螺纹。图2－120（b)表示公称直径为80，螺距为10，公差带代号7e，左旋的，中等旋合长度的锯齿形螺纹。

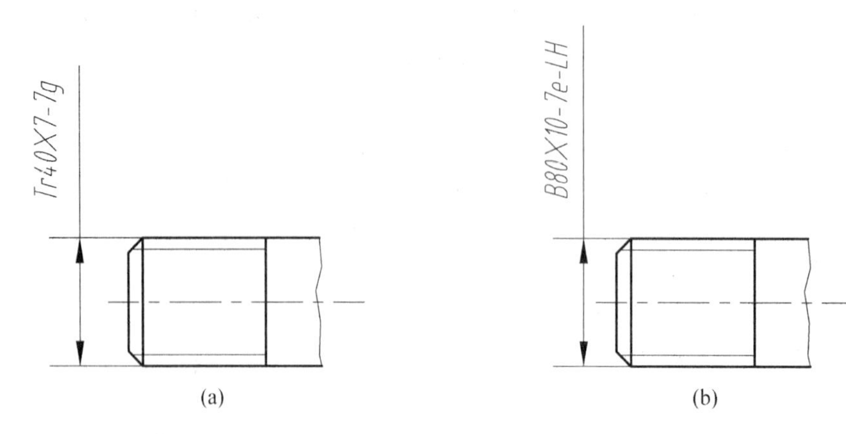


图2－120　连接螺纹的标注

**5. 螺纹连接件**

用螺纹起连接和紧固作用的零件称螺纹连接件。常用的螺纹连接件有螺栓、双头螺柱、螺钉、螺母、垫圈等。如图2－121所示。螺纹连接件的规格和尺寸均已标准化，并由标准件工厂专门生产。由于螺纹连接件的零件图的全部内容都已列入相应的国家标准，在一般情况下，不需要绘制螺纹连接件的零件图，只需按规定进行标注。在装配图中，各螺纹连接件必须按规定画出。

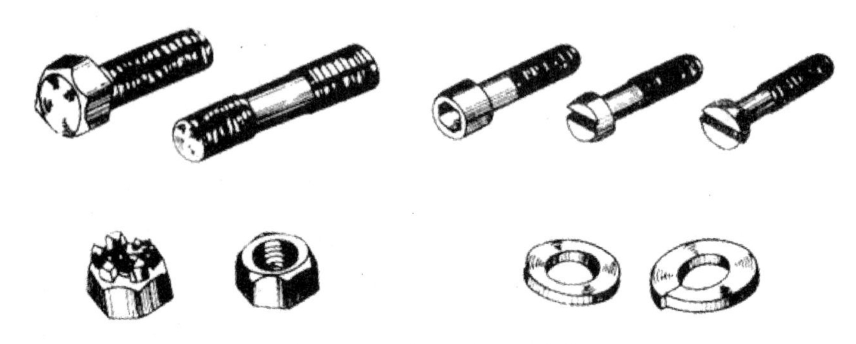

图2－121　常用的螺纹连接件

(1) 螺纹连接件的标注

螺纹连接件的标注由名称、标准编号、型式与尺寸、性能等级或材料、热处理以及表面处理等组成。

为简化起见，允许名称及标准年份省略不写。当产品标准中只规定一种型式、性能等级或材料、热处理以及表面处理时，允许省略。当产品标准中规定两种以上型式、性能等级或材料、热处理以及表面处理时可省略其中一种。具体省略将由有关产品标记示例中规定决定。

例如：螺栓 GB5782－2000　M12×80—8.8—Zn.D。

说明：六角头螺栓产品等级为A级（由GB5782查出，在 $d<150$ 时用A级），公称直径 $d=12$ mm，粗牙螺纹，公称长度 $L=80$ mm，性能等级为8.8级（此螺栓只有这一个等级，故

可以省略)，材料为钢，表面处理为镀锌纯化。

(2) 螺纹连接件的控制参数及其图示

1) 螺栓。螺栓产品等级有 A，B 和 C 级之分。A 级最精确，用于重要的、装配精度高以及受较大冲击和振动或变载荷的情况。螺栓的内在质量由其机械性能等级决定。机械性能等级可分为 3.6 至 12.9 共 10 个性能等级。最高级为 12.9。性能等级越高，说明螺栓能承受的拉力载荷越大。螺栓图示如图 2-122。

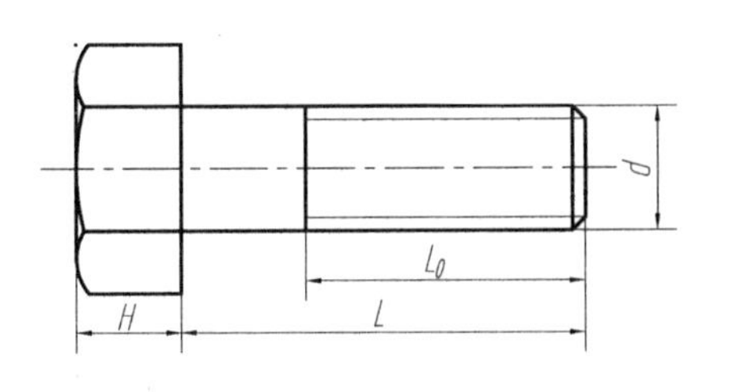


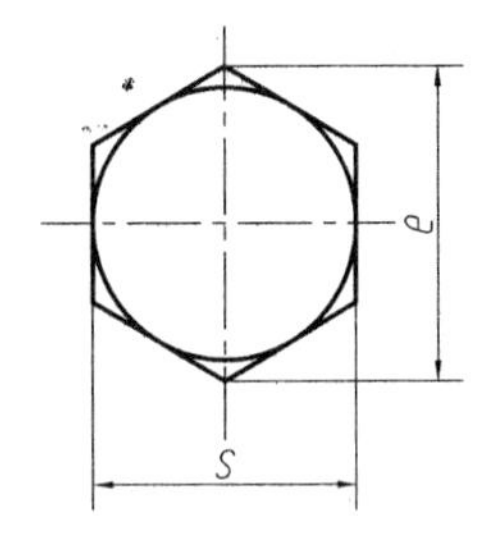


图 2-122　螺栓

2) 双头螺柱。双头螺柱的两端均为螺纹，一端旋入机体为旋入端；另一端与螺母连接为紧固端。其旋入端为过渡或过盈配合螺纹，紧固端为间隙配合螺纹。双头螺柱的旋入端长度由带螺孔的被连接件的材料决定。当被连接件的材料为钢，取 $L_1 = d$；铸铁，取 $L_1 = 1.25d$；铝合金，取 $L_1 = (1.5-2)d$。而紧固端的长度 $L$ 为双头螺柱的有效长度。双头螺柱图示如图 2-123。

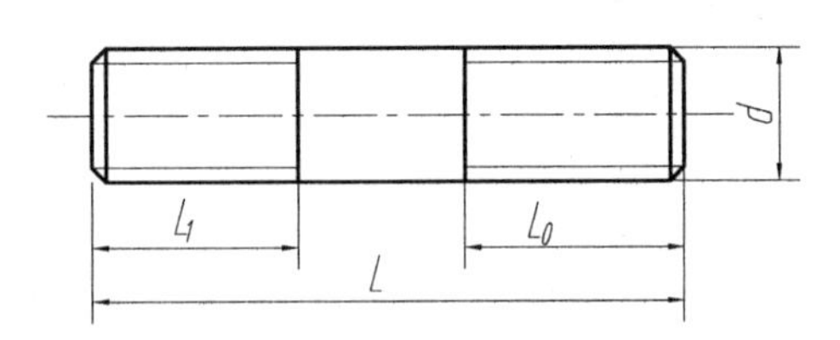


图 2-123　双头螺柱

3) 螺钉。螺钉按其头部形状可有内六角螺钉、开槽圆柱头螺钉、开槽沉头螺钉、开槽紧定螺钉。我国只对其中的紧定螺钉规定了性能等级，即 14H，22H，33H 和 45H 四级，其中 45H 的紧定螺钉用合金钢制造，其他均为碳钢制造。开槽螺钉图示如图2-124。

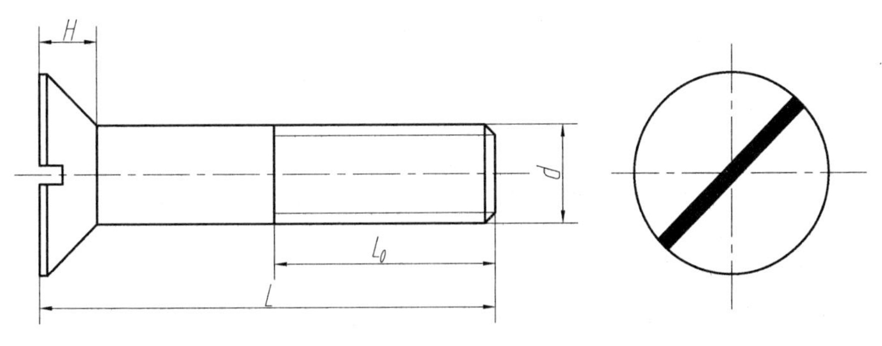


图 2-124　螺钉

4) 螺母。螺母的型式很多，最常用的是六角螺母，图 2-125(a)所示。螺母的选用除了螺纹的基本要素必须与相应的螺栓、螺柱一致外，还必须在机械性能上相匹配。

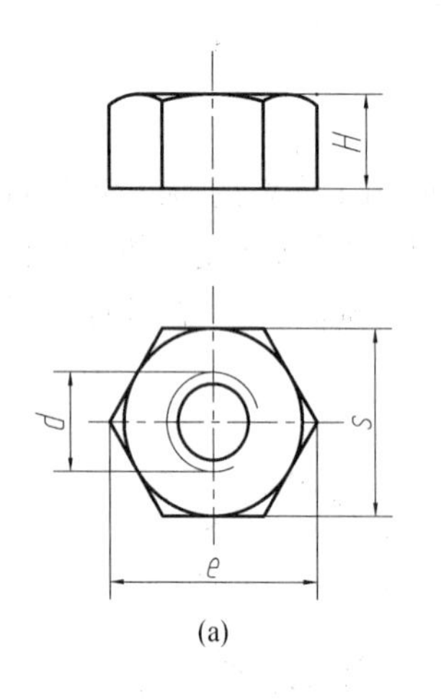


(a)

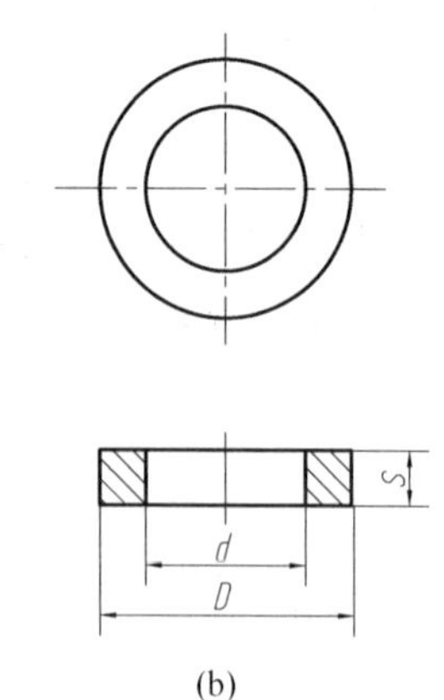


(b)

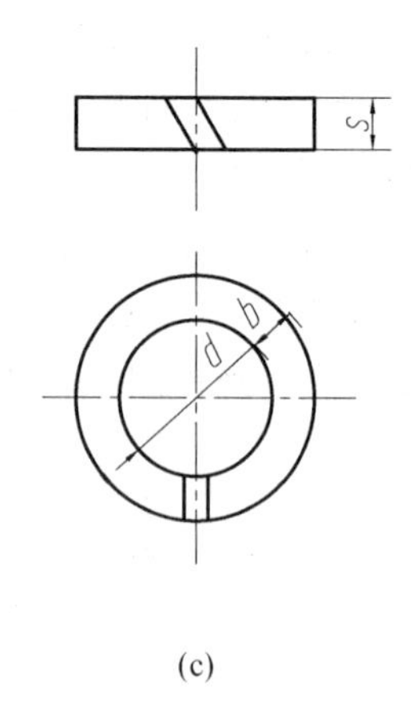


(c)

图 2-125　螺母、垫圈

5）垫圈。垫圈放置在螺母和被连接件之间，以免在旋紧螺母时损伤被连接件表面，并使紧固件受力均匀分布。不同的垫圈又有其独特的作用，如图 2-125(b)所示平垫圈可用于增加预紧力，而图 2-125(c)所示弹簧垫圈则可起到防松作用。垫圈的规格是以与其相配的螺栓、螺柱或螺钉的公称直径作为其公称直径的。垫圈上的孔径略大于其公称直径。平垫圈分为 A 级和 C 级，A 级用于精装配系列。

(3）螺纹连接件的连接形式及画法

常用的螺纹连接件的连接形式有三种，即螺栓连接、螺柱连接和螺钉连接。

1）螺栓连接。螺栓连接一般用于被连接件的厚度不太大而又需要经常拆卸的地方。两个被连接件均钻成通孔。装配时首先将螺栓穿过两个被连接件的通孔，然后套上垫圈，最后用螺母拧紧。如图 2-126 所示。螺栓的长度 $L \geqslant \delta_1 + \delta_2 +$ 垫圈厚度 $b+$ 螺母高度 $H+(0.2 \sim 0.3)d$。然后在螺栓标准中选取与计算值接近的标准长度作为螺栓长度。

螺栓连接画法及注意点：

(i) 两零件的接触表面只画一条线，不接触处应留有间隙，如螺纹大径与零件光孔处应画两条线。

(ii) 被连接零件的两连接表面的接触线应画到螺栓的大径处。

(iii) 当沿其轴线剖切时，螺纹紧固件一般以不剖处理。两个被连接件的剖面线方向应相反。

(iv) 小径与大径的关系以 $d_1(D_1) = 0.85d(D)$ 比例画出。

2）双头螺柱连接。双头螺柱连接一般用于被连接件之一较厚，不适合加工成通孔的场合。较厚的零件上攻有螺孔，较薄的零件上钻有通孔。装配时将双头螺柱的旋入端螺纹旋入较厚零件的螺孔中，直至旋入端螺纹终止线与螺孔端面平齐。然后将钻有光孔的零件套上。再套上弹簧垫圈，最后套上螺母旋紧。如图 2-127 所示。拆卸时，只需拆下螺母等零件，不需拆下螺柱，所以，多次拆卸不会损坏被连接件。

双头螺柱连接的画法及注意点：

(i) 双头螺柱的旋入端螺纹终止线与接合面平齐，旋入长度 $L_1$ 与被旋入件的材料有关，当被旋入件的材料为钢时，$L_1 = d$；为铸铁时，$L_1 = 1.25d$；为铝时，$L_1 = 2d$。螺孔深度 $L_3$ 应大于双头螺柱旋入端长度。通常，$L_3 = L_1 + 0.25d$ 取整。钻孔深度 $L_2$ 可以与螺孔深度一致，即 $L_2 = L_3$；也可大于螺孔深度，即 $L_2 = 1.25 \times L_3$。

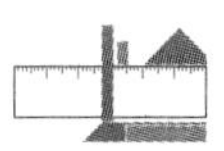

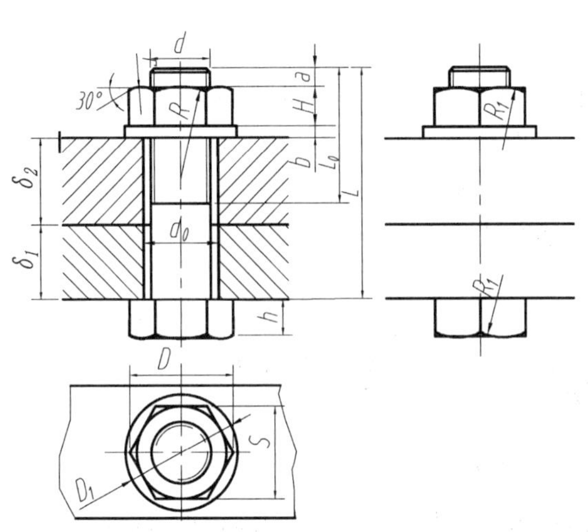

$a=(0.3-0.4)d$，$h=0.7d$，$H=0.8d$，$D=2d$，$d_0=1.1d$，$R=1.5d$，$b=0.15d$，$D_1=2.2d$，$L_0=(1.5-2)d$，$s=1.7d$，$R_1=d$，$r$ 由作图得出

图 2-126　螺栓连接比例画法

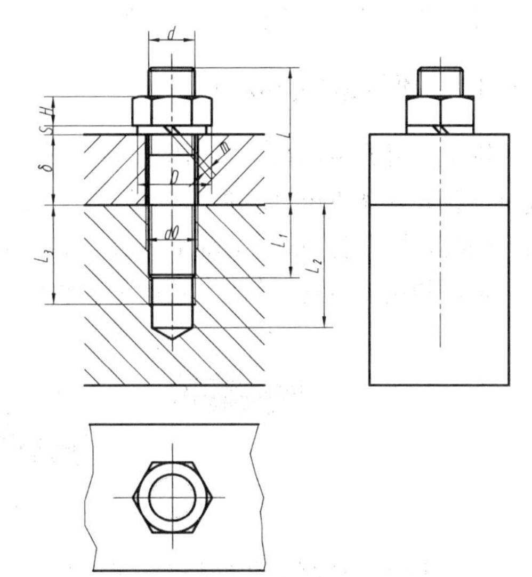

$S=0.2d$，$D=1.5d$，$m=0.1d$，$L_3=L_1+0.25d$(取整)，$L_2=1.25\times L_3$

图 2-127　双头螺柱连接比例画法

(ii) 双头螺柱上半部分的画法与螺栓连接相同。

(iii) 螺孔底部按不贯通螺孔底部画法画出。螺柱不能装到底。即螺柱下端面不能与螺孔的螺纹终止线重合。

3) 螺钉连接。螺钉连接一般用于不经常拆卸，受力不太大，被连接件之一较厚的场合。较厚的零件攻有螺孔，较薄的零件钻有通孔。装配时将较薄工件的光孔与较厚工件的螺孔对齐，将螺钉直接旋入螺孔即可。螺钉连接一般不需要螺母与垫片，如图 2-128 所示。

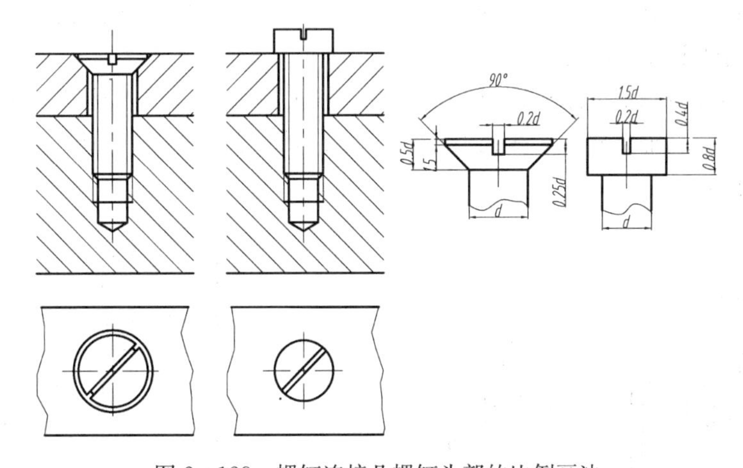

图 2-128　螺钉连接几螺钉头部的比例画法

螺钉连接的画法：

(i) 螺钉的螺纹终止线要超过两被连接件的接触线，表明还具有旋入的余地。

(ii) 螺钉头部的起子槽在投影为圆的视图中，应与中心线倾斜 45°。

(iii) 螺钉底部的画法同双头螺柱连接的底部画法相同。

### 2.3.8.2 键连接(Splines)

键是一种常见的标准件,用来连接轴与轴上零件一起作旋转运动。即在轴与轴上零件的接触处各开一条键槽,将键嵌入,使键的一部分嵌在轴上,另一部分嵌在轴上零件的槽内。当轴转动时,就可通过键带动轴上零件一起转动,从而传递运动或扭矩。

常用的键有普通平键、半圆键和钩头楔键,如图 2-129 所示。

图 2-129 常用的键

普通平键是靠侧面传递扭矩,对中性较好,但轴向不固定。适用于高精度、高速或承受变载、冲击的场合。

半圆键也是靠侧面传递扭矩。键在键槽中能绕槽底圆弧摆动,适用于具有锥端的轴。另外,由于半圆键的槽较深,对轴的局部削弱较大,一般用于轻载。

钩头楔键的上表面和毂槽的底面各有 1∶100 的斜度,装配时打入,靠楔面传递扭矩,能轴向固定和传递单向的轴向力。用于精度要求不高、转速较低时传递较大的双向的或有振动的扭矩。

键是标准件,所以一般不必画出它的零件图。键的结构尺寸和键槽的断面尺寸,可按轴的直径查阅国标,见附录。

**1. 键的标注**

普通平键有 A, B, C 三种形式。其中 A 型平键可省"A"。

如:键 B10X50 GB1096-2003 表示宽为 10,长为 50 的方头普通平键。

键 18X100 GB1096-2003 表示宽为 18,长为 100 的圆头普通平键。

**2. 键槽的画法及尺寸标注**

轴上键槽的画法及标注如图 2-130(a)所示,孔上键槽的画法及标注如图 2-130(b)所示。图中键槽的宽度、轴上槽深 $t$ 和孔上糟深 $t_1$ 可以从键的标准中查得,键的长度 $L$ 应小于或等于孔的长度 $B$。

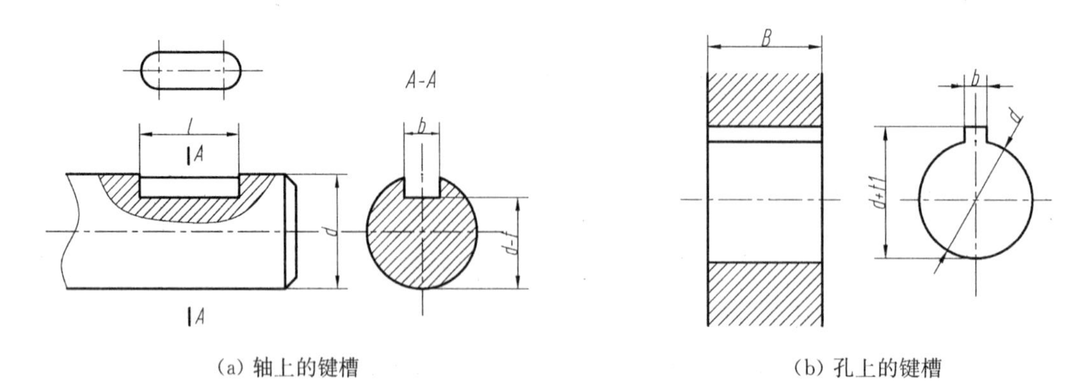


(a) 轴上的键槽　(b) 孔上的键槽

图 2-130 键槽的画法及标注

**3. 键连接的画法**

当剖切平面通过键的长度方向对称面时，轴采用局部剖视，键按不剖处理。普通平键两侧面为工作面，与轴、孔上键槽的两侧面接触，所以画图时相接触的侧面只画一条线；键的上下底面为非工作面，其下底面与轴上键槽的底面接触，画一条线，而上底面与孔上键槽的底面之间有一定的间隙，应画两条线。普通平键连接的画法如图 2－131 所示。半圆键连接的画法如图 2－132 所示。

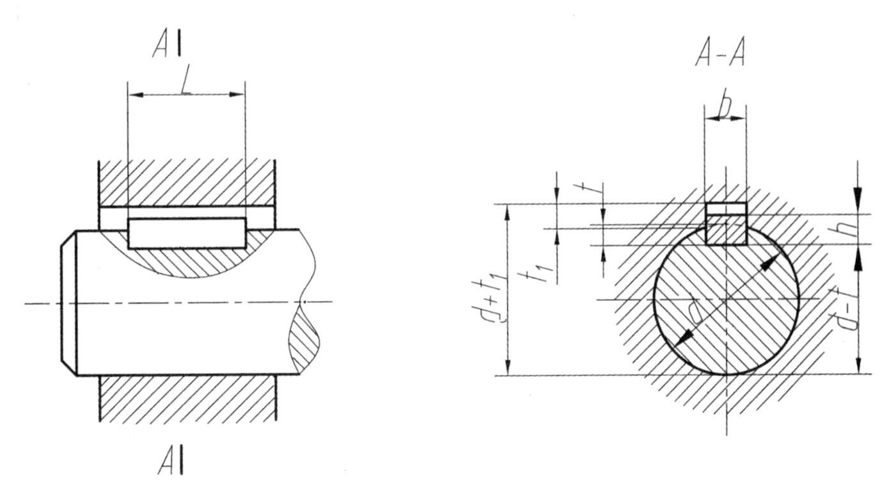


图 2－131　普通平键连接的画法

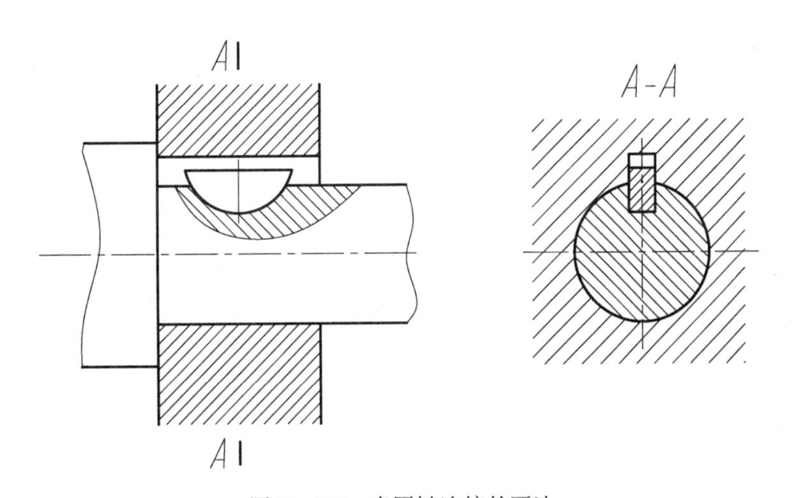


图 2－132　半圆键连接的画法

### 2.3.8.3　销连接(Pins)

销也是标准件。销主要起连接、定位和锁定作用。常用的有圆柱销、圆锥销和开口销等，如图 2－133 所示。

圆柱销用在不需要经常拆卸的场合；圆锥销有 1∶50 的锥度，可多次拆卸；开口销常与六角开槽螺母配合使用，将开口销同时穿过螺栓上的销孔和螺母上的槽，板开销的两尾，即可防止螺母松动。

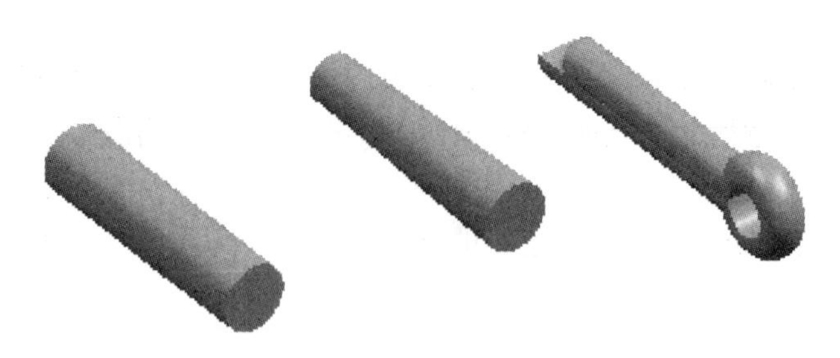

图 2-133 常用的销

**1. 销的标注**

根据连接的松紧程度,圆柱销可分为 A, B, C, D 四种。圆锥销分为 A 型和 B 型两种形式。

如:销 GB119.1-2000 8 m 6×30 公称直径 $d=8$ mm,公差为 6 m,长度 $L=30$ mm 的圆柱销。

销 GB/T117-2000 A8×30 公称直径 $d=8$ mm,长度 $L=30$ mm 的圆锥销。

销 GB/T91-2000 5×50 公称直径 $d=5$ mm,长度 $L=50$ mm 的开口销。

在此公称直径 $d=5$ mm 是指销孔的直径,而开口销的最大直径为 4.6 mm,最小直径为 4.4 mm。圆柱销和圆锥销的装配要求较高,一般是将两个被连接件先准确地装配在一起,再同时加工出来。在被连接件的零件图上标注销孔尺寸时应注明"与××件配作",采用旁注法。销孔的公称直径指小端直径。

**2. 销的连接画法**

圆柱销、圆锥销和开口销的连接画法如图 2-134 所示。当剖切平面经过圆柱销或圆锥销的轴线时,销作不剖处理。销与孔的表面是配合关系,接触面只画一条线。另外,圆锥销锥度较小,可以用夸大画法表示。

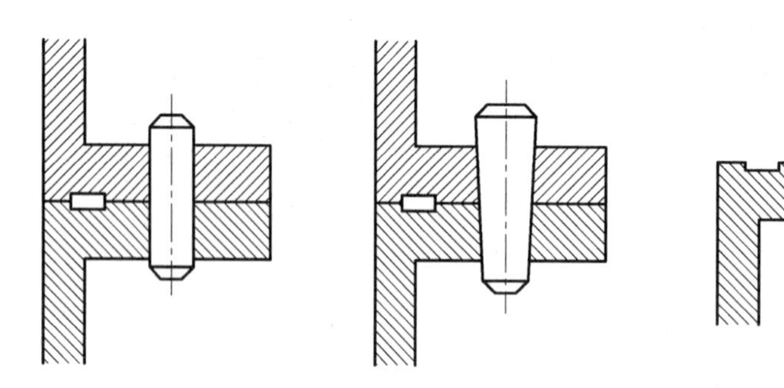


图 2-134 销的连接画法

### 2.3.8.4 弹簧(Springs)

**1. 弹簧的分类**

弹簧是常用件,主要用于减震、夹紧、测力、调节等场合。弹簧的种类很多,常用的有螺旋弹簧、板弹簧、平面涡卷弹簧和碟形弹簧等。按所受载荷特性的不同,螺旋弹簧又有压缩弹簧、拉伸弹簧、扭力弹簧之分。本节主要介绍圆柱螺旋压缩弹簧。

**2. 弹簧的规定画法**

弹簧的真实投影很复杂,国家标准对弹簧的画法作了规定。

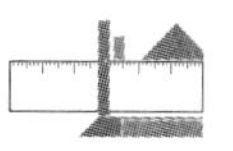

1）螺旋弹簧在平行于其轴线的投影面上的视图中，各圈的轮廓应画成直线。

2）螺旋弹簧的有效圈数在 4 圈以上时只画出两端的 1～2 圈，中间用通过弹簧丝端面中心线的点画线连接。画法如图 2－135 所示。非圆形断面的锥形弹簧，中间部分用细实线连接。

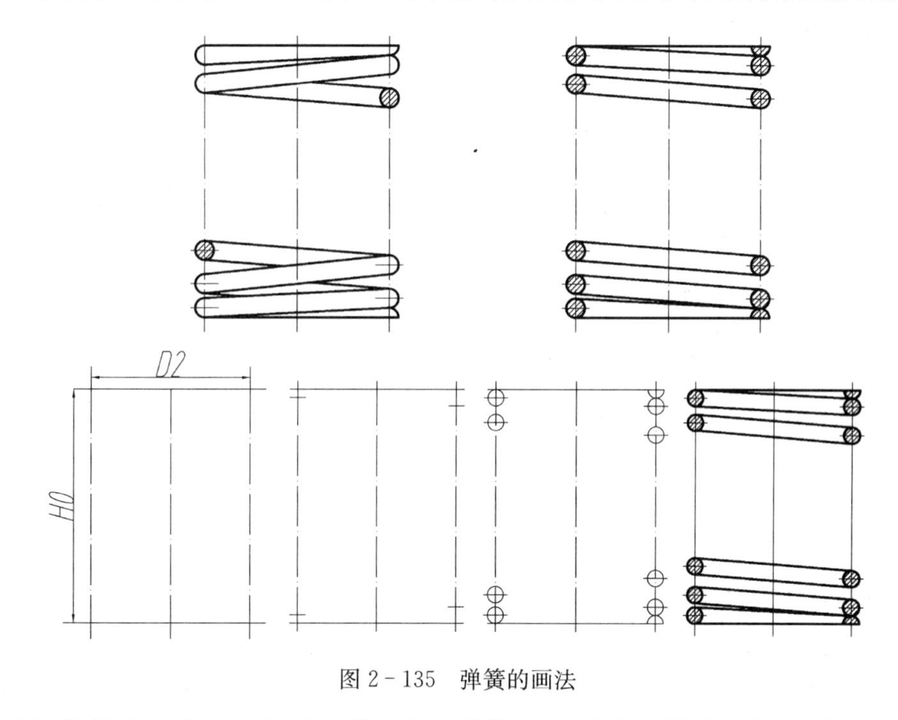


图 2－135　弹簧的画法

3）右旋弹簧在图上一定画成右旋；左旋弹簧不论画成左旋或右旋，在图上均需加注“左”字。

4）螺旋弹簧在剖视的装配图中允许只画出弹簧丝断面。当弹簧丝直径在图形上小于等于 2 mm 时，弹簧丝断面全部涂黑，或采用示意画法。这时弹簧后面被挡住的零件轮廓不必画出。采用示意画法时，弹簧用单线画出。

**3. 螺旋压缩弹簧的参数**

1）簧丝直径 $d$。

2）弹簧外径 $D$。

3）弹簧内径 $D_1 = D - 2d$。

4）弹簧中径 $D_2 = (D + D_1)/2 = D_1 + d = D - d$。

5）节距 $t$。相邻两有效圈上对应点间的轴向距离。

6）有效圈数 $n$。保持相等节距且参与工作的圈数。

7）支承圈数 $n_2$。两端并紧磨平起支承作用的圈数，它可使压缩弹簧工作平衡、端面受力均匀。$n_2$ 一般为 1.5，2，2.5 三种，常用 2.5 圈。

8）总圈数 $n_1$。有效圈数与支承圈数之和。

9）自由高度 $H$。未受载荷时弹簧的高度或长度。$H$ = 有效圈的自由高度 + 支承圈的自由高度 $= nt + (n_0 - 0.5)d$。

10）展开长度 $L$。制造弹簧时所需的金属丝长度，$L \approx n_1[(\pi D_2)^2 + (t^2)]^{1/2}$。

11）旋向。有右旋和左旋之分。

**4. 在装配图中弹簧的规定画法**

在装配图中，弹簧被剖切后，弹簧后面被挡住的零件轮廓一律不画。当弹簧钢丝断面直径小于等于 2 mm 时，可涂黑表示，或采用示意画法。如图 2－136 (a)为弹簧的涂黑表示，图 2－136 (b)为弹簧的示意画法。

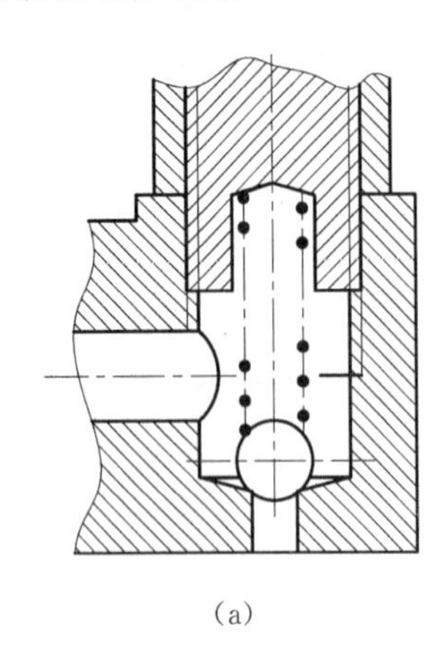
(a)

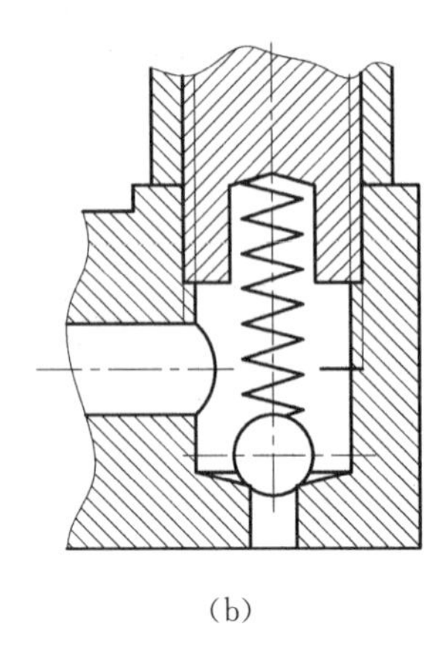
(b)

图 2－136　螺旋压缩弹簧在装配图中的画法

### 2.3.8.5　齿轮(Gears)

齿轮是一种应用非常广泛的常用件，它不仅可以用来传递运动和动力，而且可以改变转速、转向和运动方式。圆柱齿轮用于两平行轴之间的传动，一般用于改变转速和改变转向；圆锥齿轮用于两相交轴之间的传动，一般用于改变转速和改变运动方向；蜗轮蜗杆用于两交叉轴之间的传动，一般用于改变转速和改变运动方向，如图 2－137 所示。

圆柱齿轮

圆锥齿轮

蜗轮蜗杆

图 2－137　齿轮传动

**1. 直齿圆柱齿轮各部分的名称及尺寸关系**

直齿圆柱齿轮各部分的名称及尺寸关系如图 2－138 所示。

1) 齿顶圆。通过齿顶的圆，其直径用 $d_a$ 表示。

2) 齿根圆。通过齿根的圆，其直径用 $d_f$ 表示。

3) 分度圆。是设计、制造齿轮时进行各部分计算的基准圆，对于标准齿轮分度圆上齿厚 $s$ 等于齿槽宽 $e$。分度圆直径用 $d$ 表示。

4) 节圆。两齿轮啮合时，位于连心线 $O_1O_2$ 上的两齿廓接触点 $P$ 称为节点，又称啮合点

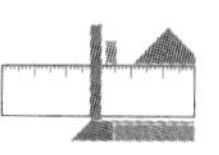

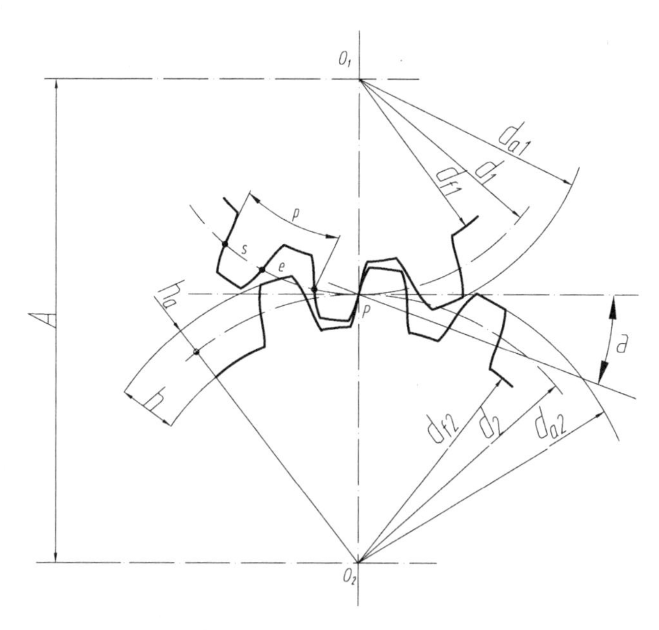


图 2-138　直齿圆柱齿轮各部分的名称及尺寸关系

分别以 $O_1$、$O_2$ 为圆心，$O_1P$ 和 $O_2P$ 为半径所作的两个相切的圆称为节圆。对于标准齿轮，节圆和分度圆是一致的。其直径用 $d'$ 表示。

5）齿数。齿轮上齿的个数，用 $Z$ 表示。

6）齿高。齿顶圆和齿根圆之间的径向距离，用 $h$ 表示。

7）齿顶高。齿顶圆与分度圆之间的径向距离，用 $h_a$ 表示。

8）齿根高。齿根圆与分度圆之间的径向距离，用 $h_f$ 表示。

9）齿距。分度圆上相邻两齿廓对应点之间的弧长，用 $p$ 表示。

10）齿厚。在分度圆上每一个轮齿所占的弧长。用 $s$ 表示。

11）齿槽宽。在分度圆上每一个齿槽所占的弧长。用 $e$ 表示。对于标准齿轮 $p = s + e = 2s = 2e$。

12）模数。模数是设计、制造齿轮的重要参数，它等于齿距 $p$ 与 $\pi$ 之比，用 $m$ 表示，即 $m = p/\pi$，其单位是 mm。分度圆周长 $= zp = \pi d$，$d = (p/\pi)z = mz$。可见，模数 $m$ 愈大，轮齿愈大，齿轮的承载能力也愈大。相互啮合的两齿轮，其齿距 $p$ 应相等，因此它们的模数 $m$ 也应相等。不同模数的齿轮要用不同模数的刀具制造。为了减少加工齿轮刀具的数量，国家标准 GB1357-87 对齿轮作了统一规定，如表 2-9。

**表 2-9　标准模数**

| 第一系列 | 1 | 1.25 | 1.5 | 2 | 2.5 | 3 | 4 | 5 | 6 | 8 | 10 | 12 | 16 | 20 | 25 | 32 | 40 | 50 |
|---|---|---|---|---|---|---|---|---|---|---|---|---|---|---|---|---|---|---|
| 第二系列 | 1.75 | 2.25 | 2.75 | (3.25) | 3.5 | (3.75) | 4.5 | 5.5 | (6.5) | 7 | 9 | (11) | 14 | 18 | 22 | 28 | 36 | 45 |

在选用模数时，应优先选用第一系列，其次是第二系列，括号内的模数尽可能不用。

13）压力角、齿形角。两相啮合齿轮的齿廓在 $P$ 点的公法线与两节圆的公切线所夹的锐角为压力角（也称啮合角），用 $\alpha$ 表示。我国标准压力角 $\alpha = 20°$。加工齿轮的原始基本齿条的法向压力角称为齿形角，齿形角 = 压力角。

14）中心距。两啮合齿轮中心之间的距离，用 $A$ 表示。中心距等于两节圆半径之和。对于正确安装的标准直齿圆柱齿轮，节圆与分度圆是一致的。$A=(d_1+d_2)/2=1/2m(z_1+z_2)$

15）传动比。主动齿轮的转速 $n_1$ 与从动齿轮的转速 $n_2$ 之比，用 $I$ 表示。$I=n_1/n_{2=}z_2/z_1$

## 2. 标准直齿圆柱齿轮基本尺寸的计算公式

标准直齿圆柱齿轮基本尺寸的计算公式见表 2-10。

**表 2-10　标准直齿圆柱齿轮基本尺寸的计算公式**

| 名　　称 | 符　　号 | 计 算 公 式 |
|---|---|---|
| 齿　距 | $p$ | $p=\pi m$ |
| 齿顶高 | $h_a$ | $h_{a=m}$ |
| 齿根高 | $h_f$ | $h_f=1.25m$ |
| 齿　高 | $h$ | $h=2.25m$ |
| 分度圆直径 | $d$ | $d=mz$ |
| 齿顶圆直径 | $d_a$ | $d_a=m(z+2)$ |
| 齿根圆直径 | $d_f$ | $d_f=m(z-2.5)$ |
| 中心距 | $A$ | $1/2m(z_1+z_2)$ |

## 3. 圆柱齿轮的规定画法

（1）单个齿轮的画法

齿轮的轮齿不按实际形状画出，而是采用规定画法。在外形图中，齿顶圆用粗实线绘制；齿根圆用细实线绘制，也可省略不画；分度圆用点画线绘制。在剖视图中，当剖切平面通过齿轮轴线时，齿轮的轮齿一律按不剖处理，齿根用粗实线绘制；而齿轮的其他部分按剖视的真实投影画出。如图 2-139 所示。

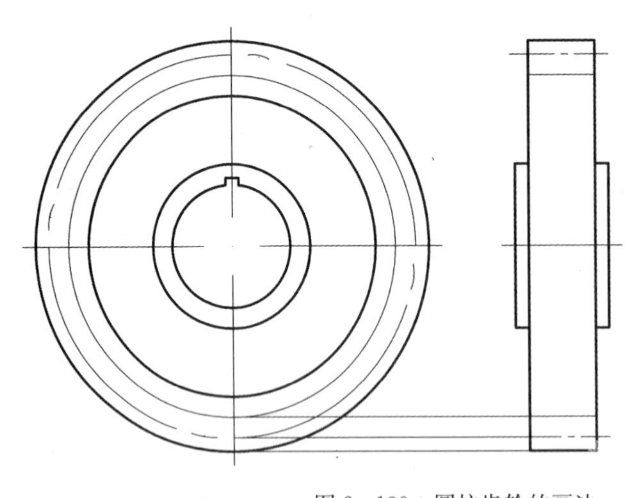
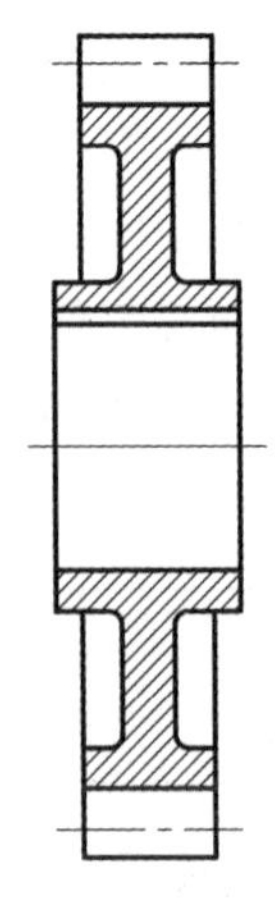

图 2-139　圆柱齿轮的画法

图 2 - 140 为齿轮的零件图，除了齿轮的视图、尺寸和技术要求以外，在齿轮的零件图的右上角，还附有说明齿轮的模数、齿数等基本参数的表格。关于齿轮的轮齿部分的尺寸，一般只标注齿顶圆直径、分度圆直径和齿宽；而其他部分的尺寸要求齐全。

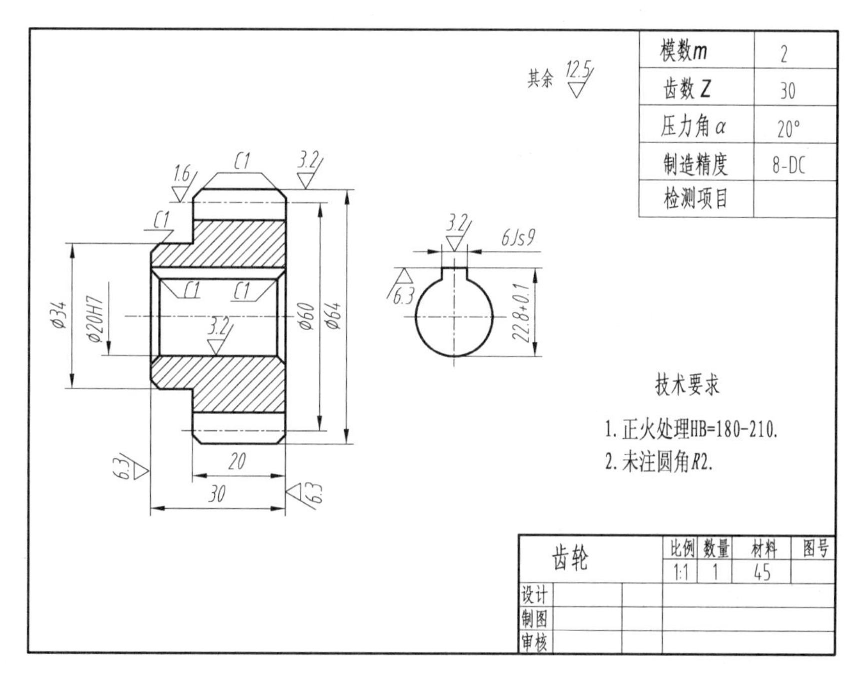


图 2 - 140　齿轮零件图

(2) 啮合齿轮的画法

两个相互啮合的齿轮，在垂直于两齿轮轴线的投影面的视图中，啮合区内的齿顶圆均用粗实线绘制，如图 2 - 141(a)所示；也可省略不画，如图 2 - 141(d)所示。两节圆用点画线绘制，两齿根圆用细实线绘制，也可省略不画。

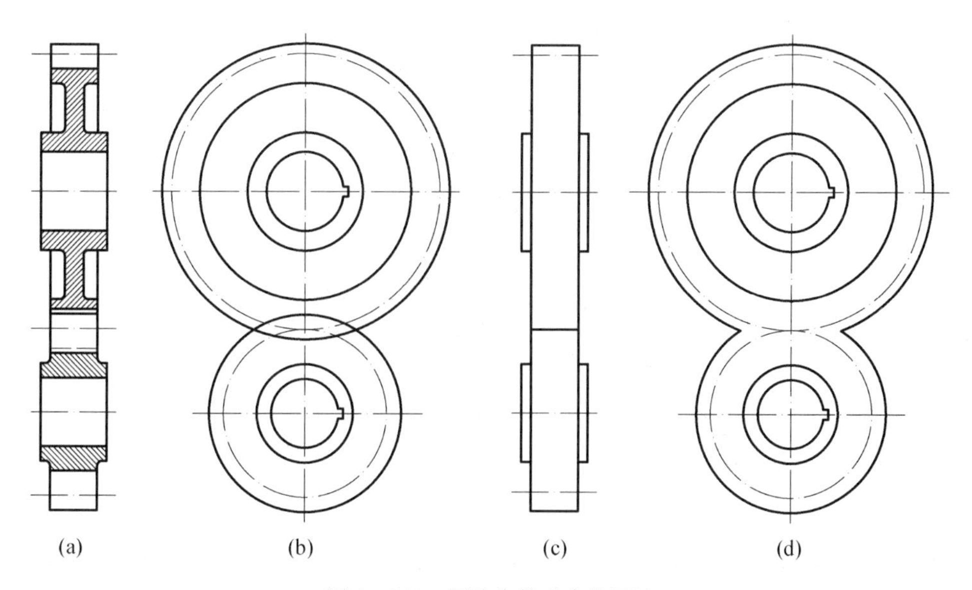


图 2 - 141　圆柱齿轮啮合的画法

在平行于两齿轮轴线的投影面的视图中，若采用剖视，啮合区内齿轮的节线用点画线绘制，两齿轮的齿根线均用粗实线绘制，而两齿轮的齿顶圆一个用粗实线绘制，另一个用虚线绘制或省略不画，表示不可见，如图 2-141(b)所示。若画外形图，两齿轮啮合区的齿顶线不需画出，节线用粗实线画出，而其他地方的节线仍用点画线画出，如图 2-141(c)所示。

# 2.4　三维图形表达(Graphic representation in 3D)

## 2.4.1　轴测投影(Axonometric projection)

三视图虽然能够从三个投射方向准确地表达物体的形状，但是缺乏立体感，不易构思出物体的空间形状。因此在工程上，常常采用轴测投影对物体进行辅助表达。轴测投影具有较强的立体感，可以提高读图的效率，如图 2-142 所示。

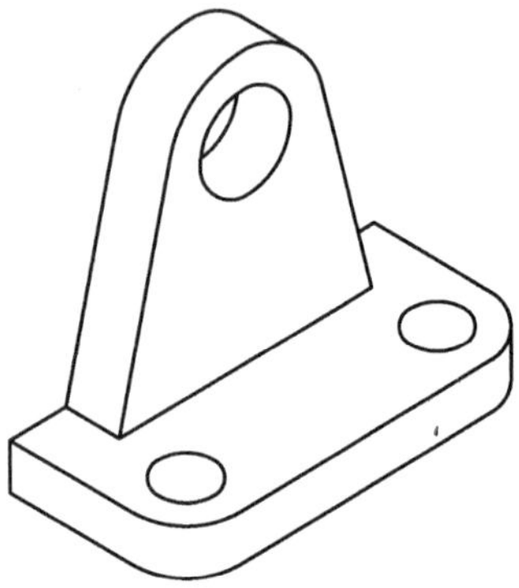

图 2-142　轴测投影

### 2.4.1.1　轴测投影的基本知识

**1. 轴测投影的形成**

轴测投影(轴测图)是应用平行投影法将物体沿不平行于任一坐标面(附着在物体上的空间直角坐标系)的方向进行投射而得到的投影。轴测图能同时反映物体的长、宽、高三个坐标方向的形状，具有较强的立体感。轴测图可分为以下两种：

1) 物体坐标系与投影坐标系处于倾斜位置，此时将物体进行正投影所得到的图形称为**正轴测图**，投影面称为轴测投影面，如图 2-143 所示。

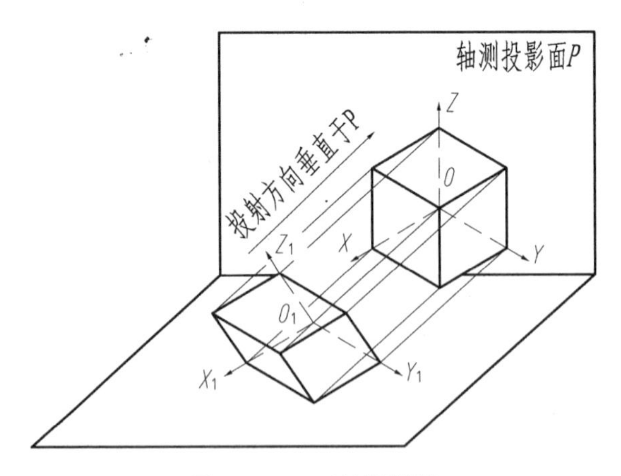


图 2-143　正轴测投影

2) 物体坐标系与投影坐标系处于平行位置，此时将物体进行斜投影所得到的图形称为**斜轴测图**，如图 2-144 所示。

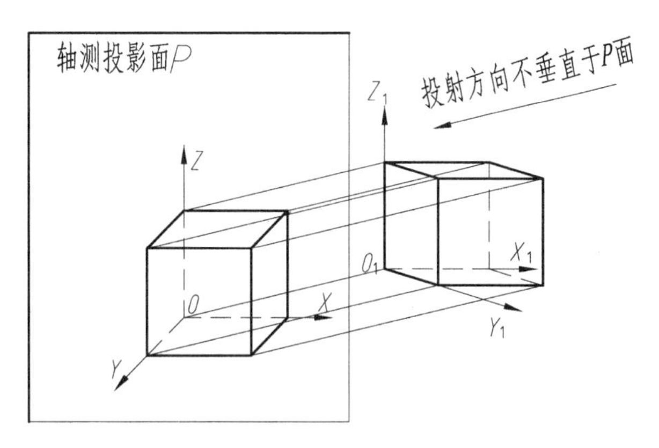


图 2-144　斜轴测投影

**2. 轴测轴、轴间角和轴向伸缩系数**

(1) 轴测轴(axonometric axis)

物体坐标系的三根坐标轴 $OX_1$，$OY_1$，$OZ_1$ 在轴测投影面上的投影 $OX$，$OY$，$OZ$ 称为轴测轴。

(2) 轴间角(angle between axes)

轴测轴之间的夹角$\angle XOY$，$\angle XOZ$，$\angle YOZ$ 称为轴间角。

(3) 轴向伸缩系数 (stretch factor along axis)

与物体坐标系的坐标轴平行的线段,其轴测投影的长度与原线段长度的比值称为轴向伸缩系数。用 $p_1$，$q_1$，$r_1$ 分别表示 $OX$，$OY$，$OZ$ 三个轴向的伸缩系数。

**3. 轴测投影图的种类**

轴测投影图根据投射方向不同,分为正轴测图和斜轴测图两大类。每一类又根据轴向伸缩系数的不同而分成三小类。

(1) 等测图(isometric drawing)

三个轴向伸缩系数均相等,即 $p_1 = q_1 = r_1$。

(2) 二测图(dimetric drawing)

仅有两个轴向伸缩系数相等,如 $p_1 = q_1 \neq r_1$。

(3) 三测图(trimetric drawing)

三个轴向伸缩系数互不相等,即 $p_1 \neq q_1 \neq r_1 \neq p_1$。

其中常用的是正等轴测图(简称正等测)和斜二轴测图(简称斜二测)。

**4. 轴测图的投影特性**

轴测图采用平行投影,所以其具有平行投影的所有性质。

1) 物体上相互平行的直线,其轴测投影也相互平行;物体上与坐标轴平行的直线,其轴测投影与相应的轴测轴平行。

2) 与坐标轴平行的直线段,其轴测投影的变化率与相应的伸缩系数相同。

### 2.4.1.2　正等轴测图

**1. 正等测的轴间角和轴向伸缩系数**

当空间三根相互垂直的坐标轴与轴测投影面的倾角相等时(均为 $35°16'$),形成了正等轴测投影,简称正等测。其轴向伸缩系数为 $p_1 = q_1 = r_1 = \cos 35°16' \approx 0.82$，三个轴间角均为

120°，如图 2 - 145 所示。

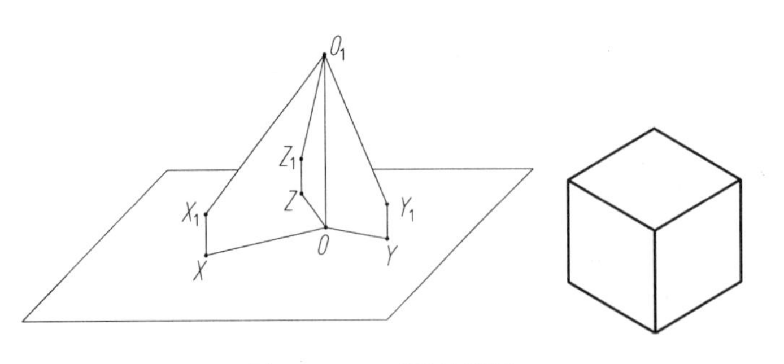


图 2 - 145　正等轴测图

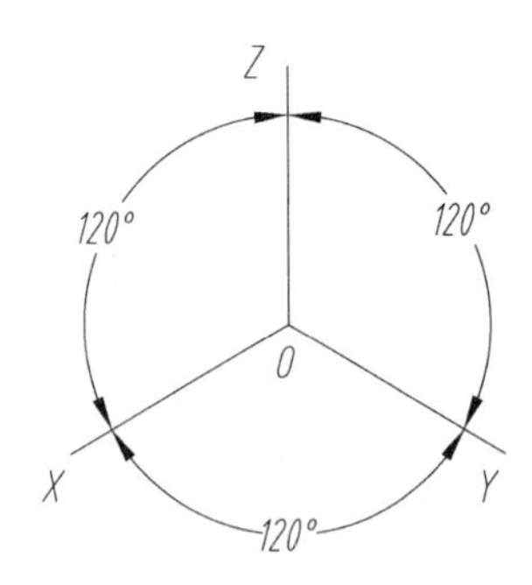


图 2 - 146　正等测的轴测轴

作图时，一般将 $O_1Z_1$ 轴放成垂直位置（如图 2 - 146 所示），且用简化的伸缩系数来代替，即 $p=q=r=1$。这样作图时的度量就简化了，但画出来的轴测图却放大了 1/0.82 = 1.22 倍。

**2. 平面立体的正等测画法**

绘制轴测图的基本方法是坐标法。即按线段两端点的 $x$，$y$，$z$ 坐标值进行作图。根据物体的构形特征，还可以采用切割法和叠加法。

（1）坐标法

根据各点的坐标值，沿着轴测轴方向进行度量，从而得到各点的轴测投影，再连轮廓线。

**例 2 - 14**　根据图 2 - 147(a)所示的三视图，绘制正六棱柱的正等测。

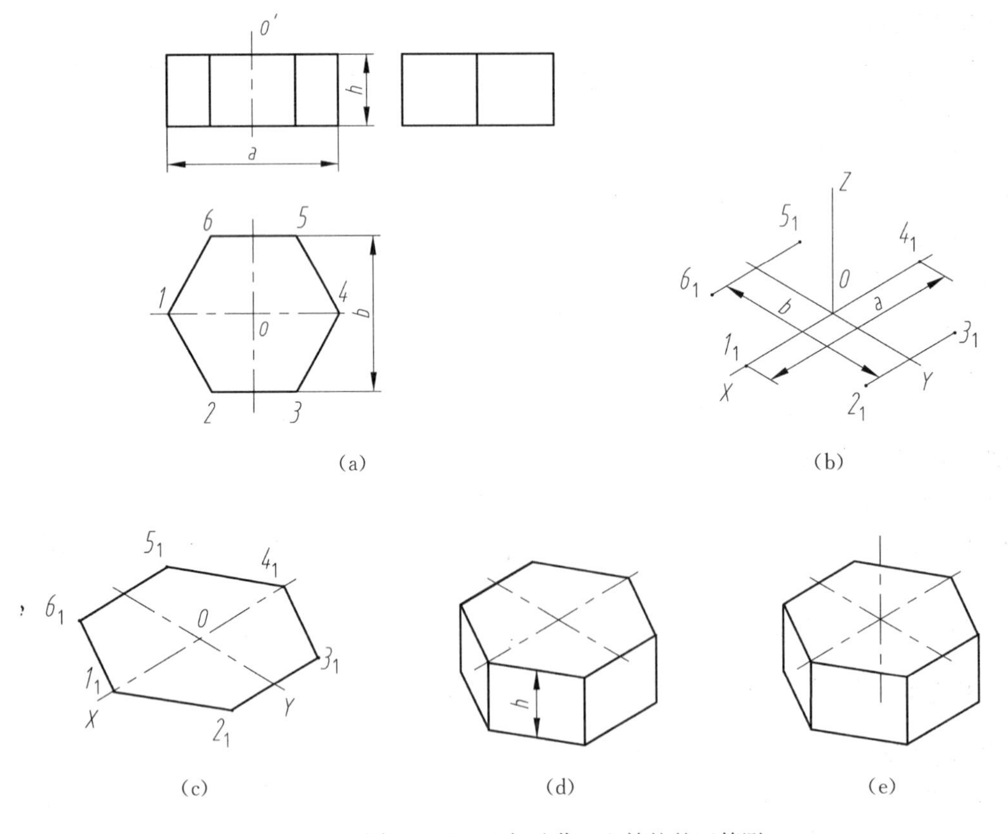


图 2 - 147　坐标法作正六棱柱的正等测

**解**:具体绘制步骤为:

1）正六棱柱顶面中心点为坐标原点 $O$。

2）画轴测轴 $OX$, $OY$, $OZ$。按坐标值分别作出顶点 1，2，3，4，5，6 的轴测投影点 $1_1$，$2_1$，$3_1$，$4_1$，$5_1$，$6_1$,如图 2－147(b)所示。

3）用直线段按次序连接点 $1_1$，$2_1$，$3_1$，$4_1$，$5_1$，$6_1$,完成了顶面的正等测,如图 2－147(c)所示。

4）沿 $OZ$ 负方向把点 $1_1$，$2_1$，$3_1$，$6_1$ 向下平移,得到底面上的各可见端点,并依次连接,完成了初稿,如图 2－147(d)所示。

5）擦去作图线并加深轮廓线,即完成了正六棱柱的正等测,如 2－147(e)所示。

(2) 切割法

对于切割形体,可先画出形体在未切割时的轴测图,再对其进行切割。

**例 2－15**　根据图 2－148(a)所示斜块的三视图,绘制其正等测。

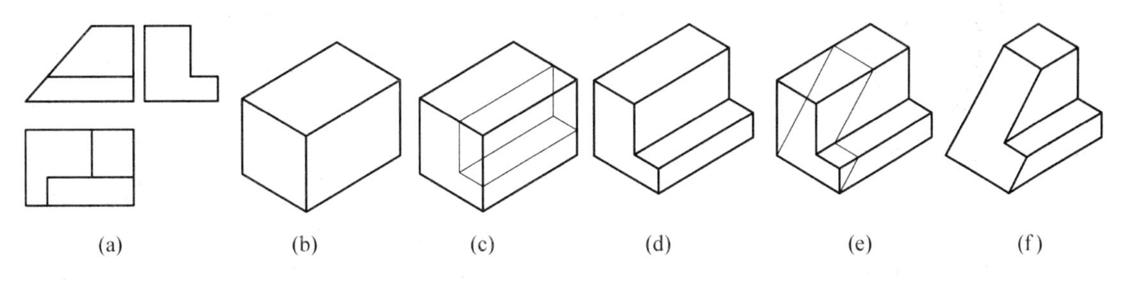

(a)　(b)　(c)　(d)　(e)　(f)

图 2－148　切割法作斜块的正等测

**解**:步骤为:

1）画出未切割时的长方体的轴测图,如图 2－148(b)所示。

2）画出前上方被切 L 形,如图 2－148(c)所示,结果见图 2－148(d)。

3）画出左面切口形,如图 2－148(e)所示,切割结果见图 2－148(f)。

(3) 叠加法

将叠加而成的组合体分成若干基本形体,分别画出各部分的轴测图并叠加起来。

**例 2－16**　根据图 2－149(a)所示的三视图,绘制其正等测。

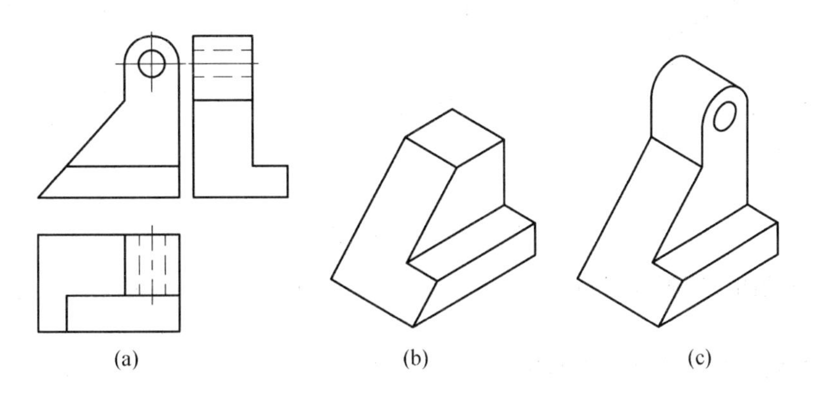

(a)　(b)　(c)

图 2－149　叠加法作立体的正等测

**解**:步骤为:

1) 进行形体分析,将该物体分成上下两部分。

2) 画出下半部分的正轴测,如图 2-149(b)所示。

3) 在此基础上,根据上下两部分的叠加关系,画出上半部分的正轴测即可,如图 2-149(c)所示。

**3. 曲面立体的正等测画法**

常用曲面立体为回转体,它们的轴测图主要涉及到圆的轴测图画法。对于其他曲面立体,可用坐标法逐点作图来绘制轴测图。

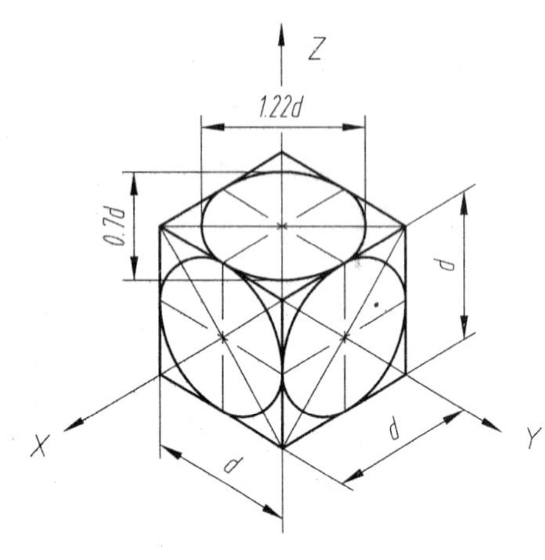


图 2-150 平行于坐标面的圆的正等测

(1) 平行于坐标面的圆和圆弧的正等轴测图

在边长为 $d$ 的立方体的三个平行于坐标面的面上,各有一个内切圆。三个正方形的正等测为三个菱形,而与正方形内切的三个圆的正等测就是内切于三个菱形的椭圆。如图 2-150 所示。椭圆的长短轴长度分别为 $1.22d$ 和 $0.7d$。当圆平行于 $H$ 面(顶面)时,其相应的轴测椭圆的长轴垂直于 $OZ$ 轴,短轴平行于 $OZ$ 轴;当圆平行于 $V$ 面(正面)时,其相应的轴测椭圆的长轴垂直于 $OY$ 轴,短轴平行于 $OY$ 轴;当圆平行于 $W$ 面(左面)时,其相应的轴测椭圆的长轴垂直于 $OX$ 轴,短轴平行于 $OX$ 轴。

上述椭圆通常采用近似画法。图 2-151 所示为菱形四心椭圆法(以与 $H$ 面平行的圆为例)。

1) 根据圆(直径为 $d$)的外切正方形画菱形 $ABCD$,菱形的四边分别平行于轴测轴 $OX$,$OY$,两条对角线分别对应椭圆的长、短轴,记各边中点为 $E$, $F$, $G$, $H$。如图 2-151(a) 所示;

2) 分别以 $A$ 和 $C$ 为圆心,以 $AF(CE)$ 为半径画两段圆弧,如图 2-151(b) 所示;

3) 连接中线 $AF$ 和 $CE$,得交点 $M$,连接中线 $AG$ 和 $HC$,得交点 $N$,分别以 $M$ 和 $N$ 为圆心,以 $MF(NG)$ 为半径画两段圆弧,如图 2-151(c) 所示。

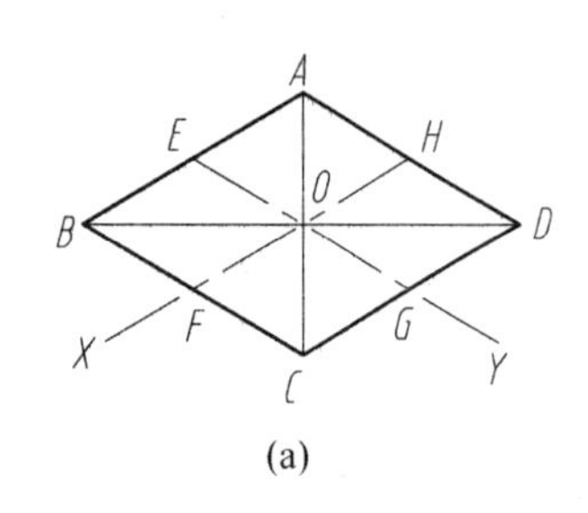


(a)

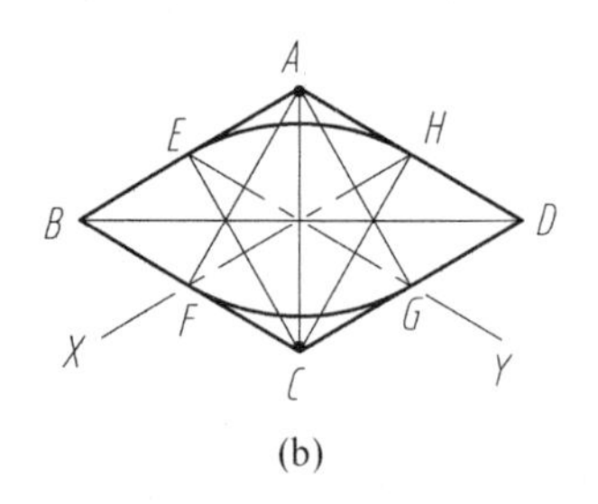


(b)

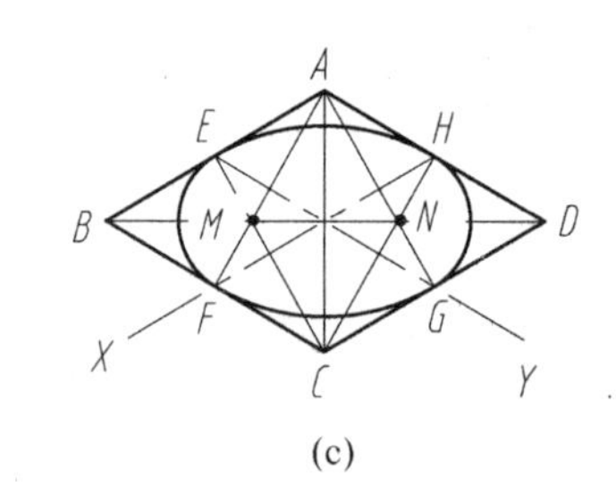


(c)

图 2-151 四心椭圆法

这样绘出的四段圆弧即可近似表示椭圆。且每段圆弧分别对应表示原来完整圆的四分之一。

圆弧(圆角)正等测的简化作图如图 2-152 所示。图 2-152(a)所示为带圆角的长方形,其正等测的作图步骤如下:

1) 作出相应长方形的正等测 $ABCD$,再分别以点 $A$ 和点 $B$ 为圆心,以 $R$ 为半径画弧,分

别交 $AD$，$AB$，$BC$ 于四点 $E$，$F$，$G$，$H$，如图 2-152(b)所示；

2) 分别过点 $E$ 作 $AD$ 的垂线，过点 $F$ 作 $AB$ 的垂线，相交于点 $M$；过点 $G$ 作 $AB$ 的垂线，过点 $H$ 作 $BC$ 的垂线，相交于点 $N$，如图 2-152(c)所示；

3) 分别以 $M$，$N$ 为圆心，以 $ME$，$NG$ 为半径画两段圆弧 $EF$，$GH$，再去掉线段 $EA$，$AF$，$GB$，$BH$，则得到最后的正等测，如图 2-152(d) 所示。

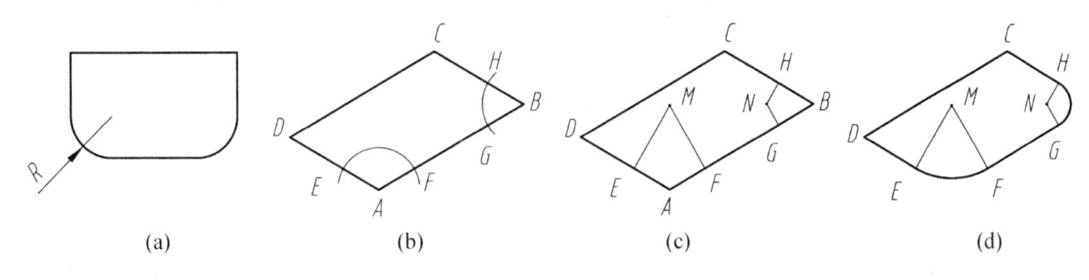


图 2-152　圆弧(圆角)的正等测

(2) 曲面立体的正等测

1) 圆柱的正等测：根据圆柱的直径和高，先画出顶面椭圆，再用移心法画底面椭圆的下半椭圆(移心距离即为圆柱高度)，然后作椭圆公切线(长轴端点连线)即可，如图 2-153 所示。

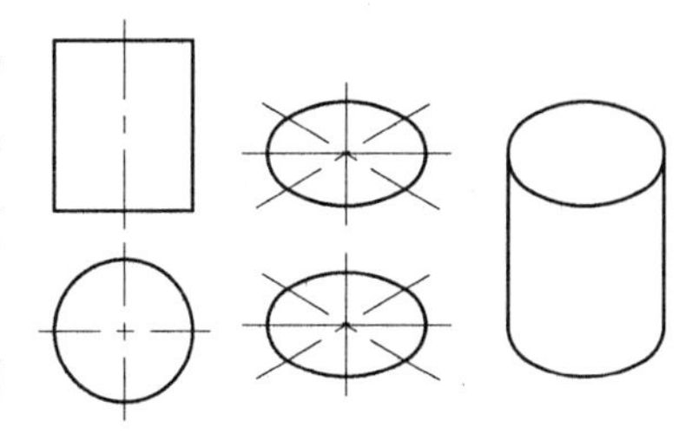

图 2-153　圆柱的正等测

2) 圆台的正等测：做法与圆柱类似，但转向线不是椭圆长轴端点连线，而是两椭圆公切线，如图 2-154(a)所示。

3) 圆球的正等测：圆球的正等测为与球等直径的圆。若采用简化的伸缩系数，则轴测圆的半径应为 1.22$d$。为使得其有立体感，可画出过球心的三个方向的椭圆，如图 2-154(b)所示。

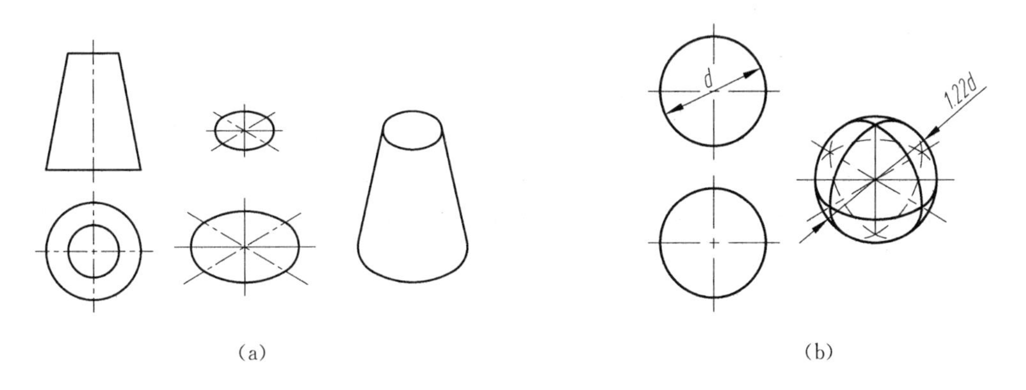


图 2-154　圆台和圆球的正等测

(3) 正等测综合举例

作物体的轴测图时，应从上部或前部开始画，这样不可见的轮廓线可不必画出，以减少作图线，使图面更清晰。

**例 2-17**　作轴承座的正等轴测图。

**解**：图 2-155(a)是轴承座的主、俯视图。正等轴测图的作图步骤如下：

1）在三视图上选定原点和坐标轴的位置。由于轴承座左右对称，以底面和后端面为基准量取轴向尺寸比较方便，故选底板后下方为原点 $O$，并确定轴测轴，见图 2-155(a)。

2）画底板。先画其顶面（含圆角），然后用移心法画底面的圆角，并完成凹槽和圆孔结构，见图 2-155(b)。

3）画支承板。画出支承板上半圆柱的前面半个椭圆及轴承孔前面一个椭圆，再用移心法画支承板后半椭圆及轴承孔后面的椭圆，并画出椭圆的公切线，见图 2-155(c)。

4）判断可见性，擦去多余线条。将轮廓线加深，见图 2-155(d)。

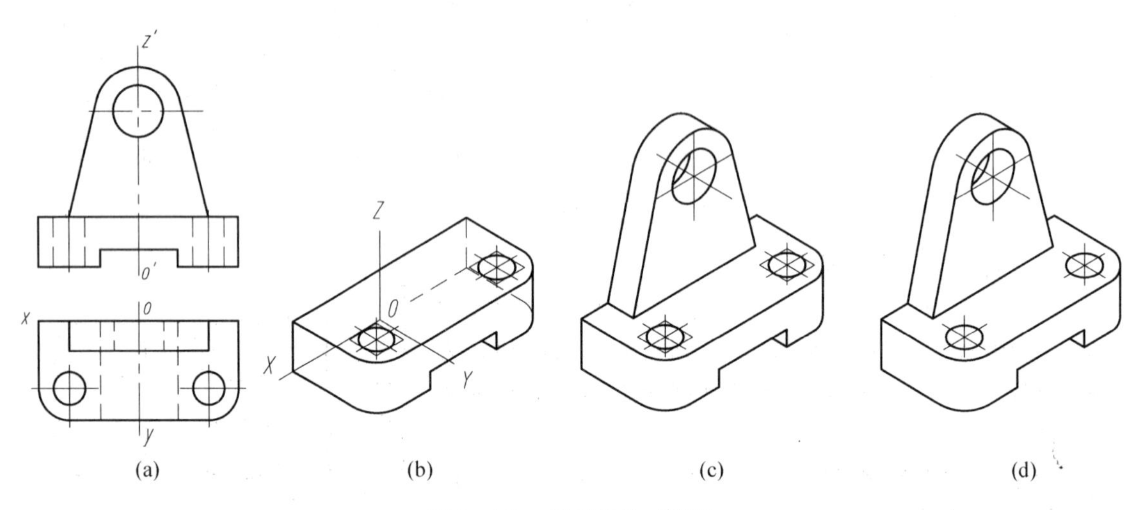


图 2-155　轴承座的正等测

#### 2.4.1.3　斜二轴测投影图

物体坐标系与投影坐标系处于平行位置，此时将物体进行斜投影所得到的图形称为斜轴测投影图。如图 2-156 所示。若物体坐标系的某一坐标面（如 $X_1O_1Z_1$）平行于轴测投影面 $P$，则称得到的斜轴测为标准斜轴测。由于 $X_1O_1Z_1$ 与轴测投影面平行，所以 $\angle XOZ = 90°$，轴向伸缩系数 $p = r = 1$。因此该坐标面或其平行面上的任何图形在轴测投影面 $P$ 上的投影均反映真形。$Y_1$ 轴的方向取决于投影方向，而轴向伸缩系数 $q$ 取决于投射线与投影面的夹角大小，其范围为 $(0, +\infty)$。通常取轴间角 $\angle XOY = \angle YOZ = 135°$，此时 $Y_1$ 轴的轴向伸缩系数为 0.5，如图 2-157 所示。这样作出的轴测图具有较强的立体感，称为斜二测。图 2-158 所示为立方体的斜二测。

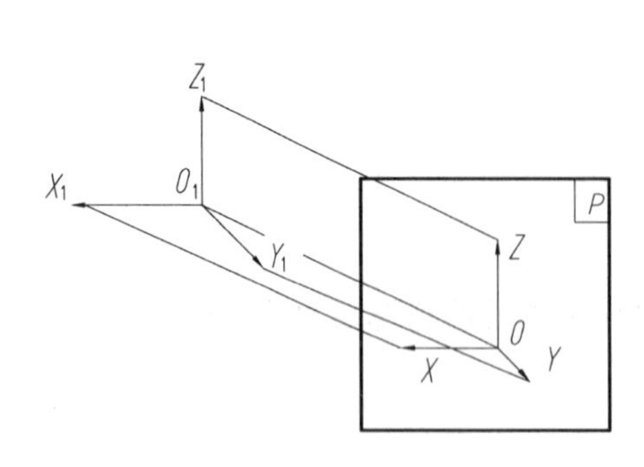


图 2-156　斜轴测投影

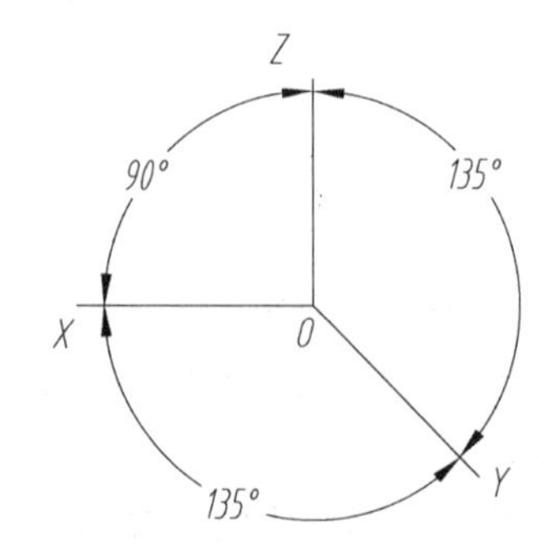


图 2-157　斜二测的轴测轴与轴间角

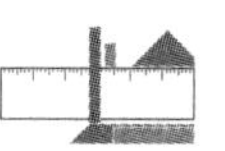

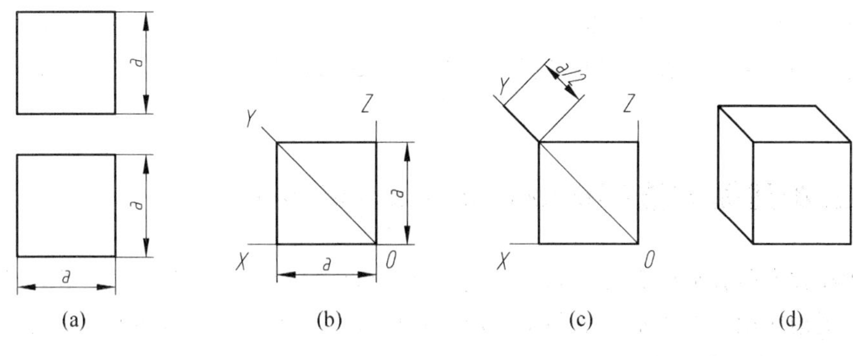


图 2-158　立方体的斜二测

由于 $X_1O_1Z_1$ 与轴测投影面平行，所以该坐标面或其平行面上的圆的斜二测仍然为圆。而其他两个坐标面的平行圆的斜二测为椭圆，椭圆的长轴约为圆直径的 1.06 倍，且长轴方向不再与 $Z$ 轴或 $X$ 轴垂直，而是大约倾斜 7°。椭圆的短轴约为圆直径的 0.33 倍，其方向不再与 $Z$ 轴或 $X$ 轴平行(如图2-159所示)。

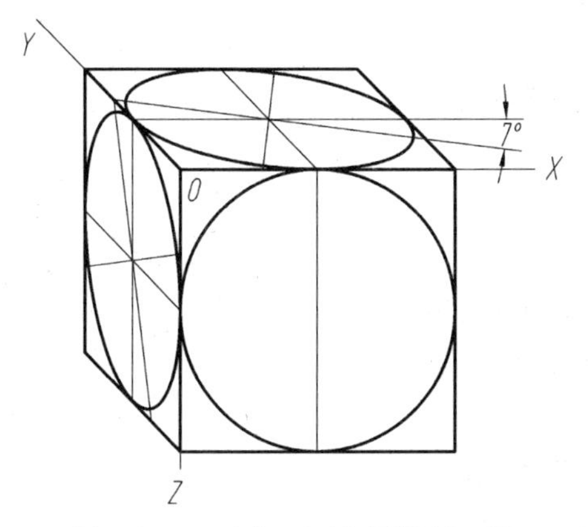


图 2-159　坐标面平行圆的斜二测

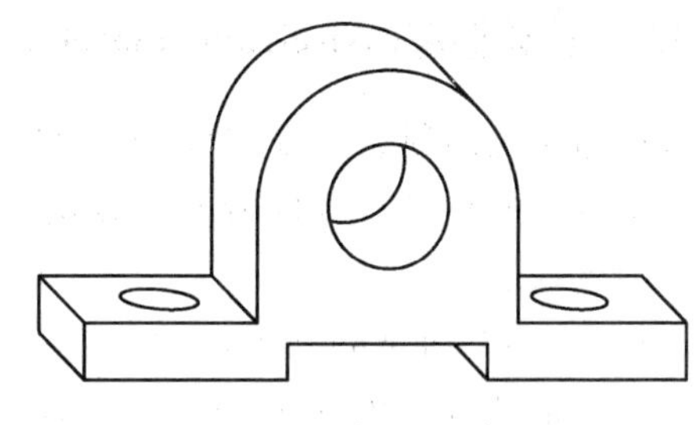

图 2-160　轴承座的斜二测

当物体在一个坐标面方向上的形状为圆、圆弧或复杂曲线时，采用斜二测画法就较为方便。图2-160为轴承座的斜二测。

**例 2-18**　连杆的斜二测画法。

**解**：图 2-161(a)是连杆的主、俯视图。连杆在同一方向上(平行于 $XOZ$ 平面)有圆和圆

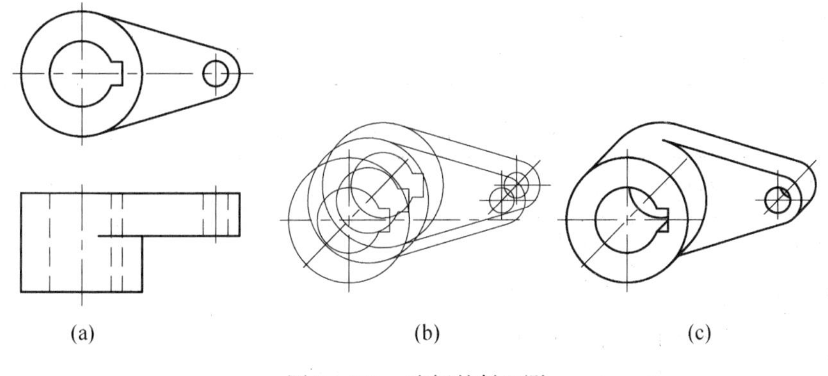


图 2-161　连杆的斜二测

弧，所以适合于斜二测。其作图步骤如图 2－161(b)，(c)所示。先作出各圆及圆弧的中心，再逐个作出可见的轮廓线。在作图时，特别要注意 $Y_1$ 轴的轴向伸缩系数为 0.5，度量尺寸时要缩小一半。

## 2.4.2 三维建模方法(3D modeling techniques)

三维建模技术研究如何合理正确地表达三维形体的几何信息，是计算机图形学的重要内容。它被广泛地应用到艺术造型的各个领域。它可以逼真地反映物体的外观，既可产生已有物体的真实模型，也可生成各种设计模型和艺术模型。

根据对三维形体描述方法的不同，三维建模方法分为：线框造型(Wireframe Modeling)、表面造型(Surface Modeling)、实体造型(Solid Modeling)和分形造型(Fractal Modeling)。

线框造型是 20 世纪 70 年代初发展应用的，70 年代后期出现了表面造型。实体造型自 80 年代以来得到了大力发展和广泛应用，并已成为三维建模的主要方法。

在 70 年代末 80 年代初，出现了分形造型，用于描述大自然和不规则形体。

### 2.4.2.1 线框造型(Wireframe modeling)

线框造型是用顶点和基本线条(直线、圆弧等曲线)来表达物体的计算机模型。线框造型的数据结构为两张表：顶点表和顶点连线表。

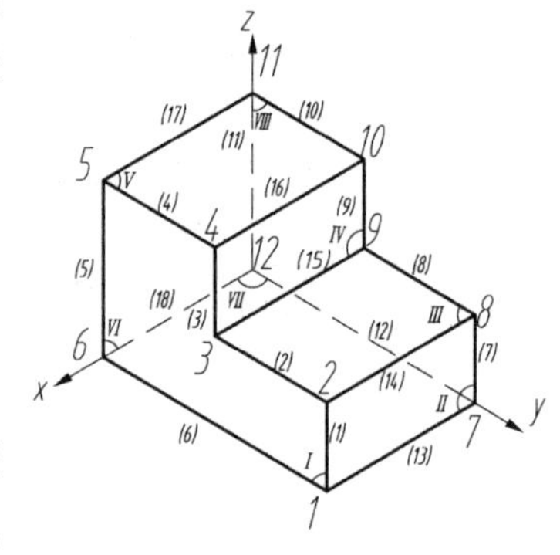

图 2－162　立体的线框造型

如图 2－162 所示的立体，它有 12 个顶点和 18 条线段。其线框造型的顶点表和顶点连线表分别见表 2－11 和表 2－12。

**表 2－11　线框造型的顶点表**

| 顶点序号 | 1 | 2 | 3 | 4 | 5 | 6 | 7 | 8 | 9 | 10 | 11 | 12 |
|---|---|---|---|---|---|---|---|---|---|---|---|---|
| $x$ | 50 | 50 | 50 | 50 | 50 | 50 | 0 | 0 | 0 | 0 | 0 | 0 |
| $y$ | 100 | 100 | 50 | 50 | 0 | 0 | 100 | 100 | 50 | 50 | 0 | 0 |
| $z$ | 0 | 25 | 25 | 50 | 50 | 0 | 0 | 25 | 25 | 50 | 50 | 0 |

**表 2－12　线框造型的顶点连线表**

| 线　号 | (1) | (2) | (3) | (4) | (5) | (6) | (7) | (8) | (9) | (10) | (11) | (12) | (13) | (14) | (15) | (16) | (17) | (18) |
|---|---|---|---|---|---|---|---|---|---|---|---|---|---|---|---|---|---|---|
| 线上端点号 1 | 1 | 2 | 3 | 4 | 5 | 6 | 7 | 8 | 9 | 10 | 11 | 12 | 1 | 2 | 3 | 4 | 5 | 6 |
| 线上端点号 2 | 2 | 3 | 4 | 5 | 6 | 1 | 8 | 9 | 10 | 11 | 12 | 7 | 7 | 8 | 9 | 10 | 11 | 12 |
| 线类型 | 直线 | 直线 | 直线 | 直线 | 直线 | 直线 | 直线 | 直线 | 直线 | 直线 | 直线 | 直线 | 直线 | 直线 | 直线 | 直线 | 直线 | 直线 |

线框造型的优点是结构简单，占用空间较少。但其缺点是：表达的信息不完备。用线框表示物体，没有面和体的概念，无法进行剖切处理，难以进行消隐，且无法表达出物体的物理参数（如质量、体积、表面积等）。线框造型表示的物体有时具有二义性甚至是无效的。

### 2.4.2.2　表面造型(Surface modeling)

表面造型是在线框造型的基础上，加上面的信息。因此，在表面造型中，还要给出立体的各个面的信息表，即面表。以图 2－162 的立体为例，其表面造型的面表如表 2－13 所示。

**表 2－13　表面造型的面表**

| 面　号 | 面上线号 | 线　数 | 面　号 | 面上线号 | 线　数 |
|---|---|---|---|---|---|
| Ⅰ | (1)(2)(3)(4)(5)(6) | 6 | Ⅴ | (4)(5)(11)(10) | 4 |
| Ⅱ | (1)(2)(8)(7) | 4 | Ⅵ | (5)(6)(12)(11) | 4 |
| Ⅲ | (2)(3)(9)(8) | 4 | Ⅶ | (1)(6)(12)(7) | 4 |
| Ⅳ | (3)(4)(10)(9) | 4 | Ⅷ | (7)(8)(9)(10)(11)(12) | 6 |

表面造型比较完整地描述了三维立体的表面，在三维建模中具有重要的地位。表面造型又有平面造型和曲面造型之分。曲面造型中，常用的曲面有：Bezier 曲面、COONS 曲面、B 样条曲面、有理 B 样条曲面以及非均匀有理 B 样条曲面（NURBS：Non-Uniform Rational B－Spline）。尤其是 NURBS 造型方法已经成为自由曲线、自由曲面造型中的经典方法。如今，NURBS 造型方法已经广泛应用于各行各业中，如轿车车身的曲面造型、飞机头部的曲面造型等。

虽然如此，表面造型也存在不足。它只能描述物体的边界面，而没有表达出三维立体的内部结构特征，它仍然无法进行剖切处理，且无法表达出诸如质量、质心等物理参数。

### 2.4.2.3　实体造型(Solid modeling)

**1. 有效实体**

数学中的点、线、面是一种完全理论化和抽象化的概念。点没有大小，没有质量，其维数为 0；线没有粗细，维数为 1；面没有厚度，维数为 2。在现实世界里，一个小钢球，无论怎样小，一根线无论如何细，一个面无论如何薄，它们都是三维形体。

于是以纯粹数学方法来描述的形体可能会是无效的，是现实世界中不存在的。而在实体造型中必须保证物体的有效性。有效实体必须具有以下性质：

1) 刚性。具有一定的形状（流体不属于此范畴）。

2) 有界性。具有有限的封闭边界，边界面积有限，围成的体积亦有限。

3) 三维性。维数为 3，具有连通的内部，不可有悬点、悬边和悬面（如图 2－163 所示）。

4) 运算不变性。经过任意的正则运算仍然是有效的实体。

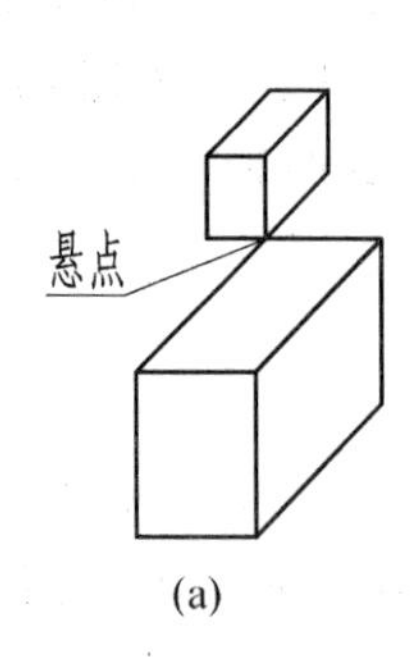

(a)

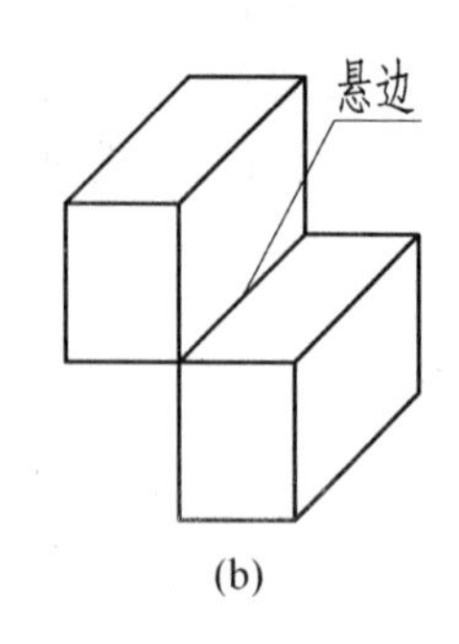

(b)

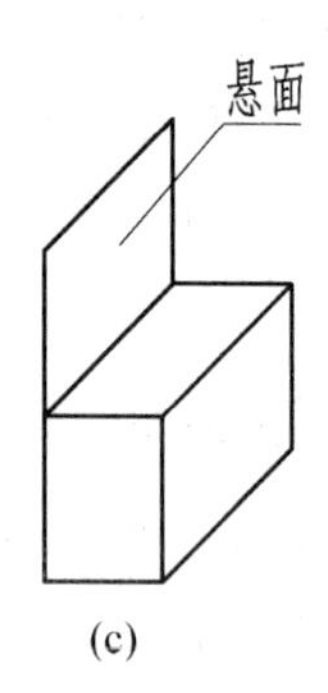

(c)

图 2-163　悬点、悬边和悬面

**2. 正则集合运算**

能产生正则几何体的集合运算(并、交、差)称为正则集合运算。相应的运算称为正则并∪＊、正则交∩＊、正则差\＊。正则运算根据实体普通集合运算的结果,除去悬点、悬边和悬面,以形成有效的实体。如图 2-163 (a),(b)所示的运算结果将会被理解成两个有效实体;图 2-163(c)中的悬面将被消除。

**3. Euler 公式和 Euler 运算**

(1) Euler 公式

设 $V$, $E$, $F$ 分别表示简单多面体的顶点数、边数和面数,满足以下关系:

$$V-E+F=2$$

这就是有名的 Euler 公式。如图 2-164(a)(b)所示的长方体和四棱锥,其顶点数、边数和面数满足 Euler 公式。

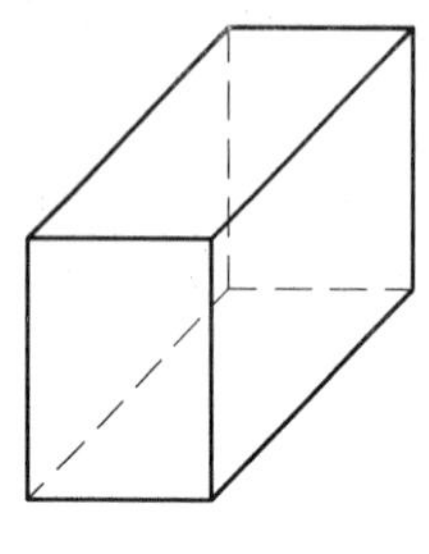

$V=8, E=12, F=6$

(a)

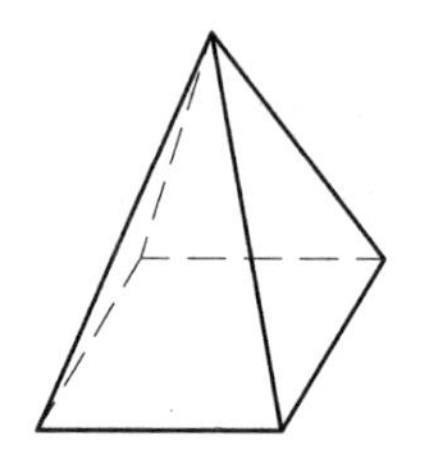

$V=5, E=8, F=5$

(b)

图 2-164　长方体和四棱锥的 $V$, $E$, $F$

(2) Euler-Poincare 公式

对于简单多面体复合而成的多面体,Euler 公式并不适用。

设 $L$ 为多面体上不连通的孔环数,$B$ 为互不连接的多面体数量,$H$ 为贯穿多面体的孔数,满足以下关系:

$$V-E+F=2(B-H)+L$$

这就是扩展的 Euler 公式,又称 Euler-Poincare 公式。如图 2-165(a)(b)所示的复合多面体就满足 Euler-Poincare 公式。

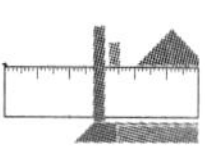

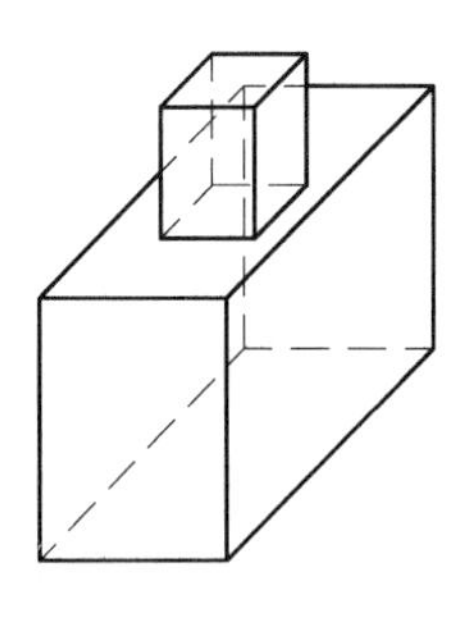

$V=16, E=24, F=11$
$B=1, H=0, L=1$
(a)

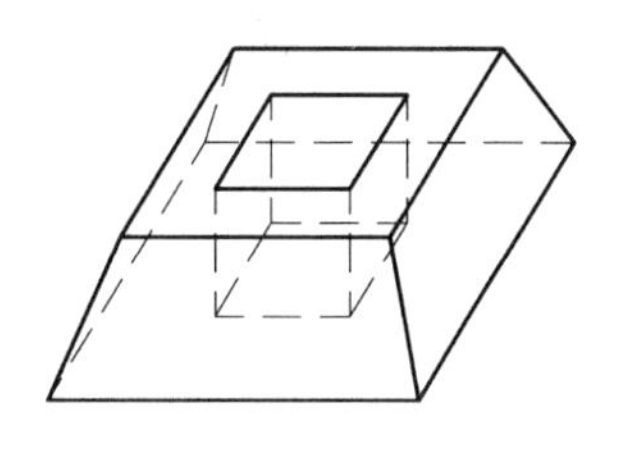

$V=16, E=24, F=10$
$B=1, H=1, L=2$
(b)

图 2-165　复合多面体

(3) Euler 运算

满足 Euler 公式的物体称为 Euler 体。通过增加和删除点、边、面而构造出 Euler 体的运算称为 Euler 运算。

**4. 实体造型方法**

常用的实体造型方法有：扫描造型法、边界表示法和 CSG（Constructive Solid Geometry）法。

(1) 扫描(Sweeping)造型

空间一个图形沿着一条轨迹运动所形成的形体，称为扫描体。相应的方法称为扫描造型法。常见的拉伸体、旋转体（如图 2-166 所示）都是扫描造型的特例。如图 2-167(a)所示为一小圆和一根曲线，图 2-167(b)为该小圆沿着该曲线扫描成型的结果。

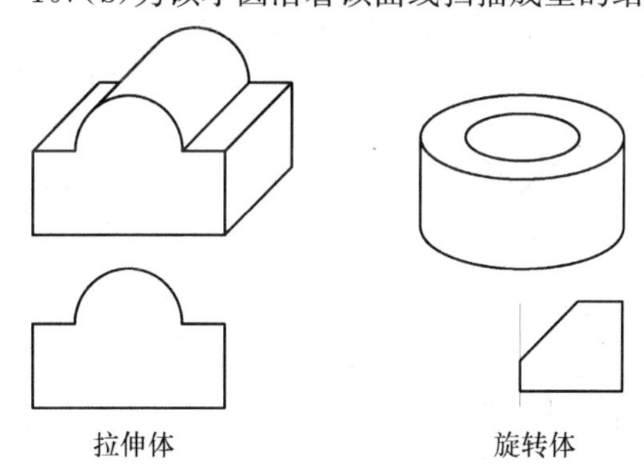


图 2-166　拉伸体和旋转体

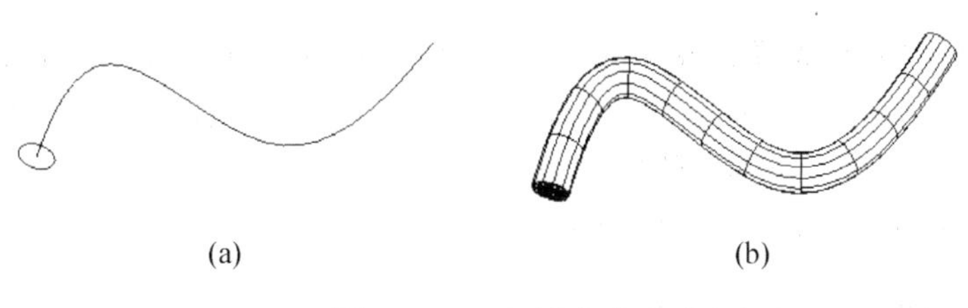


图 2-167　扫描造型

(2) 边界表示法(B-rep)

边界表示法(Boundary Representation)是通过描述物体的边界来表达物体。如图2-168(a)所示立体用图2-168(b)所示的八个表面进行表示。

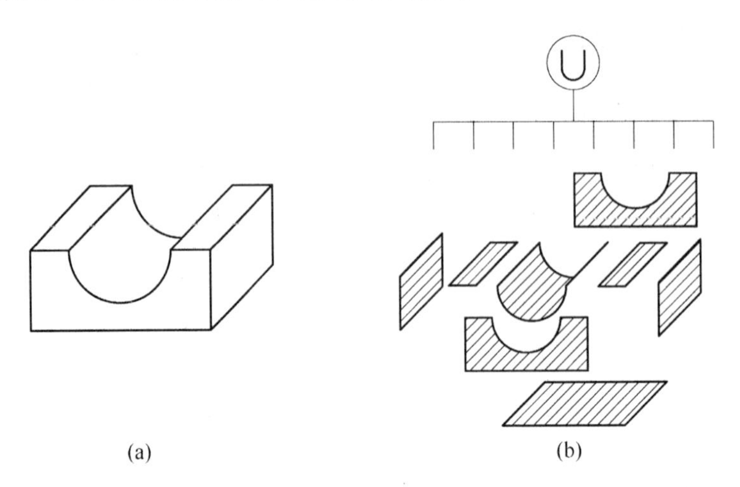


图2-168　立体的边界表示

边界表示法在表达物体时,将物体的几何信息和拓扑信息分开。这样便于查询物体中的各几何元素;容易实现各种局部操作;容易表达具相同拓扑结构的几何体;易于在数据结构上附加各种非几何信息。

(3) CSG法

CSG(Constructive Solid Geometry)法的直译为:构造实体几何法,即用简单形体的正则运算来表达复杂形体的造型方法。这些简单形体又称为体素,常用的体素有:长方体、圆柱体、圆锥体、球体、圆环体、楔体、棱锥体和扫描体等。图2-169列出了各种造型体素。

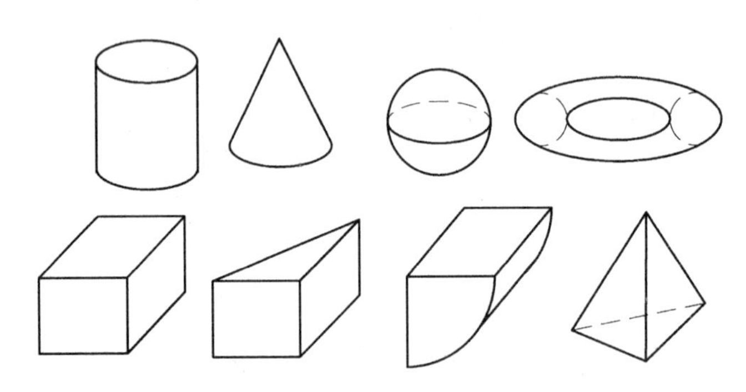

图2-169　各种造型体素

在CSG法造型中,首先确定各种造型体素,然后对其进行集合运算,最后得到相应的三维实体。图2-170(a)表示一个立体,图2-170(b)为其CSG表示,首先对圆柱体和长方体进行"并"运算,将其结果与另一个圆柱体进行"差"运算。

CSG法造型非常简洁,且可以表示的实体范围较大。

### 2.4.2.4　分形造型(Fractal modeling)

在生产实践和科学研究中,人们用以描述客观世界的几何学是欧几里德几何学,以及解析

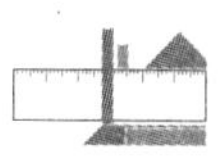

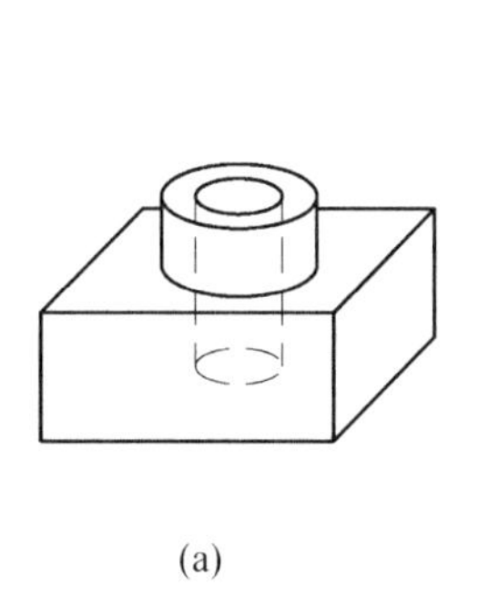

(a)

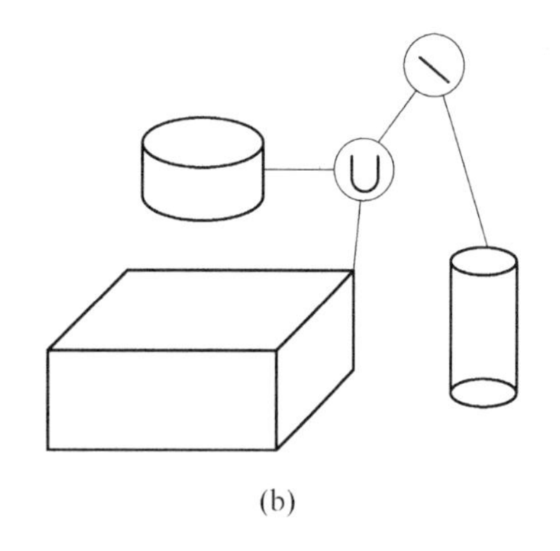


(b)

图 2-170　实体的 CSG 表示

几何、射影几何、微分几何等，它们能有效地描述三维世界中的许多对象，如各种工业产品的形状，建筑物的外形和结构等，因而千百年来一直是人们生产和科研的有用工具。

计算机特别是计算机图形学的迅速发展，人们在使用计算机深入探讨一系列问题的过程中，逐渐感到，用传统的几何学已不能有效地描述自然界中大量存在的对象，如：海岸线、山形、河流、岩石、断裂、树木、森林、云团、闪电等。它们都是非规则形状，用欧几里德几何学是无能为力的。计算机图形学在自然景物的模拟以及动化的制作中，如果用直线、圆弧、样条曲线等去建模生成，则其逼真程度就非常差。

另外，在科学研究中，对许多非规则对象进行建模分析，如：星系分布、凝聚生长、渗流、金融市场的价格浮动等复杂对象，都需要一种新的几何学来描述。

1975 年，美国 IBM(International Business Machine)公司研究中心物理部研究员暨哈佛大学数学系教授曼德布罗特(Benoit B. Mandelbrot)首次提出了“分形(Fractal)”这个概念。分形(Fractal)一词是曼德布罗特创造出来的，其原意是“不规则的、分数的、支离破碎的”物体，这个名词源于拉丁文“Fractus”。1977 年，他出版了第一本著作“分形：形态，偶然性和维数”(Fractal: Form, Chance and Dimension)，标志着分形理论的正式诞生。五年后，他出版了著名的专著“自然界的分形几何学”(The Fractal Geometry of Nature)，至此，分形理论初步形成。分形几何是一门以非规则几何形状为研究对象的几何学。由于不规则现象在自然界是普遍存在的，因此分形几何又称为描述大自然的几何学。

**1. 分形的自相似性**

自相似性和分数维数是分形集的主要特点。

自相似性是指部分与整体具有相似的性质。在自然界和生物体中，具有自相似性的客观对象是非常多的，除了山形的起伏、河流的弯曲、树木的分支结构外，生物体的器官，如血管的分岔、神经网络、肺气管道的分支结构等，均具有自相似性。布朗粒子的运动轨迹，虽然不具有严格的自相似性，但其轨迹的某一局部放大后，与某一较大部分具有相同的概率分布，因此，自相似性也包括统计意义上的自相似性。不同的分形集，自相似的程度是大不相同的。

**2. 分形的维数**

下面介绍相似性维数 $D_s$。

先研究如图 2-171 所示的线段、正方形和立方体，它们的边长都是 1。

将它们的边长二等分，此时，原图的线度缩小为原来的 1/2，而将原图等分为若干个相似的图形。图中，线段、正方形和立方体分别被分为 $2^1$，$2^2$，$2^3$ 个相似的图形，其中的指数 1，2，3 正好与相应图的拓扑维数相同。

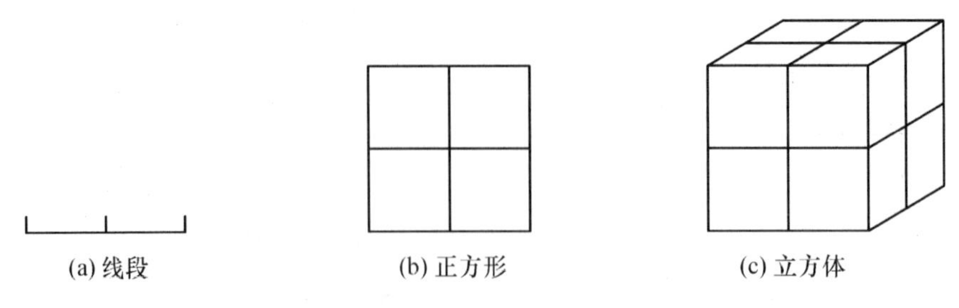


图 2-171　相似性维数

下面给出相似性维数的定义。

设分形整体 $S$ 是由 $N$ 个非重叠的部分 $s_1$，$s_2$，…，$s_N$ 组成，如果每一个部分 $s_i$ 经过放大 $1/r_i$ 倍后可与 $S$ 全等（$0 < r_i < 1$，$i = 1, 2, \cdots, N$），并且当 $r_i = r$ 时，相似性维数为：

$$D_s = \ln N/\ln(1/r)$$

若 $r_i$ 不全等，则定义：

$$\sum_{i=1}^{N} r_i^{D_s} = 1$$

维数是图形最基本的不变量，也是刻画分形集的要素之一。

**3. 几个分形图形简介**

（1）Koch 曲线

它是由瑞典科学家科赫（H. Von Koch）在 1904 年首先提出的。它的生成方法是把一条直线段等分成三段，将中间一段用夹角为 60°的二段等长的折线来代替（如图 2-172 所示），形成一个生成元；然后再把每个直线段用生成元进行代换。经无穷多次迭代后所形成的曲线即成为 Koch 曲线。Koch 曲线又称为雪花曲线。

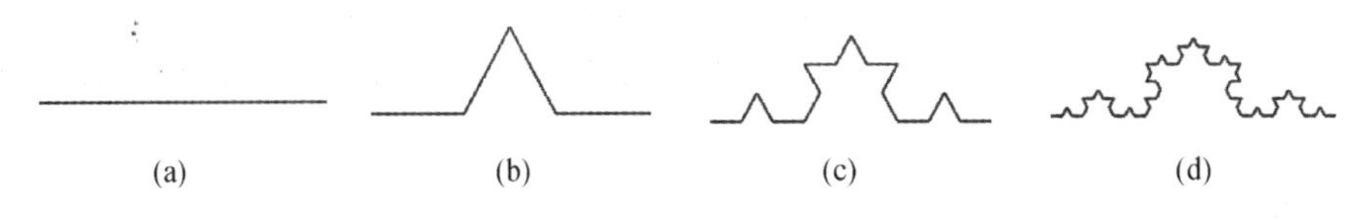


图 2-172　Koch 曲线示意图

Koch 曲线具有以下特性：

1）处处连续，处处不可导。

2）长度趋于无穷。

3）严格自相似性。

4）Koch 曲线的分形维数为：

$$D = \frac{\log 4}{\log 3} \approx 1.2618。$$

（2）Sierpinski 三角形

Sierpinski 三角形的初始图形是一个三角形。

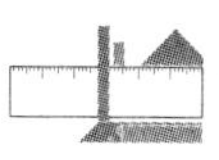

生成方法为：首先，连接三角形各边中点而将原三角形分成四个小三角形，然后挖去中间的小三角形，如图 2－173(a)所示；其次，将各个小的三角形按上面同样的方法继续分割，并舍弃位于中间的三角形；

……

按照以上的方法不断重复分割与舍弃，便可得到如图 2－173(b)～(d)所示的 Sierpinski 曲线。

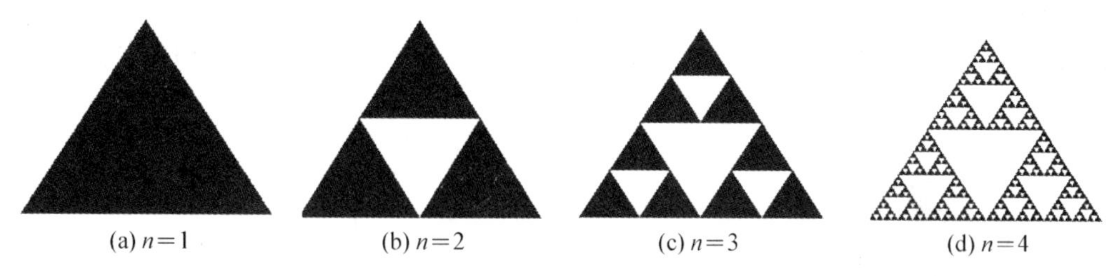


图 2－173　Sierpinski 三角形生成过程图

Sierpinski 集的特点是：第一，经典几何无法描述。Sierpinski 三角形的面积趋于零，而周长却趋于无穷大。如果把化学反应中的催化剂制成 Sierpinski 海绵（Sierpinski 三角形的推广）那样的结构，即体积趋于零，表面面积趋于无穷大，那将是非常理想的结构形式。第二，具有无穷多自相似的内部结构。任何一个分割后的图形经适当放大后都是原来的翻版。

(3) 其他分形集

如图 2－174 所示为 NEWTON 分形图，如图 2－175 所示为 Nova 分形图，如图 2－176 所示分别是树木、树叶和山峰等自然景物的分形图。

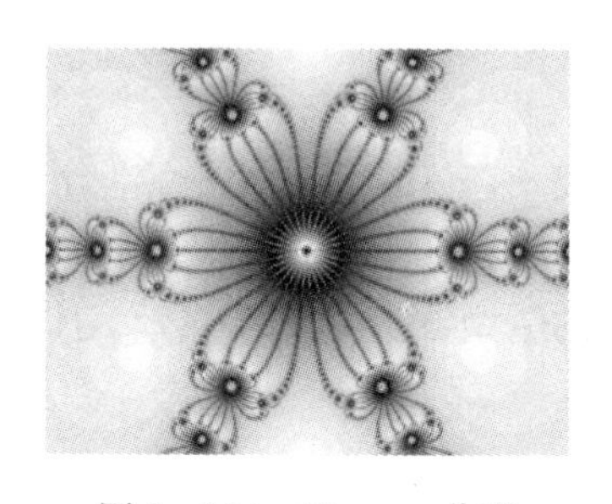

图 2－174　Newton 分形

图 2－175 Nova 分形

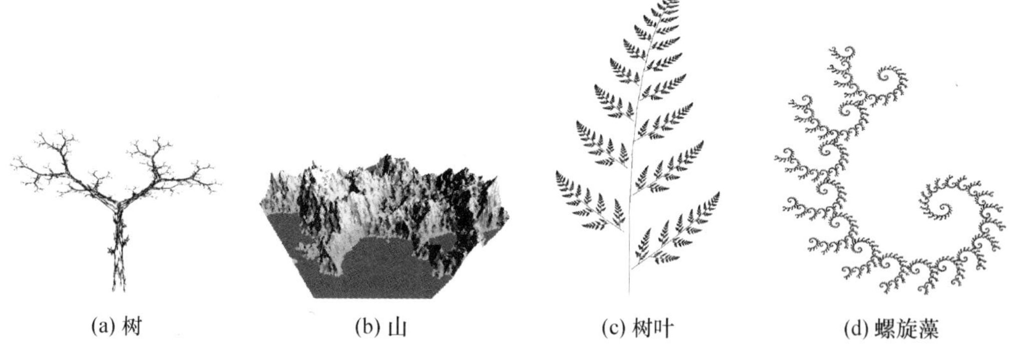


图 2－176　自然景物分形图

## 2.4.3 综合举例(integrated example)

轴测图并不是真正意义上的三维图形,仍然是二维图形。由于其具有立体感,有些书中又称之为二维半图形。我们通常所见的立体图都是实际物体在我们视网膜上的投影,仍是轴测图。

虽然如此,实际生活中的物体,即便是一张很薄的纸都是三维的。所以三维实体造型应用非常广泛。图 2-177 所示为用 UNIGRAPHICS 软件制作的一款多功能车用杯托造型。

图 2-177 车用杯托

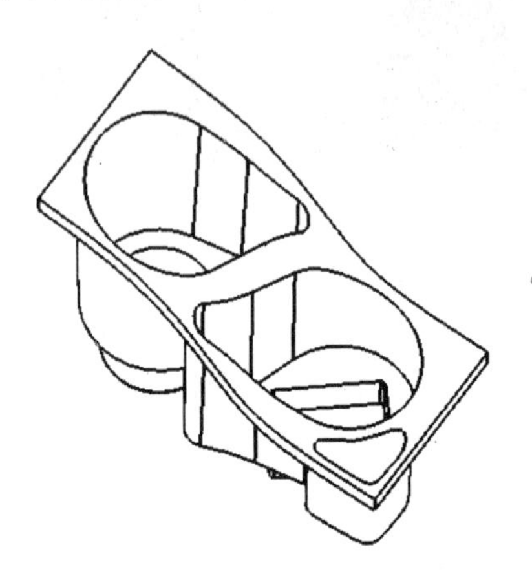

图 2-178 车用杯托的线框造型

其主要造型过程为:

1) 进行主体造型。

2) 对主体各处按要求进行圆角造型。

3) 构造顶面复杂曲线,并进行拉伸,然后用挖切(布尔减)创建中间挖空部分。

4) 构造顶面曲面,利用裁剪功能进行曲面实体造型。

由此可见,一个产品的造型往往要用到各种各样的造型方法。图 2-178 为该车用杯托的线框造型。

# 第3章　二维图形到三维形体的建模方法

# (Modeling Technique for Graphics from 2D to 3D)

## 3.1　概述(Summary)

二维图形(视图)是表达设计思想的主要手段,而三维图形(立体图)则由于其具有立体感强、形状表达较为直接的优点,也越来越受到设计者的关注。随着计算机技术特别是造型技术和造型软件的发展,三维图形的绘制(建模)越来越方便。目前,二维与三维图形的混合使用已经成为各国图样的发展趋势。二维图形到三维形体的建模(转换)方法就成为工程设计人员的基本技能之一。

图样的交流实际上是设计思想的交流。在交流过程中,首先碰到的是形状和结构的问题,这就要求把所提供的二维图形信息,转变成三维形体。随后设计人员又把三维形体通过二维进行表达,这就是读图的过程。

3.2 节将讲述从二维图形到三维形体的建模方法,包括从视图构思三维图形的方法、二维图形到三维图形的扫描成型、布尔运算成型、由三视图自动生成三维形体。

3.3 节将以综合实例进行二维图形到三维形体再到二维图形的转换过程。

## 3.2　二维图形到三维形体的建模方法

对于工程技术人员,根据物体的视图想象出其空间形状是一项重要的技能。这就是通常所说的读图能力。传统的读视图的方法为:形体分析法和面线分析法。而物体从二维图到三维立体的常用成型方法为扫描成型(包含拉伸、旋转等);由简单立体构成复合立体的布尔运算方法为:并、交、差运算。

### 3.2.1 视图到三维图形的构思方法（Conceptualization from views to 3D graphics）

读图是根据给定的视图，想象出所表达的组合体的空间形状和结构。由于画图和读图是相辅相成的两个互逆过程。它们具有空间→平面、平面→空间的辩证关系，掌握读图的方法，将会有助于为更复杂的物体的表达和想象提供良好的基础。

由于一个视图一般不能确定物体的形状，所以读图时必须将相关的视图综合起来看，而且应先从反映形状特征的视图着手。如图 3-1 所示，若只给出单一的主视图，则空间形体可以是图 3-1 (a)～(f)中的任何一个。但若再给出左视图，如图 3-2(a)所示，则其形体可能是图 3-1(b)，(d)，(f)中的一个。但若给出的是俯视图，则形体就唯一确定了。因此若给出如图 3-2(b)所示三视图时，就抓住了具有形状特征的视图。

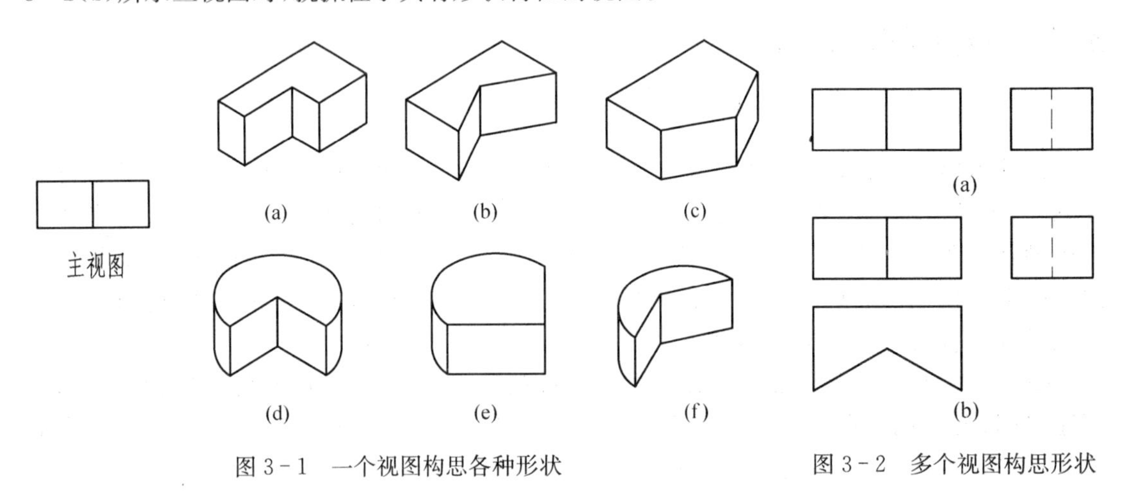


图 3-1　一个视图构思各种形状　　图 3-2　多个视图构思形状

读图的基本方法为：形体分析法和面线分析法。

**1. 形体分析法**

形体分析法是根据几何体的投影特性，对图形进行分解，想象出该机件由哪些几何体组成、组合形式、表面间的相互关系。然后综合起来，想象出机件的整体形状。这是一种由总体→分解→综合的读图方法。

**2. 面线分析法**

面线分析法，就是运用线、面投影规律和投影特点，弄清图线、线框的空间意义，即把组合体表面分解为线、面几何要素，分析这些要素的性质和空间相对位置。由此综合想象出组合体的整体形状。

视图是由图线构成，图线又围成了一个个封闭线框。因此，读图时要注意分析各视图上图线和线框的含义。

视图中的图线具有下列三种含义，它们是：

1）表面积聚后的投影。

2）表面与表面交线的投影。

3）曲面转向轮廓线的投影。

视图中的每一个封闭线框，一般情况下，表示一个表面的投影，它们是：

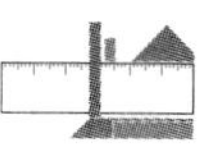

1）平面的投影。

2）曲面的投影。

3）平面和曲面组合的投影。

由于不同的线框代表不同的表面，因此，相邻线框在主视图中，就有前后之分。在俯视图中，就有上下之分。在左视图中，就有左右之分。

如图 3 - 3 所示为视图中线与线框的含义分析。

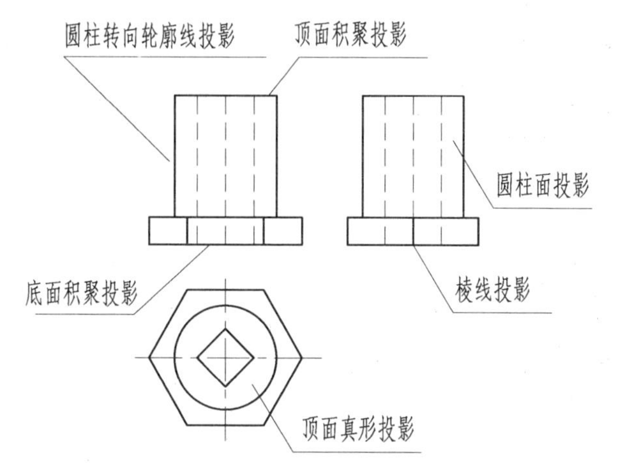


图 3 - 3　视图中的线与线框

在读图过程中，形体分析法和面线分析法常常是混合运用的。

**3. 读图举例**

**例 3 - 1**　如图 3 - 4 所示为物体的主视图和俯视图，求作左视图。

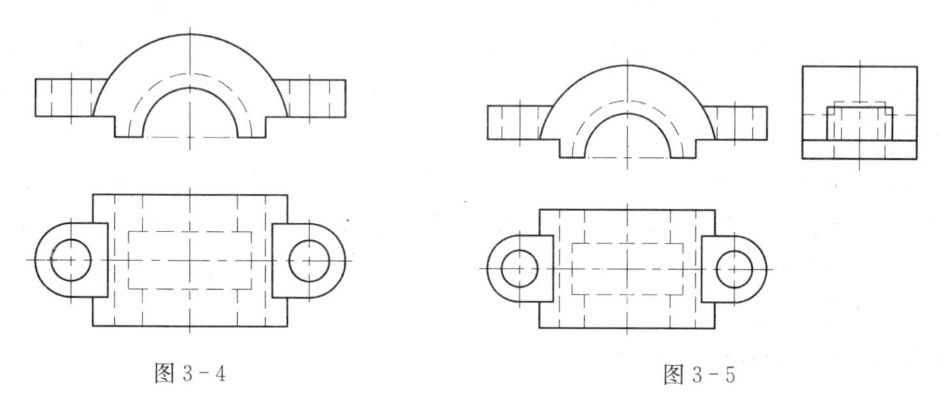

图 3 - 4　　　　图 3 - 5

**分析**：由主、俯视图两个视图可知：该物体由三部分形体组成，即带孔的半圆柱、左、右两个带孔凸缘。其中半圆柱位于物体正中。根据长对正、高平齐、宽相等的投影规律分别将三个形体的左视图画出，去掉共面后不应有的图线从而求得左视图。如图 3 - 5 所示。

**例 3 - 2**　图 3 - 6(a)所示为压板的主视图和俯视图，求作左视图。

**分析**：从图中可见，该压板是前后对称的立体。主体部分为四棱柱，然后对之进行挖切以及打孔形成的。

对于左侧的斜面，可以用面线分析法来加以分析。面Ⅰ为正垂面，它的左视图形状为其俯视图形状的类似形；面Ⅱ为铅垂面，它的左视图形状为其主视图形状的类似形。

前后两侧在下方挖去两小块，分别被两个平面进行截切。

中间的锥形沉孔的左视图与其主视图相同。

该压板的形成过程如图 3－6(b)～(e)所示，结果如图 3－6(f)所示。

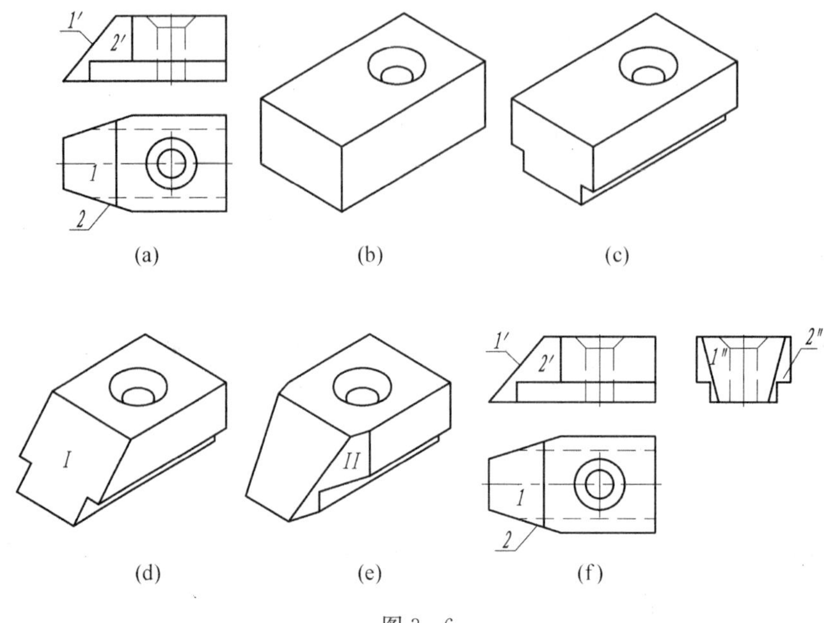


图 3－6

由于几何体是由面(平面或曲面)围成的，而面是由线段(直线或曲线)组成的，因此，面线分析法一般是在形体分析的基础上进行的。在具体读图中，形体分析法和面线分析法常常是交替在一起使用的。对于叠加类的组合体用形体分析法进行分解比较方便迅速。对具有挖切、斜面相交、缺口之类的部分，当分析它们的交线的情况时，则用面线分析法分析可以更为清楚一些。

一般是先弄清楚各部分的基本形状，后分析细部。先分析容易看懂的部分，后分析难想部分，最后在分析完各个线框所代表的形状，以及视图中各条图线的意义以后，还要根据各个部分的相应位置和连接形式，综合起来想象出物体的整体形状。可以说整个的读图过程，就是对视图进行分析和综合的过程。

**例 3－3** 已知物体的主、俯视图(如图 3－7(a)所示)，想像出该机件的空间形状并求作左视图。

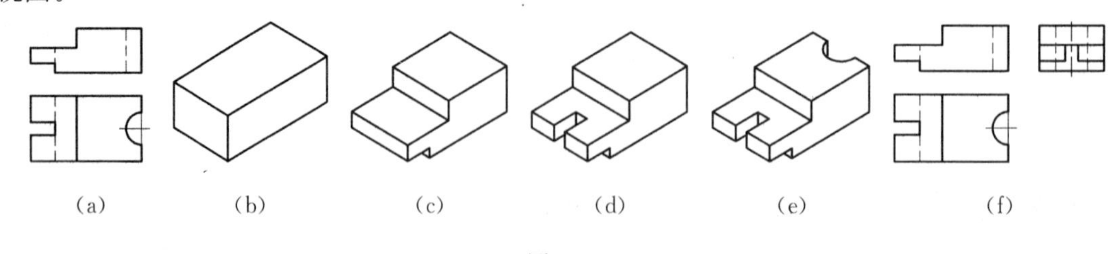


图 3－7

**分析**：根据两视图可知该机件是在长方体的基础上通过挖、切而形成的，其形成过程如图

3-7(b)～(e)所示，按空间形状求出左视图(图 3-7(f))。

### 3.2.2　二维图形到三维图形扫描成型 (Sweeping technique for graphics from 2D to 3D)

2.4 介绍了扫描法，它包含常用的拉伸成型和旋转成型法。如图 3-8 所示为一拉伸体的两视图及其三维立体图，该立体可通过对主视图进行拉伸而成。如图 3-9 所示为一旋转体的两视图及其三维立体图，该立体可通过对主视图进行旋转而成。

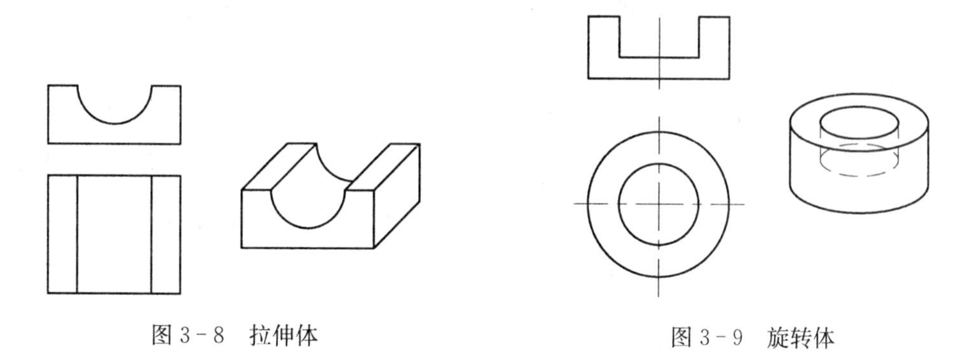

图 3-8　拉伸体　　　　图 3-9　旋转体

有些物体即可通过拉伸成型，又可通过旋转成型。如常见的圆柱体，即可通过圆视图进行拉伸成型，又可通过非圆视图旋转而成。

### 3.2.3　布尔运算成型(Boolean operation)

对于复杂形体，先根据视图进行分析。把复杂形体分解成简单立体的布尔并、交、差。

如图 3-10 所示为两个等径圆柱垂直正交的结果。它是两个圆柱的布尔交。

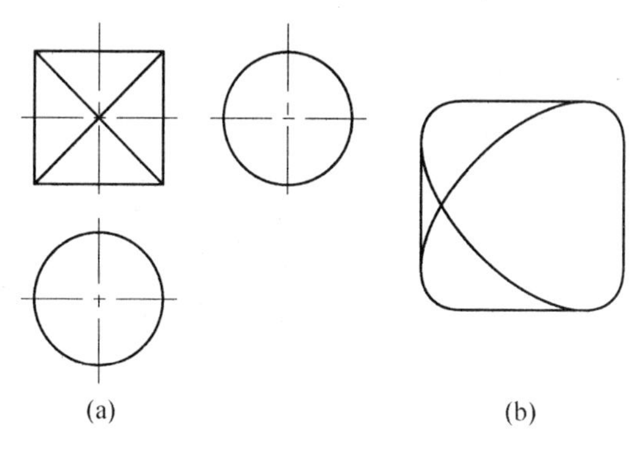


图 3-10　布尔交

### 3.2.4　由三视图自动生成三维形体 (Automatic formation of 3D body from three views)

通过三视图中的二维几何信息与拓扑信息，在计算机中自动生成相应的三维形体，是计算机图形学领域中非常有意义的研究方向。下面介绍国内某高校设计开发的算法，其适用范围为：

1）任意形状平面体。

2）轴线与某个坐标面平行，且截面与该坐标面平行或垂直的圆柱体。

3）若两圆柱的相贯线不是圆锥曲线，那么它们的对称轴应分别平行于一个坐标轴。

4）满足上述条件的组合体。

该算法的流程为：

1）输入三视图数据。

2）从二维点生成三维边。

3）生成面方程；从二维点生成圆柱面及截面方程；从三维边生成一般平面方程。

4）引入切割点及切割边。

5）生成体域基。

6）组合体环求解。

7）消隐绘图。

这方面的研究是近年来工程图学和计算机图形学中的一个热点和难点。其难点在于设计出一个普遍适用的算法，其热点在于其实用价值非常高。

## 3.3 综合举例（Integrated examples）

以上介绍了二维图形到三维形体的建模方法。同时介绍了读图方法。在绘制机件图样时，应根据机件的形状和结构特点，灵活应用。有时对一个机件可以有多种表达方案，这时应进行分析比较，选择最佳方案。在完整清晰地表达机件内、外形状时，要求每个视图有各自的表达重点，各视图之间进行相互补充，并使画图和读图简单方便。

**例 3-4** 如图 3-11(a)所示，给定机件的相关视图，构思机件的形状。

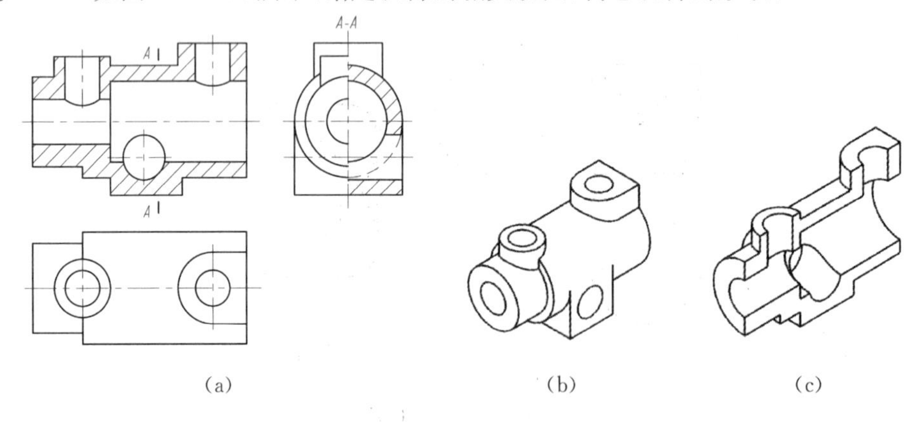


图 3-11 综合举例一

**解**：根据主视剖视图反映出的内形，俯视图表达的外形，左视半剖视图综合表达的内、外形，可以首先想象和构思出该机件的空间形状，如图 3-11(b)所示。从中间剖切，移去正面后的形状如图 3-11(c)所示。

**例 3-5** 如图 3-12(a)所示，给定物体的主、俯视图，作出物体的左视图。

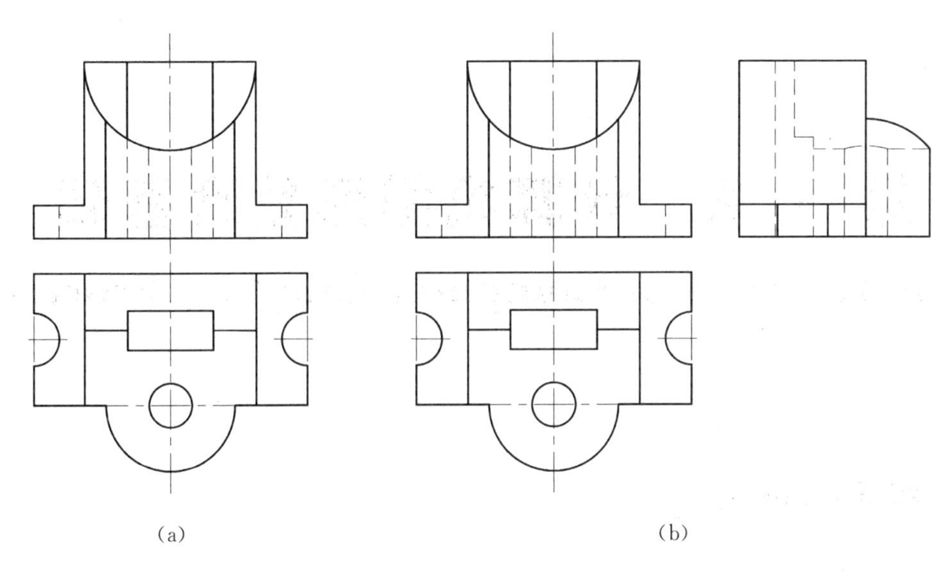

(a)　　　　(b)

图 3-12　综合举例二

**解**:根据主视图、俯视图,采用形体分析法,可以得出:该物体左右对称,主体为平面立体;前面有一个半圆柱,顶面挖去一个半圆柱孔(不通),中间自上而下开一个方形孔。于是可以想象和构思出该物体的空间形状,然后作出其左视图,如图 3-12(b)所示。

**例 3-6**　如图 3-13(a)所示,给定物体的主、俯视图,想象物体的空间形状,并作出全剖主视图 $A-A$ 及半剖左视图 $B-B$。

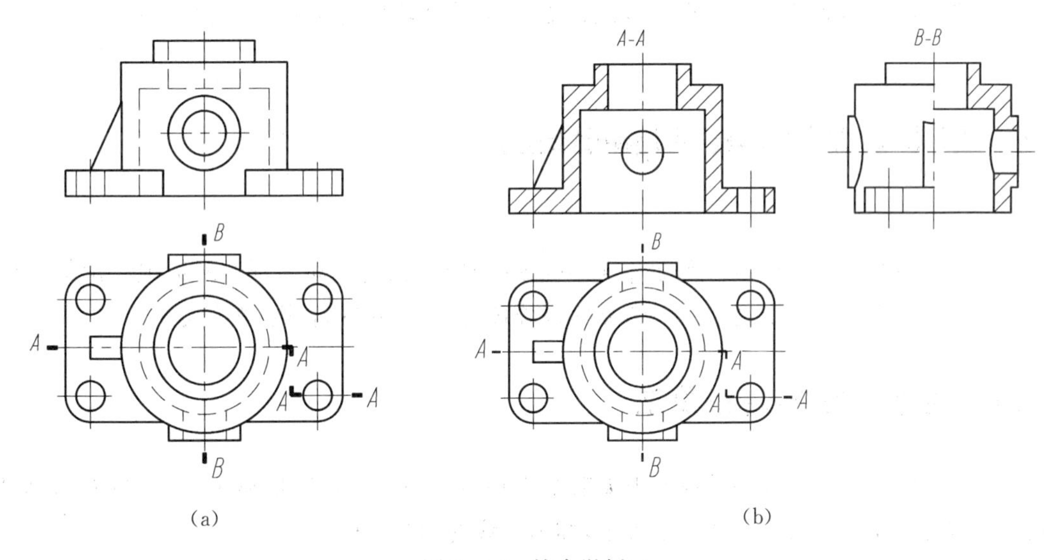


(a)　　　　(b)

图 3-13　综合举例三

**解**:根据主视图、俯视图,采用形体分析法,可以得出:该物体主体分成底座和直立圆柱两部分。底座上有四个小孔;直立圆柱中空,顶部有一个凸台,前后各有一个带孔凸台,左面有一肋板。于是可以想象和构思出该物体的空间形状。全剖主视图 $A-A$ 为一阶梯剖,主要表达直立圆柱中空部分和底座小孔的内部形状,同时表达出肋板的形状。半剖左视图 $B-B$ 则主要表达前后两个凸台的内部形状以及外部形状。结果如图 3-13(b)所示。

# 第4章 计算机图形处理基础

# (Fundamental of Computer Graphics Process)

## 4.1 概述(Summary)

随着计算机技术的发展,其在工程中的应用已经越来越深入,诞生了很多相应的工程技术,如CAD(计算机辅助设计)、CAE(计算机辅助工程)、CAPP(计算机辅助工艺)、CAM(计算机辅助制造)等。

工程设计往往牵涉到很多图形,如各种视图表达、曲线曲面表示、立体造型等。随着计算机图形学的快速发展,计算机已经成为图形处理的重要工具。计算机图形学是以计算机(包括硬件和软件)为工具,研究图形的输入、表示、变换、运算和输出的原理、算法及系统。

## 4.2 基本算法(Basic Algorithms)

图形显示器可以看成由很多像素(pixel)构成的画布,在它上面绘制的图形也是由像素构成的。确定像素的位置来绘制(显示)图形的过程称为图形的扫描转换(光栅化)。

### 4.2.1 直线的扫描转换算法

理想的直线是没有宽度、光滑的,由无数个点构成。但在光栅图形显示器上,只能用尽可能接近直线理想位置的有限个像素来表示,称为直线的扫描转换。

一个像素宽的直线扫描转换有三种常用算法:数字微分法、中点画线法和布莱森汉姆画线法。

**1. 数字微分法(DDA:Digital Differential Analyzer)**

设直线的方程为 $y = kx + b(|k| \leqslant 1)$,起点和终点分别为$(x_1, y_1)$和$(x_2, y_2)$,则有

$$k = \frac{y_2 - y_1}{x_2 - x_1},\ b = \frac{x_2 y_1 - x_1 y_2}{x_2 - x_1}$$

从直线的起点开始，确定最接近直线的像素点的坐标。假设 $x$ 坐标以步长 1 递增，计算对应的 $y = kx + b$，并取像素点 $(x, round(y))$（$round()$ 为四舍五入函数）。

该算法每次都要进行一次乘法运算、一次加法运算以及一次舍入运算，效率较低。可以采用下面的简化方法：

$$y_{i+1} = kx_{i+1} + b = k(x_i + 1) + b = kx_i + b + k = y_i + k$$

即当 $x$ 增加 1 时，$y$ 相应增加 $k$。

图 4-1 为数字微分法的直线扫描转换示意图。

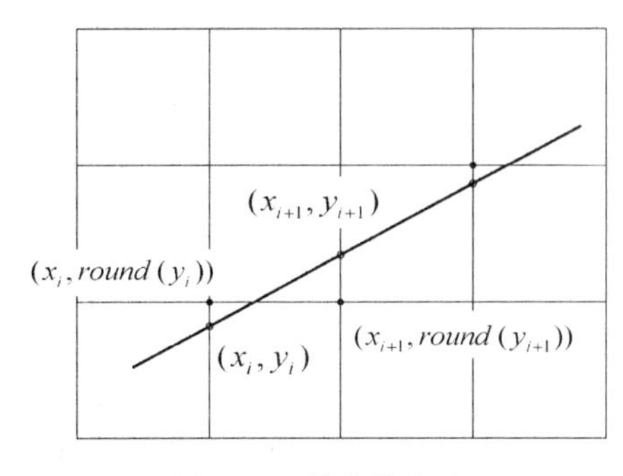


图 4-1　数字微分法

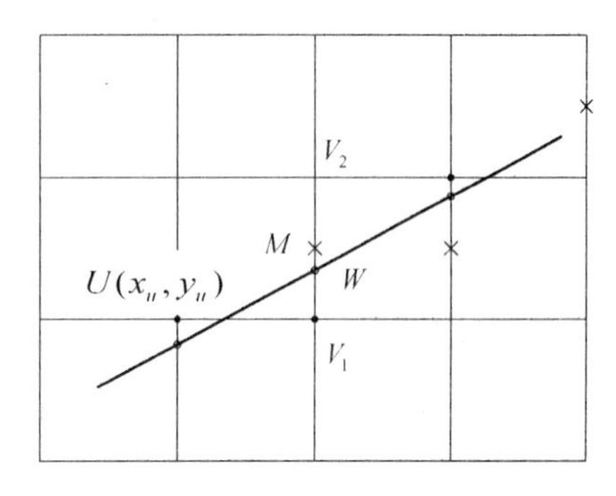


图 4-2　中点画线法

当 $|k| > 1$ 时，对 $x$ 和 $y$ 进行交换，即当 $y$ 增加 1 时，$x$ 相应增加 $1/k$。

**2. 中点画线法（Middle point line algorithm）**

设直线的方程为 $ax + by + c = 0$。不失一般性，假定直线的斜率 $k$ 满足 $0 \leqslant k \leqslant 1$。则直线在 $x$ 方向上增加 1，$y$ 的增量为 $k$。若 $x$ 坐标为 $x_u$ 的像素点中，最接近直线的点为 $U(x_u, y_u)$，则下一个最接近直线的像素点为正右方的点 $V_1(x_u + 1, y_u)$ 或右上方的点 $V_2(x_u + 1, y_u + 1)$，如图 4-2 所示。

设点 $M$ 为 $V_1$ 和 $V_2$ 的中点，点 $W$ 为 $x$ 坐标为 $x_u + 1$ 的直线上的理想位置点。中点画线法的基本原理为：当点 $M$ 位于点 $W$ 上方时，取点 $V_1$；否则取 $V_2$。接下来讨论其具体过程。

设直线的起点和终点分别为 $(x_1, y_1)$ 和 $(x_2, y_2)$。根据直线方程建立判别函数：

$$F(x, y) = ax + by + c$$

该函数把显示区域划分成三部分：直线上方（$F(x, y) > 0$）、直线下方（$F(x, y) < 0$）以及直线本身（$F(x, y) = 0$）。当判断点 $M$ 的位置时，将其坐标值带入判别函数，有：

$$delta = F(M) = F(x_u + 1, y_u + 0.5) = a(x_u + 1) + b(y_u + 0.5) + c$$

当 $delta > 0$ 时，取正右方点 $V_1$；否则取右上方点 $V_2$。

1）当 $delta > 0$ 时，取正右方点 $V_1$，再确定下一点的判别式为

$$delta1 = F(x_u + 2, y_u + 0.5) = a(x_u + 2) + b(y_u + 0.5) + c = delta + a$$

2）当 $delta \leqslant 0$ 时，取右上方点 $V_2$，再确定下一点的判别式为

$$delta1 = F(x_u + 2, y_u + 1.5) = a(x_u + 2) + b(y_u + 1.5) + c = delta + a + b$$

即在第一种情形中，$delta$ 的增量为 $a$；在第二种情形中，$delta$ 增量为 $a + b$。

**3. 布莱森汉姆画线法(Bresenham line algorithm)**

本算法与中点画线法类似,通过在每列像素中确定与理想直线位置最近的像素来进行直线的扫描转换。其基本原理为:通过各行、列像素点中心构造一组虚拟网格线,按直线从起点到终点的顺序计算其与各垂直网格线的交点,然后确定该列像素中与此交点最近的像素。

不失一般性,假定直线的斜率 $k$ 满足 $0 \leqslant k \leqslant 1$。如图 4-3 所示,若像素点$(x_i, y_i)$已定,下一个像素点的确定方法为:设理想直线与坐标为 $x_{i+1}$ 的竖直网格线的交点 $Q$ 到点 $P(x_{i+1}, y_i)$ 的距离为 $d$。当 $d > 0.5$ 时,取点 $R$;当 $d \leqslant 0.5$ 时,取点 $P$。

Bresenham 画线法是计算机图形学领域中被广泛使用的直线扫描转换算法。

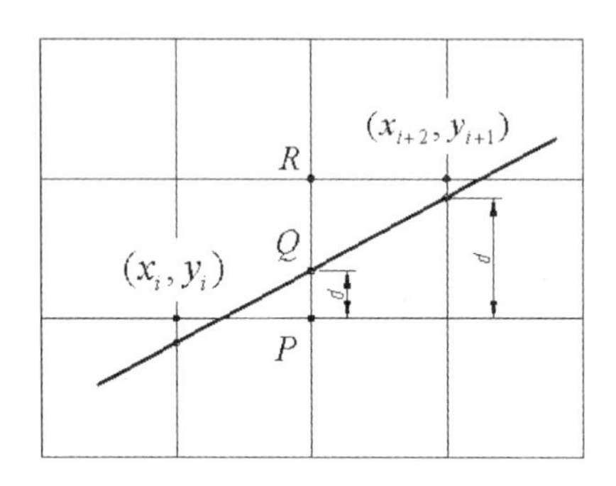


图 4-3　Bresenham 画线法

## 4.2.2　圆弧的扫描转换算法

考虑圆心在圆点,半径为整数 $r$ 的圆 $x^2 + y^2 - r^2 = 0$。若圆心不在圆点,可通过平移使圆心过圆点。

**1. 中点画圆法(Middle point circle algorithm)**

基于圆的对称性,只需讨论 8 分圆的扫描转换,其余部分可通过对坐标轴以及直线 $x + y = 0$ 和 $x - y = 0$ 进行反射得到。接下来讨论如图 4-4(a)所示的 8 分圆的扫描转换过程,即从点$(0, r)$到点$\left(\frac{\sqrt{2}}{2}r, \frac{\sqrt{2}}{2}r\right)$顺时针进行扫描转换的过程。

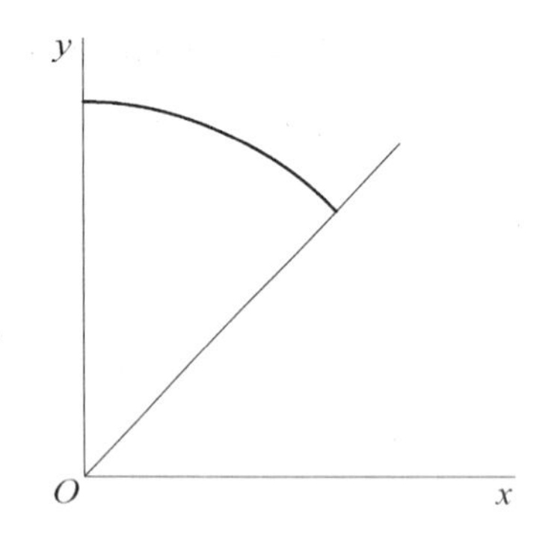


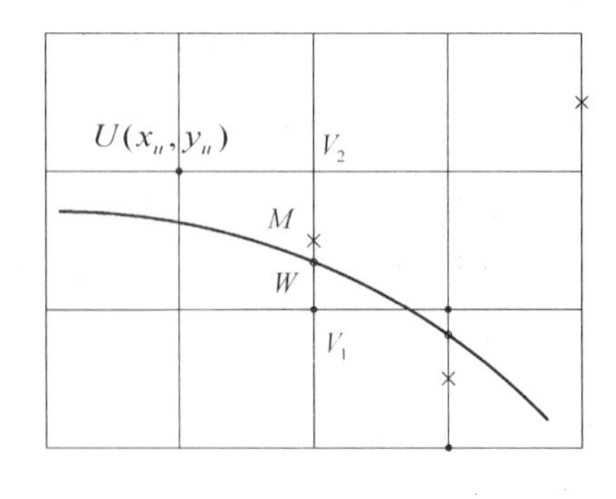


图 4-4　中点画圆法

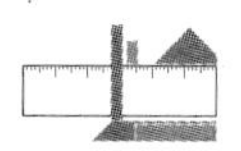

若 $x$ 坐标为 $x_u$ 的像素点中，最接近圆弧的点为 $U(x_u, y_u)$，则下一个最接近直线的像素点为右下方的点 $V_1(x_u+1, y_u-1)$ 或正右方的点 $V_2(x_u+1, y_u)$ 之一，如图 4-4(b) 所示。

设点 $M$ 为 $V_1$ 和 $V_2$ 的中点，点 $W$ 为 $x$ 坐标为 $x_u+1$ 的直线上的理想位置点。中点画圆法的基本原理为：当点 $M$ 位于点 $W$ 上方时，取点 $V_1$；否则取 $V_2$。

接下来讨论其具体过程。

根据圆的方程建立判别函数：

$$F(x, y) = x^2 + y^2 - r^2$$

该函数把显示区域划分成三部分：圆外 $(F(x, y) > 0)$、圆内 $(F(x, y) < 0)$ 以及圆本身 $(F(x, y) = 0)$。当判断点 $M$ 的位置时，将其坐标值带入判别函数，有：

$$delta = F(M) = F(x_u+1, y_u-0.5) = (x_u+1)^2 + (y_u-0.5)^2 - r^2$$

当 $delta > 0$ 时，取右下方点 $V_1$；否则取正右方点 $V_2$。

1) 当 $delta > 0$ 时，取右下方点 $V_1$，再确定下一点的判别式为

$$delta1 = F(x_u+2, y_u-1.5) = (x_u+2)^2 + (y_u-1.5)^2 - r^2 = delta + 2x_u - 2y_u + 5$$

2) 当 $delta \leqslant 0$ 时，取正右方点 $V_2$，再确定下一点的判别式为

$$delta2 = F(x_u+2, y_u-0.5) = (x_u+2)^2 + (y_u-0.5)^2 - r^2 = delta + 2x_u + 3$$

即在第一种情形中，$delta$ 的增量为 $2x_u - 2y_u + 5$；在第二种情形中，$delta$ 增量为 $2x_u + 3$。

**2. 布莱森汉姆画圆法(Bresenham circle algorithm)**

基于圆的对称性，只需讨论 4 分圆的扫描转换，其余部分可通过对坐标轴进行反射得到。接下来讨论如图 4-5(a)所示的第一象限 4 分圆的扫描转换过程，即从点$(0, r)$到点$(r, 0)$顺时针进行扫描转换的过程。

Bresenham 画圆法的基本思想为：如图 4-5(b)所示，已知点$(x_i, y_i)$为最佳逼近圆弧的一个像素点，按顺时针方向生成圆时，下一像素的最佳位置只能有三种选择：正右方像素点 $R$，正下方像素点 $Q$，右下角像素点 $P$。这三点中与理想圆弧距离最接近者即为下一像素。

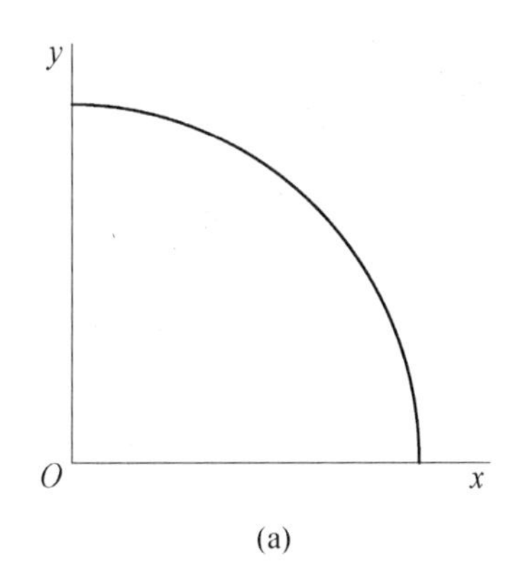


(a)

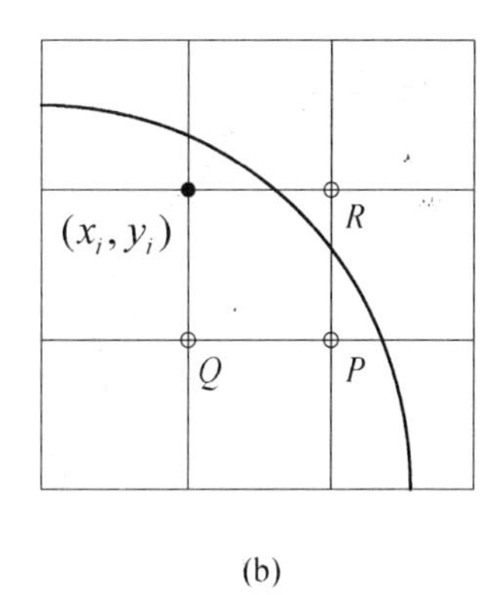


(b)

图 4-5　Bresenham 画圆法

### 4.2.3 线宽与线型的处理方法

**1. 线宽的处理**

在进行图形处理时，除了使用单像素宽的线条外，还常常使用指定线宽的线条。要想生成有宽度的线条，可以顺着该线条的中心位置线，移动一把具有指定宽度的“刷子”来生成。“刷子”的形状可以是一条线段或一个正方形，分别称谓“线刷子”和“正方形刷子”。

线刷子的基本原理为：假设直线斜率 $|k|\leqslant 1$，把刷子放成竖直方向，且刷子的中心点对准直线的起点，然后使刷子中心沿着直线向终点移动，即可“刷出”具有一定宽度的线。当直线斜率 $|k|>1$ 时，把刷子放成水平方向。如图 4-6 所示为使用线刷子绘制线宽为三个像素的直线的示意图。

线刷子的算法虽然简单、效率高，但当线宽较大时，效果不理想。当接近水平和接近竖直的线相交时，交点处将出现缺口，如图 4-7 所示。对于水平线或竖直线，绘制出的粗细与指定宽度相同。对于倾斜直线，绘制出的粗细小于指定线宽。

为了克服线刷子的缺陷，可以采用正方形刷子。正方形刷子的基本原理为：把边宽为指定线宽的正方形的中心对准直线的起点，然后使刷子中心沿着直线向终点移动，即可“刷出”具有一定宽度的线。如图 4-8 所示为使用正方形刷子绘制线宽为三个像素的直线的示意图。对于水平线或竖直线，绘制出的粗细与指定宽度相同。对于倾斜直线，绘制出的粗细将大于指定线宽。

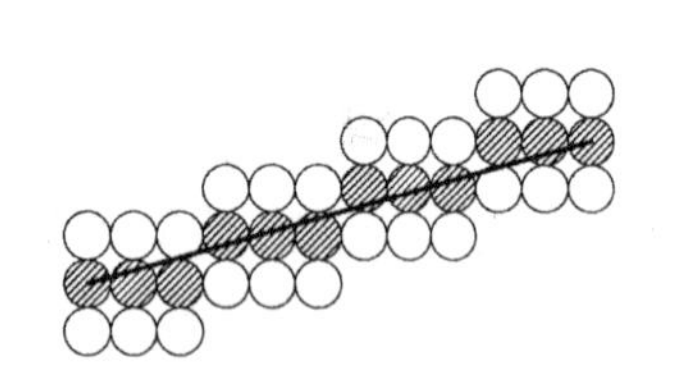

图 4-6　线刷子绘制示意图

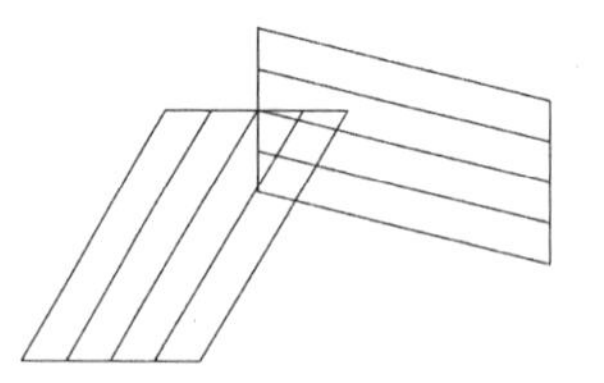

图 4-7　线刷子形成的缺口

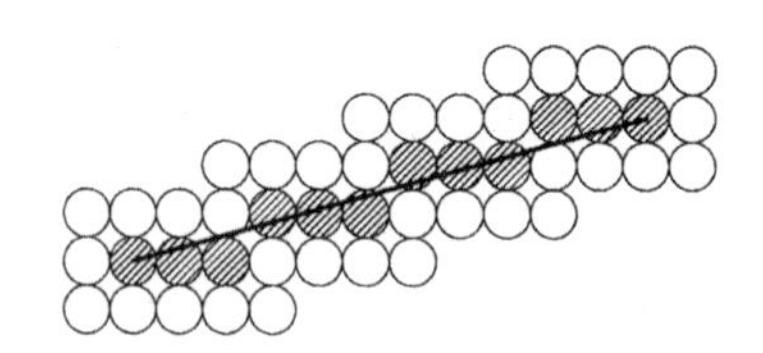

图 4-8　正方形刷子绘制示意图

若绘制具有宽度的圆弧或曲线，也可采用线刷子和正方形刷子，其原理类似绘制有宽度的直线。当使用线刷子时，需要以曲线的斜率来决定线刷子的方向。而使用正方形刷子时，则不用改变方向。图 4-9(a)，(b)所示分别为用线刷子和正方形刷子绘制宽度为三个像素的圆弧的示意图。

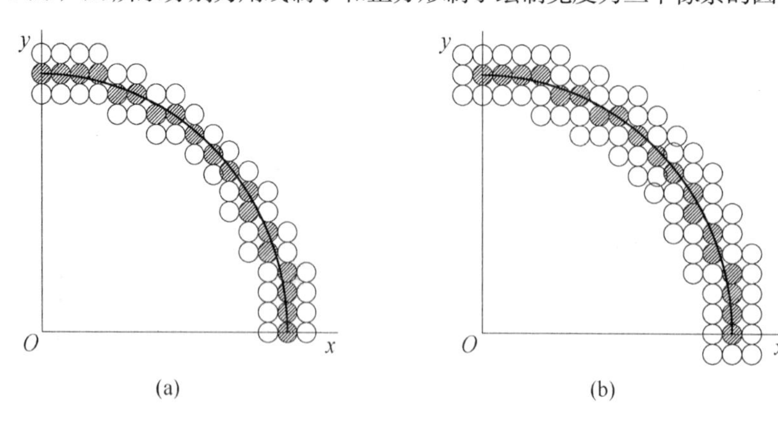


图 4-9　具有宽度的圆弧绘制示意图

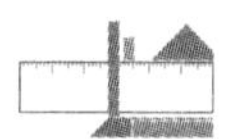

**2. 线型的处理**

绘图中常用的线条可分成连续型线条(实线)和非连续型线条(虚线、中心线、双点画线等)。表示不连续型线条常用的方法为:用一个布尔值的序列来表示,如可以用一个 $n$ 位整数存放 $n$ 位布尔值,所表示的线型必须以 $n$ 个像素为周期进行重复。

## 4.3　图形变换(Graphics Transformation)

在计算机图形处理过程中,经常要对图形进行平移、旋转、缩放等各种操作。我们称对图形的这些操作为图形变换。图形变换通常用矩阵来进行表示,故本节将首先介绍矩阵与向量的基本知识,然后分别介绍二维图形变换和三维图形变换。

### 4.3.1　矩阵与向量的基本知识

**1. 矩阵与向量基本概念**

由 $m\times n$ 个数排成 $m$ 行 $n$ 列的矩形阵列,称为 $m\times n$ 矩阵。矩阵通常用大写字母表示,其中的元素用相应的小写字母加注下标来表示。如矩阵 $m\times n$ 矩阵 $\boldsymbol{A}$ 可表示如下:

$$\boldsymbol{A}=\begin{pmatrix} a_{11} & a_{12} & \cdots & a_{1j} & \cdots & a_{1n} \\ \vdots & \vdots & & \vdots & & \vdots \\ a_{i1} & a_{i2} & \cdots & a_{ij} & \cdots & a_{in} \\ \vdots & \vdots & & \vdots & & \vdots \\ a_{m1} & a_{m2} & \cdots & a_{mj} & \cdots & a_{mn} \end{pmatrix}$$

该表示还可简化成:$\boldsymbol{A}=(a_{ij})_{m\times n}$。

当 $m=1$ 时,相应的矩阵称为 $n$ 维行向量;当 $n=1$ 时,相应的矩阵称为 $m$ 维列向量。

当 $m=n$ 时,相应的矩阵称为 $m$ 阶方阵。方阵具有行列式,行列式的表示如下:

$$\det(A)=|A|=\begin{vmatrix} a_{11} & a_{12} & \cdots & a_{1j} & \cdots & a_{1n} \\ \vdots & & & \vdots & & \vdots \\ a_{i1} & a_{i2} & \cdots & a_{ij} & \cdots & a_{in} \\ \vdots & & & \vdots & & \vdots \\ a_{n1} & a_{n2} & \cdots & a_{nj} & \cdots & a_{nn} \end{vmatrix}$$

行列式为一个数值,是方阵所特有的性质。

当方阵的对角线元素以下的所有元素均为零时,称为上三角阵;当方阵的对角线元素以上的所有元素均为零时,称为下三角阵;当方阵的对角线元素以外的所有元素均为零时,称为对角阵;当对角阵的对角元素均为 1 时,称为单位阵。

若方阵 $\boldsymbol{A}=(a_{ij})_{n\times n}$ 的行列式 $|A|\neq 0$,称 $\boldsymbol{A}$ 为非异阵。此时存在同阶方阵 $\boldsymbol{B}$,使得 $\boldsymbol{A}\cdot\boldsymbol{B}=\boldsymbol{B}\cdot\boldsymbol{A}=\boldsymbol{I}$,其中 $\boldsymbol{I}$ 为单位阵,则称 $\boldsymbol{B}$ 为 $\boldsymbol{A}$ 的逆矩阵,通常记作 $\boldsymbol{A}^{-1}$。

**2. 矩阵与向量的运算**

1）加减法：具有相同行和列的矩阵才能进行加减法。结果矩阵的元素为两矩阵对应元素的和（差）。若 $\boldsymbol{A}=\boldsymbol{B}\pm\boldsymbol{C}$，则 $a_{ij}=b_{ij}\pm c_{ij}$。

2）数乘：矩阵与数进行乘法，其结果矩阵的元素为原矩阵对应元素乘上该数。若 $\boldsymbol{A}=k\cdot\boldsymbol{B}$，则 $a_{ij}=k\cdot b_{ij}$。

3）乘法：当前一个矩阵的列数等于后一个矩阵的行数时，两个矩阵可以相乘，结果矩阵的行列分别为前一个矩阵的行数和后一个矩阵的列数。若 $\boldsymbol{B}=(b_{ij})_{m\times n}$，$\boldsymbol{C}=(c_{ij})_{n\times l}$，令 $\boldsymbol{A}=\boldsymbol{B}\cdot\boldsymbol{C}$，则 $\boldsymbol{A}$ 为 $m\times l$ 矩阵，且有：

$$a_{ij}=\sum_{k=1}^{n}b_{ik}\cdot c_{kj}$$

由此可见，矩阵乘法不满足交换律。

## 4.3.2 齐次坐标

**1. 齐次坐标**

$P$ 为 $n$ 维空间点，以 $n$ 维向量 $(x_1, x_2, \cdots, x_n)$ 表示，若在此基础上增加一维，表示成 $n+1$ 维向量 $(hx_1, hx_2, \cdots, hx_n, h)$，称为点 $P$ 的齐次坐标。其中，$h$ 为比例系数。点 $P$ 的齐次坐标有无穷多个。

**2. 正常化齐次坐标**

在上述的点 $P$ 的齐次坐标中，取 $h=1$，得到的 $n+1$ 维向量 $(x_1, x_2, \cdots, x_n, 1)$ 称为点 $P$ 的正常化齐次坐标。

在常用的平面坐标系中，二维点 $(x, y)$ 的正常化齐次坐标为 $(x, y, 1)$。在空间直角坐标系中，三维点 $(x, y, z)$ 的正常化齐次坐标为 $(x, y, z, 1)$。

## 4.3.3 二维图形变换

在正常化齐次坐标表示下，$n$ 个点的二维点列可表示成 $n\times 3$ 矩阵，即

$$\begin{pmatrix} x_1 & y_1 & 1 \\ x_2 & y_2 & 1 \\ \vdots & \vdots & \vdots \\ x_n & y_n & 1 \end{pmatrix}$$

二维图形变换表示为 $3\times 3$ 矩阵，即

$$\begin{pmatrix} a & b & g \\ c & d & h \\ e & f & i \end{pmatrix}$$

**1. 二维基本图形变换**

二维基本图形变换包括：恒等变换、平移变换、旋转变换、缩放变换、反射变换等。表 4-1

分别给出了二维基本图形变换的表达式、变换矩阵以及相应示意图。其中变换前的点用 $P(x_p, y_p)$ 表示，变换后的点用 $Q(x_q, y_q)$ 表示。

**表 4-1　二维基本图形变换**

| 序号 | 变换名称 | | 表　达　式 | 变 换 矩 阵 | 示　意　图 |
|---|---|---|---|---|---|
| 1 | 恒等变换 | | $\begin{cases} x_q = x_p \\ y_q = y_p \end{cases}$ | $\begin{pmatrix} 1 & & \\ & 1 & \\ & & 1 \end{pmatrix}$ | |
| 2 | 平移变换 | | $\begin{cases} x_q = x_p + e \\ y_q = y_p + f \end{cases}$ | $\begin{pmatrix} 1 & & \\ & 1 & \\ e & f & 1 \end{pmatrix}$ | |
| 3 | 旋转变换 | | $\begin{cases} x_q = x_p \cos\theta - y_p \sin\theta \\ y_q = x_p \sin\theta + y_p \cos\theta \end{cases}$ | $\begin{pmatrix} \cos\theta & \sin\theta & \\ -\sin\theta & \cos\theta & \\ & & 1 \end{pmatrix}$ | |
| 4 | 缩放变换 | | $\begin{cases} x_q = k_x \cdot x_p \\ y_q = k_y \cdot y_p \end{cases}$ | $\begin{pmatrix} k_x & & \\ & k_y & \\ & & 1 \end{pmatrix}$ | |
| 5 | 反射变换 | 原点 | $\begin{cases} x_q = -x_p \\ y_q = -y_p \end{cases}$ | $\begin{pmatrix} -1 & & \\ & -1 & \\ & & 1 \end{pmatrix}$ | |
| | | $x$ 轴 | $\begin{cases} x_q = x_p \\ y_q = -y_p \end{cases}$ | $\begin{pmatrix} 1 & & \\ & -1 & \\ & & 1 \end{pmatrix}$ | |
| | | $y$ 轴 | $\begin{cases} x_q = -x_p \\ y_q = y_p \end{cases}$ | $\begin{pmatrix} -1 & & \\ & 1 & \\ & & 1 \end{pmatrix}$ | |

**2. 二维复合图形变换**

在图形处理过程中，除了上述的二维基本图形变换外，常常会有比较复杂的变换要求，如绕平面上任意一点进行旋转、对平面上任意一点进行缩放、对平面上任意一条直线进行反射等。这时需连续执行多个二维基本图形变换，称为二维复合图形变换。

(1) 绕平面上任意一点进行旋转

设旋转中心点为 $P$，其正常化齐次坐标为 $(x_p, y_p, 1)$，旋转角度为 $\theta$。

基本思路为：首先把点 $P$ 平移至原点；然后绕原点旋转 $\theta$ 角；最后进行平移复位（即将点 $P$ 从原点平移回原位）。

相应的基本图形变换分别为：

$$T_1=\begin{pmatrix}1 & & \\ & 1 & \\ -x_p & -y_p & 1\end{pmatrix},\ T_2=\begin{pmatrix}\cos\theta & \sin\theta & \\ -\sin\theta & \cos\theta & \\ & & 1\end{pmatrix},\ T_3=T_1^{-1}=\begin{pmatrix}1 & & \\ & 1 & \\ x_p & y_p & 1\end{pmatrix}$$

复合变换结果为：

$$T=T_1\cdot T_2\cdot T_3=\begin{pmatrix}1 & & \\ & 1 & \\ -x_p & -y_p & 1\end{pmatrix}\cdot\begin{pmatrix}\cos\theta & \sin\theta & \\ -\sin\theta & \cos\theta & \\ & & 1\end{pmatrix}\cdot\begin{pmatrix}1 & & \\ & 1 & \\ x_p & y_p & 1\end{pmatrix}$$

(2) 对平面上任意一点进行缩放

缩放基点为 $P$，其正常化齐次坐标为$(x_p,\ y_p,\ 1)$，缩放因子分别为 $k_x$ 和 $k_y$。

基本思路为：首先把点 $P$ 平移至原点；然后对原点进行缩放；最后进行平移复位。

相应的基本图形变换分别为：

$$T_1=\begin{pmatrix}1 & & \\ & 1 & \\ -x_p & -y_p & 1\end{pmatrix},\ T_2=\begin{pmatrix}k_x & & \\ & k_y & \\ & & 1\end{pmatrix},\ T_3=T_1^{-1}=\begin{pmatrix}1 & & \\ & 1 & \\ x_p & y_p & 1\end{pmatrix}$$

复合变换结果为：

$$T=T_1\cdot T_2\cdot T_3=\begin{pmatrix}1 & & \\ & 1 & \\ -x_p & -y_p & 1\end{pmatrix}\cdot\begin{pmatrix}k_x & & \\ & k_y & \\ & & 1\end{pmatrix}\cdot\begin{pmatrix}1 & & \\ & 1 & \\ x_p & y_p & 1\end{pmatrix}$$

(3) 对平面上任意一条直线进行反射

设直线 $L$ 方程为：$\dfrac{x-x_0}{\cos\alpha}=\dfrac{y-y_0}{\sin\alpha}$。

总体思路为：首先把直线 $L$ 变换到某根坐标轴；然后对该坐标轴进行反射变换；最后对该直线进行复位。

具体步骤为：平移直线使之过原点；旋转该直线使之与坐标轴(如 $x$ 轴)重合；对 $x$ 轴进行反射；旋转复位；平移复位。

相应的基本图形变换分别为：

$$T_1=\begin{pmatrix}1 & & \\ & 1 & \\ -x_0 & -y_0 & 1\end{pmatrix},\ T_2=\begin{pmatrix}\cos\alpha & -\sin\alpha & \\ \sin\alpha & \cos\alpha & \\ & & 1\end{pmatrix},\ T_3=\begin{pmatrix}1 & & \\ & -1 & \\ & & 1\end{pmatrix},$$

$$T_4=T_2^{-1}=\begin{pmatrix}\cos\alpha & \sin\alpha & \\ -\sin\alpha & \cos\alpha & \\ & & 1\end{pmatrix},\ T_5=T_1^{-1}=\begin{pmatrix}1 & & \\ & 1 & \\ x_0 & y_0 & 1\end{pmatrix}$$

复合变换结果为：

$$
\begin{aligned}
\boldsymbol{T} &= \boldsymbol{T}_1 \cdot \boldsymbol{T}_2 \cdot \boldsymbol{T}_3 \cdot \boldsymbol{T}_4 \cdot \boldsymbol{T}_5 \\
&= \begin{pmatrix} 1 & & \\ & 1 & \\ -x_0 & -y_0 & 1 \end{pmatrix} \cdot \begin{pmatrix} \cos\alpha & -\sin\alpha & \\ \sin\alpha & \cos\alpha & \\ & & 1 \end{pmatrix} \cdot \begin{pmatrix} 1 & & \\ & -1 & \\ & & 1 \end{pmatrix} \\
&\quad \cdot \begin{pmatrix} \cos\alpha & \sin\alpha & \\ -\sin\alpha & \cos\alpha & \\ & & 1 \end{pmatrix} \cdot \begin{pmatrix} 1 & & \\ & 1 & \\ x_0 & y_0 & 1 \end{pmatrix}
\end{aligned}
$$

## 4.3.4　三维图形变换

在正常化齐次坐标表示下，$n$ 个点的三维点列可表示成 $n \times 4$ 矩阵，即

$$
\begin{pmatrix} x_1 & y_1 & z_1 & 1 \\ x_2 & y_2 & z_2 & 1 \\ \vdots & \vdots & \vdots & 1 \\ \vdots & \vdots & \vdots & 1 \\ x_n & y_n & z_n & 1 \end{pmatrix}
$$

二维图形变换表示为 $4 \times 4$ 矩阵，即

$$
\begin{pmatrix} a & b & c & m \\ d & e & f & n \\ g & h & i & o \\ j & k & l & p \end{pmatrix}
$$

**1. 三维基本图形变换**

三维基本图形变换包括：恒等变换、平移变换、绕 $Ox$ 轴旋转变换、绕 $Oy$ 轴旋转变换、绕 $Oz$ 轴旋转变换、缩放变换、反射变换等。表 4-2 分别给出了三维基本图形变换的表达式、变换矩阵以及相应示意图。其中变换前的点用 $P(x_p, y_p)$ 表示，变换后的点用$Q(x_q, y_q)$表示。

**表 4-2　三维基本图形变换**

| 序号 | 变换名称 | 表　达　式 | 变 换 矩 阵 | 示　意　图 |
|---|---|---|---|---|
| 1 | 恒等变换 | $\begin{cases} x_q = x_p \\ y_q = y_p \\ z_q = z_p \end{cases}$ | $\begin{pmatrix} 1 & & & \\ & 1 & & \\ & & 1 & \\ & & & 1 \end{pmatrix}$ | z, P.Q, O, x, y |
| 2 | 平移变换 | $\begin{cases} x_q = x_p + j \\ y_q = y_p + k \\ z_q = z_p + l \end{cases}$ | $\begin{pmatrix} 1 & & & \\ & 1 & & \\ & & 1 & \\ j & k & l & 1 \end{pmatrix}$ | z, P., .Q, O, x, y |

（续表）

| 序号 | 变换名称 | | 表　达　式 | 变换矩阵 | 示　意　图 |
|---|---|---|---|---|---|
| 3 | 旋转变换 | $Ox$ 轴 | $\begin{cases} x_q = x_p \\ y_q = y_p\cos\theta - z_p\sin\theta \\ z_q = y_p\sin\theta + z_p\cos\theta \end{cases}$ | $\begin{pmatrix} 1 & & & \\ & \cos\theta & \sin\theta & \\ & -\sin\theta & \cos\theta & \\ & & & 1 \end{pmatrix}$ | 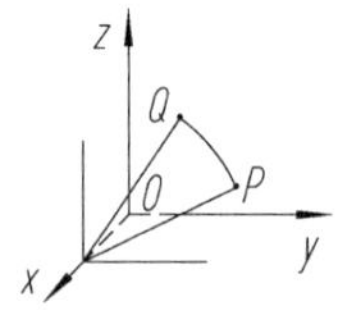 |
| | | $Oy$ 轴 | $\begin{cases} x_q = x_p\cos\theta + z_p\sin\theta \\ y_q = y_p \\ z_q = -x_p\sin\theta + z_p\cos\theta \end{cases}$ | $\begin{pmatrix} \cos\theta & & -\sin\theta & \\ & 1 & & \\ \sin\theta & & \cos\theta & \\ & & & 1 \end{pmatrix}$ | 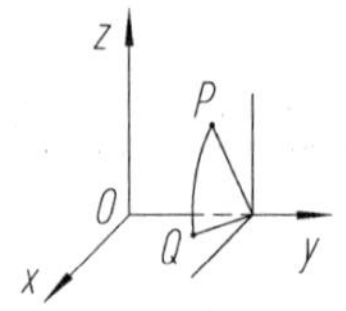 |
| | | $Oz$ 轴 | $\begin{cases} x_q = x_p\cos\theta - y_p\sin\theta \\ y_q = x_p\sin\theta + y_p\cos\theta \\ z_q = z_p \end{cases}$ | $\begin{pmatrix} \cos\theta & \sin\theta & & \\ -\sin\theta & \cos\theta & & \\ & & 1 & \\ & & & 1 \end{pmatrix}$ | 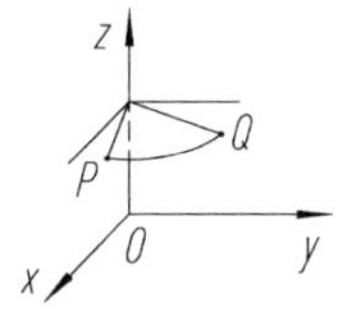 |
| 4 | 缩放变换 | | $\begin{cases} x_q = k_x \cdot x_p \\ y_q = k_y \cdot y_p \\ z_q = k_z \cdot z_p \end{cases}$ | $\begin{pmatrix} k_x & & & \\ & k_y & & \\ & & k_z & \\ & & & 1 \end{pmatrix}$ | 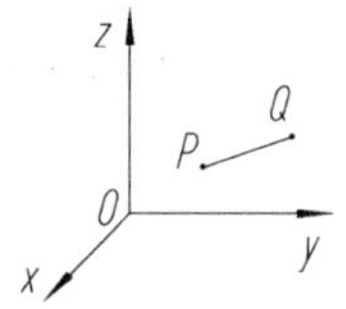 |
| 5 | 反射变换 | 原点 | $\begin{cases} x_q = -x_p \\ y_q = -y_p \\ z_q = -z_p \end{cases}$ | $\begin{pmatrix} -1 & & & \\ & -1 & & \\ & & -1 & \\ & & & 1 \end{pmatrix}$ | 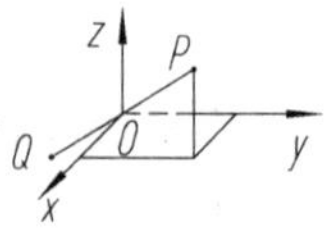 |
| | | $xy$ 面 | $\begin{cases} x_q = x_p \\ y_q = y_p \\ z_q = -z_p \end{cases}$ | $\begin{pmatrix} 1 & & & \\ & 1 & & \\ & & -1 & \\ & & & 1 \end{pmatrix}$ | 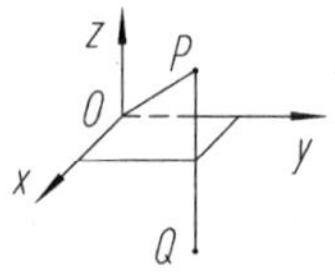 |
| | | $yz$ 面 | $\begin{cases} x_q = -x_p \\ y_q = y_p \\ z_q = z_p \end{cases}$ | $\begin{pmatrix} -1 & & & \\ & 1 & & \\ & & 1 & \\ & & & 1 \end{pmatrix}$ | 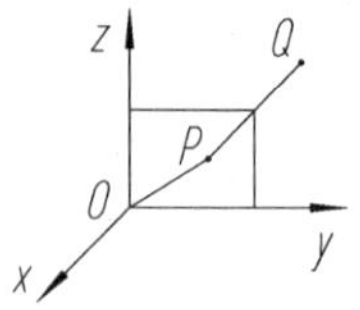 |
| | | $zx$ 面 | $\begin{cases} x_q = x_p \\ y_q = -y_p \\ z_q = z_p \end{cases}$ | $\begin{pmatrix} 1 & & & \\ & -1 & & \\ & & 1 & \\ & & & 1 \end{pmatrix}$ | 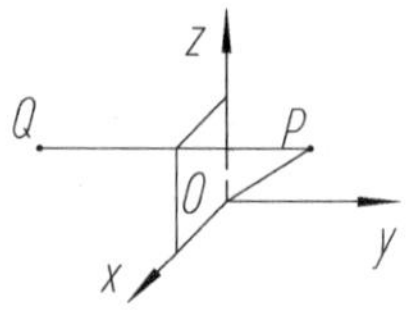 |

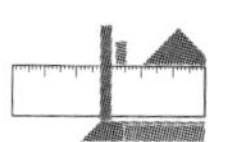

**2. 三维复合图形变换**

在图形处理过程中，除了上述的三维基本图形变换外，还会有比较复杂的变换要求，如绕空间任意一直线旋转、对空间任意一平面进行反射等。这时需连续执行多个三维基本图形变换，称为三维复合图形变换。

(1) 绕空间任意一直线旋转

设直线段 $L$ 的方程为 $\frac{x-a}{l}=\frac{y-b}{m}=\frac{z-c}{n}$，如图 4-10 所示，直线段一端点为 $D(a, b, c)$，方向向量为 $(l, m, n)$，另一端点为 $F$。绕 $DF$ 旋转的角度为 $\theta$。

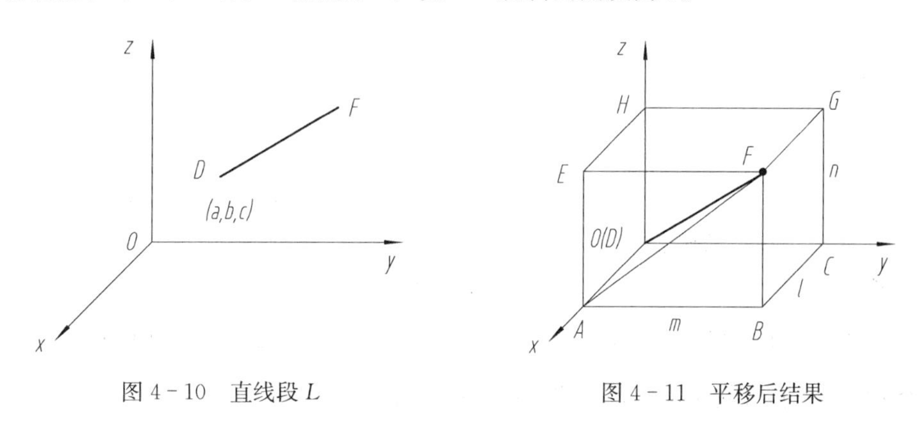


图 4-10　直线段 $L$　　图 4-11　平移后结果

基本思路为：首先把该直线变换到与某一坐标轴重合；然后绕该坐标轴旋转 $\theta$ 角；最后进行复位(即将直线从该坐标轴反变换回原位)。

具体的步骤及相应的变换矩阵为

1) 平移该直线使之过原点。将点 $D(a, b, c)$ 平移至原点，相应的图形变换矩阵为：

$$\boldsymbol{T}_1=\begin{pmatrix}1 & & & \\ & 1 & & \\ & & 1 & \\ -a & -b & -c & 1\end{pmatrix}$$

平移结果如图 4-11 所示。其中长方体 $ABCD-EFGH$ 是以 $DF$ 为体对角线构造出来的。

2) 旋转该直线，使之落入某坐标平面。将直线段 $DF$ 绕 $Ox$ 轴旋转 $-\alpha$ 角，使 $DF$ 落在 $xOy$ 坐标面。其中 $\alpha=\angle BAF=\arctan(n/m)$ (直线段 $DF$ 与旋转轴 $Ox$ 轴构成的平面与 $xOy$ 坐标面的夹角)。相应的图形变换矩阵为：

$$\boldsymbol{T}_2=\begin{pmatrix}1 & & & \\ & \cos\alpha & -\sin\alpha & \\ & \sin\alpha & \cos\alpha & \\ & & & 1\end{pmatrix}$$

旋转结果如图 4-12 所示。

3) 旋转该直线，使之与某坐标轴重合。将直线段 $DF$ 绕 $Oz$ 轴旋转 $\beta$ 角，使 $DF$ 与 $Oy$ 坐标轴重合。其中 $\beta = \angle FDG = \arctan\left(\dfrac{l}{\sqrt{m^2+n^2}}\right)$。相应的图形变换矩阵为

$$\boldsymbol{T}_3 = \begin{pmatrix} \cos\beta & \sin\beta & & \\ -\sin\beta & \cos\beta & & \\ & & 1 & \\ & & & 1 \end{pmatrix}$$

旋转结果如图 4－13 所示。

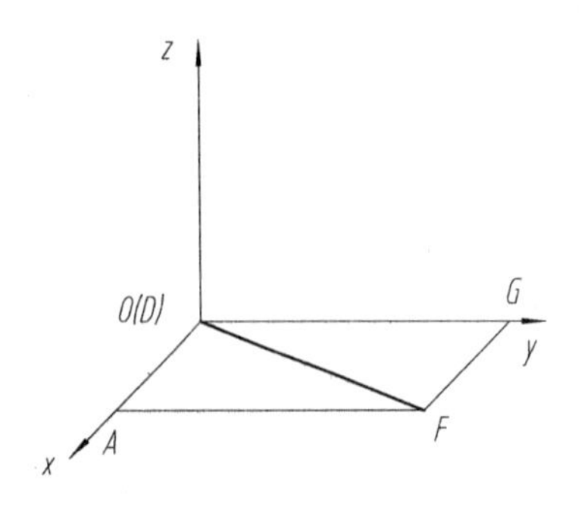


图 4－12　旋转到 $xOy$ 坐标面

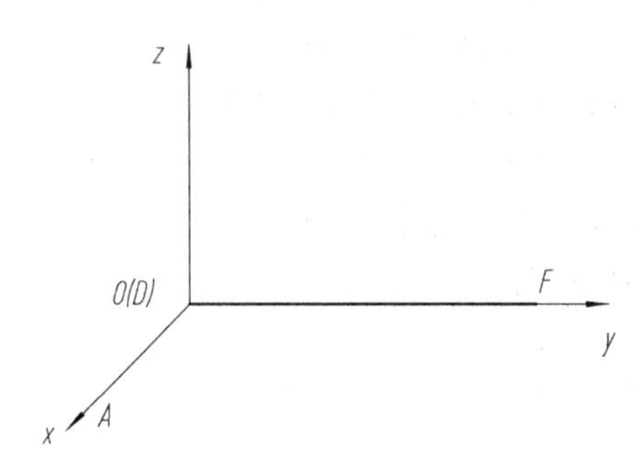


图 4－13　旋转到 $Oy$ 坐标轴

4）绕 $Oy$ 坐标轴旋转 $\theta$ 角。相应的图形变换矩阵为

$$\boldsymbol{T}_4 = \begin{pmatrix} \cos\theta & & -\sin\theta & \\ & 1 & & \\ \sin\theta & & \cos\theta & \\ & & & 1 \end{pmatrix}$$

5）旋转复位 3)。将直线段 $DF$ 绕 $Ox$ 轴旋转 $\alpha$ 角。相应的图形变换矩阵为

$$\boldsymbol{T}_5 = \boldsymbol{T}_3^{-1} = \begin{pmatrix} \cos\beta & -\sin\beta & & \\ \sin\beta & \cos\beta & & \\ & & 1 & \\ & & & 1 \end{pmatrix}$$

6）旋转复位 2)。将直线段 $DF$ 绕 $Oz$ 轴旋转 $-\beta$ 角。相应的图形变换矩阵为

$$\boldsymbol{T}_6 = \boldsymbol{T}_2^{-1} = \begin{pmatrix} 1 & & & \\ & \cos\alpha & \sin\alpha & \\ & -\sin\alpha & \cos\alpha & \\ & & & 1 \end{pmatrix}$$

7）平移复位 1)。将直线段 $DF$ 从原点平移至点 $D(a, b, c)$。相应的图形变换矩阵为

$$\boldsymbol{T}_7 = \boldsymbol{T}_1^{-1} = \begin{pmatrix} 1 & & & \\ & 1 & & \\ & & 1 & \\ a & b & c & 1 \end{pmatrix}$$

复合变换结果为：

$$\boldsymbol{T}=\boldsymbol{T}_1\cdot\boldsymbol{T}_2\cdot\boldsymbol{T}_3\cdot\boldsymbol{T}_4\cdot\boldsymbol{T}_5\cdot\boldsymbol{T}_6\cdot\boldsymbol{T}_7$$

(2) 对空间任意一平面进行反射

本节只介绍总体思路及相关步骤，具体的变换留给读者思考。

总体思路为：首先把平面变换到某个坐标面；然后对该坐标面进行反射变换；最后对该平面进行变换复位。

相关步骤为：

1) 平移该平面，使之过原点。

2) 旋转该平面，使之过某坐标轴。

3) 旋转该平面，使之与某坐标面重合。

4) 对该坐标面进行反射。

5) 复位旋转 3)。

6) 复位旋转 2)。

7) 复位平移 1)。

### 4.3.5　投影变换

第 2 章详细介绍了各种平行投影的知识。在计算机图形处理过程中，经常用到投影变换。接下来介绍正投影和正轴测投影变换。

**1. 正投影变换**

图 4－14 所示为空间点 $A(x, y, z)$ 及其在三个坐标面上的投影点 $a(x, y, 0)$, $a'(x, 0, z)$, $a''(0, y, z)$。容易得出在 $xOy$ 坐标面、$yOz$ 坐标面、$zOx$ 坐标面上的投影变换矩阵，它们分别是：

$$\boldsymbol{T}_{xOy}=\begin{pmatrix}1&&&\\&1&&\\&&0&\\0&0&0&1\end{pmatrix}\quad \boldsymbol{T}_{yOz}=\begin{pmatrix}0&&&\\&1&&\\&&1&\\0&0&0&1\end{pmatrix}\quad \boldsymbol{T}_{zOx}=\begin{pmatrix}1&&&\\&0&&\\&&1&\\0&0&0&1\end{pmatrix}$$

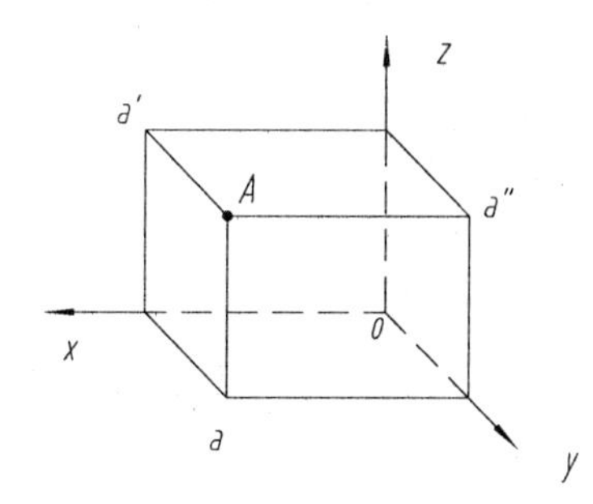


图 4－14　空间点的三个投影

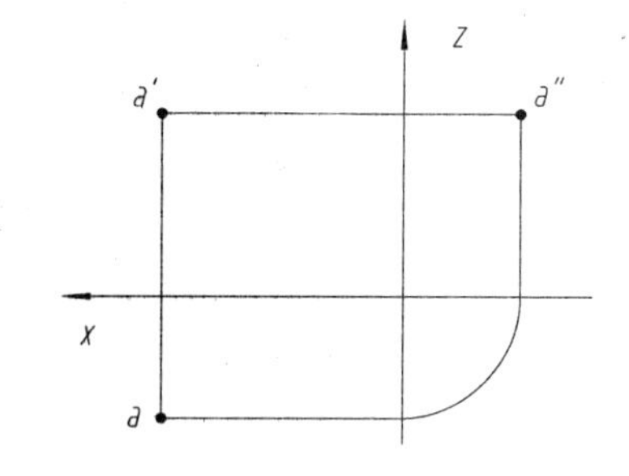


图 4－15　点的三投影表示

图 4－15 所示为点在三投影体系中的表示，三个投影点均落在 $zOx$ 平面上，三个投影点的坐标的空间表示将分别为：$a(x, O, -z)$, $a'(x, O, z)$, $a''(-x, O, z)$。同样容易得出在

三投影面($H$, $V$, $W$)体系中的投影变换矩阵,它们分别是:

$$\boldsymbol{T}_H=\begin{pmatrix}1&&&\\&0&-1&\\&&0&\\0&0&0&1\end{pmatrix}\quad \boldsymbol{T}_V=\begin{pmatrix}0&&&\\&1&&\\&&1&\\0&0&0&1\end{pmatrix}\quad \boldsymbol{T}_W=\begin{pmatrix}0&&&\\-1&0&&\\&&1&\\0&0&0&1\end{pmatrix}$$

当我们创建三视图时,视图与视图之间会留有一定的间距,如图 4-16 所示。通常保持 $V$ 投影不动,将 $H$, $W$ 投影分别向下、右平移。易得三视图(俯视图、主视图、左视图)的变换矩阵分别为:

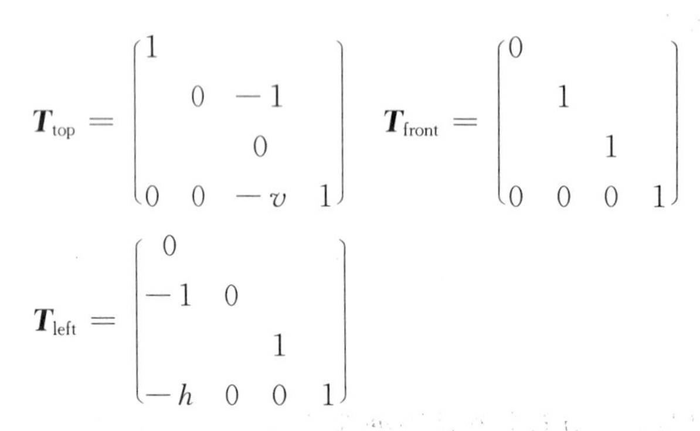

$$\boldsymbol{T}_{\text{top}}=\begin{pmatrix}1&&&\\&0&-1&\\&&0&\\0&0&-v&1\end{pmatrix}\quad \boldsymbol{T}_{\text{front}}=\begin{pmatrix}0&&&\\&1&&\\&&1&\\0&0&0&1\end{pmatrix}$$

$$\boldsymbol{T}_{\text{left}}=\begin{pmatrix}0&&&\\-1&0&&\\&&1&\\-h&0&0&1\end{pmatrix}$$

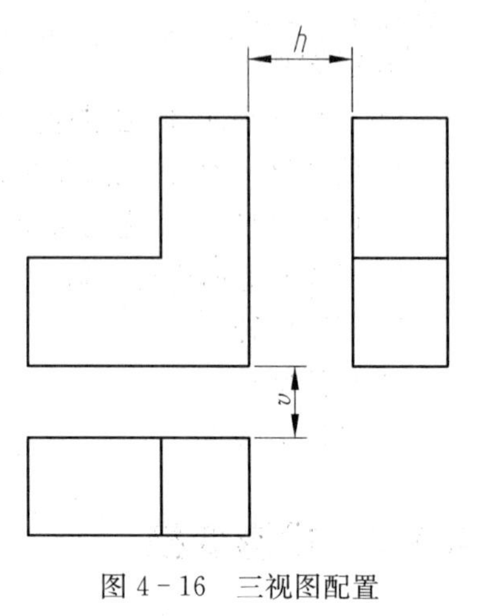


图 4-16　三视图配置

我们注意到,三投影面($H$, $V$, $W$)体系中的投影变换矩阵以及三视图变换矩阵的第二列均为零。这是因为最终的投影(视图)均落在 $zx$ 坐标面($V$ 投影面)上,其 $y$ 坐标值均为零。

**2. 正轴测投影变换**

正轴测投影的过程为:把物体绕 $Oz$ 轴旋转 $\theta$ 角,再绕 $Ox$ 轴旋转 $-\varphi$ 角,然后向 $V$ 面进行投影。由此可得正轴测投影的变换矩阵为

$$\begin{aligned}\boldsymbol{T}_{\text{正轴测}}&=\boldsymbol{R}_{Oz}(\theta)\cdot\boldsymbol{R}_{Ox}(-\varphi)\cdot\boldsymbol{T}_V\\&=\begin{pmatrix}\cos\theta&\sin\theta&&\\-\sin\theta&\cos\theta&&\\&&1&\\&&&1\end{pmatrix}\cdot\begin{pmatrix}1&&&\\&\cos\varphi&-\sin\varphi&\\&\sin\varphi&\cos\varphi&\\&&&1\end{pmatrix}\cdot\begin{pmatrix}1&&&\\&0&&\\&&1&\\&&&1\end{pmatrix}\\&=\begin{pmatrix}\cos\theta&0&-\sin\theta\cdot\sin\varphi&0\\-\sin\theta&0&-\cos\theta\cos\varphi&0\\0&0&\cos\varphi&0\\0&0&0&1\end{pmatrix}\end{aligned}$$

当 $\theta=45°$, $\varphi=35°16'$ 时,为正等测投影变换。

# 第5章　工程设计中的曲线曲面

# (Curves and Surfaces in Engineering Design)

## 5.1　概述(Summary)

工程设计往往包含大量的曲线曲面,如实验数据的统计曲线,汽车、飞机、轮船等曲面外形的设计等。因此,了解曲线曲面的表示和造型方法是非常重要的。

5.2 节将介绍曲线曲面的各种表示方法,包括隐式表示、显示表示以及参数表示等。

5.3 节将介绍曲线曲面的造型方法,包括二次曲线曲面、Hermite 曲线、Bézier 曲线曲面、B 样条曲线曲面、NURBS 曲线曲面、COONS 曲面等。

5.4 节将介绍工程设计中常用的曲线曲面。曲线包括:二次曲线、渐开线、等距曲线、等值线、螺旋线、正态分布曲线等。曲面包括:二次曲面、直纹面、旋转面、可展曲面、等距曲面等。

5.5 节将以工程设计中的应用实例来说明曲线曲面的表达和造型。

## 5.2　曲线曲面的表示(Representation of curves and surfaces)

### 5.2.1　非参数表示(Non-parametric representation)

曲线曲面的非参数表示分为显式表示和隐式表示两种。

**1. 显式表示**

平面曲线的显示表示一般为 $y = f(x)$。空间曲线的显式表示一般为 $\begin{cases} y = f(x) \\ z = g(x) \end{cases}$。而三维空间中的曲面的显式表示一般为:$z = f(x, y)$。

平面上一条直线的显式表示为 $y = kx + b$;半径为 $r$ 的半圆的显式表示为 $y = \sqrt{r^2 - x^2}\,(|x| \leqslant r)$。

三维空间中平面的显式表示为 $z = ax + by + c$;半径为 $r$ 的半球的显式表示为 $z =$

$\sqrt{r^2-x^2-y^2}$（$\sqrt{x^2+y^2}\leqslant r$）。

**2. 隐式表示**

平面曲线的隐式表示一般为 $f(x, y)=0$。空间曲线的隐式表示一般为 $\begin{cases} f(x, y, z)=0 \\ g(x, y, z)=0 \end{cases}$。而三维空间中曲面的隐式表示一般为 $f(x, y, z)=0$。

平面直线的隐式表示为 $ax+by+c=0$；半径为 $r$ 的圆的隐式表示为 $x^2+y^2-r^2=0$。

三维空间中的平面的隐式表示为 $ax+by+cz+d=0$；半径为 $r$ 的球面的隐式表示为 $x^2+y^2+z^2-r^2=0$。

显式表示与隐式表示之间的关系为：显式表示可以转换成隐式表示；隐式表示有时可以转换成一个或多个显式表示，有时不能转换成显式表示。

**3. 非参数表示的特点**

非参数表示具有以下特点：

1）表达的曲线曲面均与坐标轴相关。

2）难以表达曲线的垂直点，即斜率为无穷大处。

3）两个曲线连接处，很难决定它的正切的连续性，而正切的连续性在许多工程设计的应用中是很关键的问题。

4）对于非平面曲线和曲面很难用常系数的方程表示。

5）不便于计算机图形处理时的计算和编程。

## 5.2.2 参数表示（Parametric representation）

曲线曲面的参数表示是计算机图形处理过程中常用的方法。

参数表示是指曲线曲面上的每一点坐标值均可表示成一个参数表达式。

如平面曲线可以表示成：

$$\begin{cases} x=x(t) \\ y=y(t) \end{cases}$$

其中，$t$ 为参数。三维空间曲线可以表示成：

$$\begin{cases} x=x(t) \\ y=y(t) \\ z=z(t) \end{cases}$$

而三维空间中曲面可以表示成：

$$\begin{cases} x=x(u, v) \\ y=y(u, v) \\ z=z(u, v) \end{cases}$$

其中，$u$，$v$ 为参数。

平面上直线的参数表示为

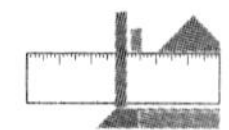

$$\begin{cases} x = x_0 + l \cdot t \\ y = y_0 + m \cdot t \end{cases}$$

半径为 $r$ 的圆的参数表示为

$$\begin{cases} x(\theta) = r\cos\theta \\ y(\theta) = r\sin\theta \end{cases} \quad (0 \leqslant \theta \leqslant 2\pi)$$

三维空间中平面的参数表示为

$$\begin{cases} x = x_0 + r_1 u + s_1 v \\ y = y_0 + r_2 u + s_2 v \\ z = z_0 + r_3 u + s_3 v \end{cases}$$

其中，$(r_1,\ r_2,\ r_3)$和$(s_1,\ s_2,\ s_3)$为平面上两个不平行的向量，$(x_0,\ y_0,\ z_0)$为平面上的点；

半径为 $r$，球心在$(x_0,\ y_0,\ z_0)$的球面的参数表示为：

$$\begin{cases} x = x_0 + r\cos u \cdot \cos w \\ y = y_0 + r\cos u \cdot \sin w, \quad -\frac{\pi}{2} \leqslant u \leqslant \frac{\pi}{2},\ 0 \leqslant v \leqslant 2\pi \\ z = z_0 + r\sin u \end{cases}$$

曲线曲面的参数表示有以下优点：

1）参数表示不会出现无穷大切矢量。

2）可以采用分段参数曲线曲面进行拼接，从而构建复杂的满足工程设计上连续性要求的曲线曲面。

3）参数曲线曲面具有更大的形状控制自由度。

4）计算机图形处理时的计算和编程非常方便。.

## 5.2.3　参数曲线曲面的基本性质（Basic property of parametric curve and surface）

**1. 参数曲线的基本性质**

(1) 曲率、挠率以及局部坐标系

三维空间的参数曲线可以表示为 $\boldsymbol{P}(t) = (x(t),\ y(t),\ z(t))$。

1）切向量。参数曲线上一点的切向量为 $\frac{\mathrm{d}\boldsymbol{P}(t)}{\mathrm{d}t} = \left(\frac{\mathrm{d}x(t)}{\mathrm{d}t},\ \frac{\mathrm{d}y(t)}{\mathrm{d}t},\ \frac{\mathrm{d}z(t)}{\mathrm{d}t}\right)$ 或 $\boldsymbol{P}'(t) = (x'(t),\ y'(t),\ z'(t))$。若以弧长 $s$ 作为参数，其切向量为单位向量，记作 $\vec{T}$。$\vec{T}(s) = \frac{\mathrm{d}\boldsymbol{P}(s)}{\mathrm{d}s} = \boldsymbol{P}'(s)$。

2）曲率 $k$ 与曲率半径 $\rho$。参数曲线切向量关于弧长的变化率的绝对值称为曲率。曲率半径为曲率的倒数。

$$k = |\ \boldsymbol{T}'(s)\ | = |\ \boldsymbol{P}''(s)\ | = \sqrt{\left(\frac{\mathrm{d}^2 x}{\mathrm{d}s^2}\right)^2 + \left(\frac{\mathrm{d}^2 y}{\mathrm{d}s^2}\right)^2 + \left(\frac{\mathrm{d}^2 y}{\mathrm{d}s^2}\right)^2}$$

$$\rho=\frac{1}{k}$$

曲线的曲率反映了曲线的弯曲程度。如果曲线在某点处的曲率愈大，表示曲线在该点附近切线方向改变得愈快，此曲线在该点的弯曲程度愈大。如直线的曲率恒为0，而曲率恒为0的曲线必定是直线。半径为 $r$ 的圆的曲率恒为 $k=\frac{1}{r}$，曲率半径为 $\rho=r$。

3）主法向量 $\boldsymbol{N}$。由单位切向量的导数向量确定，如下式所示：

$$\frac{\mathrm{d}\boldsymbol{T}}{\mathrm{d}s}=\left|\frac{\mathrm{d}\boldsymbol{T}}{\mathrm{d}s}\right|\boldsymbol{N}=k\boldsymbol{N}$$

4）从法向量 $\boldsymbol{B}$。$\boldsymbol{B}$ 为 $\boldsymbol{T}$ 与 $\boldsymbol{N}$ 的叉积向量，即

$$\boldsymbol{B}=\boldsymbol{T}\times\boldsymbol{N}$$

5）局部坐标系。在曲线上任意一点，都存在三个相互垂直的单位向量，即：$\boldsymbol{T}$, $\boldsymbol{N}$, $\boldsymbol{B}$，它们构成了一个局部坐标系。如图5-1所示。其中 $\boldsymbol{T}$, $\boldsymbol{N}$ 构成的面称为密切平面；$\boldsymbol{T}$, $\boldsymbol{B}$ 构成的面称为从切平面；$\boldsymbol{N}$, $\boldsymbol{B}$ 构成的面称为法平面。

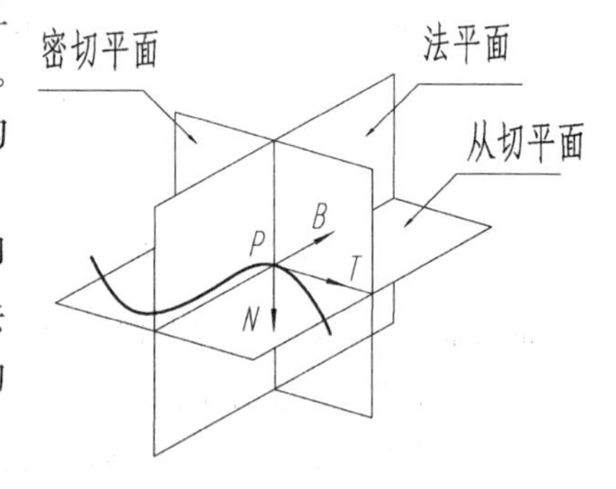

图5-1　曲线的局部坐标系

6）挠率 $\tau$。空间曲线不但会弯曲，而且还要扭曲，即要离开它的密切平面。为了研究其扭曲程度，等价于去研究密切平面的法向量（即曲线的副法向量）关于弧长的变化率，该变化率称为曲线的挠率。挠率 $\tau$ 由下式确定：

$$\frac{\mathrm{d}\boldsymbol{B}}{\mathrm{d}s}=-\tau\boldsymbol{N}$$

平面曲线的挠率恒为0，而挠率恒为0的曲线也必定是平面曲线。

（2）曲线段间的拼接与连续性

工程设计如道路桥梁设计中，通常有多条曲线需要首尾相连，且要满足一定的连接关系，这就是曲线段间的拼接与连续性问题。关于连续性，会着重讨论两个概念：连续与几何连续。

设两条曲线段为

$$\begin{cases}S_1(t)=(x_1(t),\ y_1(t),\ z_1(t))\\ S_2(t)=(x_2(t),\ y_2(t),\ z_2(t))\end{cases}\quad 0\leqslant t\leqslant 1$$

若 $S_1(1)=S_2(0)$，则称 $S_1(t)$ 和 $S_2(t)$ 在该点连续，又称为 $C^0$ 连续（0阶连续）或 $GC^0$ 连续（即0阶几何连续）。

如果两条曲线在 $P$ 点相连，且在 $P$ 点处的切向量方向相同，则称两曲线在 $P$ 点处 $GC^1$ 连续（即1阶几何连续）。又若在 $P$ 点处的切向量大小相等，则称两曲线在 $P$ 点处 $C^1$ 连续。

如果两条曲线在 $P$ 点处 $C^1$ 连续，且在 $P$ 点处的二阶导向量方向相同，则称两曲线在 $P$ 点处 $GC^2$ 连续（即2阶几何连续）。又若在 $P$ 点处的二阶导向量大小相等，则称两曲线在 $P$ 点处 $C^2$ 连续。

同理，更一般地，如果两条曲线在 $P$ 点处 $C^k$ 连续，且在 $P$ 点处的 $k+1$ 阶导向量方向相同，则称两曲线在 $P$ 点处 $GC^{k+1}$ 连续（即 $k+1$ 阶几何连续）。又若在 $P$ 点处的 $k+1$ 阶导向量

大小相等，则称两曲线在 $P$ 点处 $C^{k+1}$ 连续。

一般来说，$C^k$ 连续一定保证 $GC^k$ 连续，但 $GC^k$ 连续却不能保证 $C^k$ 连续。

在工程设计中，有时只需要达到几何连续就可以了。最常用的连续条件为 2 阶几何连续和 3 阶几何连续。

**2. 参数曲面的基本性质**

参数曲面的方程为 $r(u, v) = (x(u, v), y(u, v), z(u, v))$

(1) 曲面的切平面与法向

对参数方程关于 $u$ 和 $v$ 求偏导，分别记为 $r_u(u, v)$ 和 $r_v(u, v)$，有

$$r_u(u, v) = \frac{\partial r(u, v)}{\partial u}, \ r_v(u, v) = \frac{\partial r(u, v)}{\partial v}$$

过点 $r(u, v)$，由 $r_u(u, v)$ 和 $r_v(u, v)$ 构成的平面称为曲面在参数 $(u, v)$ 处的切平面。

该平面的法向量称为曲面在该处的法向量。记之为 $n(u, v)$，有：

$$n(u, v) = r_u(u, v) \times r_u(u, v)$$

图 5-2 为曲面的切平面及法向量示意图。

(2) 曲面片间的拼接与连续性

设两曲面片为：

$$\begin{cases} r_1(u, v) = (x_1(u, v), y_1(u, v), z_1(u, v)) \\ r_2(u, v) = (x_2(u, v), y_2(u, v), z_2(u, v)) \end{cases}$$
$$0 \leqslant u, v \leqslant 1$$

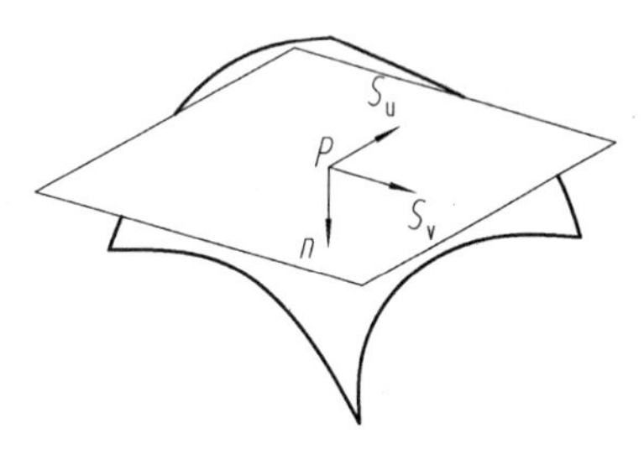

图 5-2　曲面的切平面及法向量示意图

若两曲面片 $r_1(u, v)$ 和 $r_2(u, v)$ 满足 $r_1(1, v) = r_2(0, v)$，则称两曲面片 $C^0$ 连续或 $GC^0$ 连续(即 0 阶几何连续)。

若两曲面片 $C^0$ 连续，且在连接处两曲面片的法向量处处方向相同，则称两曲面片 $GC^1$ 连续(即 1 阶几何连续)。又若法向量处处大小相等，则称两曲面片 $C^1$ 连续。

类似地，可以定义曲面片间的 $GC^k$ 连续和 $C^k$ 连续。

**3. 插值与拟合**

工程中，通过测量、统计会得到很多离散的数据点，然后根据这些数据研究相关变量的关系，绘制相应的关系曲线、曲面。下面以平面数据点讨论常用的方法：插值和拟合。

(1) 插值

设数据点为 $(x_i, y_i)$，$i = 0, 1, 2, \cdots, n$，欲找函数 $y = f(x)$，使得 $y_i = f(x_i)$，$i = 0, 1, 2, \cdots, n$，则称 $y = f(x)$ 为数据点的插值函数，相应的曲线称为数据点的插值曲线。常用的插值方法为多项式插值，如过两个点可以插值一条直线，过三个点可以插值一条平面二次曲线，过 $n+1$ 个点可以插值一条 $n$ 次多项式曲线。

(2) 拟合

当目标函数(曲线)不要求过数据点时，可以采用拟合方法。此时可给定某种限制，如最小二乘法，即数据点到拟合曲线的距离平方和最小。即：

$$\sum_{i=0}^{n} (y_i - f(x_i))^2 = \min$$

# 5.3 曲线曲面的造型方法 (Modeling techniques of Curves and Surfaces)

## 5.3.1 曲线造型方法(Modeling techniques of curves)

**1. Hermite 曲线造型**

Hermite 曲线是一个三次多项式参数曲线,它是由曲线的两个端点 $P_0$, $P_1$ 和端点处的一阶导数值 $P'_0$, $P'_1$来定义的。

记 Hermite 曲线为 $H(t)$,它由四个调配函数 $F_1(t)$, $F_2(t)$, $F_3(t)$, $F_4(t)$ 构成,即

$$H(t) = P_0F_1(t) + P_1F_2(t) + P'_0F_3(t) + P'_1F_4(t)$$

由端点条件:

$$H(0) = P_0,\ H(1) = P_1,\ H'(0) = P'_0,\ H'(1) = P'_1,$$

知

$$F_1(0) = 1,\ F_1(1) = F'_1(0) = F'_1(1) = 0 \quad F_2(1) = 1,\ F_2(0) = F'_2(0) = F'_2(1) = 0$$

$$F'_3(0) = 1,\ F_3(0) = F_3(1) = F'_3(1) = 0 \quad F'_4(1) = 1,\ F_4(0) = F_4(1) = F'_4(0) = 0$$

于是有:

$$\left.\begin{array}{ll} F_1(t) = 2t^3 - 3t^2 + 1, & F_2(t) = -2t^3 + 3t^2 \\ F_3(t) = t^3 - 2t^2 + t, & F_4(t) = t^3 - t^2 \end{array}\right\} \tag{5-1}$$

如图 5-3 所示为 Hermite 曲线调配函数的形状。可以看出,当 $t$ 值小时,曲线主要决定于 $P_0$,而当 $t$ 趋于 1 时曲线主要决定于 $P_1$,而在 $t$ 位于中间值时,由四个几何条件混合调配决定。

在交互式的图形系统中,用户可以通过控制 Hermite 曲线端点的位置和两端点处正切矢量的大小和方向来形成不同形状和方位的曲线。

Hermite 曲线造型简单,容易理解。但实际应用中,很难给出端点的切向量,故应用有一定的局限性。

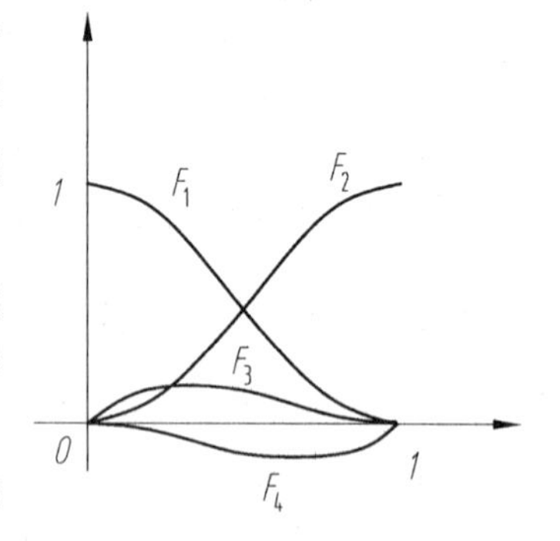


图 5-3 Hermite 曲线调配函数

**2. Bézier 曲线造型**

Bézier 曲线造型由法国雷诺汽车公司的 P. E. Bézier 于 1962 年提出的。

(1) Bernstein 基函数及其性质

定义 Bernstein 基函数 $B_{i,n}(t)$为:

$$B_{i,n}(t) = C_n^i t^i (1-t)^{n-i}$$

其中，$C_n^i = \dfrac{n!}{i!(n-i)!}$

Bernstein 基函数满足以下性质：

1）对称性：

$$B_{i,n}(t) = B_{n-i,n}(1-t),\ i = 0,\ 1,\ \cdots,\ n$$

2）递推关系：

$$B_{i,n}(t) = (1-t)B_{i,n-1}(t) + tB_{i-1,n-1}(t),\ i = 0,\ 1,\ \cdots,\ n$$

假定 $B_{n,n-1}(t) = B_{-1,n-1}(t) = 0$

3）正值性：

当 $t \in (0,\ 1)$ 时，$B_{i,n}(t) > 0,\ i = 0,\ 1,\ \cdots,\ n$

当 $t = 0$ 或 1 时，$B_{i,n}(t) = 0,\ i = 1,\ \cdots,\ n-1$

而
$$B_{0,n}(0) = B_{n,n}(1) = 1,\ B_{0,n}(1) = B_{n,n}(0) = 0$$

（2）Bézier 曲线的定义和性质

**定义**　已知空间（或平面）$n+1$ 个点 $P_i(i = 0,\ 1,\ 2,\ \cdots,\ n)$。由参数方程

$$P(t) = \sum_{i=0}^{n} P_i B_{i,n}(t) \tag{5-2}$$

表示的曲线称为 $n$ 次 Bézier 曲线（见图 5-4）。其中 $B_{i,n}(t)$ 为 Bernstein 基函数。折线 $P_0P_1\cdots P_n$ 称为 Bézier 曲线的特征多边形，$P_0$，$P_1$，…，$P_n$ 称为特征多边形的顶点。

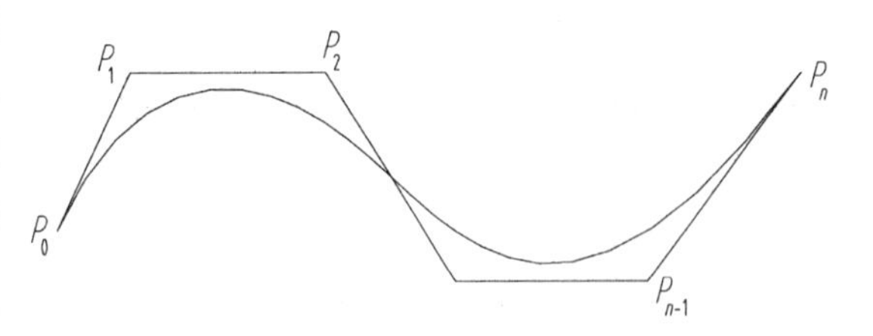

图 5-4　Bézier 曲线

当 $n = 1$ 时，$P(t) = P_0(1-t) + P_1 t$，是直线段。

当 $n = 2$ 时，$P(t) = P_0(1-t)^2 + P_1 2t(1-t) + P_2 t^2$，是抛物线。

当 $n = 3$ 时，$P(t) = P_0(1-t)^3 + P_1 3t(1-t)^2 + P_2 3t^2(1-t) + P_3 t^3$，是三次参数曲线段。

根据 Bernstein 基函数的权性 $\left(\text{即} \sum_{i=0}^{n} B_{i,n}(t) = 1,\ B_{i,n}(t) \geqslant 0\right)$，对称性以及其他递推求导的公式容易得出

$$P(0) = P_0,\ p(1) = P_n \tag{5-3}$$

及
$$P'(t) = n\sum_{k=0}^{n-1} a_k B_{k,n-1}(t) \tag{5-4}$$

其中，$a_k = P_k - P_{k-1}(k = 1,\ \cdots,\ n)$。

从（5-3）和（5-4），有

$$P'(0) = na_1,\ P'(1) = na_n \tag{5-5}$$

易知 Bézier 曲线的几个重要性质：

1）端点性质。Bézier 曲线是以 $P_0$ 为始点、以 $P_n$ 为终点，并且在 $P_0$ 与 $P_0P_1$ 相切，在 $P_n$ 与 $P_{n-1}P_n$ 相切的曲线。

2）对称性。保持 Bezier 曲线的全部顶点，将其次序颠倒，形成新的控制顶点，定义的新的 Bezier 曲线与原 Bezier 曲线形状一致，只是走向相反。

3）凸包性质。Bézier 曲线被包含在其特征多边形顶点的凸包 $H$ 内：

$$H=\{\sum_{i=0}^{n}\lambda_i P_i \mid \sum_{i=0}^{n}\lambda_i=1,\ \lambda_i\geqslant 0,\ i=0,\ 1,\ \cdots,\ n\}$$

工程设计人员可以根据这些性质来估计 $p(t)$ 所在的范围。只要根据设计要求移动顶点，便可使 $p(t)$ 符合设计要求。

（3）Bézier 曲线的生成算法

Bézier 曲线的常用生成算法为 de Casteljau 算法。

令
$$P_{i,0}=P_i,\ i=0,\ 1,\ \cdots,\ n$$

对(0，1)中的一个固定的 $t$，作

$$\begin{cases}P_{i,1}(t)=(1-t)P_{i,0}+tP_{i+1,0},\ i=0,\ \cdots,\ n-1,\\ \cdots\cdots\\ P_{i,l}(t)=(1-t)P_{i,l-1}(t)+tP_{i+1,l-1}(t),\ i=0,\ \cdots,\ n-l,\\ \cdots\cdots\\ P_{0,n}(t)=(1-t)P_{0,n-1}(t)+tP_{1,n-1}(t),\ i=0,\ \cdots,\ n-1\end{cases}\tag{5-6}$$

则，Bézier 曲线上对应于参数 $t$ 的点就是 $P_{0,n}(t)$，即

$$p(t)=P_{0,n}(t)$$

图 5－5 给出了上述算法的每一个步骤的几何意义 $\left(n=4,\ t=\dfrac{1}{2}\right)$。

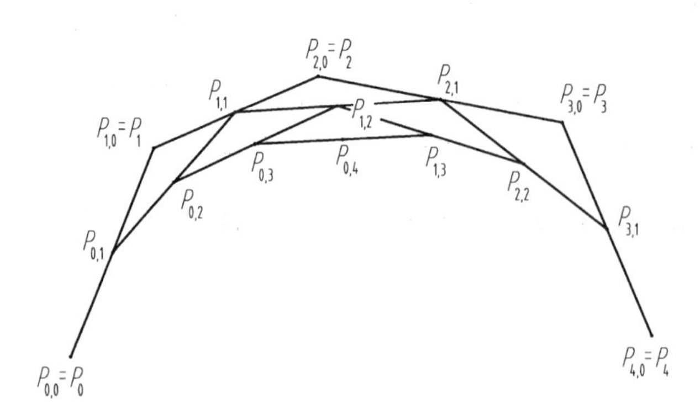


图 5－5　de Casteljau 算法

特征多边形顶点个数决定了 Bézier 曲线的次数。当 $n$ 较大时，特征多边形对曲线的控制将会减弱。另外，Bézier 曲线不能作局部修改，也就是说，当改变一个顶点时，整条曲线都将发生变化。工程上常用的 Bézier 曲线为 3～5 次。

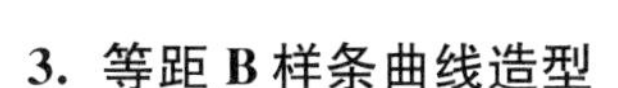

**3. 等距 B 样条曲线造型**

**定义**　设 $P_k(k=0, 1, \cdots, m+n+1)$ 为 $R^3$（或 $R^2$）中的 $m+n+1$ 个已知点，称 $n$ 次参数曲线段。

$$P_{i,n}(t)=\sum_{l=0}^{n}P_{i+l}F_{l,n}(t),\ (0\leqslant t\leqslant 1) \tag{5-7}$$

为 $n$ 次等距 B 样条曲线的第 $i$ 段，其中

$$F_{l,n}(t)=\frac{1}{n!}\sum_{j=0}^{n-l}(-1)^j C_{n+1}^{j}(t+n-l-j)^n,\ (l=0, 1, \cdots, n) \tag{5-8}$$

依次连接 $m+n+1$ 个点 $P_0, P_1, \cdots, P_{m+n}$ 的折线称为这条等距 B 样条曲线的特征多边形。$P_i(i=0, \cdots, m+n)$ 是特征多边形的顶点。

图 5-6 表示了 $n=3$, $m=1$ 的等距 B 样条曲线。

从图 5-6 可以看出，每一段曲线仅依赖于 $n+1$ 个顶点，每一个顶点的变动只能影响到 $n+1$ 段。约定

$$F_{-1,n}(t)=F_{n+1,n}(t)=0, \tag{5-9}$$

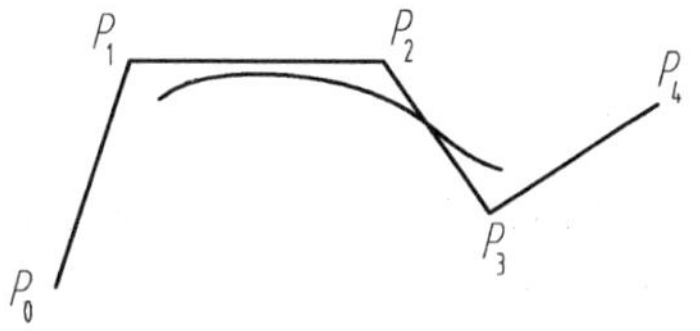

图 5-6　等距 B 样条曲线

函数 $F_{l,n}(t)$ 具有权性，即对 $t\in[0, 1]$ 成立

$$F_{l,n}(t)\geqslant 0,\ (l=0, 1, \cdots, n) \tag{5-10}$$

和

$$\sum_{l=0}^{n}F_{l,n}(t)=1 \tag{5-11}$$

这表明，B 样条曲线的第 $i$ 段完全落在 $n+1$ 个点 $P_i, P_{i+1}, \cdots, P_{i+n}$ 的凸包内。如图 5-6 所示，第 0 段曲线和第 1 段曲线分别落在 $\{P_0, P_1, P_2, P_3\}$ 和 $\{P_1, P_2, P_3, P_4\}$ 的凸包内。

下面举几个例子。

当 $n=1$ 时，一次 B 样条曲线的每一段均为直线段，B 样条曲线是特征多边形本身。

当 $n=2$ 时，有：

$$P_{i,2}(t)=(t^2\ t\ 1)\frac{1}{2}\begin{pmatrix}1 & -2 & 1\\ -2 & 2 & 0\\ 1 & 1 & 0\end{pmatrix}\begin{pmatrix}P_i\\ P_{i+1}\\ P_{i+2}\end{pmatrix}=(t^2\quad t\quad)\frac{1}{2}\begin{pmatrix}P_i-2P_{i+1}+P_{i+2}\\ -2P_i+2P_{i+1}\\ P_i+P_{i+1}\end{pmatrix}$$

这一段的两端点及对应的切向量如下：

$$P_{i,2}(0)=\frac{1}{2}(P_i+P_{i+1}),\ P'_{i+2}(0)=P_{i+1}-P_i,$$

$$P_{i,2}(1)=\frac{1}{2}(P_{i+1}+P_{i+2}),\ P'_{i+2}(2)=P_{i+2}-P_{i+1}$$

这些结果表明，$P_{i,2}(t)$ 的两端点就是这一段的特征多边形（此时为具有两条线段的折线）各边的中点，并且两边是曲线段在其端点处的切线。所以相邻的两段是光滑连接着的（图 5-7）。

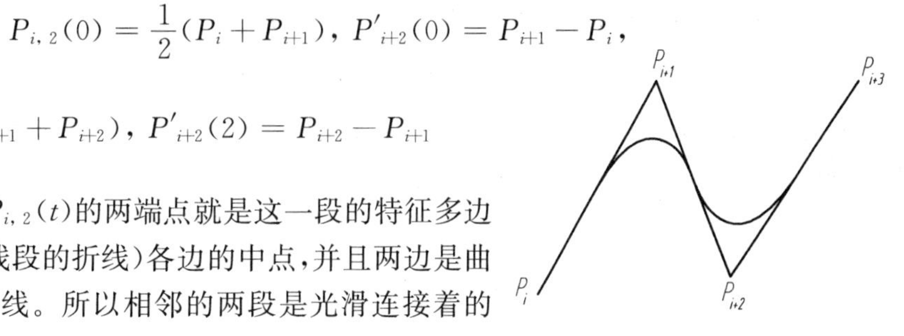


图 5-7　B 样条曲线（$n=2$）

当 $n=3$ 时,有

$$P_{i,3}(t)=(t^3\quad t^2\quad t\quad 1)\frac{1}{6}\begin{pmatrix}-1 & 3 & -3 & 1\\ 3 & -6 & 3 & 0\\ -3 & 0 & 3 & 0\\ 1 & 4 & 1 & 0\end{pmatrix}\begin{pmatrix}P_i\\ P_{i+1}\\ P_{i+2}\\ P_{i+3}\end{pmatrix} \tag{5-12}$$

可得:

$$P_{i,3}(0)=\frac{1}{3}\left(\frac{P_i+P_{i+1}}{2}\right)+\frac{2}{3}P_{i+1} \qquad P_{i,3}(1)=\frac{1}{3}\left(\frac{P_{i+1}+P_{i+2}}{2}\right)+\frac{2}{3}P_{i+2}$$

$$P'_{i,3}(0)=\frac{1}{2}(P_{i+2}-P_i) \qquad P'_{i,3}(1)=\frac{1}{2}(P_{i+3}-P_{i+1})$$

$$P''_{i,3}(0)=(P_{i+2}-P_{i+1})+(P_i-P_{i+1}) \qquad P''_{i,3}(1)=(P_{i+3}-P_{i+2})+(P_{i+1}-P_{i+2})$$

这就表明,$P_{i,3}(t)$ 的起点落在 $\triangle P_iP_{i+1}P_{i+2}$ 的边 $P_iP_{i+2}$ 的中线上,且离 $P_{i+1}$ 的距离是中线长度的三分之一。在这点的切向量平行于 $P_iP_{i+2}$,其长度等于后者的一半。在这点的二阶导数向量等于中线向量的两倍。在终点处也有类似的情况(图 5-8)。

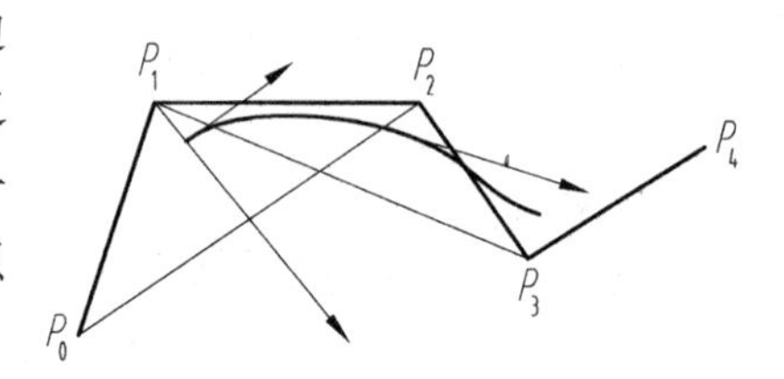

图 5-8　B样条曲线($n=3$)

三次 B 样条曲线具有直到二阶为止的连续性。一般地,$n$ 次等距 B 样条曲线具有直到 $n-1$ 阶为止的连续性。

由于三次 B 样条曲线次数低,且能满足工程设计中的要求,所以它是应用最为广泛的 B 样条曲线。

**4. 非等距 B 样条曲线**

(1) B 样条基函数

节点序列 $t=\{t_i\}$ 单调递增,关于 $t$ 的第 $i$ 个 $k$ 阶 B 样条基函数 $N_{i,k}(x)$ 按下面的递推公式定义:

$$N_{i,1}(x)=\begin{cases}1, & t_j\leqslant x\leqslant t_{j+1}\\ 0, & \text{当 } x \text{ 取其他值}\end{cases} \tag{5-13}$$

$$N_{i,k}(x)=\frac{x-t_i}{t_{i+k-1}-t_i}N_{i,k-1}(x)+\frac{t_{i+k}-x}{t_{i+k}-t_{i+1}}N_{i+1,k-1}(x) \tag{5-14}$$

(2) B 样条基函数的性质

1) $N_{i,k}(x)$ 具有局部支持性质,即

$$N_{i,k}(x)=0,\ x\notin[t_i,\ t_{i+k}]$$

对每一个区间 $[t_j,\ t_{j+1}]$,仅有 $k$ 个 B 样条基 $N_{j-k+1,k}(x)$, $N_{j-k+2,k}(x)$, $\cdots$, $N_{j,k}(x)$ 可能取非零值。

2) 权性,即

$$\begin{cases}\sum_i N_{i,k}(x)=1\\ N_{i,k}(x)\geqslant 0\end{cases}$$

**定义**　B 样条基函数的线性组合称为样条函数即

$$S(x) = \sum_i \alpha_i N_{i,k}(x), \quad \alpha_i \in \boldsymbol{R} \tag{5-15}$$

(3) deBoor_Cox 算法

根据 B 样条基的递推公式，可用 deBoor_Cox 算法进行 B 样条函数的计算。

对 $t_i \leqslant x \leqslant t_{i+1}$，

$$\alpha_r^{[j+1]} = \begin{cases} \alpha_r, j = 0 \\ \dfrac{(x-t_r)\alpha_r^{[j]}(x) + (t_{r+k-j} - x)\alpha_{r-1}^{[j]}(x)}{t_{r+k-j} - t_r}, r = i-k+j+1, \cdots, i; \quad j = 1, 2, \cdots, k-1 \end{cases}$$

$$S(x) = \alpha_x^{[k]}(x) \tag{5-16}$$

(4) B 样条曲线

式(5 - 15)中的系数 $\alpha_i$ 换成向量 $\boldsymbol{\alpha}_i$ 时，B 样条基函数的线性组合

$$\boldsymbol{S}(x) = \sum_i \boldsymbol{\alpha}_i N_{i,k}(x), \tag{5-17}$$

称为 B 样条曲线，它的图形完全落在顶点集合$\{\boldsymbol{\alpha}_i\}$的凸包之内。

B 样条曲线的生成算法即是 deBoor_Cox 算法，应用较多的是四阶(或三阶)B 样条，即取 $k = 4$ 或 3。

**5. NURBS 曲线造型**

为了拓广 B 样条曲线的表达范围和功能，将式(5 - 17)改写成：

$$\boldsymbol{S}(x) = \frac{\sum_i w_i \boldsymbol{\alpha}_i N_{i,k}(x)}{\sum_i w_i N_{i,k}(x)} = \sum_i \boldsymbol{\alpha}_i R_{i,k}(x) \tag{5-18}$$

其中，$w_i$ 为每个控制顶点的权因子，$R_{i,k}(x)$称为有理 B 样条基函数。

由式(5 - 18)定义的曲线称为非均匀有理 B 样条曲线，即 NURBS(Non-Uniform Rational B Spline)曲线。当某个顶点对应的权因子越大，曲线就越靠近该顶点。图 5 - 9所示为对点 $P_2$ 的权因子取不同值所生成的不同的曲线。

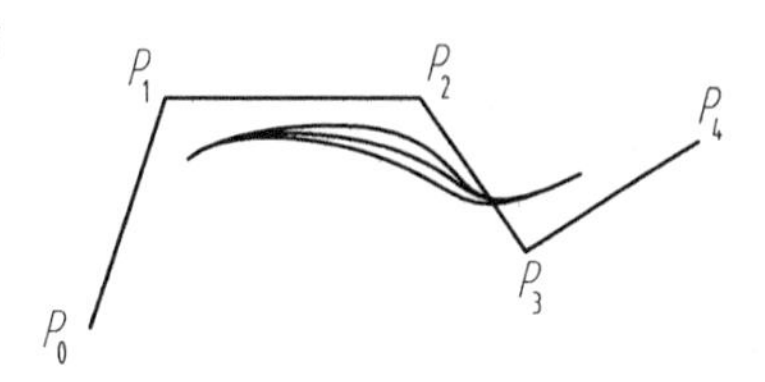

图 5 - 9　NURBS 曲线及权因子

## 5.3.2　曲面造型方法(Modeling techniques of surfaces)

**1. COONS 曲面造型**

Coons 在 1967 年提出了构造曲面的几种数学方法，当时被用于描述飞机的机身、机翼和螺旋桨的外形。这些方法已被广泛地应用于计算机辅助设计，生成的曲面被称为 Coons 曲面。

本书沿用 Coons 的简记方法来表达一个定义在[0, 1]×[0, 1]上的曲面。即用 $uw$ 表示

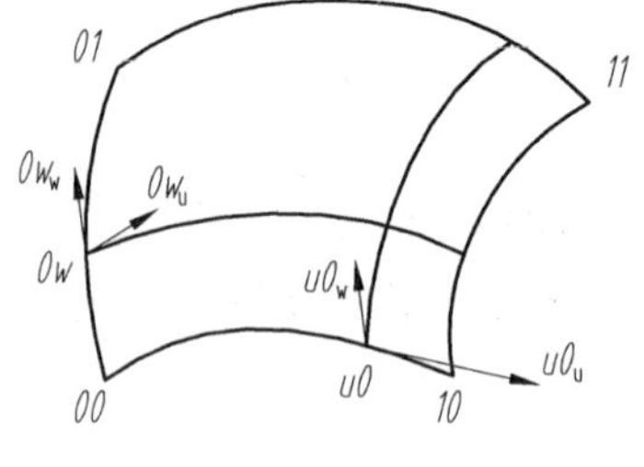

图 5－10　$r(u, w)$简记示意图

$r(u, w)$；$u0$，$u1$，$0w$，$1w$ 分别表示 $r(u, w)$ 的四条边界曲线 $r(u, 0)$，$r(u, 1)$，$r(0, w)$，$r(1, w)$。相邻两条边界的交点 $r(0, 0)$，$r(0, 1)$，$r(1, 0)$，$r(1, 1)$ 简记为 00，01，10，11，称为 $r(u, w)$的角点。另外还有记法：

$$u0_u = \frac{\partial(uw)}{\partial u}\bigg|_{w=0},\ u0_w = \frac{\partial(uw)}{\partial w}\bigg|_{w=0}$$

图 5－10 所示为 $r(u, w)$的简记示意图。

第一类 Coons 曲面是由四条边界 $u0$，$u1$，$0w$，$1w$ 完全决定的，它的参数方程为：

$$uw = (u0 \quad u1)\begin{bmatrix} F_0(w) \\ F_1(w) \end{bmatrix} + (F_0(u) \quad F_1(u))\begin{pmatrix} 0w \\ 1w \end{pmatrix} - (F_0(u) \quad F_1(u))\begin{pmatrix} 00 & 01 \\ 10 & 11 \end{pmatrix}\begin{bmatrix} F_0(w) \\ F_1(w) \end{bmatrix} \tag{5-19}$$

第二类 Coons 曲面是由四条边界 $u0$，$u1$，$0w$，$1w$ 及其上的导数 $u0_w$，$u1_w$，$0w_u$，$1w_u$ 决定的，它的参数方程为

$$uw = (u0 \quad u1 \quad u0_w \quad u1_w)\begin{bmatrix} F_0(w) \\ F_1(w) \\ G_0(w) \\ G_1(w) \end{bmatrix} + (F_0(u) \quad F_1(u) \quad G_0(u) \quad G_1(u))\begin{bmatrix} 0w \\ 1w \\ 0w_u \\ 1w_u \end{bmatrix}$$

$$-(F_0(u) \quad F_1(u) \quad G_0(u) \quad G_1(u))\begin{bmatrix} 00 & 01 & 00_w & 01_w \\ 10 & 11 & 10_w & 11_w \\ 00_u & 01_u & 00_{uw} & 01_{uw} \\ 10_u & 11_u & 10_{uw} & 11_{uw} \end{bmatrix}\begin{bmatrix} F_0(w) \\ F_1(w) \\ G_0(w) \\ G_1(w) \end{bmatrix} \tag{5-20}$$

式(5－19)和式(5－20)中的四个函数 $F_0(u)$，$F_1(u)$，$G_0(u)$，$G_1(u)$满足：

$F_0(0) = 1$，$F_0(1) = F'_0(0) = F'_0(1) = 0$，　$F_1(1) = 1$，$F_1(0) = F'_1(0) = F'_1(1) = 0$，

$G'_0(0) = 1$，$G_0(0) = G_0(1) = G'_0(1) = 0$，　$G'_1(1) = 1$，$G_1(0) = G_1(1) = G'_1(0) = 0$，

这些函数称为混合函数或调配函数。式(5－1)中的四个函数是最常用的。Coons 在报告中还举出下列四个函数：

$$F_0(u) = \cos^2 \frac{\pi}{2}u,\quad F_1(u) = \sin^2 \frac{\pi}{2}u,$$

$$G_0(u) = \frac{\sin \frac{\pi}{2}u - \sin^2 \frac{\pi}{2}u}{\frac{\pi}{2}},\quad G_1(u) = \frac{\cos^2 \frac{\pi}{2}u - \cos \frac{\pi}{2}u}{\frac{\pi}{2}}。$$

由以上定义可知第一类 Coons 曲面是以已知曲线为边界的，而且两片具有公共边界的第一类 Coons 曲面是连续拼接的但不是光滑的。第二类 Coons 曲面除了以四条已知曲线作为

边界以外，还以另外给定的四个向量函数作为各条边界上的方向导数。这些函数分别是边界 $u$ 曲线上各点的 $w$ 方向的导数和边界 $w$ 曲线上各点的 $u$ 方向的导数。因此，当两片第二类 Coons 曲面拼接时，易做到一阶连续或光滑拼接。

**2. Bezier 曲面造型**

**定义**　已知空间中 $(m+1)(n+1)$ 个点 $P_{ij}$ $(i=0, 1, 2, \cdots, m;\ j=0, 1, 2, \cdots, n)$。$mn$ 次 Bézier 曲面的参数表示为：

$$P(u, w) = \sum_{i=0}^{m}\sum_{j=0}^{n} P_{ij}B_{i,m}(u)B_{j,n}(w) \quad (u, w) \in [0, 1]\times[0, 1] \qquad (5-21)$$

其中，$B_{i,m}(u)$ 和 $B_{j,n}(w)$ 分别是 $m$ 次和 $n$ 次的 Bernstein 基函数。

连线 $P_{ij}P_{ij+1}$ $(i=0, 1, \cdots, m;\ j=0, 1, \cdots, n-1)$ 和 $P_{ij}P_{i+1j}$ $(i=0, 1, \cdots, m-1;\ j=0, 1, \cdots, n)$ 所构成的网称为它的特征网，$P_{ij}$ 称为顶点，$P_{ij}P_{ij+1}$ 和 $P_{ij}P_{i+1j}$ 称为边，如图 5－11 所示。

Bézier 曲面具有以下性质：

1）曲面(5－21)通过特征网的四个角点 $P_{00}$，$P_{m0}$，$P_{0n}$，$P_{mn}$，并且在角点处的切平面(如果存在的话)是过该角点的两条边所在的平面。

2）曲面(5－21)的 $u$ 曲线和 $w$ 曲线都是 Bézier 曲线。

3）凸包性质：曲面(5－21)落在特征网全体顶点的凸包之内。

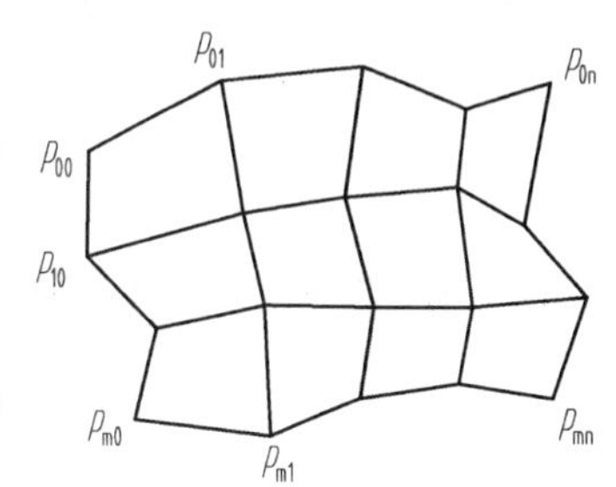


图 5－11　Bézier 曲面特征网

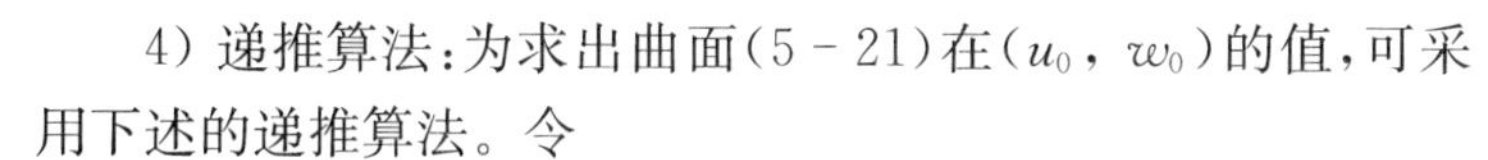

4）递推算法：为求出曲面(5－21)在 $(u_0, w_0)$ 的值，可采用下述的递推算法。令

$$P_{ij}^{00} = P_{ij},\ i=0, 1, \cdots, m;\ j=0, 1, \cdots, n,$$

$$p_{il}^{rs} = (1-w_0)P_{il-1}^{rs-1} + w_0 P_{il}^{rs-1},\ l=s, \cdots, n,$$

$$p_{hj}^{rs} = (1-u_0)P_{h-1j}^{r-1s} + u_0 P_{hj}^{r-1s},\ h=r, \cdots, m,$$

$$P_{mn}^{mn} = P(u_0, w_0)$$

**3. B 样条曲面造型**

**定义**(等距 B 样条曲面)　已知 $R^3$ 中 $(M+1)(N+1)$ 个点 $P_{ij}$ $(i=0, 1, \cdots, M;\ j=0, 1, \cdots, N)$，$mn$ 次参数曲面

$$P(u, w) = \sum_{i=0}^{m}\sum_{j=0}^{n} F_{i,m}(u)F_{j,n}(w)P_{k+i,l+j} \quad 0 \leqslant u, w \leqslant 1 \qquad (5-22)$$

称为 $mn$ 次等距 B 样条曲面的第 $(k, l)$ 片，其中 $F_{i,m}(u)$，$F_{j,n}(w)$ 由式(5－8)决定，而且 $m \leqslant M$，$n \leqslant N$。$\{p_{ij}\}$ 称为这个 $B$ 样条曲面的特征网的顶点。

更一般的 B 样条曲面则具有下面的表达式：

$$P(u, w) = \sum\sum P_{ij}N_{i,m+1}(u)N_{j,n+1}(w) \qquad (5-23)$$

式中，$N_{i,m+1}(u)$ 是节点序列 $(u_\lambda)$ 上的 $m$ 次 $m+1$ 阶的 B 样条基函数，$N_{j,n+1}(w)$ 是节点序列

($w_\mu$)上的 $n$ 次 $n+1$ 阶的 B 样条基函数。

B 样条曲面主要适用于自由曲面的设计。设计步骤为：首先给出特征网顶点，然后按式(5-23)进行计算，从而把 B 样条曲面显示出来。设计者可以不断修改顶点，直到获得满意的 B 样条曲面为止。

**4. NURBS 曲面造型**

类似于 NURBS 曲线，将式(5-23)改写成：

$$P(u, w) = \frac{\sum\sum w_{ij} P_{ij} N_{i, m+1}(u) N_{j, n+1}(w)}{\sum\sum w_{ij} N_{i, m+1}(u) N_{j, n+1}(w)} \tag{5-24}$$

其中 $w_{ji}$ 为每个控制顶点的权因子。

由式(5-24)定义的曲面称为非均匀有理 B 样条曲面，即 NURBS 曲面。可以通过改变控制顶点的权因子来控制曲面的形状，更好地进行自由曲面的造型。

NURBS 曲线曲面造型现已成为各造型软件中曲线曲面的主要造型方法，如 UNIGRAPHICS 等软件就有很强的 NURBS 曲线曲面造型功能，本书第 6 章将对 UNIGRAPHICS 进行介绍。

## 5.4 常用的曲线曲面

### 5.4.1 常用的曲线

**1. 二次曲线**

在直角坐标系 $xOy$ 下，由方程

$$F(x, y) = a_{11}x^2 + 2a_{12}xy + a_{22}y^2 + 2b_1x + 2b_2y + c = 0 \tag{5-25}$$

表示的曲线叫做二次曲线，这里的 $a_{11}$，$a_{12}$，$a_{22}$ 不全为零。可通过坐标变换把上式转化成二次曲线的标准形式(如圆、椭圆、双曲线、抛物线)。二次曲线是工程设计中最常用的曲线。

**定理**：已知二次曲线(5-25)若记：

$$I_1 = a_{11} + a_{22},\ I_2 = \begin{vmatrix} a_{11} & a_{12} \\ a_{12} & a_{22} \end{vmatrix},\ I_3 = \begin{vmatrix} a_{11} & a_{12} & b_1 \\ a_{12} & a_{22} & b_2 \\ b_1 & b_2 & c \end{vmatrix},\ K_1 = \begin{vmatrix} a_{11} & b_1 \\ b_1 & c \end{vmatrix} + \begin{vmatrix} a_{22} & b_2 \\ b_2 & c \end{vmatrix}$$

$\lambda_1$ 和 $\lambda_2$ 是方程 $\lambda^2 + I_1\lambda + I_2 = 0$ 的两个根，则式(5-25)的标准形式可以直接写出：

$$\begin{cases} \text{当 } I_2 \neq 0 \text{ 时，} \lambda_1\bar{x}^2 + \lambda_2\bar{y}^2 + \dfrac{I_3}{I_2} = 0 \\ \text{当 } I_2 = 0,\ I_3 \neq 0 \text{ 时，} I_1\bar{y}^2 \pm 2\sqrt{-\dfrac{I_3}{I_2}}\,\bar{x} = 0 \\ \text{当 } I_2 = I_3 = 0 \text{ 时，} \quad I_1\bar{y}^2 + \dfrac{K_1}{I_1} = 0 \end{cases} \tag{5-26}$$

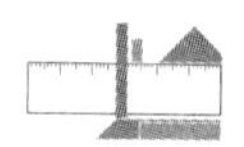

式(5-26)中的第一种情形即为椭圆或双曲线,第二种为抛物线,第三种为退化的直线。

**2. 渐开线**

如图 5-12(a)所示,直线 $BK$ 沿半径为 $r$ 的圆作纯滚动时,直线上任意一点 $K$ 的轨迹称为该圆的渐开线。该圆称为渐开线的基圆。

如图 5-12(b)所示,$CF$、$DG$、$EH$ 为基圆的切线,其长度分别为 $FA$、$GA$、$HA$ 对应的弧长。渐开线上任意点的切线与过该点的基圆的切线垂直。渐开线广泛应用于齿轮轮廓的设计中。

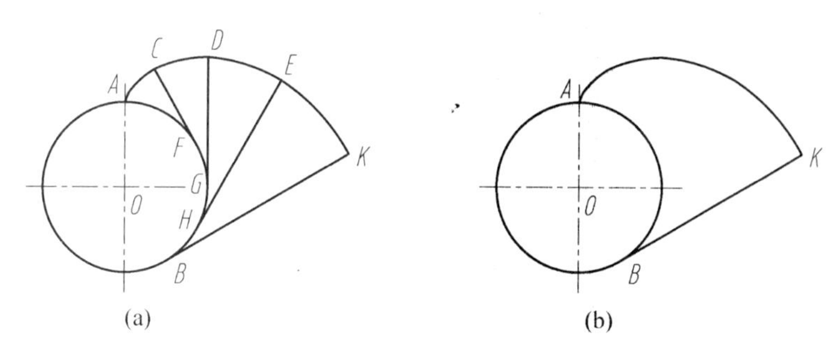


图 5-12　渐开线

**3. 等距曲线**

将曲线 $C(t)$ 沿着其法向进行定距离移动而形成的曲线 $C_1(t)$ 称为 $C(t)$ 的等距曲线。若移动距离为 $d$,有

$$C_1(t) = C(t) \pm d \cdot N(t)$$

直线的等距曲线是其平行线;圆的等距曲线为其同心圆。

**4. 等值线**

等值线在工程设计中应用比较广泛,如地形图中等高线、温度场中的等温线等。等值线往往具有如下性质:

1) 一般为一光滑连续曲线。

2) 对于给定的值 $c$,等值线可能不止一条。

3) 等值线有时封闭,有时不封闭。

4) 等值线通常不相互交错。

**5. 螺旋线**

由参数方程 $\begin{cases} x = r \cdot \cos(t) \\ y = r \cdot \sin(t) \\ z = b \cdot t \end{cases}$ 表示的曲线称为圆柱螺旋线。螺旋线为一空间曲线,它是由一点既沿着圆周运动,又沿着圆周的法向运动的结果。其中 $2\pi b$ 称为螺旋线的螺距。螺旋线常用于螺纹连接件以及弹簧等零件的设计中。

**6. 正态分布曲线**

在工程设计中遇到的许多随机现象都服从或近似服从正态分布。正态分布在统计学中是最重要的一种分布。正态分布可以用函数形式来表述。其密度函数可写成:

$$f(x) = e^{-\frac{(x-\mu)^2}{2\sigma^2}} / \sqrt{2\pi\sigma} \quad (\sigma > 0, -\infty < x < +\infty)$$

正态分布是由其平均数 $\mu$ 和标准差 $\sigma$ 唯一决定的，常记为 $N(\mu, \sigma^2)$。当 $\mu=0$，$\sigma=1$ 时称为标准正态分布。

如图 5-13 所示为正态分布曲线，它具有左右对称、分布相对集中的特征。

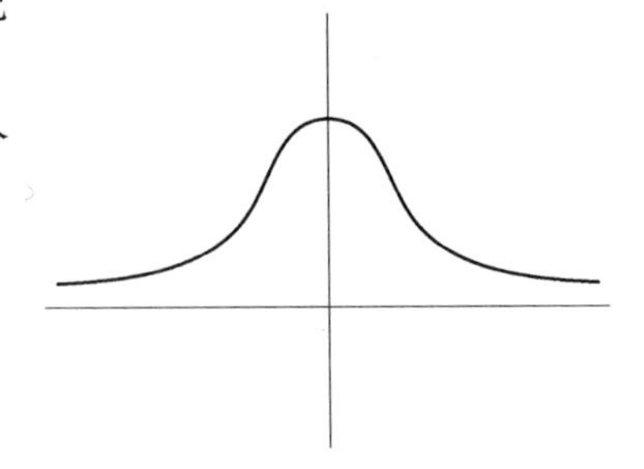

图 5-13　正态分布曲线

## 5.4.2　常用的曲面

### 1. 二次曲面

在直角坐标系 $Oxyz$ 下，由三元二次方程

$$a_{11}x^2 + a_{22}y^2 + a_{33}z^2 + 2a_{12}xy + 2a_{23}yz + 2a_{31}zx + 2b_1x + 2b_2y + 2b_3z + c = 0 \tag{5-27}$$

表示的曲面叫做二次曲面。可通过坐标变换把二次曲面的方程化为标准形式，共十七类。表 5-1 列出其方程和图形。

表 5-1　二次曲面标准形式的方程和图形

| 序　号 | 名　称 | 方　程 | 图　形 |
|---|---|---|---|
| 1 | 椭球面 | $\frac{x^2}{a^2}+\frac{y^2}{b^2}+\frac{z^2}{c^2}=1$ | |
| 2 | 虚椭球面 | $\frac{x^2}{a^2}+\frac{y^2}{b^2}+\frac{z^2}{c^2}=-1$ | |
| 3 | 点 | $\frac{x^2}{a^2}+\frac{y^2}{b^2}+\frac{z^2}{c^2}=0$ | |
| 4 | 单叶双曲面 | $\frac{x^2}{a^2}+\frac{y^2}{b^2}-\frac{z^2}{c^2}=1$ | |
| 5 | 双叶双曲面 | $\frac{x^2}{a^2}+\frac{y^2}{b^2}-\frac{z^2}{c^2}=-1$ | |
| 6 | 二次锥面 | $\frac{x^2}{a^2}+\frac{y^2}{b^2}-\frac{z^2}{c^2}=0$ | |

（续表）

| 序　　号 | 名　　称 | 方　　程 | 图　　形 |
|---|---|---|---|
| 7 | 椭圆抛物面 | $\frac{x^2}{p}+\frac{y^2}{q}=2z$<br>$p>0,\ q>0$ | 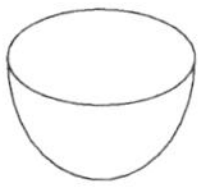 |
| 8 | 双曲抛物面 | $\frac{x^2}{p}-\frac{y^2}{q}=2z$<br>$p>0,\ q>0$ | 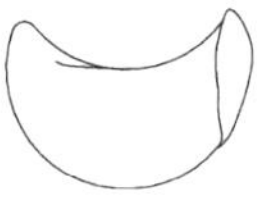 |
| 9 | 椭圆柱面 | $\frac{x^2}{a^2}+\frac{y^2}{b^2}=1$ |  |
| 10 | 直线 | $\frac{x^2}{a^2}+\frac{y^2}{b^2}=0$ |  |
| 11 | 虚椭圆柱面 | $\frac{x^2}{a^2}+\frac{y^2}{b^2}=-1$ | |
| 12 | 双曲柱面 | $\frac{x^2}{a^2}-\frac{y^2}{b^2}=1$ | 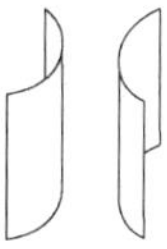 |
| 13 | 一对相交平面 | $\frac{x^2}{a^2}-\frac{y^2}{b^2}=0$ | 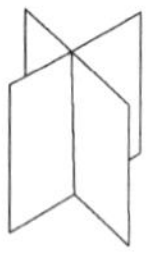 |
| 14 | 抛物柱面 | $y^2=2px$ |  |
| 15 | 一对平行平面 | $x^2=a^2$ | 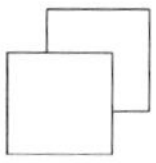 |
| 16 | 一对重合平面 | $x^2=0$ | |
| 17 | 一对虚的平行平面 | $x^2=-a^2$ | |

**2. 直纹面**

直线以一个自由度进行运动而形成的曲面称为直纹面。直纹面上每一点至少有一条直线完全落在曲面上。

常见的直纹面为平面、柱面和锥面。由空间两条曲线 $p(u)$ 和 $q(u)$ 构造直纹面时，只需把两条曲线上同参数的点用直线连接即可。其参数表示为 $p(u)\cdot(1-v)+q(u)\cdot v$。

**3. 旋转面**

平面曲线绕其所在平面上某一直线(轴线)旋转而生成的曲面称为旋转面。该平面曲线称为轮廓线(母线)。常见的旋转面有:圆柱面、圆锥面、圆球面。假定旋转轴线为 $Oz$ 坐标轴,平面曲线 $\begin{cases} x = f(t) \\ y = 0 \\ z = g(t) \end{cases}$ 定义在 $xOz$ 坐标面中,则旋转面的参数方程为

$$\begin{cases} x = f(t)\cos\theta \\ y = f(t)\sin\theta \\ z = g(t) \end{cases}$$

**4. 可展曲面**

可以展开成平面的曲面称为可展曲面,如平面、柱面、锥面。而球面为不可展曲面。在钣金件设计中,一般都设计成可展曲面,有利于加工材料的配制等。

**5. 等距曲面**

类似于等距曲线,将曲面 $r(u, v)$ 沿着其法向进行定距离移动而形成的曲面 $r_1(u, v)$ 称为 $r(u, v)$ 的等距曲面。若移动距离为 $d$,有

$$r_1(u, v) = r(u, v) \pm d \cdot n(u, v)$$

平面的等距曲面是其平行平面;圆球面的等距曲面为其同心圆球面。

## 5.5 综合举例

**1. 弹簧造型**

1) 创建螺旋线。其圈数为 10,螺距为 5,螺旋半径为 10,旋向为右旋。结果如图 5-14(a)所示。

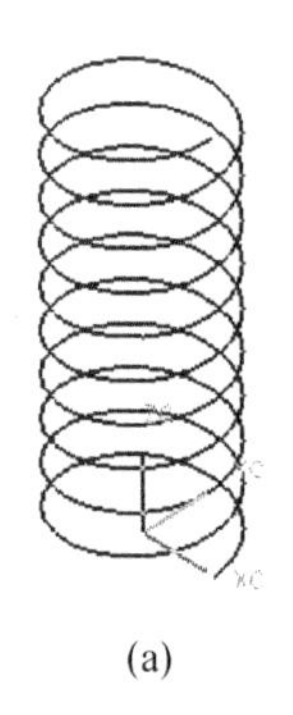

(a)

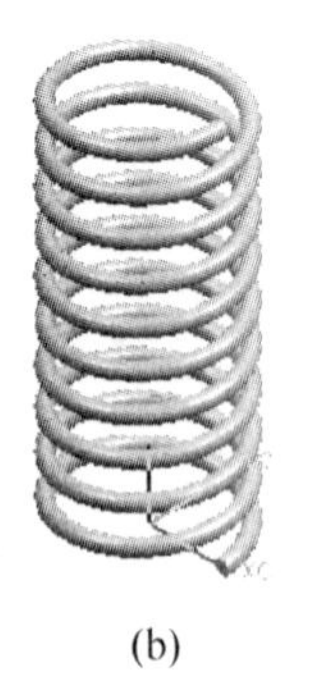

(b)

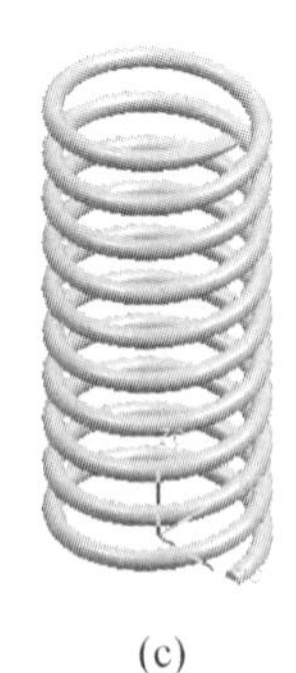

(c)

图 5-14 弹簧造型

2) 拉伸造型。以直径为 2 的圆沿上述螺旋线进行扫描,结果如图 5-14(b)所示。

3) 裁剪弹簧。分别创建两个平面,对弹簧底部和顶部进行裁剪。结果如图 5-14(c)所示。

**2. 螺母造型**

1）创建圆台。相关参数为：顶径 10，高度 2.5，半顶角 75°，圆锥基点坐标为 0，0，0。创建的圆台如图 5－15(a)所示。

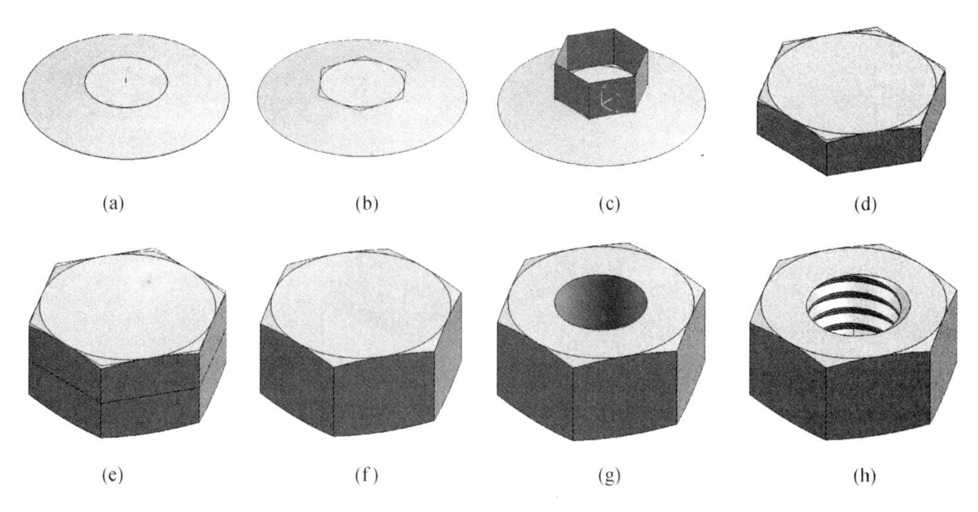

(a)　(b)　(c)　(d)

(e)　(f)　(g)　(h)

图 5－15　螺母造型

2）创建正六边形。正六边形的中心点坐标为(0，0，2.5)，内切圆半径为 5。结果如图 5－15(b)所示。

3）拉伸成型。把正六边形分别向上向下拉伸 5，形成六个面，如图 5－15(c)所示。

4）裁剪成型。用六个面裁剪圆台，结果如图 5－15(d)所示。

5）镜像实体。对刚刚创建的形体进行镜像，结果如图 5－15(e)所示。

6）布尔并运算。结果如图 5－15(f)所示。

7）创建直径为 5 的光孔。结果如图 5－15(g)所示。

8）创建 M6 螺孔。结果如图 5－15(h)所示。

**3. 灯罩造型**

1）首先通过三维扫描仪，获取大量的点数据，如图 5－16(a)所示。

2）选取关键点，构造关键曲线并进行光顺，如图 5－16(b)所示。

3）利用自由曲面造型方法，如：拉伸、扫描等构造各个曲面片，如图 5－16(c)所示。

4）对各曲面片进行光滑连接，如倒圆、桥接等完成整个灯罩面的造型，如图 5－16(d)所示。

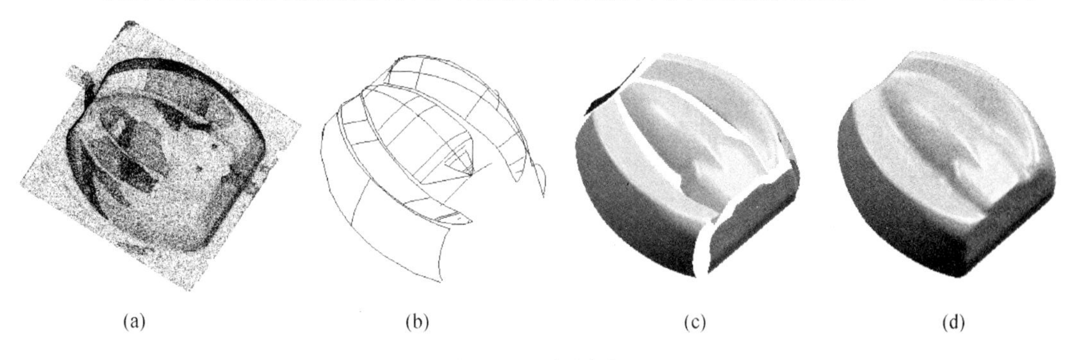

(a)　(b)　(c)　(d)

图 5－16　灯罩造型

**4. 汽车外形造型**

1）车身造型。运用自由造型方法，包括扫描、旋转、拉伸、桥接、缝合、圆角等方法，进行车身的造型。

2）车窗及后视镜造型。采用相应显示方法，产生车窗及后视镜的透明及反光效果。

3）车轮造型。采用相应方法产生轮胎表面的滚花效果。

4）装配造型。将各部件按照装配关系进行装配。最后结果如图 5－17 所示。

图 5－17　汽车外形造型

# 第6章 工程设计中的图形软件
# (Graphics software in Engineering design)

## 6.1 概述(Summary)

本章主要介绍具有强大二维绘图、编辑功能的交互式图形软件 AutoCAD 的绘图环境的设置、二维绘图命令、编辑命令、尺寸标注基本概念、常用命令、及其在机械图样设计中的应用；简要介绍三维造型软件 Unigraphics 在工程设计中的主要功能及应用。

## 6.2 二维绘图软件(2D graphics software)

### 6.2.1 AutoCAD 的特点

AutoCAD 是美国 AutoDesk 公司于 1982 年推出的计算机辅助设计软件，经过版本的不断更新、完善，具备强大的二维、三维图形设计能力。AutoCAD 已经在机械、建筑、电子、航空以及城市规划等诸多领域得到广泛应用。AutoCAD 以其强大的功能、友好的界面和稳定的性能，成为目前市场占有率很高的 CAD 系统。

AutoCAD 的特点：

1) 方便、直观的用户界面、下拉菜单、图标，易于使用的对话框。

2) 强大的二维绘图与编辑功能。

3) 可以采用多种方式进行二次开发或用户定制。

4) 可以进行多种图形格式的转换，具有较强的数据交换能力。

### 6.2.2 AutoCAD 基本操作及设置

**1. AutoCAD 界面(AutoCAD interface)**

启动 AutoCAD 后，弹出其主界面如图 6-1 所示。AutoCAD 的主界面由标题栏、菜单栏、工具栏、状态栏、绘图窗口和文本窗口组成。

(1) 标题栏(title bar)

AutoCAD 的标题栏位于屏幕的顶部，是由软件名称、版本号和紧跟其后的当前打开的文件名组成，文件名在方括号中。

(2) 菜单栏(menus bar)

AutoCAD 的菜单包括下拉式菜单、快捷菜单、图标菜单和屏幕菜单。

AutoCAD 的下拉式菜单位于标题栏下方，它包含了所有的 AutoCAD 命令。如果下拉式菜单项右边有个小三角，表示该菜单项是一个菜单项标题，后面还有子菜单；如果菜单项右边有省略号，表示选择该菜单后，将弹出一个对话框；若菜单项后面跟有快捷键，表示按下快捷键可直接执行该命令；如果菜单项呈灰显，表示该命令在当前状态下不可使用。

AutoCAD 的快捷菜单是 AutoCAD2000 开始使用的新增功能。在绘图过程中单击鼠标右键，在光标处弹出当前绘图环境下的快捷菜单。

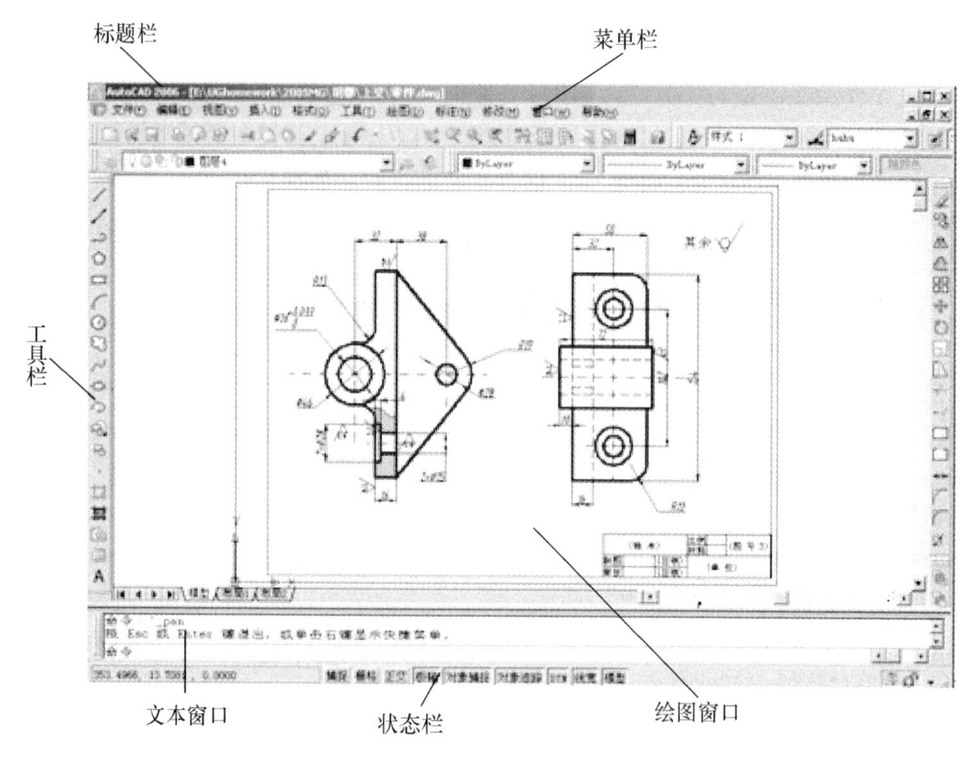


图 6-1　AutoCAD 主界面

(3) 工具栏(Toolbar)

AutoCAD 的工具栏是由图标按钮组成，也叫图标菜单。每个图标按钮代表一个可执行命令。用鼠标指向任一个图标按钮，稍停片刻即可显示该图标按钮所代表的命令名称。如果在工具栏上单击鼠标右键，将弹出所有的快捷菜单，列出 AutoCAD 的全部工具栏。通过选择勾选即可显示相应的工具栏。也可通过取消勾选，隐藏工具栏。

AutoCAD 的屏幕菜单的缺省设置是关闭的，若需显示屏幕菜单，可单击下拉菜单[工具]—[选项]，在打开的对话框中单击[显示]按钮，勾选 Display screen menu，按 OK 后即可在

屏幕的图形窗口右边显示屏幕菜单。

(4) 状态栏(Status bar)

状态栏位于图形窗口的右下方。状态栏中有多个控制按钮。

[捕捉 SNAP]控制是否使用捕捉功能。

[栅格 GRID]可打开或关闭栅格显示。

[正交 ORTHO] 可打开或关闭正交方式绘图。

[极轴 POLAR] 可打开或关闭极坐标捕捉模式。

[对象捕捉 OSNAP] 可打开或关闭自动捕捉模式。如果打开对象捕捉,则在绘图过程中自动捕捉设定好的特殊点。

[对象跟踪 OTRACK]控制是否使用自动跟踪功能。

[DYN]控制动态输入的打开和关闭。

[线宽 LWT]控制是否在图形中显示线宽。

[模型 MODEL]与[图纸 PAPER]切换按钮。

(5) 绘图窗口(Drawing window)

绘图窗口是 AutoCAD 中显示、绘制图形的主要区域。图形窗口中包含垂直滚动条和水平滚动条,用来改变观察位置。

(6) 文本窗口(Text window)

文本窗口位于绘图窗口的下方,它是由命令行和命令历史窗口组成。可以在命令行输入命令,命令行中会显示命令的进程及信息。在绘图时,要关注命令行的提示,以便快速、准确地绘图。

**2. AutoCAD 菜单及命令的输入**

AutoCAD 命令的输入方式有多种,用户可以任选一种方式输入。

(1) 从工具栏输入

将光标移到工具栏的相应图标按钮处,单击鼠标左键,即可输入相应命令。

(2) 从下拉菜单输入

将光标移至下拉菜单处,即出现相应的下拉菜单,鼠标上下移动,选择相应命令。

(3) 从键盘输入

AutoCAD 大部分命令都可以通过键盘在命令行输入完成,而且键盘是输入文本对象、坐标以及各种参数的唯一方法。当命令提示行处于 Command:状态时,就可以从键盘输入命令名,直接回车或按鼠标右键,即可进入该命令,然后按命令的相应提示操作即可。无论是通过何种方式输入的命令,都可以在下一个命令提示行处于 Command:状态时,直接按空格键或回车键重复上一个命令。

**3. AutoCAD 图形文件操作**

图形文件的操作包括创建新文件、打开文件、保存文件和关闭文件。

(1) 创建新文件 New

在启动 AutoCAD 后,系统就为用户创建了一个名为“drawing1. dwg”的新的空白文件。在命令行输入“new”、或在下拉式菜单 File 中选择“新建 new”、或直接点选“新建 new”图标,即可弹出图 6-2 所示对话框,OK 即可完成一张缺省新图的创建。

(2) 打开文件 Open

打开文件是将已经存在的图形文件重新打开,用于编辑和查看。点选“打开 open” 图标

图 6-2　创建新文件对话框

,即可弹出打开文件对话框,如图 6-3 所示。

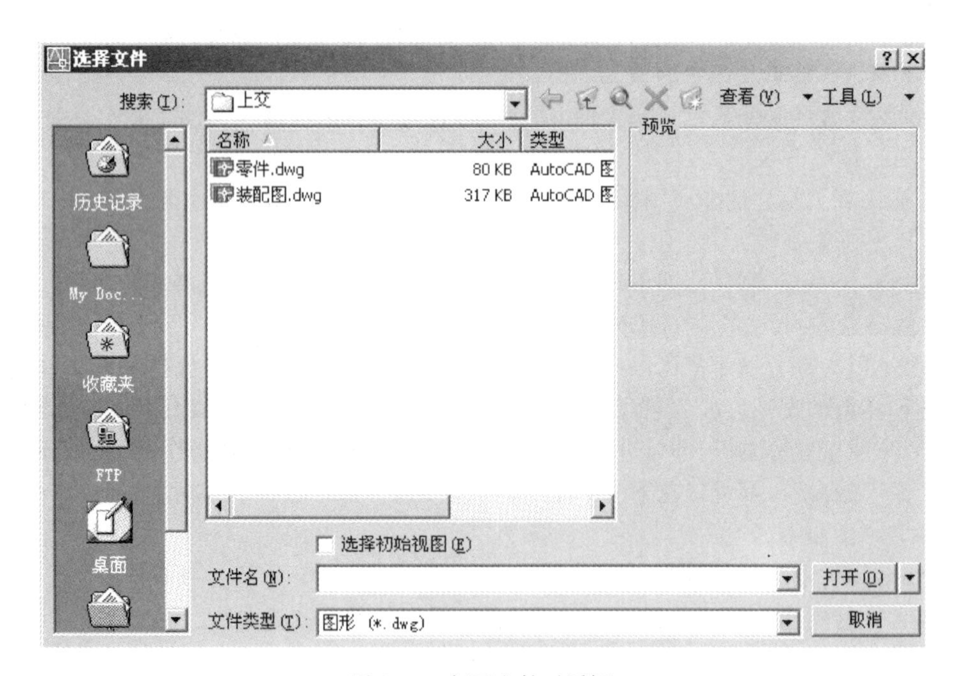


图 6-3　打开文件对话框

(3) 保存文件 Save

当一个图形文件绘制或编辑修改完成后,应该保存该图形文件。另外,为了防止由于意外事故丢失数据,在绘图过程中应该养成隔一段时间保存一次文件的好习惯。单击"保存 save"图标 ,若是第一次保存文件,则弹出对话框,如图 6-4 所示。给定文件名及文件存放路径,点击保存按钮即可保存文件；若当前文件已经保存过，则直接以原文件名保存，而不再弹出对话框。如果要另存文件，则选择下拉菜单 File 中的另存为 save as ...，同样弹出图 6-4 所示对话框。

图 6-4　保存文件对话框

**4. AutoCAD 坐标**

AutoCAD 提供了两种坐标系统，即通用坐标系 WCS 和用户坐标系 UCS。

通用坐标系 WCS(World Coordinate System)也称世界坐标系，是 AutoCAD 的基本坐标系，它是固定不变的。它有三个垂直正交的坐标轴。缺省设置的情况下，$X$ 轴为水平轴，向右为正；$Y$ 轴为垂直轴，向上为正；$Z$ 轴垂直于 $X$ 轴 $Y$ 轴所组成的平面，Z 轴垂直于绘图窗口向外；坐标原点位于绘图窗口的左下角。

用户坐标系 UCS—User Coordinate System，是用户在 WCS 中任意移动和旋转另外的直角坐标系统而形成的坐标系统。用户可以在一个图形文件中定义多个用户坐标系，而每个 UCS 都是相对于 WCS 建立起来的。

相对于世界坐标原点的坐标为绝对坐标，相对于前一点的坐标增量为相对坐标。在进行机械图样的绘制时，经常需要响应点的输入，通常采用如下几种点坐标输入方式：

绝对直角坐标：输入点的 $X$ 坐标值和 $Y$ 坐标值，坐标之间用逗号分隔，如 20，10。结果如图 6-5(a)所示。

相对直角坐标："@"符号后输入相对于前一点的 X 坐标增量值和 $Y$ 坐标增量值，坐标增量之间用逗号分隔，如@0,10。结果如图 6-5(b)所示。

绝对极坐标：输入该点与坐标原点之间的距离，以及该点与坐标原点的连线与 $X$ 轴正方向的夹角，两者之间用"＜"符号分隔，如 20＜30。结果如图 6-5(c)所示。

相对极坐标："@"符号后输入该点与前一点之间的距离，以及该点与前一点的连线与 $X$ 轴正方向的夹角，两者之间用"＜"符号分隔，如@15＜60。结果如图 6-5(d)所示。

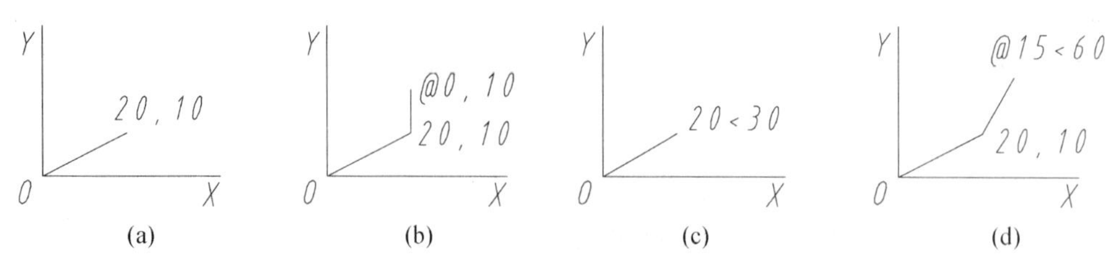


图 6－5 坐标输入方式

在 AutoCAD2006 版，又增添了点的动态输入方式，只要打开动态输入按钮，这时光标后面跟有动态输入框，可动态输入。

**5. AutoCAD 图层 Layer 与线型 linetype**

AutoCAD 的图层是图样绘制的有效工具。图层可以理解为透明重叠的绘图纸，没有厚度、相互对齐、图层数量不限，各图层具有相同的坐标系，且具有相同的显示缩放倍数。绘图时可以将不同类型的图形对象放在不同图层，每层可拥有特定的颜色、线型和线宽。所有图层组合在一起就是一幅完整的图。用户还可以增加或删除图层，也可根据需要打开 ON、关闭 OFF、冻结 Freeze、解冻 Thaw、锁定 Lock、解锁 Unlock 现有图层。

图层的创建可直接通过下拉式菜单：格式 Format—图层 layer ...，或点击图标菜单 ，或直接在命令输入行输入 Command：：layer，即可弹出如图 6－6 所示的图层特性管理器 Layer Properties Manager。

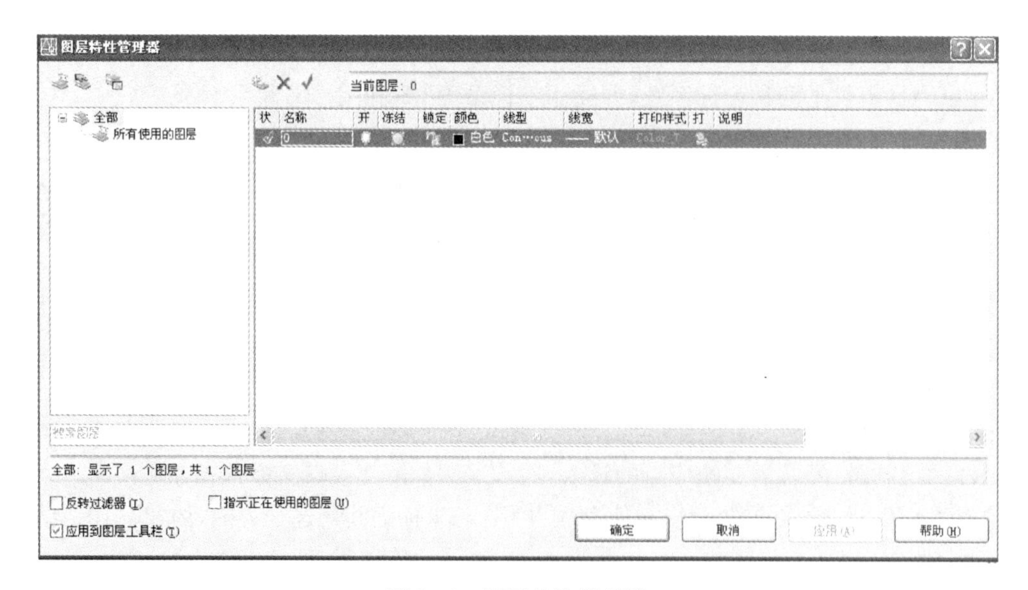


图 6－6 图层特性管理器

对话框上方的 按钮，为新图层的创建按钮。每单击一次，新建图层自动创建在目前光标所在的图层下面。并且新建的图层自动继承该图层的颜色、线型、线宽等特性。

对话框上方的 Delete 按钮，为删除指定图层按钮。在删除某一图层之前，必须首先删除该图层上的实体。0 层不可删除。

对话框上方的 Current 按钮，将指定的图层设置为当前层。

当新建一个图层时，可以直接在 Name 中改变图层的名称；而对于已经建好的图层，若需更改层名，先选中该图层，然后双击层名，即可更改层名。单击图层的颜色色块或颜色名称，弹出颜色对话框，如图 6－7 所示，选择一种颜色，单击 OK 即可设置图层的颜色。

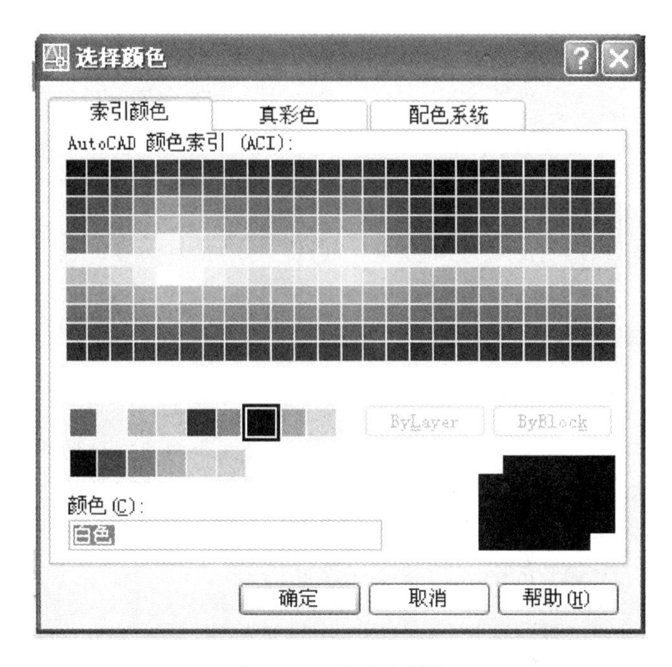


图 6－7　图层的颜色

单击图层的线型名称，可弹出选择线型对话框，如图 6－8 所示，若对话框中没有所需线型，可单击加载 Load 按钮，在打开的如图 6－9 所示对话框中加载线型至选择线型对话框中，选中所需线型，单击 OK，即可为图层设置线型。

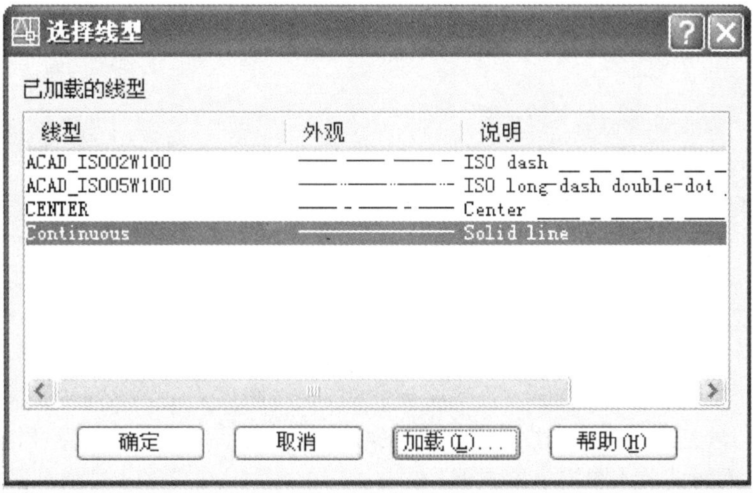

图 6－8　图层的线型

如果在线宽名称上单击，可弹出线宽设置对话框，如图 6－10 所示，用以设置所需线宽。而线宽的显示与否，视状态栏中开关按钮 LTW 的状态而定。

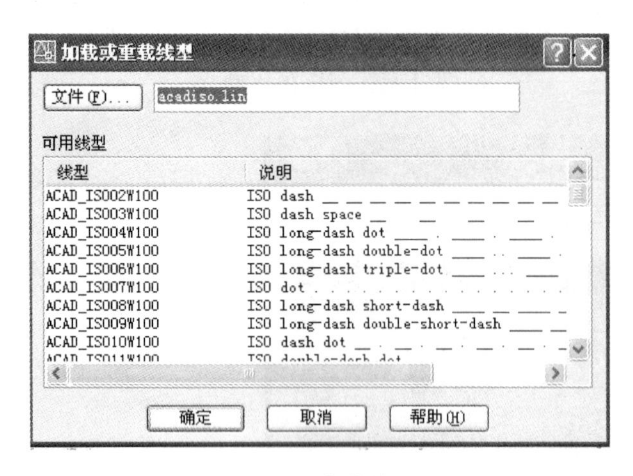


图 6 - 9　加载线型

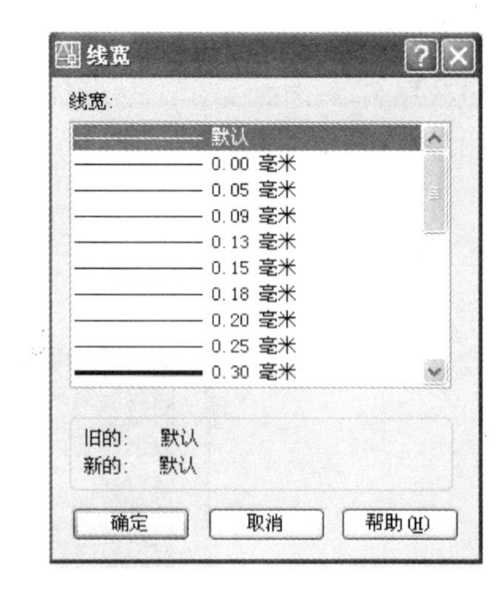


图 6 - 10　线宽设置

利用上述方法在缺省 0 层的基础上又设了四个图层，如图 6 - 11 所示，并为每一图层设置不同的颜色、线型和线宽。这是利用 AutoCAD 进行机械设计时的最基本的图层。另外，还可通过层名后面的三个开关按钮，对图层进行打开 ON、关闭、冻结、解冻、锁定、解锁操作。每个开关按钮有两个相反的状态，单击一次，改变一次状态。

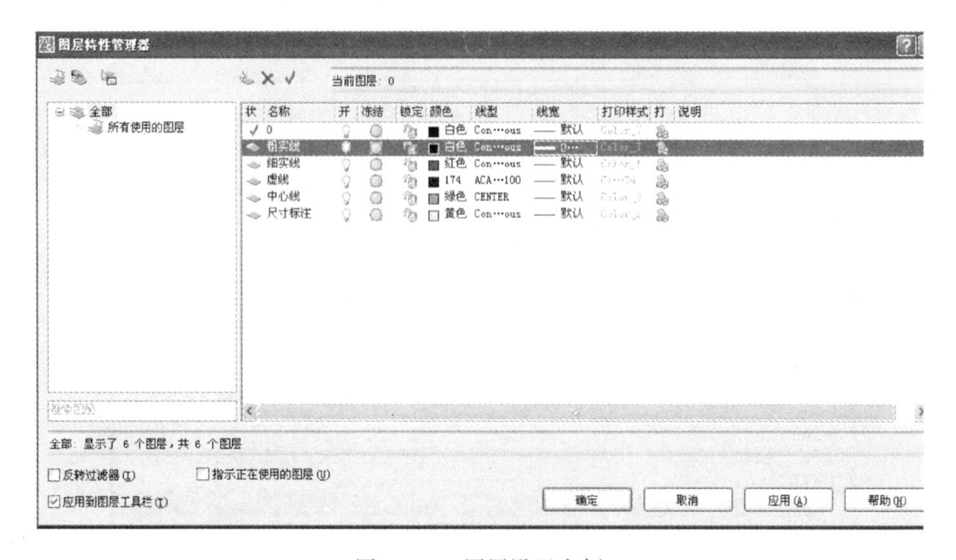


图 6 - 11　图层设置实例

图层的打开与关闭可以通过单击开关按钮进行设定。如果图层被打开，则该图层上的图形可以显示，并通过绘图仪绘出。若图层被关闭，则该图层上的图形不可以显示，也不能通过绘图仪绘出。被关闭图层上的图形仍然存在，只不过不显示而已，必要时可将该图层设定为打开状态，即可重新显示该图层上的图形。

图层的冻结与解冻可以通过单击开关按钮进行设定。与关闭图层相同的是，冻结的图层上的图线被隐藏，不可以输出或编辑；与关闭图层不同的是，冻结的图层在重新生成时不计算，而关闭的图层在重新生成时要计算。

图层的锁定和解锁则通过单击开关按钮进行设定。锁定的图层上的实体可见，但不可以编辑修改。通常利用锁定图层，避免对该图层上的对象进行误操作。

### 6.2.3　AutoCAD 基本绘图命令及操作

AutoCAD 中包含有丰富的二维图形绘制命令，使用这些命令可以快速高效地绘制二维图形。图 6－12 为 AutoCAD 基本绘图命令，下面依次介绍这些基本命令。

图 6－12　AutoCAD 基本绘图命令

**1. 直线(Line)**

<直线>命令可以创建一系列连续的线段。创建直线操作如下：

command: line 指定第一点

specify first point:　　　　/指定第一点

specify next point or [Undo]:　　　　/指定下一点或[放弃(U)]

specify next point or [Undo]:

specify next point or [Close/Undo]:　　　　/指定下一点或[闭合(C)/放弃(U)]

键入 U 可以放弃对前一线段的绘制，键入 C 键，则连接该 line 命令的第一点，形成闭合图形。

在响应点 AutoCAD 命令的过程中，经常要求输入点，点的输入方式见 6.2.2 中 4，AutoCAD 坐标的几种坐标输入法。

在输入点时还经常用对象捕捉方式来拾取图形窗口中存在的点。如捕捉线段的端点、中点、两直线的交点、圆心、象限点、切点垂足等。可用鼠标右键单击状态栏的对象捕捉 Osnap 按钮，选择设置 setting 即可打开对象捕捉设置对话框如图 6－13 所示。

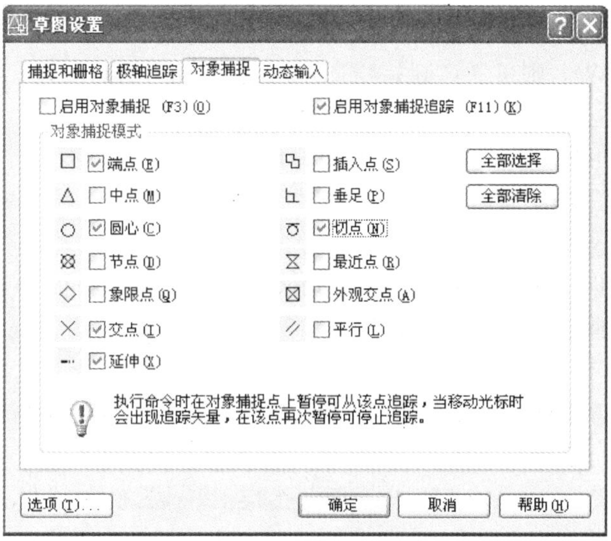

图 6－13　对象捕捉设置对话框

在对话框中勾选需要的对象捕捉模式，启动对象捕捉功能，当光标接近对象时，AutoCAD捕捉最接近靶框中心的捕捉点，同时光标形状随捕捉对象类型的不同而不同。若需关闭对象捕捉功能，可用鼠标右键单击状态栏的对象捕捉 OSNAP 按钮，选择关 off 即可。

另外，也可在任一图标菜单上单击鼠标右键，在弹出的工具条选项前勾选，则该类工具条图标在图形窗口中显示。在对象捕捉 Object Snap 工具条前点选，即可在界面上弹出工具条，如图 6－14 所示。这时可以方便地选择捕捉对象的类型。

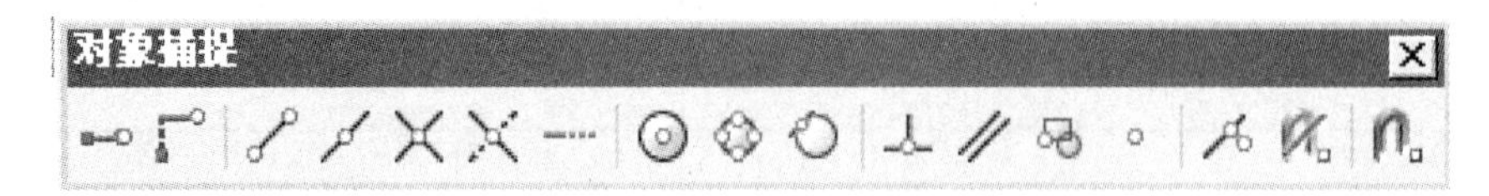


图 6－14　对象捕捉工具条

**2. 多义线(Pline)**

多义线是作为单个对象创建的一系列相互连接的线段、曲线。多义线提供单条线段所不具备的编辑功能，用户可以调整多义线的宽度和曲率。创建多义线操作如下：

命令：pline

specify first point：　　/指定第一点

specify next point or [Arc/Close/Half width/Langth/Undo/Width]：　　/指定下一个点或通过键入括号内的大写字母，转换为画相切圆弧(A)、指定后面所画线的半宽(H)、指定线段长度(L)、放弃前一线段(U)、指定后面所画线的宽度(W)。

如键入“A”，可切换到画相切圆弧模式。相应提示为：

specify endpoint of arc or[Angle/Center/Close/Direction/Halfwidth/Line/Radius/Second pt/Undo/Width]：

这时可以输入圆弧的终点，或键入括号中的第一个字母转换为其他画圆弧方式、指定线宽、输入“C”则与第一点连接，形成闭合多义线，并结束该命令；输入“W”，则可通过起始线宽和终点线宽的设置，实现不同线宽以及变线宽多义线的创建。若键入回车，则结束该 Pline 命令。图 6－15 所示图形为 Pline 直线、“A”转为相切圆弧、“W”转为指定线宽、“L”转为直线的绘制结果。

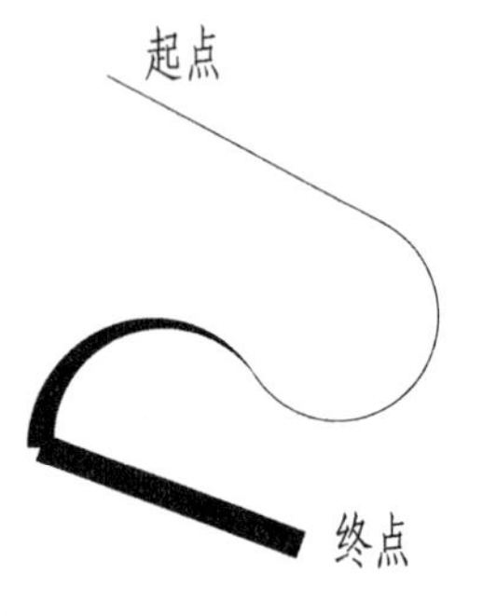


图 6－15　多义线的绘制

**3. 正多边形(Polygon)**

绘制正多边形可以通过设置外接圆或内切圆的半径，也可通过指定某条边的位置。绘制五边形的命令如下：

命令：polygon

Polygon enter number of side<4>：　　/输入多边形的边数，缺省值为 4，

如输入 5，则绘制五边形。

Specify center of polygon or[Edge]：　　/指定正多边形的中心点，或者输入“E”

若指定正多边形的中心点，

Enter an option[Inscribed in circle/

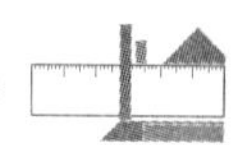

Circumscribed about circle]<I>: /输入选项[内接于圆(I)]/[外切于圆(C)]<I>,

如输入“I”,

Specify radius of circle: /指定圆的半径,

这时可输入半径值100,也可输入点的坐标,系统以原心与该点之间的距离为半径,以内接于圆的方式完成多边形。图6-16(a)为内接于圆(I)方式,图6-16(b)为外切于圆(C)方式,图6-16(c)为指定正多边形的一条边(E)方式。

如果在Specify center of polygon or[Edge]:提示下输入“E”回车,

Specify first endpoint of edge:

Specify second endpoint of edge:

然后指定正多边形一条边上的两个端点,即可完成多边形的绘制。

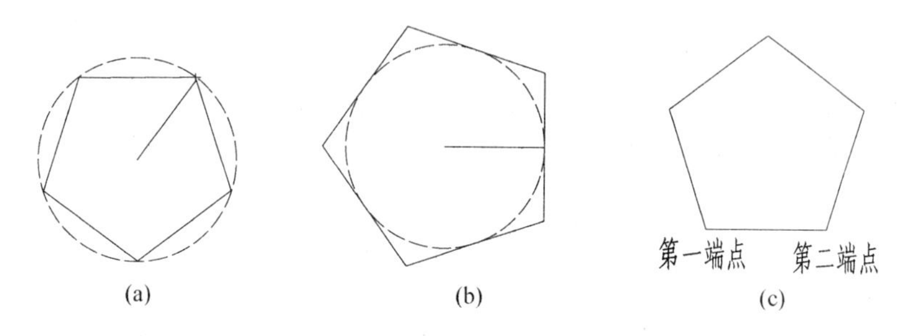


图6-16 绘制正多边形的三种方式

**4. 矩形(Rectang)**

该命令可以通过给出矩形的两个角点绘制矩形如图6-17(a)所示,并可直接在矩形上画出倒角如图6-17(b)所示,或圆角如图6-17(c)所示,还可以设置矩形的线型宽度如图6-17(d)所示。

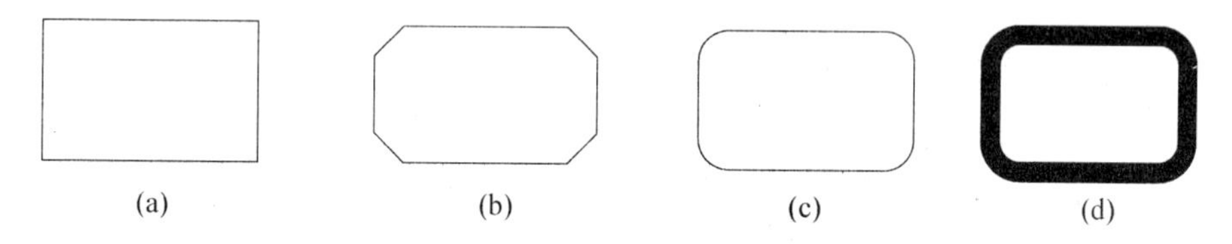


图6-17 绘制矩形的几种方式

绘制一个长300宽400的矩形操作如下:

命令:rectang

Specify first corner point or[Chamfer/

Elevation/Fillet/Thickness/Width]:

/指定第一个角点坐标或[设置倒角(C)、标高(E)、圆角(F)、厚度(T)、宽度(W)]

指定第一个角点坐标,再指定另一个角点坐标,即可完成矩形绘制。在此可以通过键入括号内的第一个字母,设置倒角(C)、标高(E)、圆角(F)、厚度(T)、宽度(W)等。

如输入“C”,

Specify first charmer distance for rectangles<0.00>:5

Specify second charmer distance for rectangles<5.00>:10

则重新弹出如下提示：

Specify first corner point or[Chamfer/Elevation/Fillet/Thickness/Width]：

指定第一个角点坐标，再指定另一个角点坐标，即可完成带不等边倒角的矩形的绘制。

**5. 圆弧(Arc)**

激活该命令后可通过定位圆弧上的三点来绘制圆弧，此外还可通过制定圆心、角度、半径、长度、方向等要素来绘制圆弧。操作如下：

命令：arc

pecify start point of the arc(or CEnter)：指定圆弧的起点或[圆心(C)]

若输入一点，则该点作为圆弧的起点，提示如下：

Specify second point of the arc(or
Center/ENd)： /指定圆弧的第二个点或[圆心(C)/端点(E)]：

若输入第二点，则提示如下：

Specify end point of the arc： /指定圆弧的终点

若输入终点，则过三点画出圆弧。

若在输入第一点后，不输入第二点，而是输入"C"，则提示如下：

Specify center point of the arc： /指定圆弧的圆心：

Specify end point of the arc or(Angle/
Chord Length)： /指定圆弧的终点或[角度(A)/弦长(L)]：

若指定圆弧的终点，则以起点、圆心、终点方式画圆弧；

如输入"A"可以按角度确定圆弧；

Specify included angle： /指定圆弧所包角度

则以起点、圆心、圆弧包角方式画圆弧。

AutoCAD 提供了多种绘制圆弧的方式，用户可以根据圆弧的已知条件，适当选择。(输入"L"可以按弦长确定圆弧)

**6. 圆(Circle)**

AutoCAD 提供了四种画圆的方式，如指定圆心和半径(或直径)，三点方式(3P)，两点方式(2P)，和相切、相切、半径(Ttr)方式。其中两点方式是以该两点连线为直径画圆。画圆操作如下：

command：circle

Specify center point for circle or(3p/2p/Ttr(tan tan radius)：
指定圆的圆心或[三点(3P)/两点(2P)/相切、相切、半径(Ttr)]：

输入 T，

Specify point on object for first tangent of circle： 指定对象与圆的第一个切点

通常打开对象捕捉中的切点捕捉方式，在直线或圆弧上捕捉第一切点。

Specify point on object for second tangent of circle： 指定对象与圆的第二个切点

同样方法在直线或圆弧上捕捉第二切点。

Specify radius of circle： 指定圆的半径

输入圆的半径值，只要半径值适当，即可完成圆的绘制。

**例 6-1** 作一个与 $O_1$，$O_2$ 相切，半径为 10 的圆，如图 6-18(b)所示。

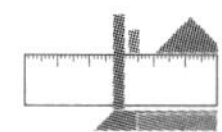

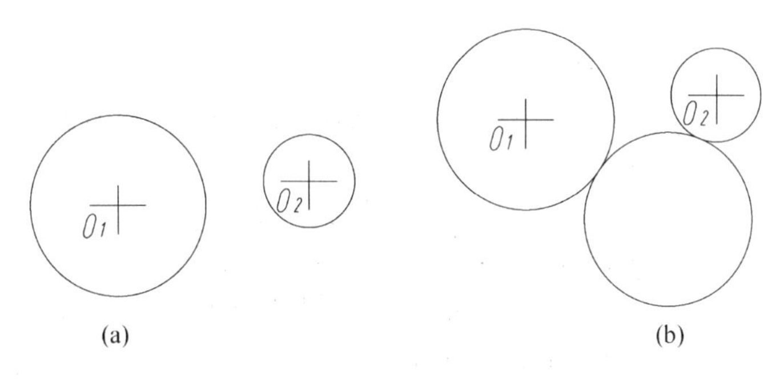


图 6-18　Ttr 方式画圆

操作如下：

command：circle

Specify center point for circle or(3p/2p/Ttr(tan tan radius)：T

Specify point on object for first tangent of circle：

打开切点捕捉方式，在圆 $O_1$ 上捕捉第一切点指定对象与圆的第一个切点如图 6-18(a)所示；

Specify point on object for second tangent of circle：

同样方法指定对象与圆的第二个切点；

Specify radius of circle：

输入圆的半径 10，回车即可完成圆的绘制如图 6-18(b)所示。

注意：在两个圆周上用鼠标选择切点的位置不同，所画圆弧与两圆相切方式也不同。

**例 6-2**　作三角形的内切圆。

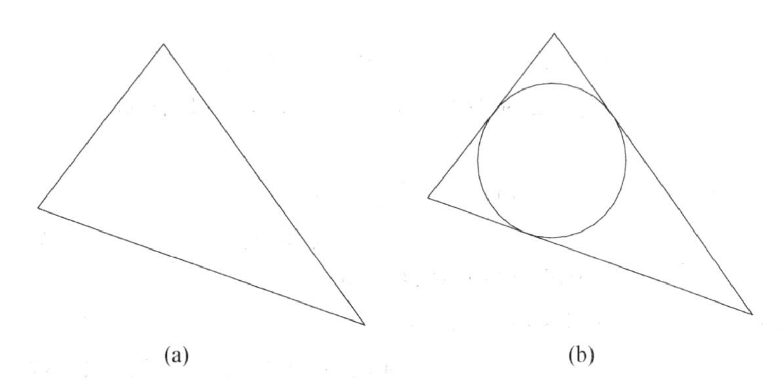


图 6-19　作三角形的内切圆

激活 Circle 命令，选择 3P 方式，打开切点捕捉方式如图 6-19(a)所示捕捉与三角形第一条边的切点。同样方法捕捉与三角形第二、第三条边的切点。利用三个切点自动画出三角形的内切圆，如图 6-19(b)所示。

**7. 样条曲线(Spline)**

样条曲线可以在控制点之间产生一条光滑的曲线，可用于创造形状不规则的曲线。操作如下：

命令：spline

Specify first point or [Object]：　　　　指定第一点或[对象(O)]：

若输入“O”，

select object to convert to spline ...

select object：　　选择已存在的多义线转换为等价的样条曲线。

若指定第一点，则提示为：

Specify next point：　　指定下一点：

Specify next point or[Close/Fit tolerance]<start tangent>：

指定下一点或[闭合(C)/拟合公差(F)]<起点切向>：

拟合公差越小，曲线越接近设定点。当指定了所有的点后回车，提示如下：

Specify start tangent：　　指定起点切向

Specify end tangent：　　指定终点切向：

在响应指定切向的提示时，可以输入一点，或者使用 Tan 和 per 对象捕捉方式，使样条曲线与已有的对象相切或垂直。

**8. 椭圆和椭圆弧(Ellipse)**

椭圆由定义其长度和宽度的两条轴决定。操作如下：

command：ellipse

Specify axis endpoint of ellipse or[Arc/Center]：

指定椭圆的轴端点或[圆弧(A)/中心点(C)]：

Specify other endpoint of ellipse：　　指定轴的另一个端点：

这样通过两端点定义好椭圆的一条轴，接着提示如下：

Specify distance to other axis or [Rotation]：

指定另一条半轴长度或[旋转(R)]：

若输入 R，则提示如下：

Specify rotation around major axis：　　指定短半轴相对于长半轴的旋转角度。

若绘制椭圆弧，可通过设定起点和端点之间的角度来绘制，操作如下：

命令：ellipse

Specify axis endpoint of ellipse or[Arc/Center]：

指定椭圆的轴端点或[圆弧(A)/中心点(C)]：

若输入“a”，则转换为椭圆弧的绘制方式，提示如下：

Specify axis endpoint of ellipse arc or[Center]：

指定椭圆弧的轴端点或[中心点(C)]：

指定轴的一个端点，

Specify other endpoint of axis：　　指定轴的另一个端点：

Specify distance to other axis or [Rotation]：

指定另一条半轴长度或[旋转(R)]：

若指定另一条半轴长度，则定义好一个椭圆，

Specify start angle or [Parament]：　　指定起始角度或[参数(P)]：

Specify end angle or [Parament/Include angle]：

指定终止角度或[参数(P)/包含角度(I)]：

注意：这时输入的角度以长轴的负向逆时针旋转为正。椭圆弧的绘制过程是从起始角至

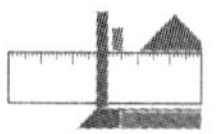

终止角逆时针方向绘制。

**例6-3** 绘制图6-20所示椭圆弧 $AB$。

由于是逆时针画椭圆弧，所以 $A$ 是起点，$B$ 是终点。起始角为30，终止角为270。

command：ellipse

Specify axis endpoint of ellipse or [Arc/Center]：*a*

Specify axis endpoint of ellipse arc or [Center]：

指定轴的一个端点 C

Specify other endpoint of axis：

指定轴的另一个端点 D

Specify distance to other axis or [Rotation]：

指定另一条半轴长度或指定另一轴上一点 B，

Specify start angle or [Parament]：30

Specify end angle or [Parament/Include angle]：270

指定起始角30°，终止角270°，完成椭圆。

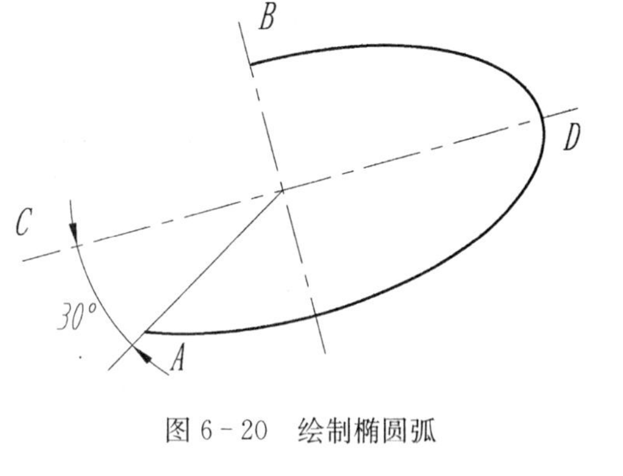


图6-20 绘制椭圆弧

**9. 图案填充(Hatch)**

图案填充命令可用于在指定区域内添加多种形状的填充图案。在绘制机械图样中的剖视图时，可以用来绘制不同材质的剖面线。当进行图案填充时，首先要确定填充的边界，边界只能是由直线、射线、多义线、样条曲线、圆、圆弧、椭圆、椭圆弧等构成的封闭区域。且作为边界的对象，在当前屏幕上必须全部可见，才可能正确填充。

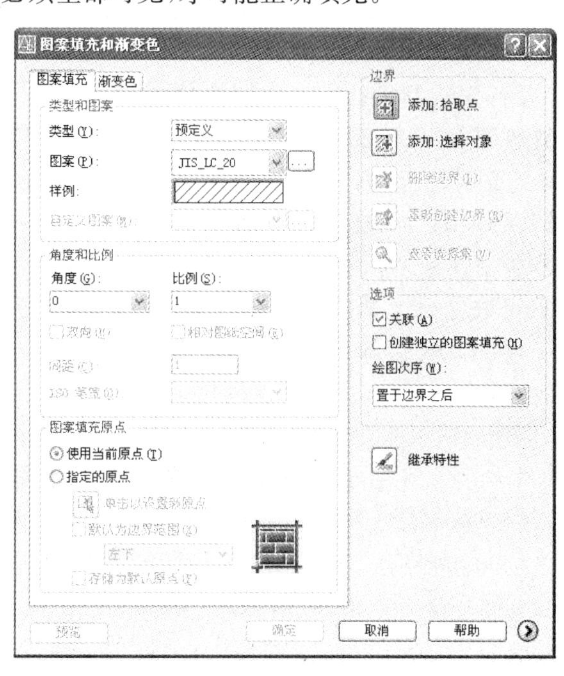


图6-21 图案填充对话框

激活图案填充命令，弹出图案填充对话框，如图 6－21 所示。在图案选项中选择一种填充图案，如金属材料常用的平行线样式，将角度设置为 45°，并指定合适的比例。

对话框中提供两种指定填充区域的方式。一种方式为点击拾取内部一点按钮（Pick Points），在图形窗口中封闭的填充区域内部选择一点，选定的区域的边界变虚，回车后返回对话框，OK 即可完成区域填充，如图 6－22（a）所示，并结束命令。另一种方式为点击选择对象（Select Objects）按钮，到图形窗口中选择对象，如图 6－22（b）所示，回车后返回对话框，OK 后区域填充如图 6－22（b）所示。由图可见一些填充超出边界，显然不符合要求。对于这种情形用拾取内部一点的方法更为方便。若要采用选择对象方式，则应将三条水平线分别在 $a$，$b$，$c$ 三点处断开即可。

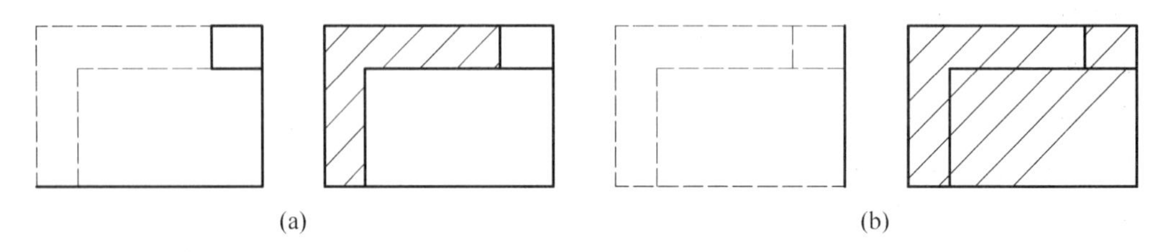


图 6－22　图案填充对话框

对于填充的图案，系统将按图块进行处理，删除时将整体删除。如需部分删除，可先将图块分解，见后续 6.2.4 中 16. 分解（Explode）介绍。

**10. 图块（Block）**

在制图时常常会有一些重复出现的图形，为了提高绘图效率，可以利用 AutoCAD 的图块功能，将这些多次出现的图形先制作成图块，需要时可以给定不同的比例和旋转角度，反复插入到图中的指定位置。使用图块不仅避免了大量重复性的工作，提高了绘图效率，而且节省了存储空间。

（1）定义图块（Make block）

在定义图块之前，必须首先绘制出欲定义为图块的图形。以螺母为例，先绘制螺母如图6－23所示。然后激活 Make Block 命令，弹出块定义对话框，如图6－24所示。在对话框中输入块名“螺母”，单击 Select 按钮，在图形窗口中选择螺母图形。单击 Pick 按钮，为这个块指定一个基点以便于插入，对于螺母，基点可取螺母下端面中心点，如图所示。端点坐标在对话框中显示，OK 后即可在该. dwg 文件中完成名为“螺母”的图块创建。

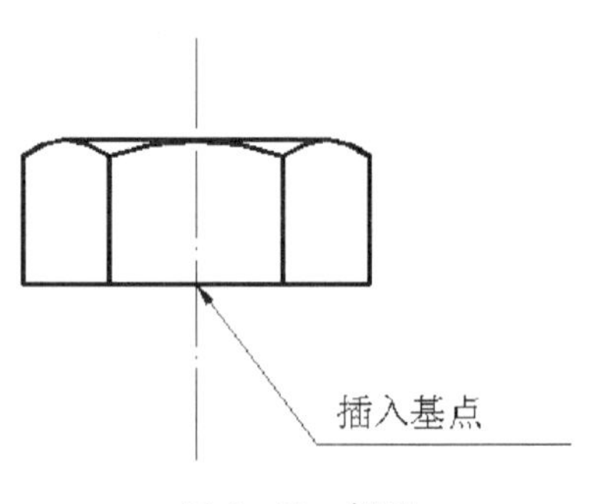


图 6－23　螺母

用 Make Block 命令创建的块只能在当前的. dwg 文件中才能被调用，如果将块保存为图形文件，就可以被其他文件调用。块存盘的命令可以在命令输入行输入“Wblock”。弹出图 6－25所示的对话框。将源 Source 设为 block，则将当前文件中的块存盘；若将源设为 Entire drawing，则将整个图形作为一个块存盘；若将源设为 objects，则可指定图中对象、指定基点作为块存盘。

（2）插入块（Insert block）

定义块的目的是为了插入块。用插入命令，既可以插入当前文件中定义的块，也可以插入

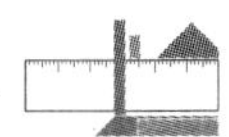

存盘的块，还可以插入保存的图形文件，但不可插入其他文件中定义的块。

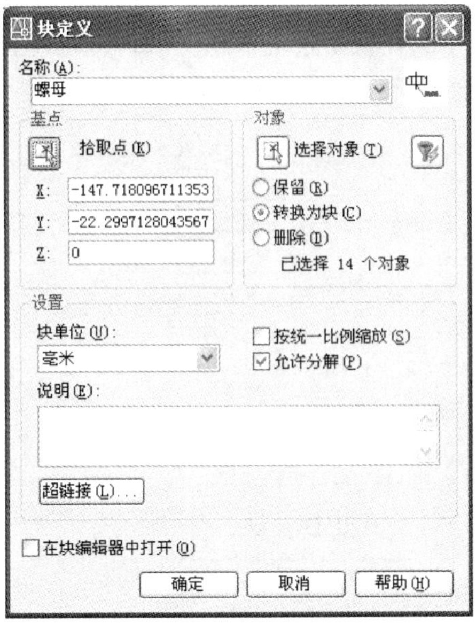

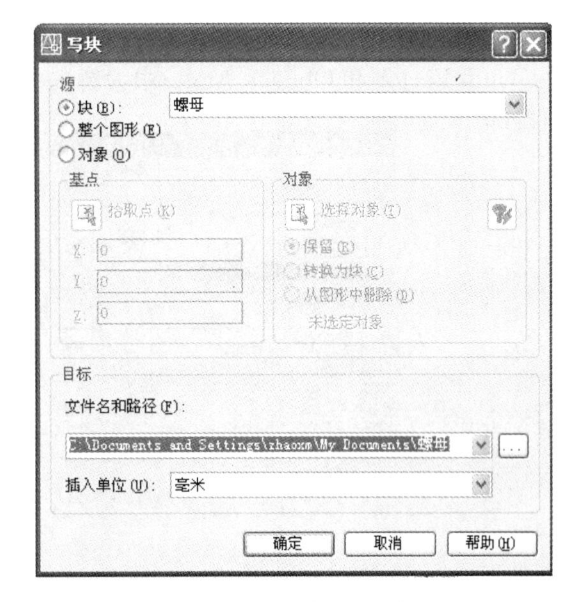


图 6－24　块定义对话框

图 6－25　块存盘对话框

单击插入块图标 Insert block 或在命令栏输入“Insert”命令，弹出图 6－26 所示对话框。在 Name 列表里选择块名称，或点击 Browse 按钮，在弹出的列表框中选择欲插入的已存盘的块或已保存的图形文件。在图 6－26 对话框中输入插入点、缩放比例、旋转角度，OK 即可。在指定插入点、比例和旋转角度，既可以在屏幕上指定，也可以在对话框中输入值指定。值得注意的是，所插入的块作为一个整体插入，若要对块中某个对象进行编辑，则需先将块进行分解(Explode)，方可分别进行编辑。

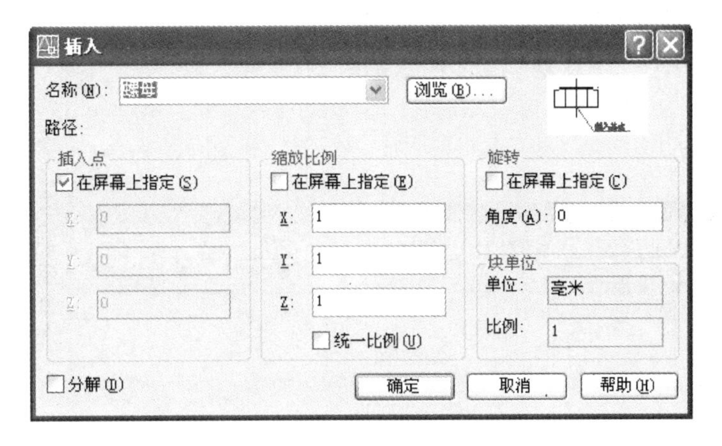


图 6－26　插入块对话框

**11. 文本(Text)**

工程图样中有大量的文本信息，可利用 AutoCAD 的绘图命令中的文本 Text，或多行文本 Mtext。在利用 AutoCAD 的 Text，Mtext 命令之前，必须先设置文本样式。

设置文本样式方法如下：

下拉菜单 Format—Text style... 弹出设置文本样式对话框如图 6-27 所示。在对话框中可以通过 New 按钮，添加新的文本样式，如添加样式名为“文字”的新样式。可以在 Font name 中为新样式指定一种字体，如“宋体”。在 Height 中为样式指定文本高度，如“10”。还可在 Width Factor 和 Oblique Angle 中为新文本指定宽度因子和文字倾斜角度。

图 6-27 设置文本样式对话框

如欲添加文本“技术要求”，其操作如下：

命令：mtext

Specify first corner: 指定第一角点：

Specify opposite corner or [Height/Justify/Line spacing/Rotation/Style/Width]:

指定对角点或[高度(H)/对正(J)/行距(L)/旋转(R)/样式(S)/宽度(W)]:

指定文字区域后弹出如图 6-28 所示对话框，即可输入所需文本。OK 后即可在指定位置创建文本。如果文本中包含一些特殊字符，如“ϕ、°、±”等，可以用如下方式输入：

ϕ %%C

° %%d

± %%p

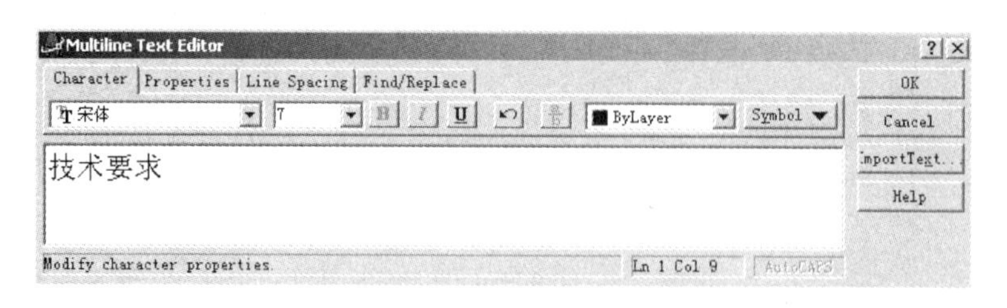


图 6-28 文本输入对话框

## 6.2.4 AutoCAD 基本编辑命令及操作

AutoCAD 提供了丰富的编辑修改命令。在工程图样的绘制过程中，通常大量的工作需要

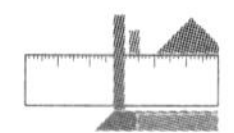

图形的编辑命令来完成。在使用图形的编辑命令时，一般都会出现"Select Objects:"提示，要求选择欲进行编辑的对象，以建立选择集。

建立选择集的方法有多种：

1）直接拾取。移动鼠标，将选择框套在所选的对象上，单击鼠标左键，则该对象被选中，并加入到选择集中。在"Select Objects:"提示下，可以重复以上操作选择多个对象加入到选择集中，直到用回车响应"Select Objects:"提示，结束选择。

2）默认窗口选取方式。默认窗口选取方式是通过两点定义一个矩形窗口来建立选择集。如果该窗口式通过先指定左上角后指定右下角方式定义的，则完全落入窗口中的对象被选中，并被加入到选择集中；如果该窗口式通过先指定右下角后指定左上角方式定义的，则完全落入窗口中的对象以及与窗口相交的对象均被选中，并被加入到选择集中。

3）W 窗口方式。在"Select Objects:"提示下键入 W 并回车，用两点方式定义一个矩形窗口，无论用何种方式指定，完全落入窗口的对象被选中，并加入到选择集中。

4）C 交叉窗口方式。在"Select Objects:"提示下键入 C 并回车，用两点方式定义一个矩形窗口，无论用何种方式指定，完全落入窗口的对象以及与窗口相交的对象均被选中，并加入到选择集中。

5）全选 All。在"Select Objects:"提示下键入 A 并回车，图形窗口中的所有对象（不包括锁定层或冻结层上的实体）都被选中，并加入到选择集中。

AutoCAD 基本编辑命令如图 6－29 所示。

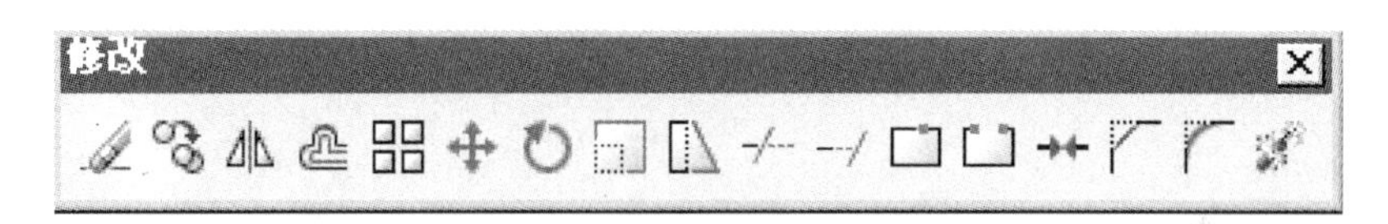


图 6－29　AutoCAD 基本编辑命令

**1. 删除（Erase）**

删除命令用于删除对象，激活后选择需要删除的对象回车即可。

Command:erase

Select objects:

可以采用任意一种对象选择方式，选择要删除的对象，回车后所选中的对象被删除。

**2. 复制（Copy）**

复制命令可以创建对象副本。可以通过两点指定距离和方向，两点分别称为基点和第二位移点。操作如下：

Command:copy

object objects:　　　　选择需要复制的对象

object objects:

可以重复选择多个，回车结束选择对象。接着提示如下：

Specify base point or displacement, or [Multiple]:

指定基点或位移，或者[重复(M)]:

Specify second point of displacement, or <use first point as displacement>:

指定位移的第二点或直接回车，则< 用第一点作位移>:

若需要对同一个对象复制多次，则选择“M”。每一个复制所得的新对象的位移都是相对于基点的

**3. 镜像（Mirror）**

镜像可以创建对象的镜面图形，这在绘制对称图形时非常有用。通过输入两点指定对称线，还可以选择是否保留原图像。操作如下：

Command：mirror

object objects：　　选择需要复制的对象

object objects：

可以重复选择多个，回车结束选择对象。接着提示如下：

Specify first point of mirror line：　　指定镜像线的第一点：

Specify second point of mirror line：　　指定镜像线的第二点：

通过指定两点来定义镜像线的位置，接着提示如下：

Delete source objects[Yes/No]<No>：　是否删除源对象？[是(Y)/否(N)]<N>：

选择镜像完毕后是否删除原来的对象，缺省（直接回车）为不删除。

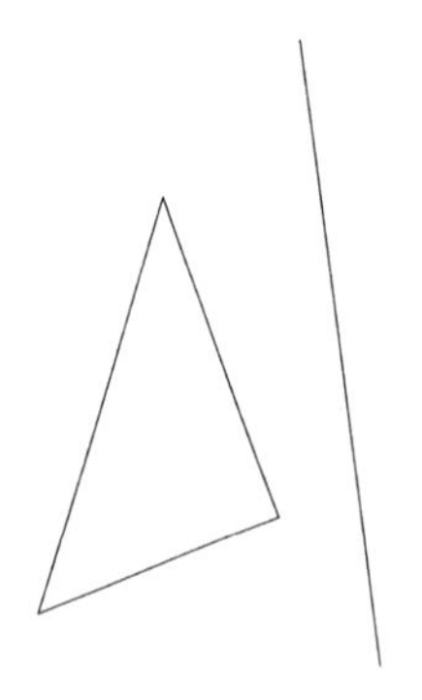

图 6-30　镜像示例

**4. 偏移（Offset）**

偏移对象与复制对象相似，不过在形状上保持与原有图形平行，可用来作等距线，也可达到放大/缩小对象的效果。操作如下：

Command：offset

Specify offset distance or [Through]< 1.0000>：

指定偏移距离或[通(T)]，缺省偏移距离为 1.0000

若指定偏移距离，则提示如下：

Specify object to offset or[<exit>：　　选择要偏移的对象或<退出>：

Specify point on side to offset：　　指定点以确定偏移所在的一侧：

Specify object to offset or[<exit>：　　重复选择要偏移的对象或<退出>

Specify point on side to offset：　　指定点以确定偏移所在的一侧

回车后，结束该命令。

对线段进行偏移，可以得到等距线段；对圆或圆弧等进行偏移，可得到同心圆或圆弧。

**例 6-4**　作如图 6-31 所示已知圆距离为 10 的同心圆。

Command：offset

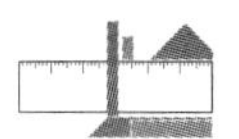

Specify offset distance or [Through]< 1.0000>:10

Specify object to offset or[<exit>: 选中圆

Specify point on side to offset: 指定圆的外侧一点，如图 6－31(a)所示，即可完成放大的同心圆。

Specify object to offset or[<exit>: 选择铅垂中心线。

Specify point on side to offset:指定铅垂中心线的左侧，如图 6－31(b)所示，单击鼠标左键，即可完成铅垂中心线的偏移。

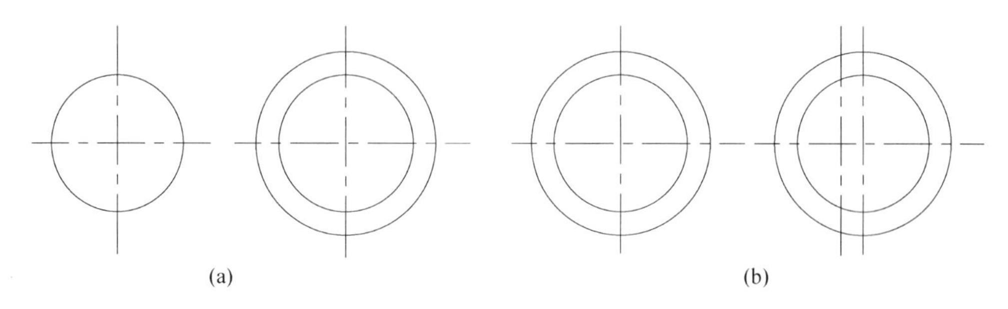

(a)　　(b)

图 6－31　偏移示例

**5. 阵列(Array)**

阵列命令可按矩形或环形(圆形)轨迹复制多个对象。操作如下：

Command:array

object objects:　　选择对象：

选中对象后回车，即可弹出图 6－32 所示对话框。

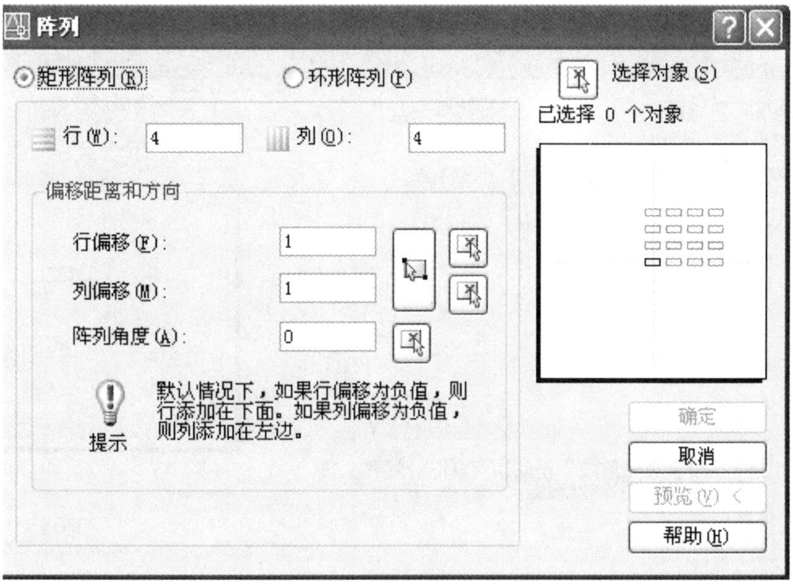

阵列
矩形阵列(R)　环形阵列(P)　选择对象(S)
已选择 0 个对象
行(W): 4　列(O): 4
偏移距离和方向
行偏移(F): 1
列偏移(M): 1
阵列角度(A): 0
默认情况下，如果行偏移为负值，则行添加在下面。如果列偏移为负值，则列添加在左边。
提示
确定　取消　预览(V) <　帮助(H)

图 6－32　矩形阵列对话框

对于矩形阵列，通过指定行数 Rows、列数 Columns、行距 Rows offset、列距 Columns offset、以及阵列角度 Angle of array 来控制。如图 6－33 所示为 3 行 4 列，行距、列距均为 30，阵列角度为0°的矩形阵列。

图6-33　矩形阵列

若点选环形阵列按钮，则为环形阵列对话框，如图6-34所示。通过选择对象，指定中心点Center Point，在项目总数中指定周向复制对象的总数Total number of items、填充角度中指定阵列角度Angle to fill，以及是否勾选复制时旋转项目Rotates items as copies复选框，决定是否在阵列过程中旋转对象。图6-35(b)为阵列数为8，阵列角度为360°不旋转的环形阵列。图6-35(c)为阵列数为8，阵列角度为360°旋转的环形阵列。

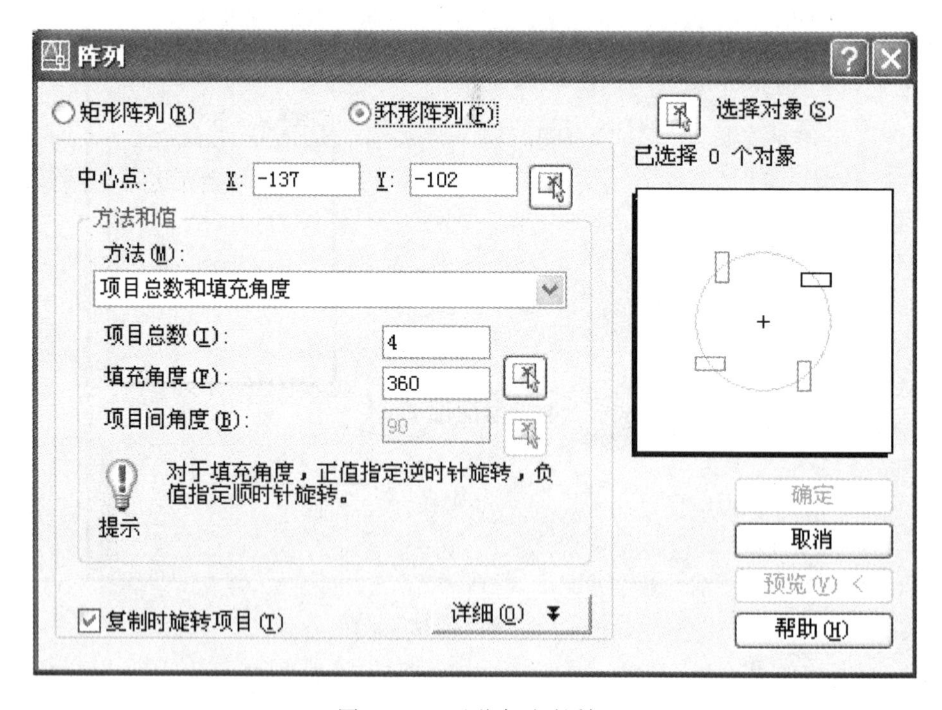


图6-34　环形阵列对话框

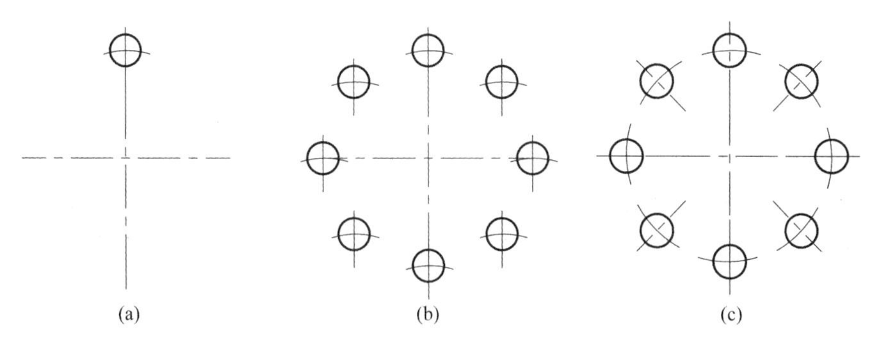


图 6 - 35　环形阵列

**6. 移动(Move)**

移动命令可以移动对象而不改变对象的方向和大小，通过使用坐标和对象捕捉，可以精确地移动对象。移动完毕后，原来位置的对象将被删除。操作如下：

Command：move

object objects：　　　　　　　　　　选择需要移动的对象

object objects：

可以重复选择多个，回车结束对象选择。接着提示如下：

Specify base point or displacement：　　　指定基点或位移

Specify second point of displacement，or <use first point as displacement>：

指定位移的第二点或直接回车，或

< 用第一点作位移>：

若指定了第二点，则所有被选中的对象被移动到该点，并结束命令。

**7. 旋转(Rotate)**

旋转命令将所选中的对象绕指定的基点旋转指定的角度。

Command：rotate：

UCS 当前的正角方向：ANGDIR＝逆时针　ANGBASE＝0

/旋转方向可在[图形单位]对话框中[方向控制]设置；旋转平面和零度角按用户坐标系的方位

object objects：　　　　　　　　　　选择需要旋转的对象

object objects：

可以重复选择多个，回车结束选择对象。接着提示如下：

Specify base point：　　　　　　　　指定基点

Specify rotation angle or [Reference]：　指定旋转角度或[参照(R)]

指定旋转角度，则将选中的对象绕指定基点逆时针旋转指定角度。

**8. 缩放(Scale)**

缩放命令可以同比例放大和缩小对象，可以通过指定比例因子或基点和长度来缩放对象，也可以通过参照指定当前长度和新长度完成操作。比例因子大于 1 时放大对象，比例因子小于 1 时缩小对象。操作如下：

Command：scale

object objects：　　　　　　　　　　选择需要比例缩放的对象

object objects：

可以重复选择多个，回车结束选择对象。接着提示如下：

Specify base point： 指定基点：

Specify scale factor or [Reference]： 指定比例因子或[参照(R)]

**9. 拉伸(Stretch)**

拉伸命令可以拉伸对象的被选的端点部分，包括与选择窗口相交的直线，多线段、圆弧、椭圆弧、样条曲线。拉伸对象的选择只能是交叉窗口或交叉多边形方式。操作如下：

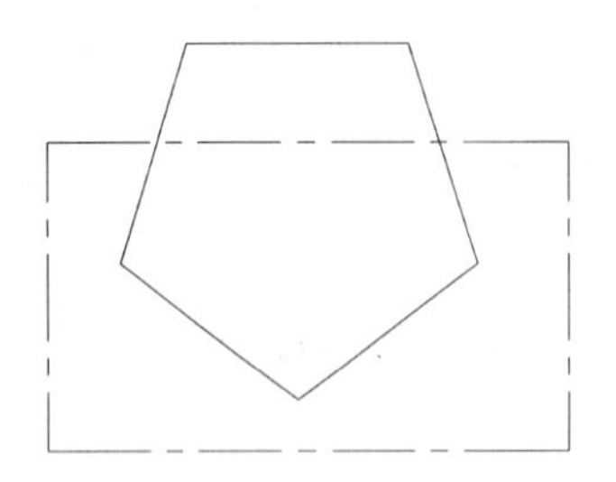

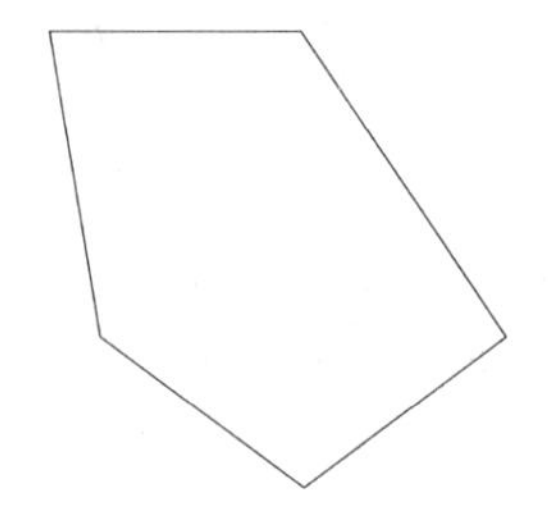

图 6-36 拉伸示例

Command：_stretch

object objects： 选择要拉伸的对象

这时只能以交叉窗口方式(先右下角，后左上角)选择要拉伸的对象，如图 6-36 所示。

object objects： 用回车结束选择

Specify base point or displanement： 指定基点或位移

若指定五边形的左上角点为基点，

Specify second point of displanement： 指定位移的第二个点

交叉窗口以外的部分保持不动，交叉窗口以内的部分随第二点的位置而拉伸如图 6-36 所示。

**10. 拉长(Lengthen)**

拉长(Lengthen)命令在绘制工程图样时非常有用，可以从修改(Modify)下拉菜单中点取 Lengthen 命令。拉长命令可以修改直线或圆弧的长度或角度，该命令中提供了四种修改方式。操作如下：

Command：_Lengthen

object objects or[DElta/Percent/Total/DYnamic]：

选择对象或[增量(DE)/百分数(P)/总长(T)/动态(DY)]

若直接选择对象，则在提示行显示所选对象的长度或角度，并出现相同提示：

object objects or[DElta/Percent/Total/DYnamic]：

1) 若选择“DE”，则提示如下：

Enter delta length or [Angle]<0.0000>： 定义增量值

输入增量为正值时增加对象的长度，输入负值为减小。如输入 50，则所选对象在原来的长度上增加 50。

2) 若选择“P”，则提示如下：

Enter percentage langth or [Angle]<100>：

定义百分数来确定缩放的比例

如输入200，则所选对象增长为原来的两倍。

3）若选择“T”，则提示如下：

Enter total langth or [Angle]<1.0000>：

定义所选对象的总长度或角度

如输入50，则最终长度为50。

4）若选择“DY”，则提示如下：

Select an object to change or [Undo]：

选择动态方式拉长或缩短对象

采用动态方式时，对象在被选中的一端，长度随鼠标的位置动态改变，位置合适时，单击鼠标左键即可。常用于中心线或轴线的拉长或缩短。

以上四种方式均可连续选择并拉长对象多次，直到回车，结束命令。

**11. 修剪(Trim)**

修剪命令通过剪短对象，使其与边界对象的边相接。

修剪命令操作如下：

Command：trim

Select cutting edges ... Select objects：　选择后面要修剪对象的边界

边界对象可选多个，选择结束以后回车确定。

Select object to trim or shift-select to extend or[Project/Edge/Undo]：

选择要修剪的对象

要修剪的对象也可选择多个。若按下shift键的同时进行选择操作，则转换为延伸操作：

Select object to trim or shift-select to extend or[Project/Edge/Undo]：

继续选择要修剪对象

直到回车结束命令。

若选择“e”，则提示如下：

Enter an implied edge extension mode [Extent/No extent]：

输入隐含边延伸模式/无延伸模式

若输入“e”，则作为边界的对象可以两端延伸作为边界，修剪对象。若输入“n”，无延伸模式。

注意：这时鼠标所点选的实体在边界的鼠标所在一侧被修剪。

如图6-37(a)所示，以*AB*，*CD*为边界，要求对EF进行修剪。当无延伸模式时，*AB*作为边界不能修剪*EF*的*E*端，如图6-37(b)所示；而隐含边延伸模式则将*AB*延伸，从而将*EF*的*E*端修剪，如图6-37(c)所示。

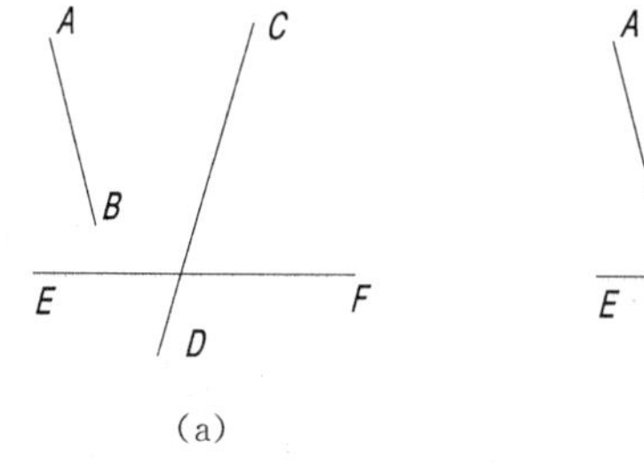

(a)

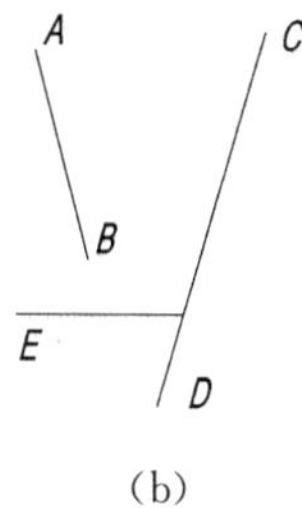

(b)

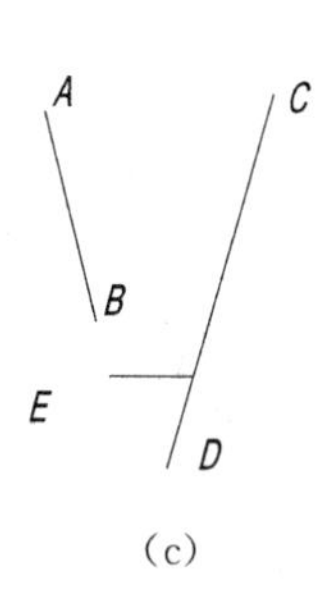

(c)

图6-37　修剪示例

**12. 延伸(Extend)**

延伸命令通过拉长延伸对象,使其与边界对象的边相接。修剪命令操作如下:

Command:extend

Select boundary edges ... Select objects:　选择要延伸对象的边界

延伸边是用来延伸对象的边,选好以后回车确定。

Select object to extend or shift-select to trim or[Project/Edge/Undo]:

选择要延伸的对象

若按下 shift 键的同时进行选择操作,则转换为修剪操作:

Select object to extend or shift-select to trim or[Project/Edge/Undo]:

继续选择要延伸对象

一次只能选择一个对象。直到回车结束命令。

可以若选择"e",则提示如下:

Enter an implied edge extension mode [Extent/No extent]:

输入隐含边延伸模式/无延伸模式

若输入"e",则作为边界的对象可以两端延伸作为边界,修剪对象。若输入"n",无延伸模式。通过"Edge"设置隐含边延伸与否。

**13. 打断(Break)**

打断可以将对象在中间断为两断,或截断其中一端,减少其长度,AutoCAD2004 增添在一点断开命令。AutoCAD2004 以前的用户可以通过指定相同的第一、第二断点,实现在一点断开。打断的操作如下:

Command:_break

Select objects:　选择对象

Specify second break point or[First point]:　指定第二个打断点或[第一点(F)]

若指定第二个断点,则将选对象时的点作为第一断点,在两点之间断开。

若输入"F",则提示如下:

Specify first break point:　重新指定第一断点

Specify second break point:　指定第二个断点

则在这两个断点之间断开对象,并结束命令。

当打断对象是圆时,注意两个断点的选择顺序,为从第一断点至第二断点逆时针断开圆弧。如果 A 为第一断点,B 为第二断点,则打断结果如图 6-38 所示,反之是它的补弧。

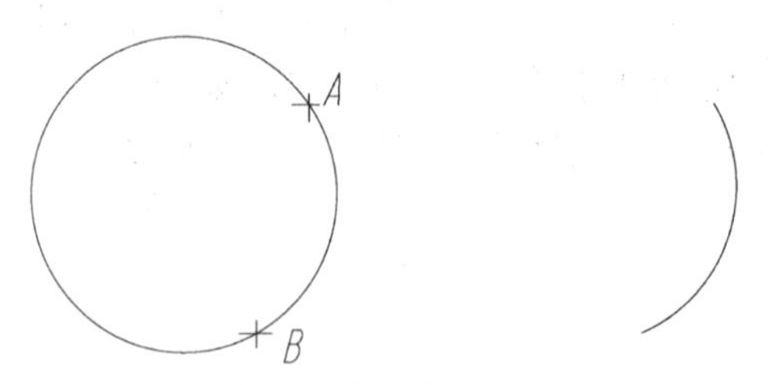


图 6-38　打断圆弧示例

**14. 倒角(Chamber)**

倒角命令除了表示角点上的倒角边,同时还是在两条非平行线之间创建直线的快捷方法,还可以为多线段所有角点加倒角。设定距离可以指定每一条直线应该被修剪或延伸的总量。设定角度可以指定倒角的长度以及他与第一条直线形成的角度,可以使被倒角的对象保持倒角前的形状,或者将对象修剪或延伸到倒角线。操作如下:

Command:chamfer

(Trim mode) Current chamfer Dist1=0.0000,Dist2=0.0000:

（"修剪"模式）当前倒角距离 1=0.0000,距离 2=0.0000

Select first line or[Polyline/Distand/Angle/Trim/Method]:

选择第一条直线或[多线段(P)/距离(D)/角度(A)/修剪(T)/方式(M)]

当缺省的倒角距离不合适时，应先设定倒角距离，输入"d"，则提示如下：

Specify first chamfer distance<0.0000>:指定第一个倒角距离<0.0000>

若输入 10，则提示：

Specify second chamfer distance<10.0000>:　　指定第二个倒角距离<10.0000>

若输入 20，则结束该命令。

在 Command:状态下直接回车，重复该命令，提示如下：

(Trim mode) Current chamfer Dist1=10.0000,Dist2=20.0000:

（"修剪"模式）当前倒角距离 1=10.0000,距离 2=20.0000

Select first line or[Polyline/Distand/Angle/Trim/Method]:

选择第一条直线或[多线段(P)/距离(D)/角度(A)/修剪(T)/方式(M)]

指定第一条直线，提示如下：

Select second line:　　选择第二条直线

指定第二条直线后，在两条直线之间倒角，并结束命令。

在响应如下提示时：

Select first line or[Polyline/Distand/Angle/Trim/Method]:

可输入"T"，设定修剪模式：

Enter trim mode option [Trim/No trim]<Trim>:

当前为修剪模式，即倒角时自动将不足的补齐，超出的剪掉；若输入"N"，则为不修剪模式，即仅仅增加一倒角，原图形不变。如图 6-39(a)为原图，6-39(b)为修剪模式，6-39(c)为不修剪模式。

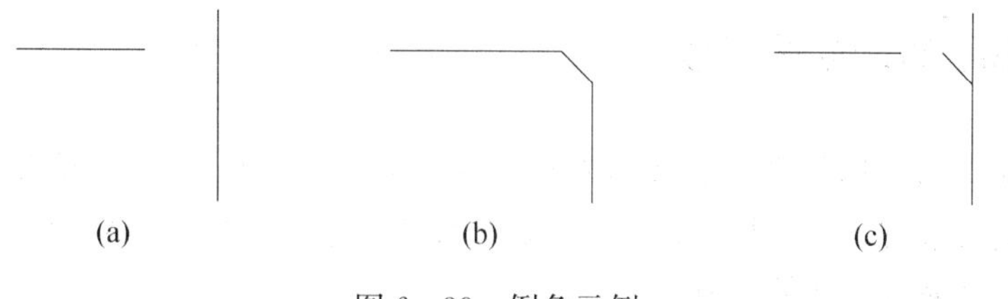


图 6-39　倒角示例

**15. 圆角(Fillet)**

圆角命令与倒角命令相似，使用指定半径创建与两个选定对象相切的圆弧。圆角命令同样可以为多线段所有角点添加圆角，并将对象修剪或延伸到 圆角线。操作如下：

Command:fillet

Current settings: mode=Trim,Radius=0.0000

Select first object or [Polyline/Radius/Trim]:

当前设置:模式=修剪,半径=0.0000

选择第一个对象或[多线段(P)/半径(R)/修剪(T)/多个()]

通常这时应先指定圆角半径,输入“R”,提示如下:

Specify fillet radius <0.0000>:　　指定圆角半径<0.0000>

若输入20,则结束该命令。

在Command:状态下直接回车,重复该命令,提示如下:

Current settings: mode=Trim,Radius=10.0000

Select first object or [Polyline/Radius/Trim]:

当前设置:模式=修剪,半径=20.0000

选择第一个对象或[多线段(P)/半径(R)/修剪(T)/多个()]

选中第一个对象,则提示如下:

Select second object:　　选择第二个对象

选中第二个对象后,完成倒圆,并结束命令。

另外,倒圆后是否修剪边界的设定方法同前面倒角命令中的设定方法相同。

**16. 分解(Explode)**

多义线、标注、图案填充或块等对象是一个整体,如果要对其中一个元素进行编辑,必须先将整体分解为个体,再编辑。分解命令可将这些对象转换成为单个对象。

分解后,多义线将变为简单的线段和圆弧;标注和填充对象将变为单个对象,并将失去所有的关联性;如果块中包含多义线或嵌套快,则要经过多次分解,方可对其中的单个元素进行编辑。

操作如下:

Command:_explode

Select objects:　　选择对象

选中对象后,若可以分解,则分解后结束命令;若不能分解,系统将提示如下:

I was not able to de exploded.

Select objects:　　重新选择对象

一般基本图形如直线、圆弧等是不能分解的。

## 6.2.5 AutoCAD绘图实例

用AutoCAD绘图之前,必须首先设置绘图环境,尽量采用1:1精确作图。考虑到各个视图之间的对应关系,在绘图时应打开正交方式和目标捕捉方式。利用第二章介绍的绘图命令和绘图编辑命令完成图样的绘制。

**1. 设置绘图边界**

通过下拉菜单Format... Drawing limits

Specify lower left conner or [ON/OFF]<0.0000,0.0000>:　　指定左下角坐标

Specify upper right conner or [ON/OFF]<0.0000,0.0000>:　　指定右上角坐标

通常左下角坐标为(0,0),右上角坐标为所选图幅的最大(x,y)坐标。设置完绘图边界,输入“Zoom”命令,选择“All”选项,则所设置的图形边界全部显示在屏幕上。当然也可暂时不设置图幅,根据机件尺寸采用1:1绘出图形边界,然后根据显示效果,用zoom realtime按钮调节图形至合适大小,即可进行精确绘图。采用1:1绘图是为了后面尺寸标注的方便。

**2. 设置绘图单位**

通过下拉菜单格式 Format ... 单位 Units ...，弹出设置绘图单位对话框如图 6－40。在对话框中，将长度单位设置为十进制 Decimal，精度为保留一位小数；角度用度/分/秒。

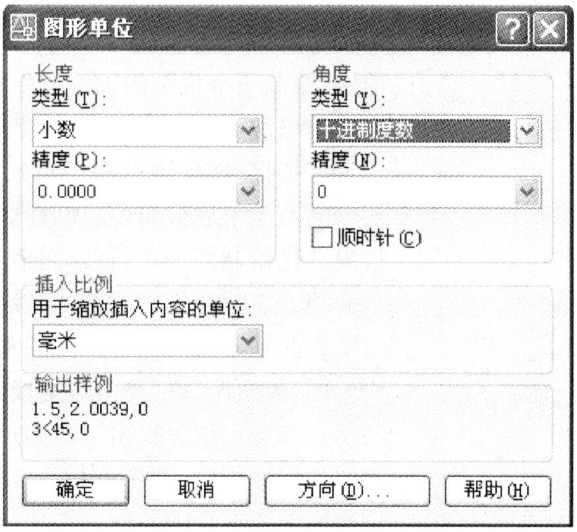

图 6－40　绘图单位的设置

**3. 设置图层、线型**

在绘制三视图时，一般要为不同的线型设置不同的图层。一般设置五层，分别为粗实线(0层)、虚线、中心线、细实线、尺寸标注，如图 6－41。必要时还可增设双点划线层。只要为粗实线指定 0.3 的线宽，其余可采用缺省线宽。另外，为了便于区分不同图层，可为不同图层指定不同颜色。OK 完成图层、线型的设置。

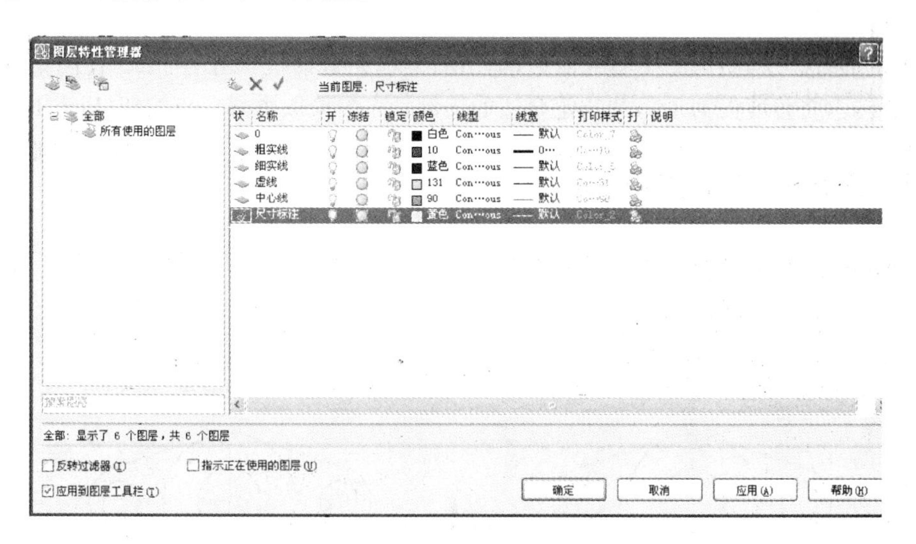


图 6－41　图层、线型设置

**4. 设置目标捕捉、正交方式**

机械图样的视图一般要求准确绘制，通常需要设置目标捕捉方式，也可将目标捕捉工具条拖出，便于随时使用。另外由于主视图与俯视图及仰视图之间的长对正、主视图与左视图及右视图

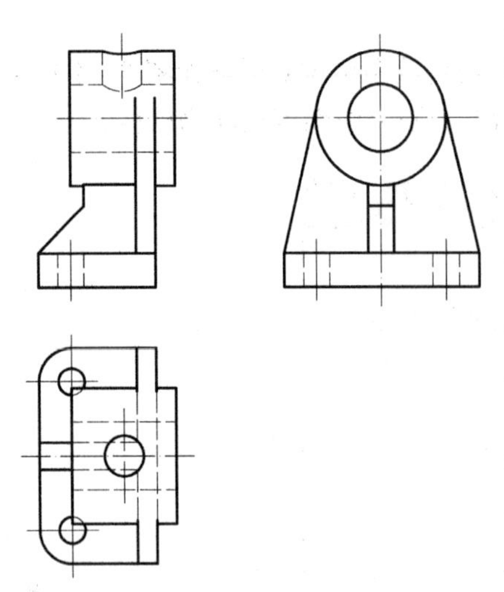

图 6-42　计算机绘制轴承支座的三视图

之间的高平齐关系，点击图形窗口下方的正交开关按钮ORTHO，打开正交方式，便于视图的对齐。

下面介绍利用计算机绘制工程图的方法和过程。

(1) 绘制如图 6-42 所示轴承支座的三视图

首先，完成绘图环境的设置。将中心线图层作为当前层，绘制三个视图的轴线和中心线。然后将粗实线图层作为当前层，先绘制左视图上的同心圆、下底板，再利用目标捕捉，捕捉端点和切点绘制直线，完成后支承板的绘制。至于底板与挖心圆柱之间的支承板的绘制，可按尺寸先绘制两条平行线，再利用修剪(trim)将多余部分剪掉。这时左视图已基本完成。

在此基础上可进行主视图和俯视图的绘制，由相切产生的"脱空线"，以及由截交线的位置均可由左视图上的切点和交点位置得出。绘图过程中，要特别注重三个视图的尺寸对应，合理安排绘图顺序，直至各个图层的各个细节的完成。最后打开正交方式，将俯视图和左视图平移到合适位置，以便标注尺寸。

(2) 绘制剖视图、断面图

利用 AutoCAD 绘制剖视图、断面图时，对于剖面线的绘制，可利用 AutoCAD 的图案填充(Hatch)命令。对于金属材料制造的机件，剖视图、断面图中的剖面线是一组 45°的平行线，且用细实线绘制。通常为绘制剖面线设置一个单独的图层，线型为细实线。

下面针对图 6-43(b)半剖视图说明剖视图的绘制方法。

首先是进行绘图环境的设置，用机件绘图的方法先完成图 6-43(a)的绘制，确保填充区域具有封闭边界。

进入剖面线图层，激活图案填充命令，弹出图案填充对话框，如图所示。在图案选项中选择平行线样式，将角度设为 45°，并指定合适的比例。点击拾取内部一点按钮(Pick Points)，在图项窗口内两个填充区域内部分别选择一点，选定的两个区域的边界变虚，回车后即可完成区域填充如图 6-43(b)所示，并结束命令。

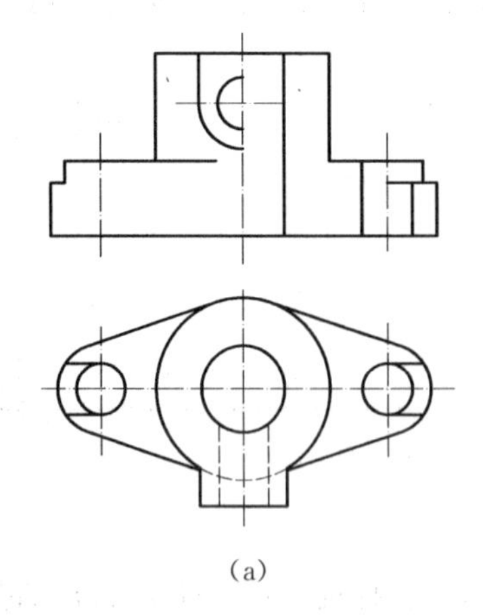

(a)

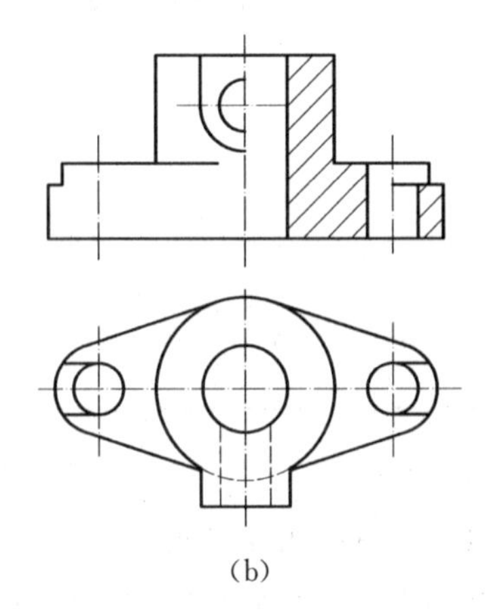

(b)

图 6-43　半剖视图

## 6.2.6　AutoCAD 的尺寸标注

AutoCAD 的尺寸标注工具条如图 6－44。

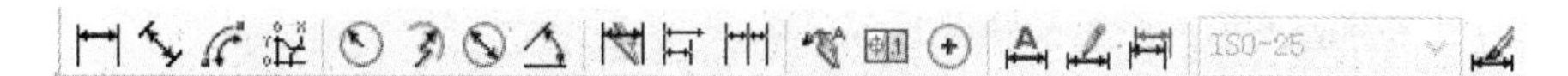


图 6－44　尺寸标注工具条

**1. 尺寸标注的样式**

在进行尺寸标注之前，应先设置尺寸标注的样式（Dimension Style），从而保证标注在机件上的各个尺寸符合国家标准，且形式一致，风格统一。

AutoCAD 提供了 Dimstyle 命令，用来创建或者设置尺寸的标注样式。

打开 Dimension 菜单，单击 Style 命令，或单击尺寸标注 Dimension 工具栏上的标注样式 Dimension style 按钮；AutoCAD 打开标注样式管理器 Dimension Style Manger 对话框，如图 6－45 所示。

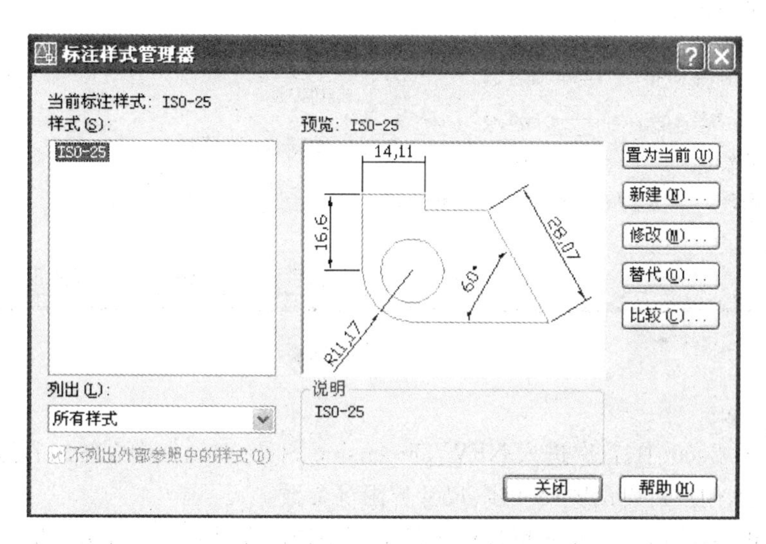


图 6－45　标注样式管理器 Dimension Style Manger 对话框

在标注样式管理器 Dimension Style Manger 对话框中，单击新建 NEW 按钮，出现创建新建样式 Create NEW Dimension Style 对话框，如图 6－46 所示。其中的各个功能选项如下：

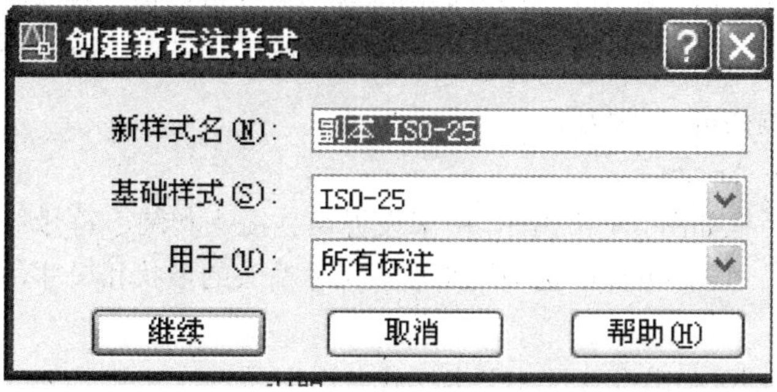

创建新标注样式
新样式名(N)：副本 ISO-25
基础样式(S)：ISO-25
用于(U)：所有标注
继续　取消　帮助(H)

图 6－46　创建新建样式对话框

在新样式名 NEW Style Name 中输入新创建尺寸样式的名称，在基础样式 Start With 下拉列表框中选择一个尺寸标注样式，将根据此样式创建新的尺寸标注样式。单击继续 Continue 按钮，将弹出新建标注样式 NEW Dimension Style 对话框，如图 6-47 所示。用户可设置新创建的尺寸标注样式的各种参数。

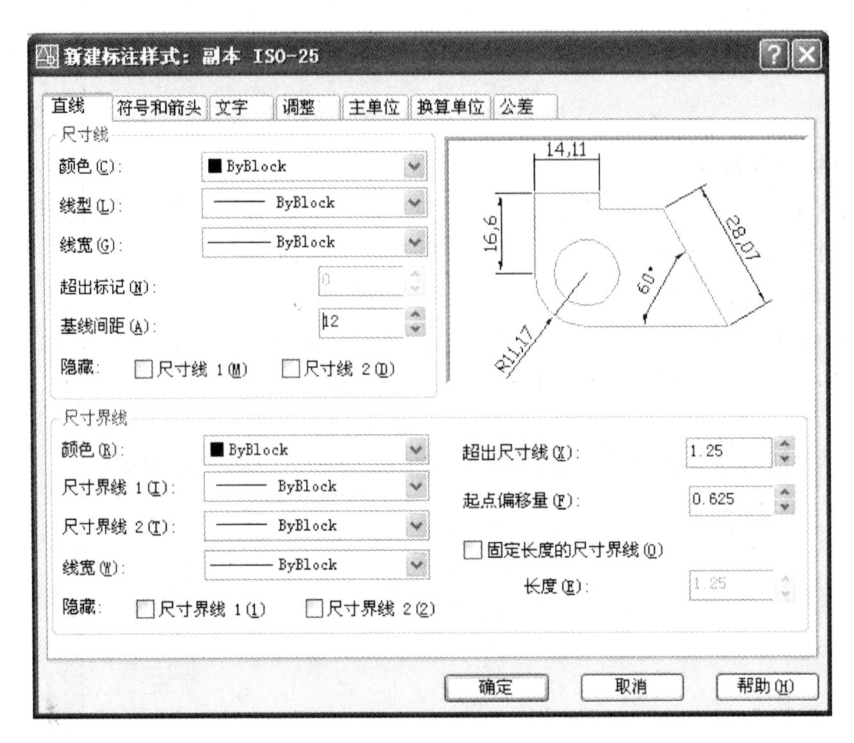


图 6-47 直线选项

(1) 直线 line

在 AutoCAD2006 中，首次进入 NEW Dimension Style 对话框中系统缺省选择直线按钮，如图 6-47 所示，用户可以设置尺寸线、尺寸界限等参数。

在基线间距 Baseline spacing 增量框中的值用来控制在基线的标注方式时，两尺寸线之间的距离，一般设为大于尺寸文本的高度值。

隐藏 Suppress 控制是否隐藏第一条、第二条尺寸线及其相应的尺寸箭头；控制是否隐藏第一条、第二条尺寸界线。

超出尺寸线 Extend beyond dim 增量框用来确定尺寸界限超出尺寸线的长度。

起点偏移量 Offset from origin 增量框用来确定尺寸界限的实际起始点和用户指定的尺寸界限的起始点的偏移量，一般为 0。

(2) 符号和箭头 Arraw

符号和箭头对话框如图 6-48 所示，用来设置尺寸箭头和圆心符号等参数。在工程图样中一般只要通过箭头 Arrowheads 选项用来设置尺寸箭头的形状和尺寸，通常选实心箭头。

(3) 文字 Text

选择文字按钮，即可弹出设置尺寸文本样式对话框，如图 6-49 所示。在此可以设置尺寸文本外观、文字位置以及文字的对齐方式等参数。

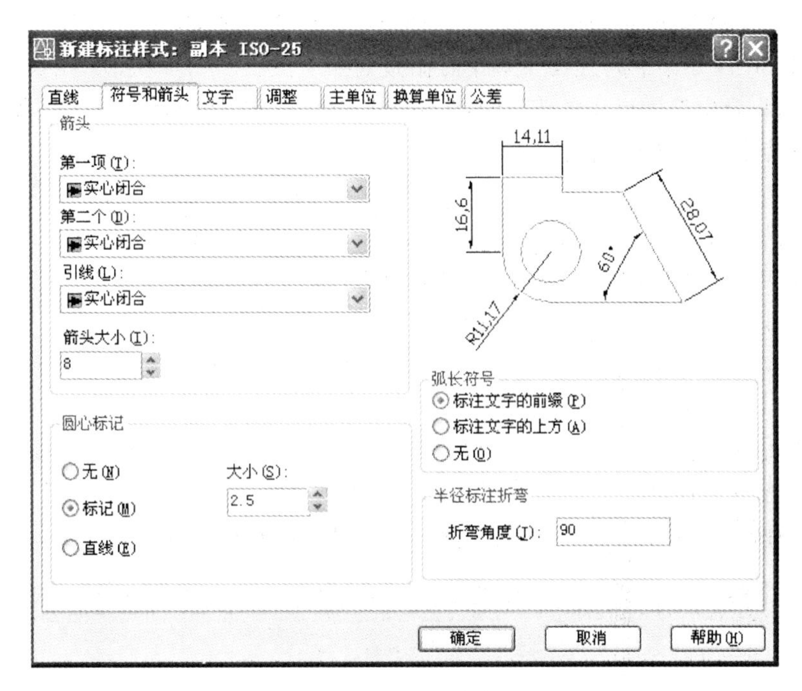


图 6 - 48　符号和箭头选项

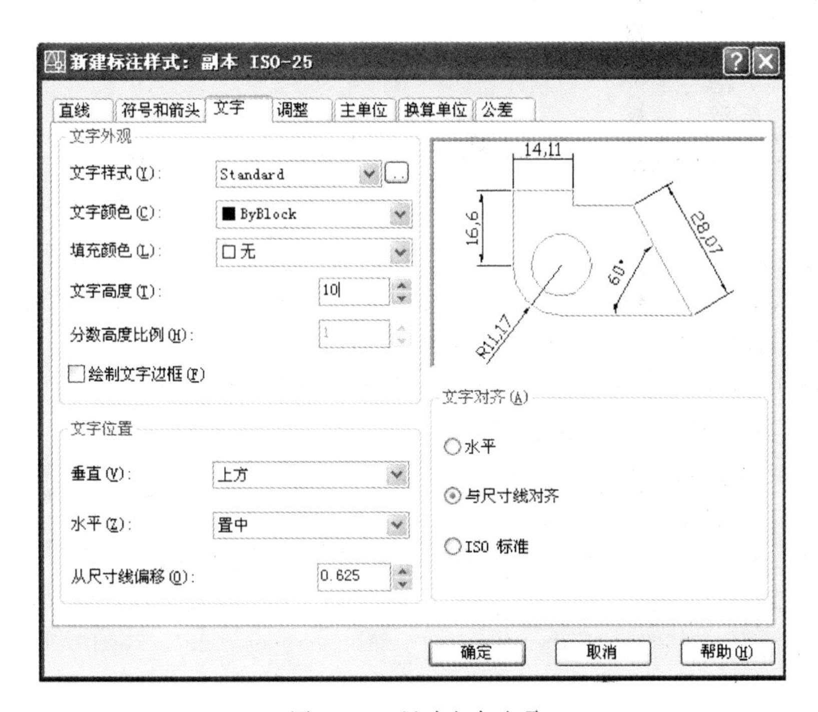


图 6 - 49　尺寸文本选项

在文字外观选项中，文字样式 Text Style 下拉列表用于选择尺寸文本的字体样式，在文字高度增量框中设置尺寸文本的字体高度。

在文字位置选项中，垂直、水平下拉列表框中分别有三种选择：

置中 Centered 尺寸文本放置在尺寸线的中间

上方 Above 尺寸文本放置在尺寸线的上方

外部 Outside 尺寸文本放置在尺寸线的外部

在文字对齐 Text Alignment 选项中，可以设置位于尺寸界限之内或者尺寸界限之外的尺寸文本的标注方式。

水平 Horizontal 勾选，无论是位于尺寸界限之内还是尺寸界限之外的尺寸文本的标注方向都为水平方向。

与尺寸线对齐 Alignment with dimension line 勾选，无论是位于尺寸界限之内还是尺寸界限之外的尺寸文本的标注方向都和标注尺寸线相平行。

ISO 标准 ISO standard 勾选，位于尺寸界限之外的文本沿水平方向标注，位于尺寸界限之内的尺寸文本沿尺寸线的方向标注。

(4) 调整 Fit

在新建样式 New Dimension Style 对话框中，单击调整 Fit 选项，弹出图 6－50 所示对话框。用户可以设置尺寸文本、尺寸箭头、指引线和尺寸线的相对位置。

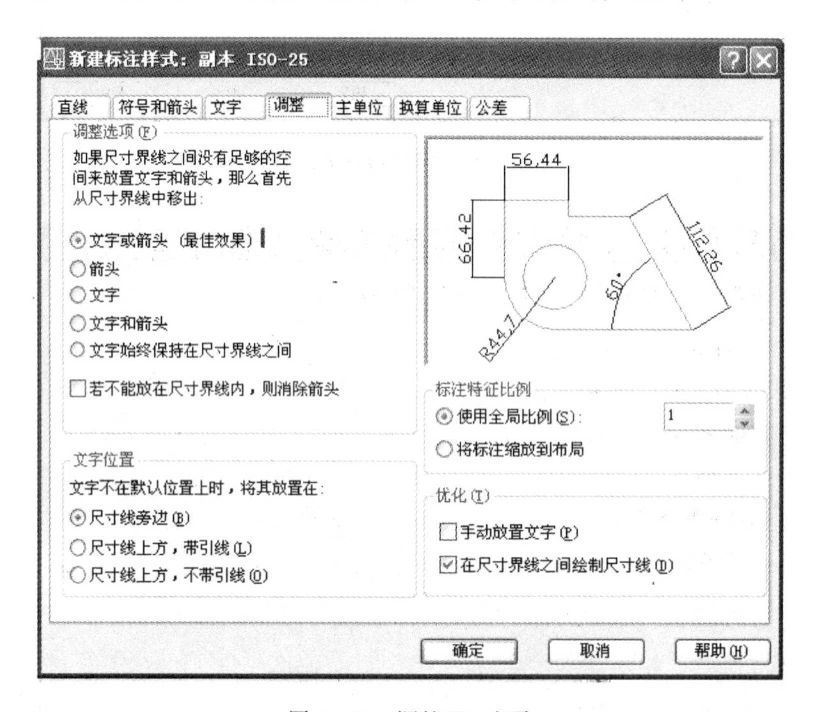


图 6－50　调整 Fit 选项

通用两种选择：

1) 文字和箭头(最佳效果)Either the text or the arrows, whichever fits best 勾选，有如下的功能：

如两尺寸界限之间有足够的距离，尺寸文本和尺寸箭头都放在尺寸界限之间。

如两尺寸界限之间仅仅可以放下尺寸文本，则把尺寸文本放在尺寸界限之间，而把尺寸箭头放在尺寸界限的外面。

如两尺寸界限之间仅仅可以放下尺寸箭头，则把尺寸箭头放在尺寸界限之间，而把尺寸文本放在尺寸界限的外面。

如两尺寸界限之间距离很小，则把尺寸文本和尺寸箭头都放在尺寸界限的外面。

2) 文字和箭头 Both text and arrows 勾选，如两尺寸界限之间有足够的距离，尺寸文本和尺寸箭头都放在尺寸界限之间，否则尺寸文本和尺寸箭头都放在尺寸界限的外面。

(5) 主单位 Primary Units

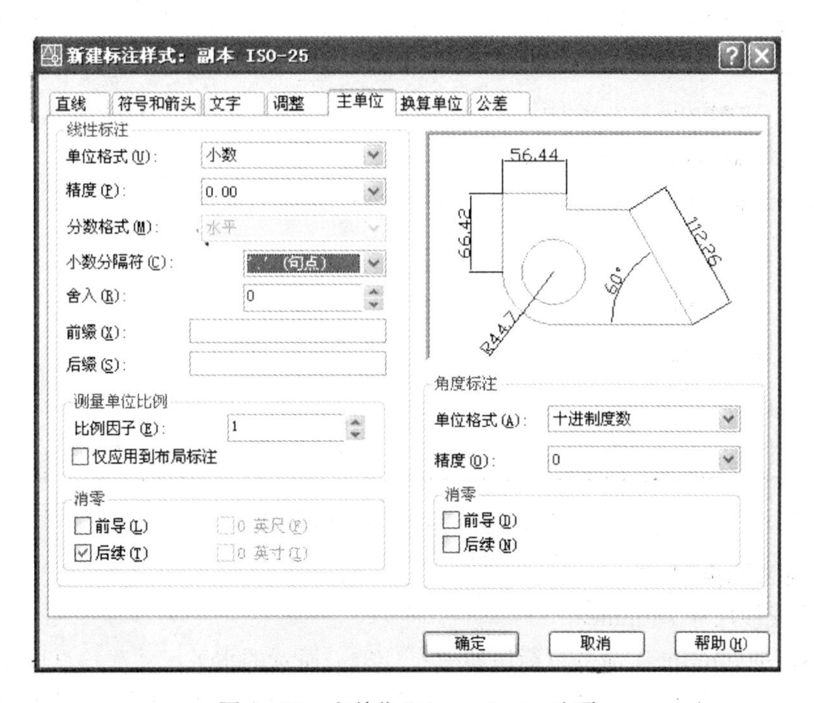


图 6 - 51　主单位 Primary Units 选项

在新建新建样式 New Dimension Style 对话框中，单击主单位 Primary Units，弹出图 6 - 51 所示对话框。可以设置线性尺寸的单位、角度尺寸的单位、精度等级和比例系数等。其中两种单位均选十进制(Decimal 和 Decimal Degrees)，精度框中一般选择整数，不带小数。

(6) 公差 Tolerances

单击公差 Tolerances 选项，弹出图 6 - 52 所示对话框。可以设置尺寸公差的参数。

方式 Method 下拉列表框，确定公差的标注形式，有 5 种形式可以选择：

无 None 只标注基本尺寸，不带公差

对称 Symmetrical 基本尺寸带相同的正负公差

极限偏差 Deviation 基本尺寸带上下偏差，如图 6 - 52 所示

极线尺寸 Limits 标注最大和最小尺寸的两个极限值

基准尺寸 Basic 在基准尺寸外面加一个方框

上偏差值 Upper value 增量框，可以在此框中输入尺寸的上偏差。

下偏差值 Lower value 增量框，可以在此框中输入尺寸的下偏差。

垂直位置 Vertical 下拉列表框，设置基本尺寸与上下偏差文本的对齐方式，有上、中、下 Top、Middle 和 Bottom 三个选项，一般可选 Middle 方式。

高度比例 Scaling for height 增量框，可以在此框中输入数值来确定公差文本的相对字高，即偏差文本字高和基本尺寸文本字高的比值，一般可选 0.5～0.8。

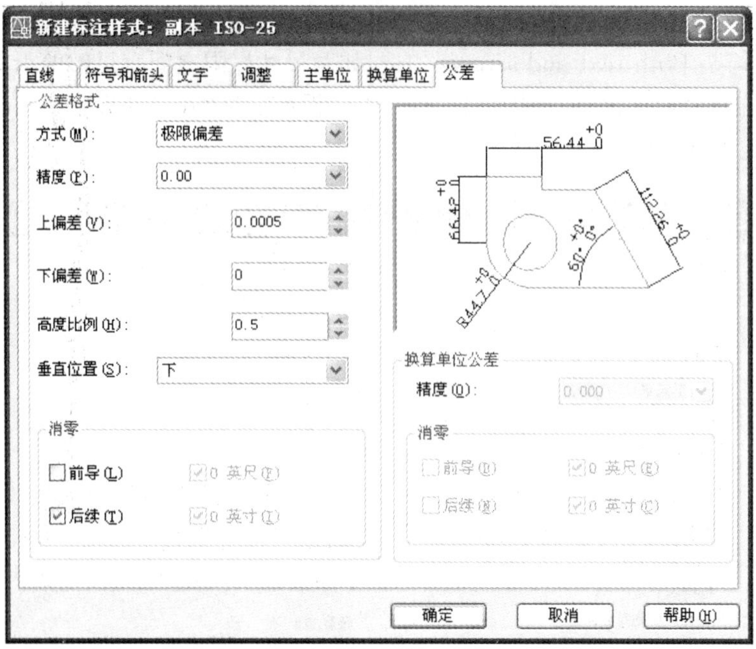

图 6-52　公差 Tolerances 选项

**2. 尺寸标注的类型**

(1) 标注线性尺寸 Dimlinear

AutoCAD 的 dimlinear 命令可标注如图 6-53(a)所示的水平尺寸和垂直尺寸。

单击 dimension 工具栏上的 Linear dimension 工具按钮，或打开 dimension 下拉菜单，单击 Linear 命令，AutoCAD 将给出如下的操作提示：

Specify first extension line origin or <select object>：

在此提示下，有两种选择

选择 1：确定第一条尺寸界限的起始点

此时 AutoCAD 将继续提示：

Specify second extension line origin or <select object>：

选择第二条尺寸界限的起始点后，AutoCAD 有如下的提示：

Specify dimension line location or [MText/Text/Angle/Horizontal/Vertical/Rotated]：

指定尺寸线的位置后，即结束该尺寸标注命令。

若要改变尺寸文本，输入 T 并回车，可以在命令行输入新的尺寸文本，回车确定，此时 AutoCAD 将继续提示：

Specify dimension line location or [MText/Text/Angle/Horizontal/Vertical/Rotated]：

指定尺寸线的位置后，即完成标注并结束该尺寸标注命令。

选择 2：直接回车以选择要标注的对象，此时提示如下：

Select object to dimension：

用户可以直接选择要标注的那一条边，选择后，AutoCAD 将继续提示：

Specify dimension line location or [MText/Text/Angle/Horizontal/Vertical/Rotated]：

这时可以直接拖动鼠标，将尺寸放到合适位置。

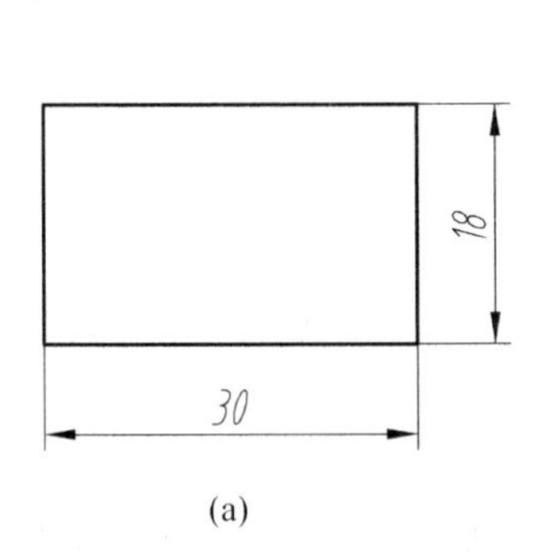


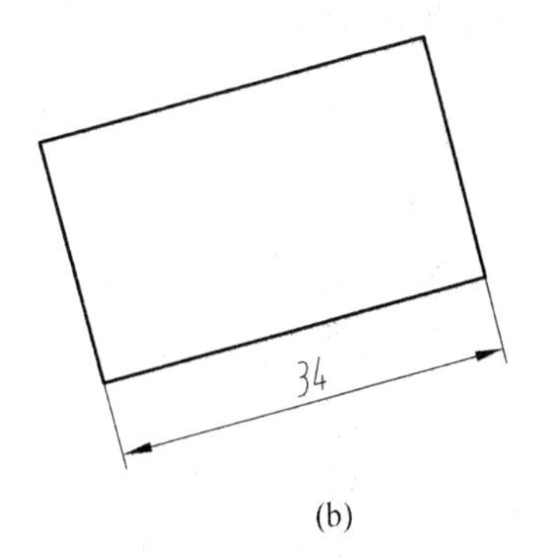


图 6 - 53　线性尺寸标注

(2) 标注对齐尺寸 Dimaligned

用户可以用 Dimaligned 命令来实现如图 6 - 53(b)所示的斜线和斜面尺寸的标注。启动此命令后，可根据提示选取点来确定第一条和第二条尺寸界限的起始点，然后类似于 Linear 标注方式，完成尺寸标注。

(3) 基线标注 Dimbaseline

对于如图 6 - 54(a)所示的基线标注。AutoCAD 提供了 Dimbaseline 来标注这类尺寸。

启动 Dimbaseline 命令后，AutoCAD 将给出如下的提示：

Specify a second extension line origin or [Undo/Select]<Select>：

在此提示下直接确定另一尺寸的第二尺寸界限起始点，即可标注尺寸。此后 AutoCAD 将反复出现如下的提示：

Specify a second extension line origin or [Undo/Select]<Select>：

直到用户标注完基本尺寸，按回车键退出。

如果在该提示符下输入 U 并回车，即执行 Undo 选项，将会删除用户的上一个标注；

另一种响应方式是在该提示下直接回车，AutoCAD 将提示：

Select base dimension：

当用户选择一条尺寸界限为基线后，AutoCAD 将提示：

Specify a second extension line origin or [Undo/Select]<Select>：

接下来的操作如前面所述。

注意：采用基线标注时，要将图 6 - 47 所示新建尺寸样式对话框中的基线间距 Baseline Spacing 的值设置为大于尺寸文本的高度。

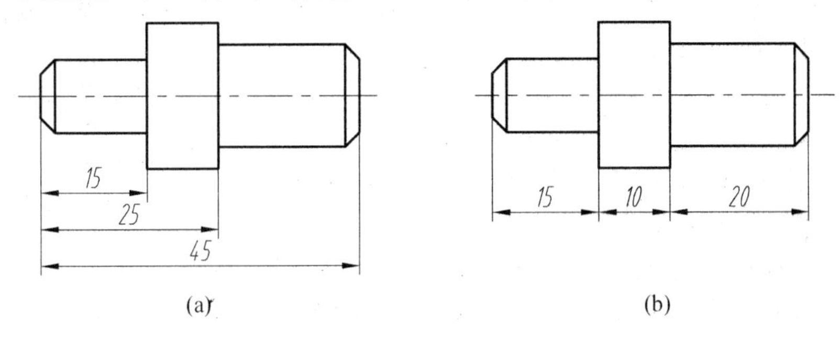


图 6 - 54　连续标注和基线标注

(4) 连续标注 Dimcontinue

AutoCAD 提供的 Dimcontinue 连续标注命令，可实现如图 6－54(b)所示的首尾相连的尺寸标注形式。

启动该命令后，AutoCAD 将给出如下的操作提示：

Specify a second extension line origin or [Undo/Select]<Select>：

1) 直接确定下一个连续尺寸的第二尺寸界限的起始点。AuroCAD 将反复出现如下提示，直到用户按 Esc 键退出为止。

Specify a second extension line origin or [Undo/Select]<Select>：

2) 输入 U 并回车，选择 Undo 选项。AutoCAD 将撤销上一个连续尺寸，然后提示：

Specify a second extension line origin or [Undo/Select]<Select>：

3) 直接回车。AutoCAD 将出现如下的提示：

Select second dimension：

确定该尺寸后，还将提示：

Specify a second extension line origin or [Undo/Select]<Select>：

(5) 标注半径尺寸 Dimradius

AutoCAD 提供了 Dimradius 命令来标注圆和圆弧的半径，启动该命令后，AutoCAD 将提示：

Select arc or circle：

选择要标注圆弧或圆，接着将会提示：

Specify dimension line location or [Mtext/Text/Angle]：

可以指定尺寸线的位置即可直接注出半径尺寸，并在尺寸数值前自动加上“R”；若要重新输入尺寸文本，可以单击“t”，必须在尺寸文本前输入字母“R”。

(6) 标注直径尺寸 Dimdiameter

AutoCAD 提供了 Dimdiameter 命令来标注圆和圆弧的直径，具体的操作如上面的半径尺寸标注。在标注直径尺寸时，若直接采用测量值进行标注时，AutoCAD 会在尺寸数值前自动加上“∅”符号；若需要更改尺寸文本，“∅”符号的输入方式为“%%c”。如果标注样式不满足要求，可以通过尺寸样式设置中“调整 fit”勾选“文字和箭头”进行调整。

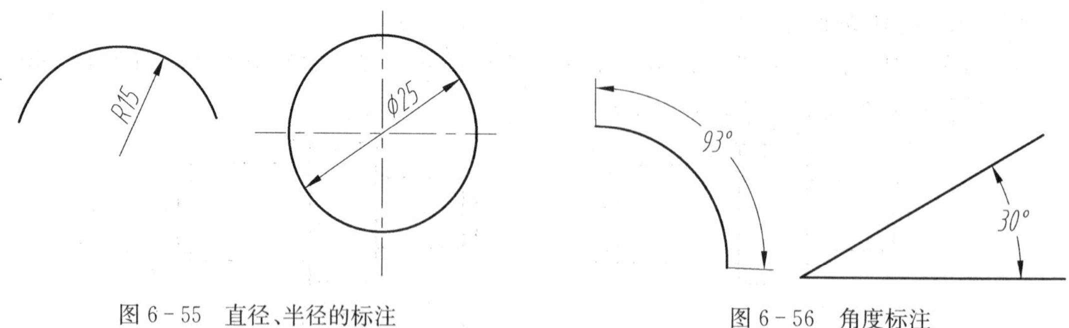


图 6－55　直径、半径的标注　　图 6－56　角度标注

(7) 标注角度型尺寸 Dimangular

AutoCAD 提供了 Dimangular 命令来标注角度型尺寸，如图 6－56 所示。

启动该命令后，AutoCAD 提示如下：

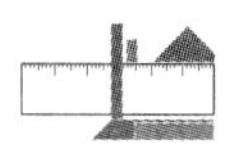

Select arc, circle, line or <Specify vertex>:

1）标注弧。在上面的提示符下选择一段弧，AutoCAD 将提示如下：

Specify dimension arc line location or [MText/Text/Angle]:

要求确定尺寸线的位置，或者选择 MText、Text 或 Angle 来更改和定制尺寸文本。在标注角度尺寸时，若直接采用测量值进行标注时，AutoCAD 会在尺寸数值后自动加上“°”符号；若需要更改尺寸文本，“°”符号的输入方式为“%%d”。

在标注角度型尺寸时，必须先将尺寸标注样式中的文本对齐方式设置为水平注写，方可符合国标要求。

2）标注圆上的某段弧。如果在提示下选择的是一个圆，AutoCAD 将自动将该选择点作为角度第一尺寸界限的起始点，并提示如下：

Specify second angle endpoint:

要求选择一点作为角度尺寸的第二尺寸界限的起点，选择一点后接下来的操作如同选择 1。

3）标注两直线间的角度。如果在提示下选择一条直线，AutoCAD 将把该直线作为角度尺寸的第一个尺寸界限，并提示：

Select second line:

选择第二条直线后，接下来的操作如同选择 1。

（8）指引标注 Qleader

AutoCAD 提供了 Qleader 命令来标注坐标尺寸。启动该命令后，提示如下：

Specify first leader point, or [Settings]<Settings>:

通过指定一个个引线点的位置，指定文字高度和文字内容，即可完成指引标注。

如果直接回车，将会出现 Leader Settings 对话框，如图 6-57 所示。在此对话框中可以设置指引线、箭头和注释的格式。

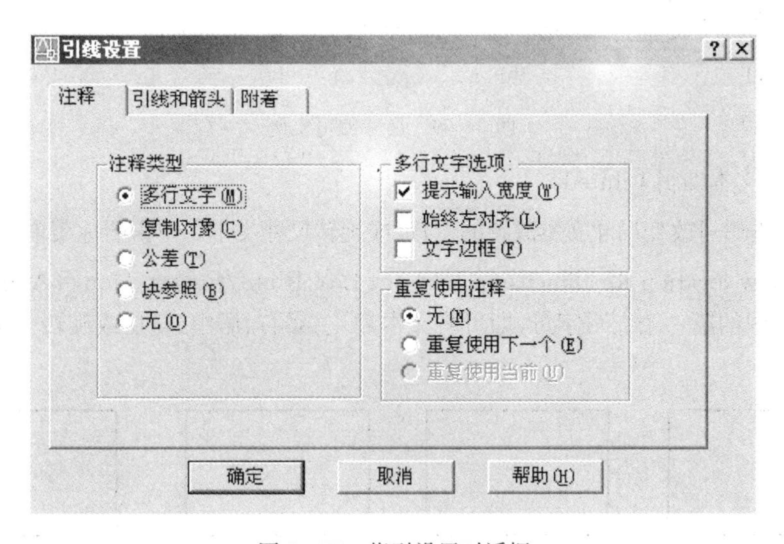


图 6-57　指引设置对话框

（9）尺寸编辑 Dimedit

使用尺寸编辑命令可改变尺寸文本、旋转尺寸文本一定角度、尺寸倾斜等。单击图标菜单，提示如下：

Enter type of dimention editing [Home/New/Rotate/Oblique]<Home>：

若输入“N”，弹出图 6－58 所示对话框

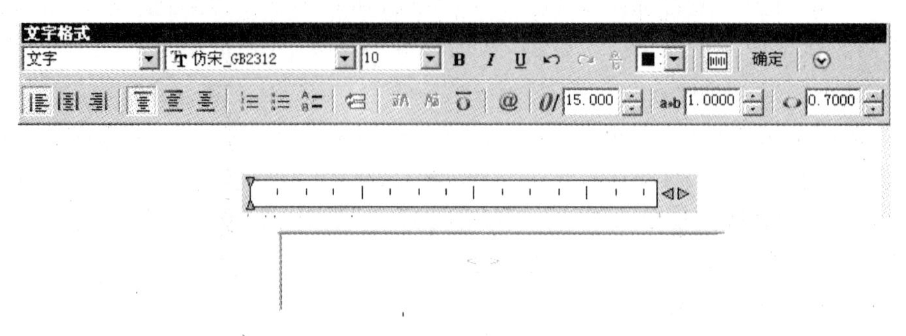


图 6－58　尺寸编辑对话框

在尖括号的前面或后面添加文本，即实现在原先尺寸文本的前面或后面添加相应文本。如在尖括号的前面添加“%%c”，单击“OK”，根据提示选择欲编辑的尺寸“100”，即可在尺寸文本 100 的前面添加“∅”。如图 6－59(b)。

若输入“R”，指定角度，即可实现尺寸文本的旋转。如图 6－59(c)。

若输入“O”，指定角度，即可实现尺寸的旋转。如图 6－59(d)。

若输入“H”，即可恢复尺寸文本的原始状态。如图 6－59(a)。

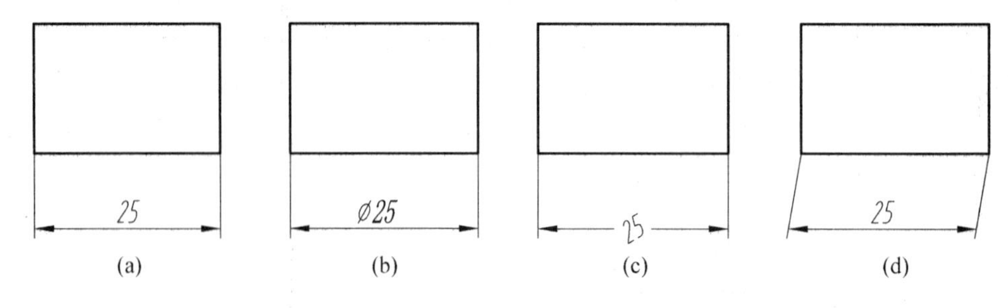


图 6－59　尺寸编辑实例

(10) 尺寸文本编辑 Dimtedit

尺寸文本编辑可改变尺寸文本放置的位置，或旋转尺寸文本。单击图标菜单，提示如下：

Specify new location for dimension text or [Lift/Right/Center/Home/Angle]：

输入括号中的第一个大写字母，即可将文本靠左、靠右、居中、复位或旋转一定角度。如图 6－60 所示。

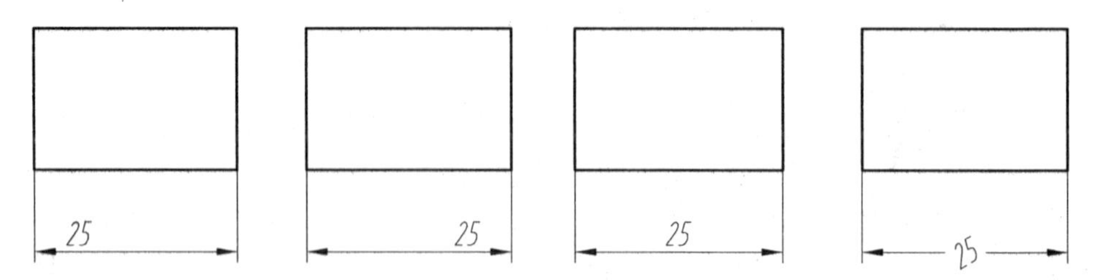


图 6－60　尺寸文本编辑实例

**3. AutoCAD标注机件尺寸示例**

在对轴承座进行尺寸标注时，首先要对尺寸标注的样式进行分析。对于绝大多数的线性尺寸，可设置其尺寸文本与尺寸线对齐，可在图6-49所示尺寸文本选项对话框中，将其尺寸文本设置为对齐(Aligned with dimension line)，以符合国标规定；而直径、半径的标注为了使拉出部分水平标注，可在图6-49所示尺寸文本选项对话框中，将其尺寸文本设置为水平(Horizontal)；左视图中的尺寸14，要求隐藏第一、第二条尺寸界线，可在图6-47所示直线选项对话框中，将尺寸线和尺寸界线的第一、第二条前面的方框勾选，即抑制显示、隐藏第一、第二条尺寸线和尺寸界线。为此，设置三种尺寸标注的样式。通常还应对尺寸文本的大小以及箭头的大小根据当前的图幅重新设定，以达到最佳显示效果。尺寸标注结果如图6-61所示。

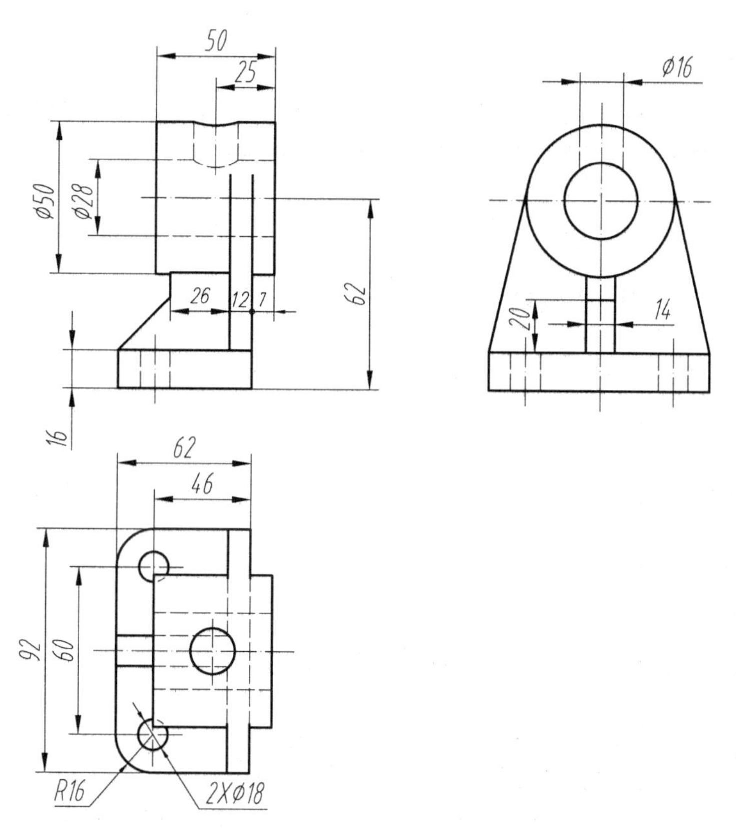


图6-61 三视图尺寸标注

## 6.2.7 AutoCAD绘制零件图及装配图

零件图、装配图中有丰富、密集的信息，除了图样信息、基本尺寸信息以外，还有文字信息、尺寸公差、形位公差、表面粗糙度等；装配图上还有配合尺寸、零件编号和明细表。在绘制零件图、装配图时，应充分利用AutoCAD的图层的性质，不同类的信息放置在不同的图层上，必要时关闭、冻结、锁定一些图层，以便于操作和管理。

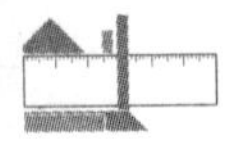


**1. 设置绘图环境**

1）首先根据零件的大小设置绘图边界。

2）设置图层。一般将零件图不同线型设置不同的图层，再设置尺寸图层、文本图层、形位公差和表面粗糙度图层等。

3）设置尺寸变量。一般设置尺寸文本的大小、箭头的大小、尺寸文本方向、尺寸线及尺寸界线的有无等参数。

4）为了达到较好的图面效果，往往需要线型选择与线型比例相结合。在加载线型对话框中，系统为同一种线型提供了多种选择。线型比例的设置可在命令输入行输入"ltscale"命令，再根据提示输入一个适当的比例值即可。

**2. 绘制图形**

绘制图形时，不同线型的图形分别进入各自的图层中绘制，并将每个图层的颜色、线型和线宽均设为"Bylayer"，便于管理。注意剖面线应在细实线图层绘制。

在绘图过程中还要充分利用图形的相同、对称等特性，用复制、镜像、阵列等功能提高绘图效率。

绘制装配图，可以用 Insert 命令，将已画好的零件图中的相应视图，作为图块插入到装配图中的指定位置，删除多余的图线，添加必要的图线，再进行修改、完善，形成装配图。

对于零件图中的尺寸、形位公差、表面粗糙度等信息，可以用关闭其所在图层的方式在装配图中去除。

**3. 标注尺寸**

零件图上的尺寸信息十分丰富，通常需要设置几种尺寸样式，分别标注线性尺寸、径向尺寸、隐藏第一条尺寸线及尺寸界线等不同类型的尺寸。

对于轴端或孔端倒角尺寸的标注，可采用引线标注。下面给出标注图 6-62 所示倒角的步骤。

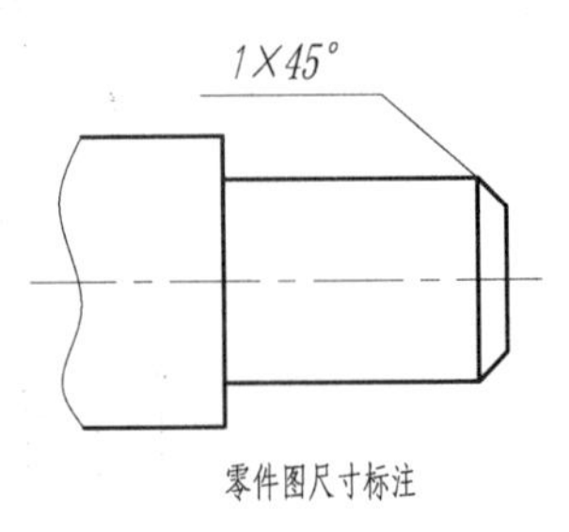

图 6-62　标注倒角

首先进入尺寸标注图层，从下拉菜单或图标激活快速引线命令，在 Specify first leader point, or [Setting]<Setting>：提示下，输入"s"，弹出引线设置对话框，点选 Annotation 注释按钮，接受如图 6-63 所示缺省设置。

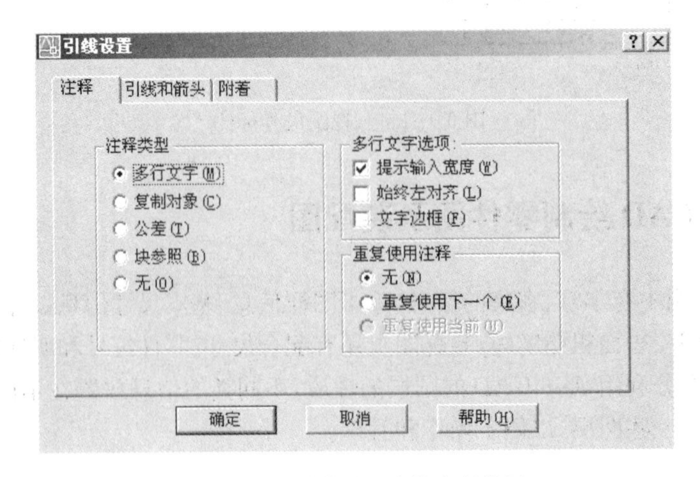

图 6-63　引线设置中的注释设置

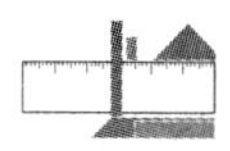

在对话框中点选引线和箭头 Leader Line & Arrow 按钮，对话框如图 6－64 所示。在对话框中将箭头设为 None，点数最大值选为 3，角度约束 First 第一段选 45°，Second Segment 第二段选 Horizontal 水平。

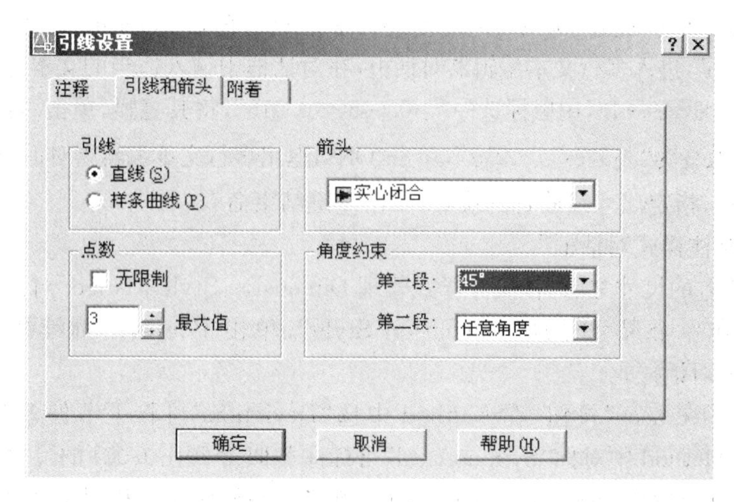


图 6－64　引线和箭头设置

点选 Attachment 附件按钮，如图 6－65 所示，勾选最后一行加下划线复选框 Underline bottom line。单击 OK 设置完毕，退出对话框。

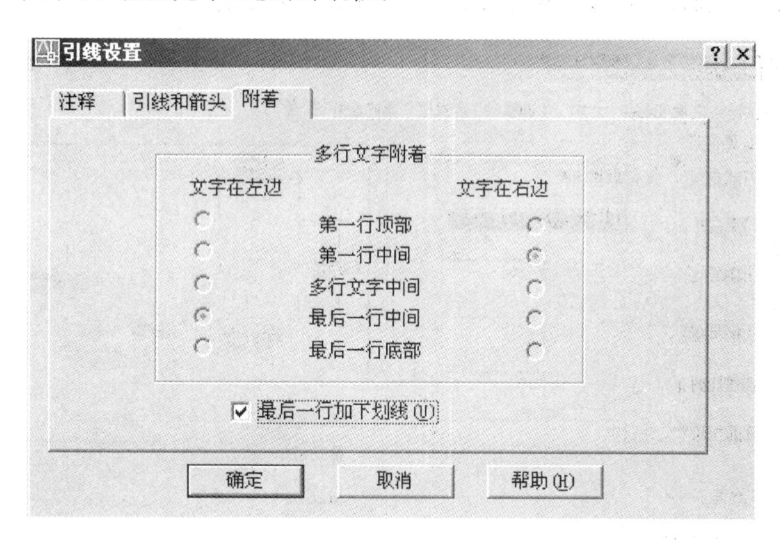


图 6－65　附件设置

继续按提示指定三点，在多行文本编辑器中确定文字样示、文本高度后，输入引线标注文字 1×45%%d，单击 OK 退出对话框，完成倒角的引线标注如图 6－62。

**4. 标注尺寸公差**

在 AutoCAD 中，有多种标注零件图中尺寸公差的方法。

(1) 利用"多行文本编辑器"

在标注尺寸时，当完成对象选择后，转换为多行文本模式，采用对话框中的"堆叠"按钮，将选中的上下偏差值堆叠放置。

以下为标注$\varnothing 20^{+0.006}_{-0.015}$的操作过程：

1）激活“线性标注”命令。

2）用目标捕捉方式指定第一条尺寸界线的原点，和第二条尺寸界线的原点。

3）在 Specify dimension line location or [MText/Text/Angle/Horizontal/Vertical/Rotated]：的提示下，输入“m”，进入多行文本编辑器对话框，在对话框中输入适当的文本样式和高度，输入“%%c<>+0.006^-0.015，用鼠标选中“+0.006^-0.015”，将其亮显，单击对话框中的“堆叠”，原先的输入改变为“%%c<>$^{+0.006}_{-0.015}$”，单击“OK”，退出多行文本编辑器对话框。

4）按照提示，指定尺寸线放置的位置，单击左键结束命令。

（2）利用“标注样式对话框”

在标注带公差的尺寸之前，在尺寸样式管理 Dimension Style Manger 对话框中，单击新建 NEW 按钮，新建一个尺寸样式“Dimension Style”，单击 Continue 继续按钮，弹出 NEW Dimension Style 对话框。

单击公差“tolerances”按钮，在 Method 中选“Deviation”可将上下偏差分别标注，如图 6-66所示。而 Method 中对称“Symmetrical”可标注类似 $\varnothing 20\pm 0.001$ 的尺寸公差。Precision 可用来指定偏差的精度。Scale for height 用来指定偏差相对于公称尺寸的比例，Vertical 用来指定偏差相对于公称尺寸的位置。Upper value 用来指定上偏差值，Lower value 用来指定下偏差值。注意，由于下偏差自动带有“-”号，若下偏差为正值时，需输入“-”号。显然，每标注一个尺寸就必须重新设定或修改尺寸样式，这种方法并不方便。

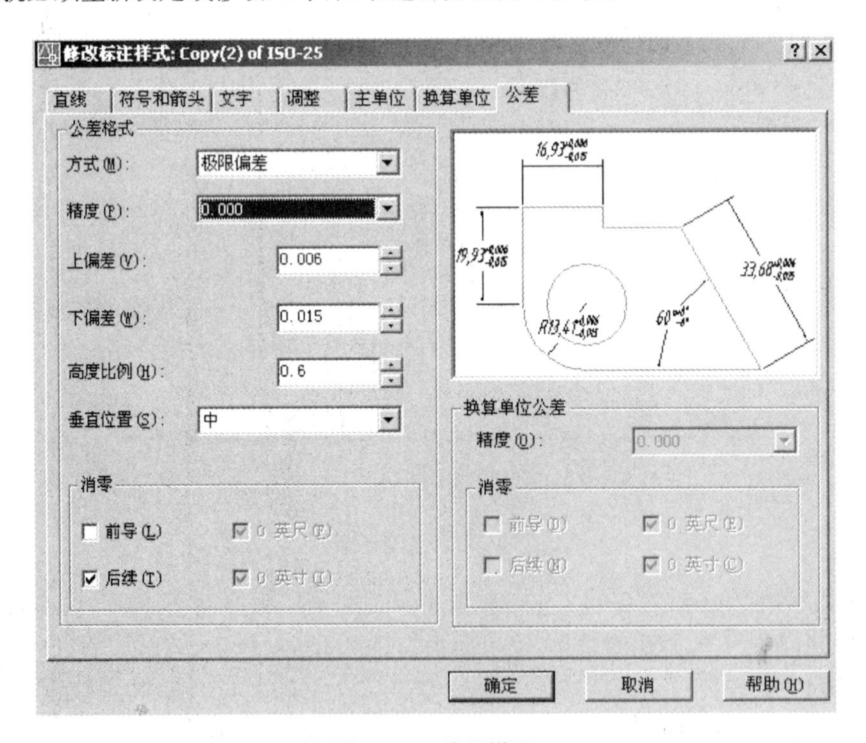


图 6-66 公差设置

（3）利用“对象属性”

标注的步骤如下：

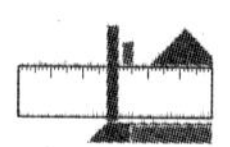

1）先标注公称尺寸$\varnothing 20$。

2）选中该尺寸，单击 对象属性按钮，进入图 6－67(a)所示对话框。

3）单击 Tolerances 前的“＋”号，对象属性对话框改变如图 6－67(b)所示。

4）将 Tolerance display 下拉选项中选择 Deviation，即可在 Tolerance limit lower 和 Tolerance limit upper 中输入所需的下偏差和上偏差值。

5）在 Tolerance precision 中输入所需精度，在 Tolerance text height 中输入偏差文本高度。

6）关闭对话框，原尺寸$\varnothing 20$变为$\varnothing 20^{+0.006}_{-0.015}$。

通常方法 1 和方法 3 标注尺寸公差更为方便、灵活。

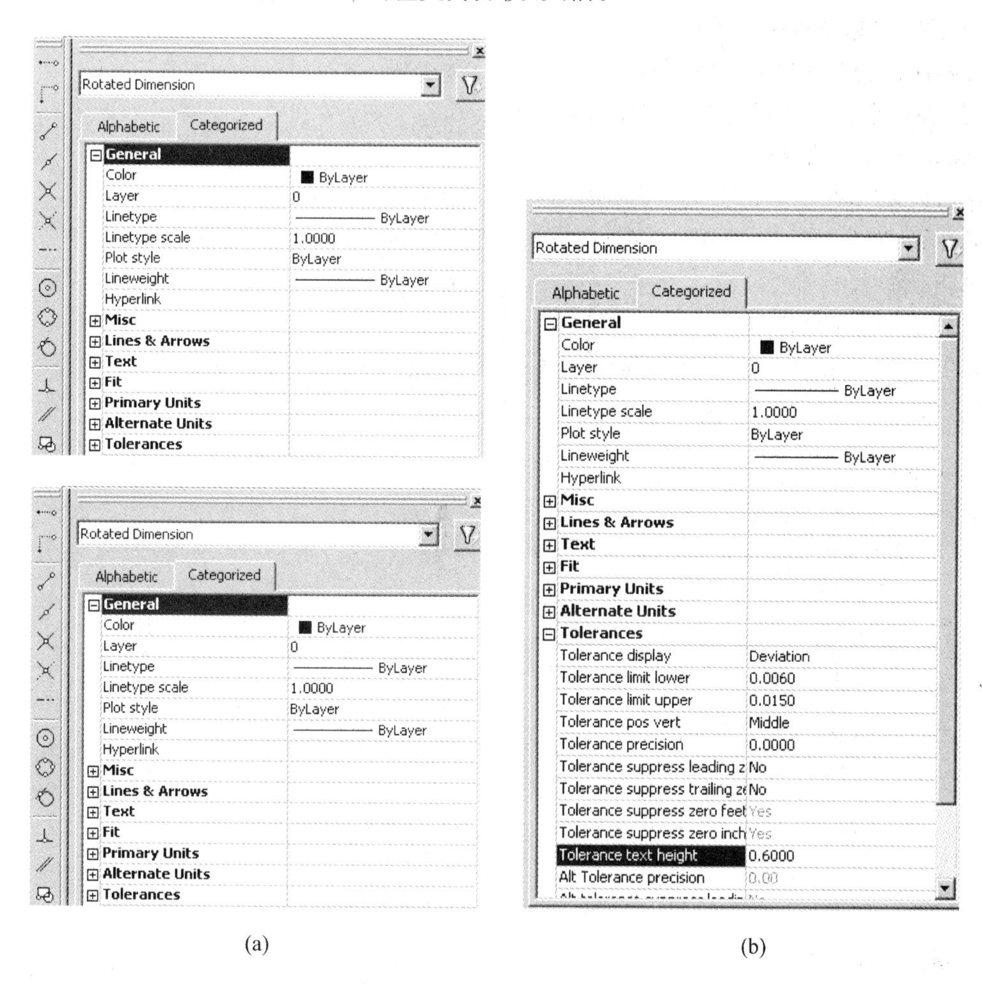


(a)　　　　(b)

图 6－67　对象属性对话框

**5. 标注形位公差**

AutoCAD 提供的 Tolerance 命令可用来定义形位公差符号、公差值和基准，自动生成公差控制框。下面以标注同轴度公差 | ◎ | $\varnothing$0.01 | A | 为例，说明标注操作步骤。

1）点击图标按钮 ，或从下拉菜单 Dimension-Tolerance ... 激活公差命令，弹出对话框如图 6－68 所示。

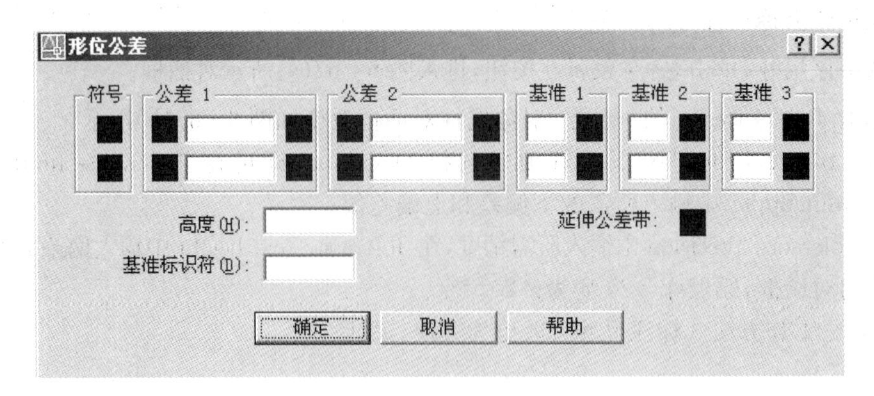


图 6-68　形位公差值

2）单击“Sym”打开符号对话框如图 6-69，选择同轴度公差符号，公差对话框中自动添加。

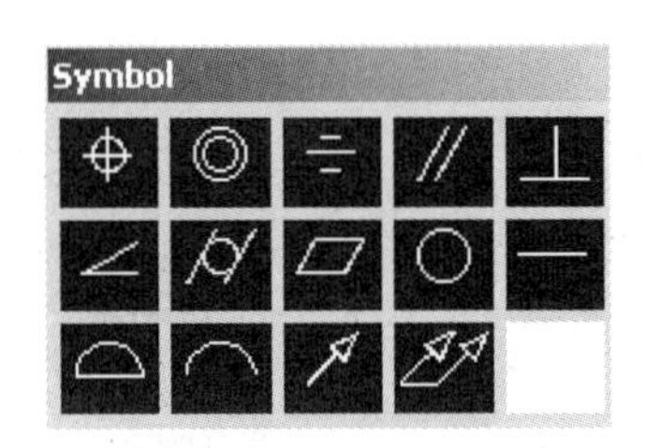


图 6-69　形位公差符号

3）根据需要添加直径符号，输入公差值，输入基准，如图 6-70 所示。

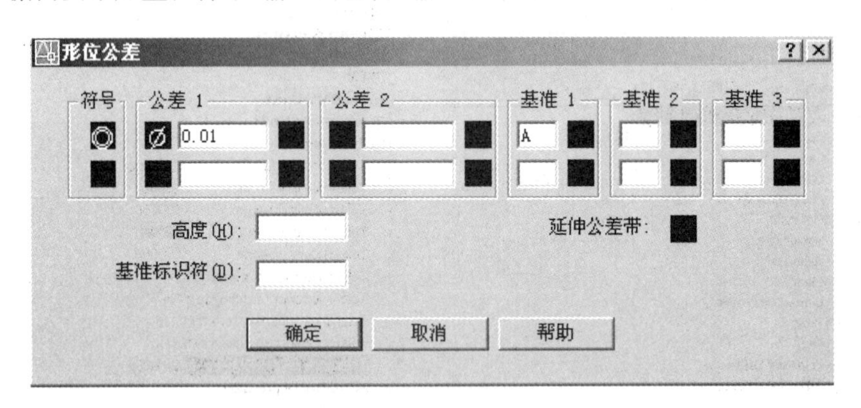


图 6-70　形位公差值的输入

4）单击 OK，根据提示指定公差控制框的放置位置，利用引线标注，为公差控制框添加引线。

**6. 标注表面粗糙度**

表面粗糙度由表面粗糙度符号和标注表面粗糙度值组成，考虑到表面粗糙度的值是变化的，通常将表面粗糙度符号定义为属性块较为方便。操作如下：

1）在细实线图层上，用 Polygon 多边形命令绘制等边三角形，用 Explode 将三角形炸开为三条线段，Lengthen 将右边线段向上延长 2 倍，即可完成用去除材料的方法获得的表面粗糙度基本符号。

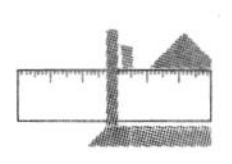

2）下拉菜单 Draw-Block-Define Attributes ... 弹出属性定义对话框，见图 6－71。

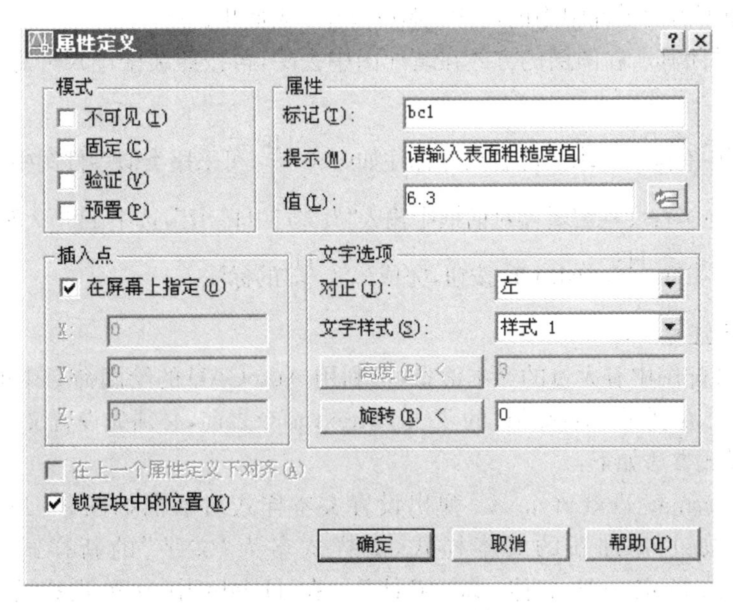


图 6－71　属性定义对话框

3）在 Attribute 属性区为 Tag 输入标记名，标记名可以由除空格以外的任何字符组成，如"bc1"；在 Prompt 提示栏输入相应的提示，如"请输入表面粗糙度值"；在 Value 中输入默认属性值，如 6.3 为表面粗糙度的 Ra 值。

4）在 Text Option 文本选项区 Justification 中选择"left"左对齐；选择文本样式、高度及旋转角度。

5）点击"Pick point"按钮，在图形窗口中指定属性值的插入点。在此为表面粗糙度符号的左上方一点。单击 OK 退出对话框。这时表面粗糙度的上方出现属性标注符号，如 BC1。

6）单击 Make block 图标按钮，在块定义对话框中输入块名"bc1"，指定三角形下端点为插入点，选择符号和属性标记整体作为一个属性块。

属性块定义完成后，可通过 Wblock 命令将属性块存盘，即可在所有图形文件中插入属性块。插入图块的方法：

单击 Insert block 图标按钮，在 Insert 对话框中选择属性块文件"bc1"，在屏幕上指定插入点，若需在倾斜表面上标注表面粗糙度，当提示为 Specify rotation angle <0>:时，拉动插入点与拾取点之间的"皮筋"，使其与表面重合，单击左键，即指定了旋转角度，表面粗糙度值连同符号一同旋转标注在倾斜表面上。

另外，机械制图的国家标准规定，在标注表面粗糙度时，不同倾斜角度的平面，表面粗糙度符号和值的标注方向有所不同，如图6－72所示。为满足各种倾斜角度的平面标注表面粗糙度的需要，可再创建一个如 BC1 所示的属性块，即可满足所有方向倾斜表面的表面粗糙度标注要求。

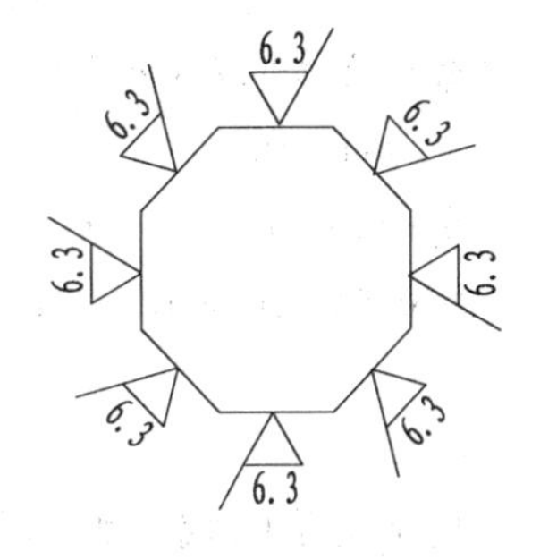


图 6－72　表面粗糙度符号和值的标注方向

**7. 标注装配图中的配合尺寸**

在装配图中不需要零件图中的尺寸、形位公差、表面粗糙度等信息，可以用关闭其所在图层的方式在装配图中去除，再按照装配图尺寸标注的要求，标注必要的尺寸。

对于装配图中有配合要求的配合尺寸标注如$\varnothing 50\ \frac{H8}{f7}$，可采用类似零件图中尺寸公差的标注方法进行标注。在多行文本编辑器对话框中输入“%%c50H8/f7”，选中 H8/f7 使其亮显，单击堆叠按钮变为%%c50 $\frac{H8}{f7}$，单击 OK 按钮，完成$\varnothing 50\ \frac{H8}{f7}$的标注。

**8. 文本信息注写**

在零件图、装配图中有大量的文本信息，可利用 AutoCAD 的绘图命令中的文本 Taxt，或多行文本 Mtext。在利用 AutoCAD 的 Text，Mtext 命令之前，必须先设置文本样式。

设置文本样式方法如下：

下拉菜单 Format-Text style... 弹出设置文本样式对话框如图 9－12。在对话框中可以通过 New 按钮，添加新的文本样式，如样式名为“文字”的新样式。可以在 Font name 中为新样式指定一种字体，如“宋体”。在 Height 中为样式指定文本高度，如“10”。还可在 Width Factor 和 Oblique Angle 中为新文本指定宽度因子和文字倾斜角度。

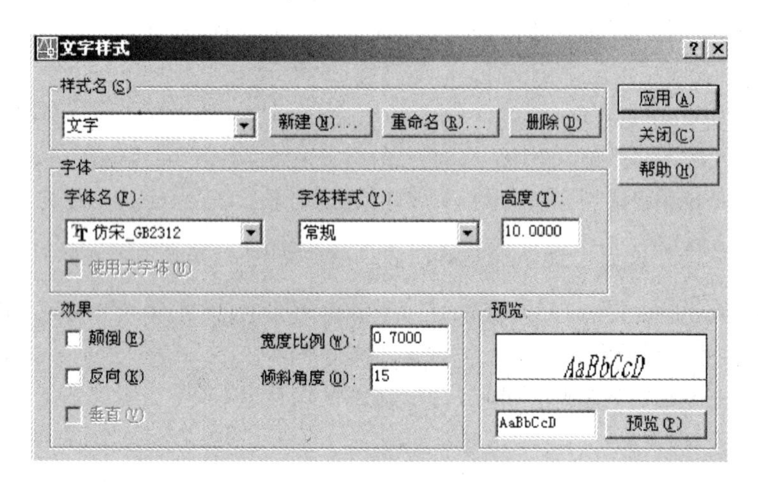


图 6－73　设置文本样式对话框

添加文本“技术要求“的操作如下：

命令：mtext

Specify first corner:　　指定第一角点：

Specify opposite corner or [Height/Justify/Line spacing/Rotation/Style/Width]:

指定对角点或[高度(H)/对正(J)/行距(L)/旋转(R)/样式(S)/宽度(W)]：

指定文字区域后弹出如下对话框，即可输入所需文本。OK 后即可在指定位置创建文本。

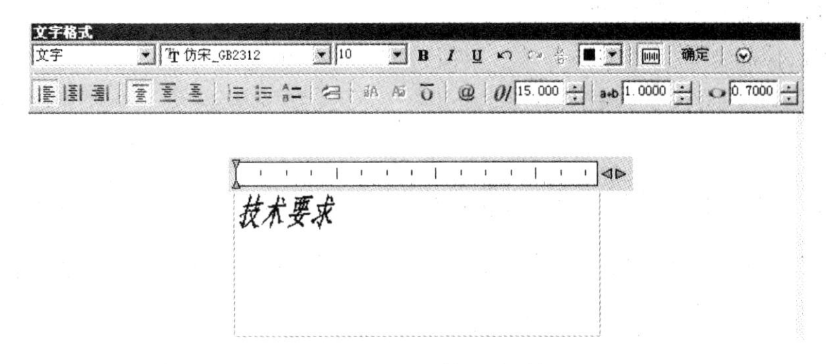


图6-74 文本输入对话框

**9. 绘制图框、标题栏和明细表**

可自行绘制图框和标题栏，用Text命令添加标题栏中的公共文字，然后制作成图块，供以后调用。也可利用Insert-Layout-Layout from template，调用AutoCAD提供的现成模板，直接插入即可，如图6-75所示。

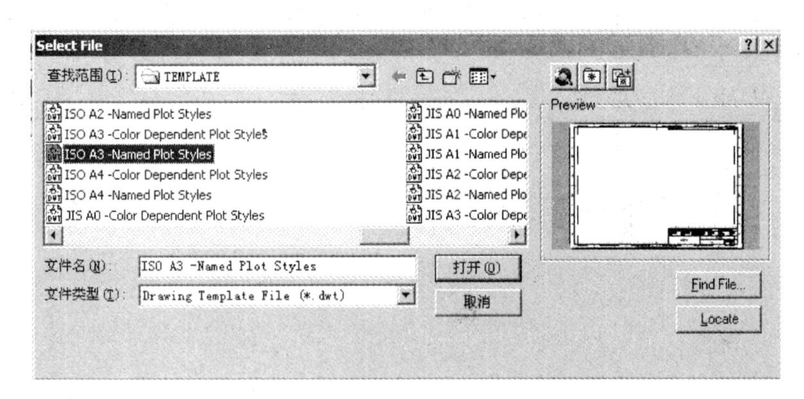


图6-75 调用AutoCAD提供的模板

绘制装配图中的明细表时，应根据明细表中边框为粗实线、中间为细实线的规定，在相应的图层用Line命令绘制明细表。在细实线图层中用Mtext命令填写明细表中的文字及零件序号，用Line命令绘制零件的引线。

## 6.3 三维造型软件及应用 (3D Modeling Software and its Applications)

目前应用较为广泛的三维造型软件有Pro-E，CATIA，3DSMAX，Unigraphics等，本节简要介绍三维造型软件Unigraphics在工程设计中的主要功能及应用。

Unigraphics是美国EDS公司推出的CAD/CAM/CAE一体化软件，它的功能覆盖了从概念设计、制造、分析、检验及产品数据管理的全过程。UG的三维模型就是产品的数字化模型，它完整地记录了实体的几何拓扑信息和其他信息，是无纸化设计制造的信息载体。

UG的各项功能都是通过各自的应用模块实现的。有集成环境进口模块Gateway、产品造型模块Shape studio、零件建模模块Modeling、制图模块Drafting、装配模块Assemble、数控加工模块Manufacturing、产品分析模块Analysis(又分结构分析模块Structures、运动分析模块Motion、注塑模分析模块Moldflow Part Adviser)、板金模块Sheet Metal、管道布线模块Routing & Wire Harness、电子数据表模块Spreadsheet、照片模块UG/Photo及Web快车模块UG/Web Express等多种模块。本节简要介绍UG的建模模块、工程图模块和装配模块的主要功能。

## 6.3.1 UG用户界面(UG user interface)

选择开始—程序—Unigraphics NX3—Unigraphics,即可进入UG NX3的Gateway模块,在Application下拉菜单中选择Modeling,则进入建模模块,相应的建模图标菜单击活。用户界面如图6-76所示。

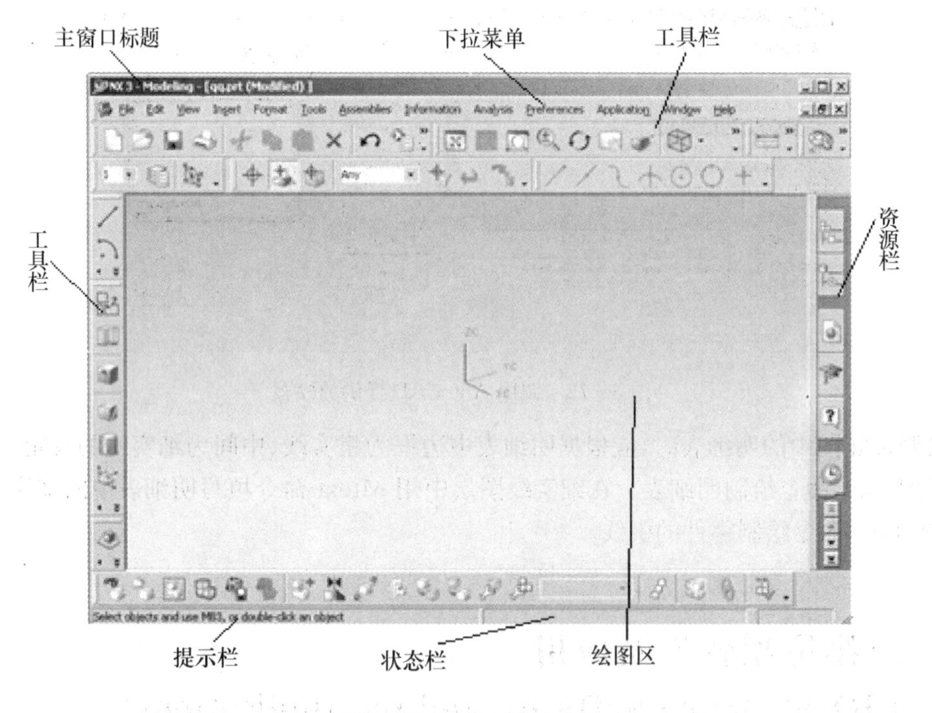


图6-76 UG用户界面

1) 主窗口标题栏(Main window title bar)。主窗口标题栏用于显示软件版本及当前所使用的应用模块的名称。

2) 工具栏与下拉菜单(Toolbar and menus)。工具栏与下拉菜单中的菜单项相对应,执行相同的功能。UG的各功能模块提供了许多使用方便的工具栏,用户可以根据需要对工具栏图标进行设置。

3) 图形窗口(Graphics window)。用于显示模型及相关对象。

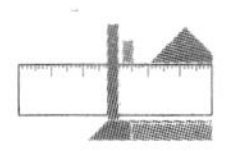

4）提示栏（Prompt bar）。提示栏位于绘图区的下方，主要用来提示用户下一步该做何操作。执行每个命令步骤时，系统都会在提示栏中显示用户必须执行的动作。在操作时，最好先了解提示栏的信息，再继续下个步骤，可避免一些错误。

5）状态栏（Status bar）。状态栏用于显示系统状态及功能执行情况。在执行某项功能时，其执行结果会显示在状态栏中。当完成选择对象后，状态栏显示是否选中对象及选择对象的个数。

6）资源栏（Resource bar）。资源栏包括装配导航器、模型导航器、主页浏览器、培训、历史。

在 Gateway 模块，许多功能都找不到。若需要进行建模操作，则必须首先进入建模模块 Modeling。

## 6.3.2　曲线与草图（Curve and Sketch）

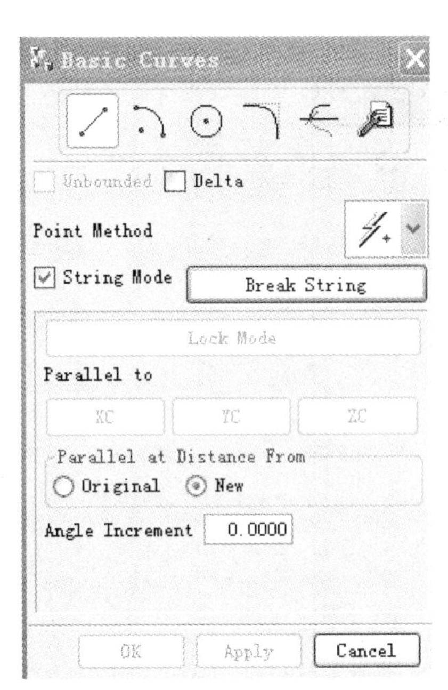


图 6 - 77　基本曲线对话框

曲线和草图是建立实体模型的基础，通过对曲线和草图的拉伸、旋转、扫描等操作，可以建立截面形状复杂的实体模型。UG 的曲线（Curve）功能十分强大，不仅可以建立简单曲线，还可以建立各种各样的复杂曲线。通常只利用基本曲线（Basic Curves）功能建立平面曲线，而空间曲线通常用于自由曲面的建立。基本曲线对话框如图 6 - 77 所示。

利用 UG 的曲线功能，可以建立直线（Line）、圆弧（Arc）、圆（Circle）、曲线间圆角（Curve Fillet）、曲线间倒角（Curve Chamfer）、曲线的修剪与延长 Trim Curve）等。

一般的曲线对象不具有完全的参数化特征。

草图（Sketch）可以建立与模型相关的平面曲线。通常先利用草图曲线建立模型的大致轮廓，然后对草图曲线进行几何约束（Constraint）和尺寸约束（Dimensions），精确定义其形状。

在绘制草图时，首先要创建草图的工作平面。建立草图的工作平面对话框如图 6 - 78 所示。草图工作平面是绘制草图对象的平面，可以是实体表面或片体表面、坐标平面、基准面等。

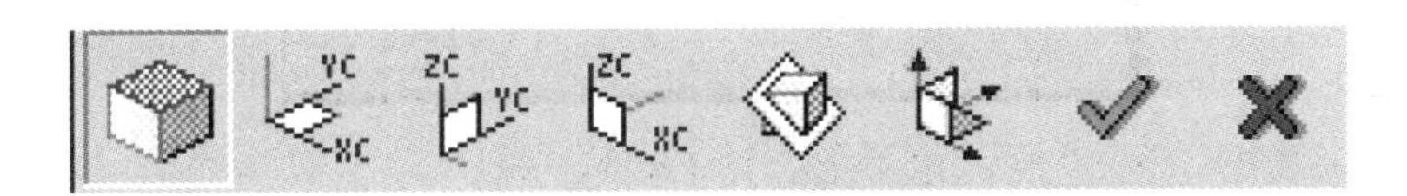


图 6 - 78　建立草图工作平面

利用如图 6 - 79 所示草图曲线工具条，可直接在草图平面上绘制草图对象。在绘制草图对象时，只需绘制近似的曲线轮廓即可，草图的准确尺寸、形状或位置，可通过尺寸约束

(Dimensions)和几何约束(Constraint)确定。

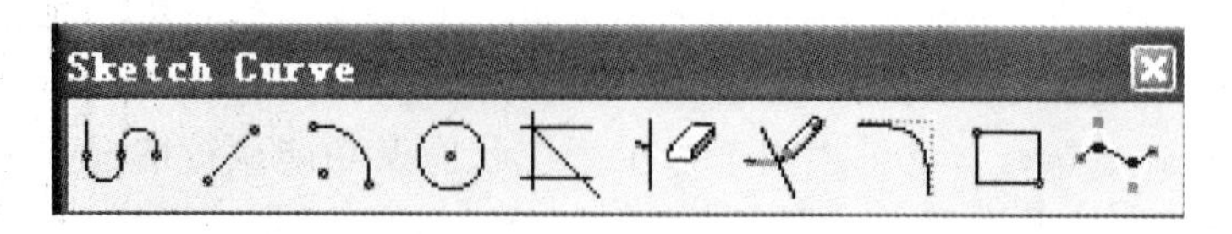


图 6-79　草图曲线工具条

图 6-80 为在当前所选对象的前提下可能有的几种约束类型。所选择的对象不同,可能出现的约束种类也有所不同。图 6-81 为尺寸约束对话框,利用该对话框可以精确地为草图指定尺寸。

图 6-80　几何约束

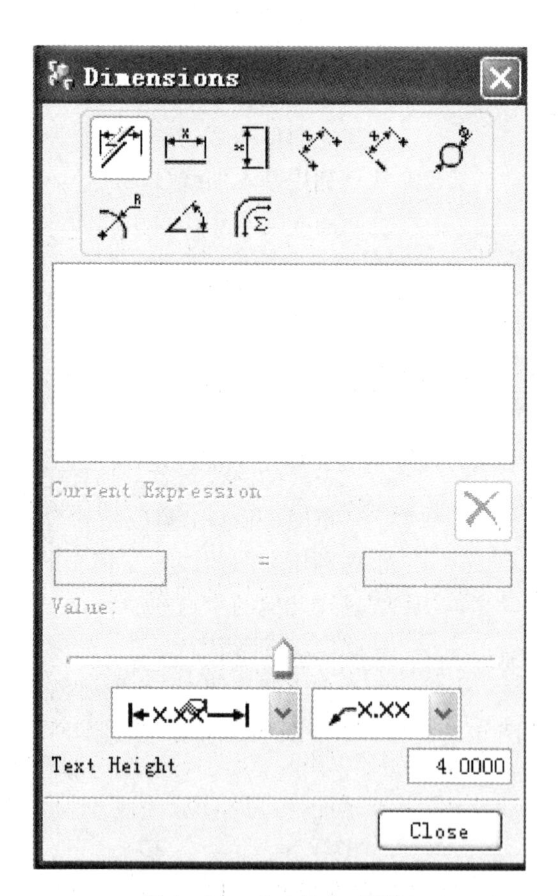


图 6-81　尺寸约束对话框

图 6-82 是一个通过草图创建及拉伸为实体的实例。先不考虑尺寸勾画出大致形状。然后进行几何约束,再进行尺寸约束,完成草图。利用 Extrude 拉伸命令,拉伸距离为 160,完成拉伸实体。

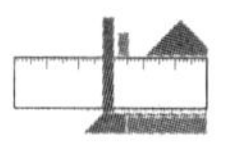

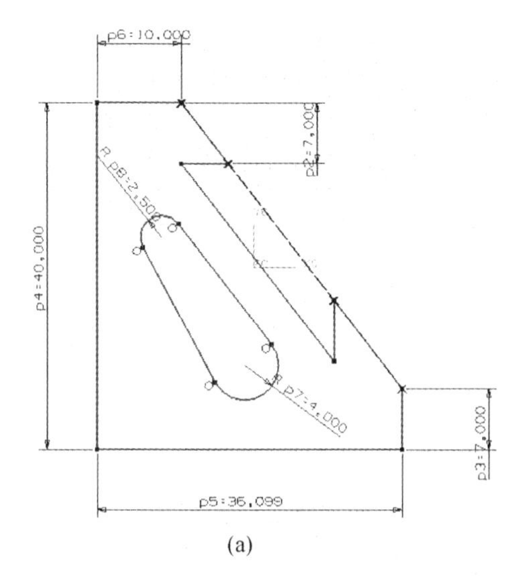


(a)

(b)

图 6-82　草图实例

## 6.3.3　建模 Modeling

利用下拉菜单或工具栏可实现 UG 的建模操作。建模工具条主要有三个:Form Feature(建立特征)、Feature Operation(特征操作)和 Edit Feature(编辑特征)。

Form Feature(建立特征)下拉菜单如图 6-83 所示,包括:基本特征、扫描特征、参考特征、成型特征、用户自定义特征等。

基本特征是 UG 中可以通过指定参数直接创建的特征,如长方体 Block、圆柱体 Cylinder、圆锥体 cone、圆球 Sphere 等。

扫描特征可以将利用 UG 的曲线功能和草图功能创建的二维图形进行拉伸扫描、旋转扫描、沿导向线扫描及管道等,形成三维实体。图 6-84 为二维曲线旋转扫描及二维曲线沿导向线扫描所建立的实体模型。

参考特征可以创建满足各种要求的基准平面和基准轴。图 6-85 上图所示为一个与圆柱外表面相切的基准平面。

成型特征是实际制造过程中常用的工艺形状特征。这些特征不能单独建立,只能在已存在的模型上添加或去除材料,以形成凸台、凸垫、孔、键槽、沟槽和腔体。利用用户自定义特征还可以建立 UG 未定义的其他形状特征。图 6-85 所示键槽不能建立在圆柱表面上,必须首先创建一个与圆柱表面相切的辅助基准平面,方可实现键槽的创建。图 6-85 下图为在圆柱表面上创建的沟槽。

当创建好实体或特征后,往往要对它进行各种各样的修改,以便获得更加复杂的形体或特征。UG 提供了多种特征操作。Feature Operation(特征操作)下拉菜单如图 6-86 所示,常用的有实体拔锥(Taper)、边倒圆 Edge Blend)、倒斜角(Chamfer)、镂空(Hollow)、螺纹(thread)、阵列特征(Instance)、缝合(Sew)、偏移表面(Offset Face)、比例缩放(Scale)、裁剪实体(Trim)、分割实体(Split)以及布尔运算(并 Unite、差 Subtract、交 Intersect)等。

Datum Plane...
Datum Axis...
Datum CSYS...

Extruded Body...
Revolve...
Sweep along Guide...
Tube...

Hole...
Boss...
Pocket...
Pad...
Slot...
Groove...
Dart...

User Defined...

Extract...
Sheet from Curves...
Bounded Plane...
Thicken Sheet...
Sheets to Solid Assistant...

Block...
Cylinder...
Cone...
Sphere...

图 6-83　建立特征下拉菜单

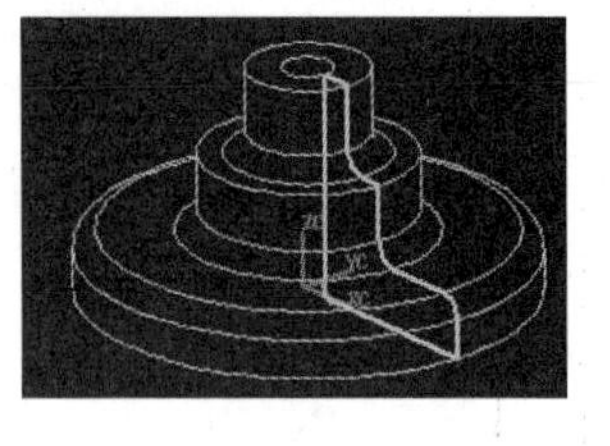

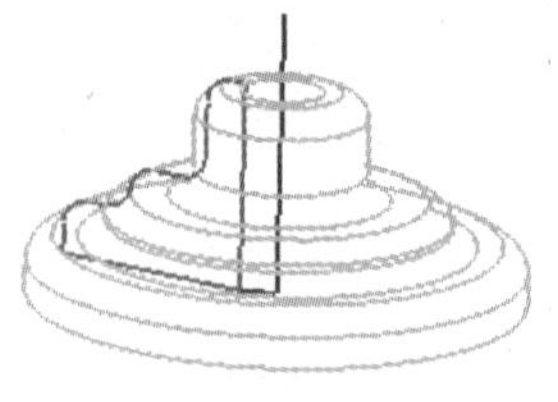

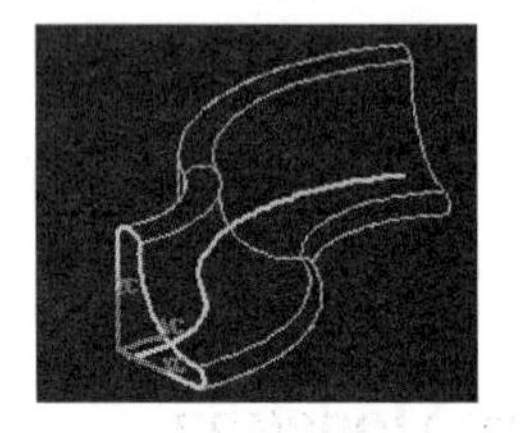

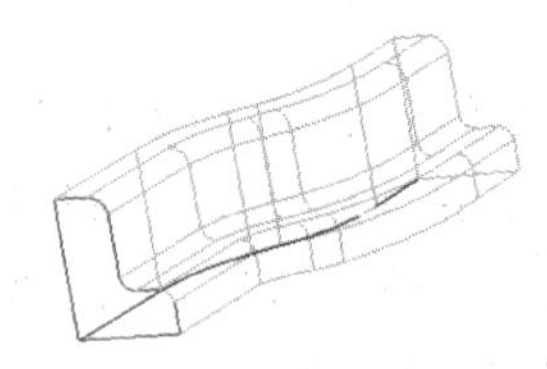

图 6-84　扫描特征

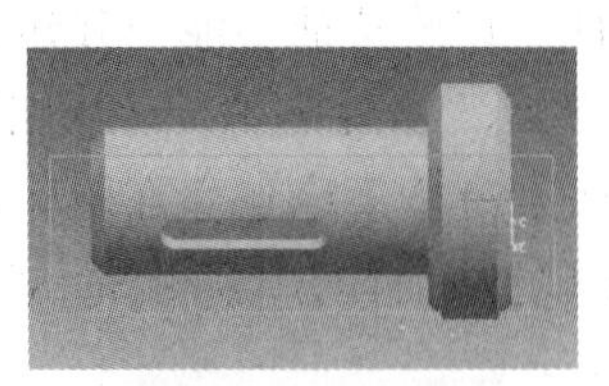

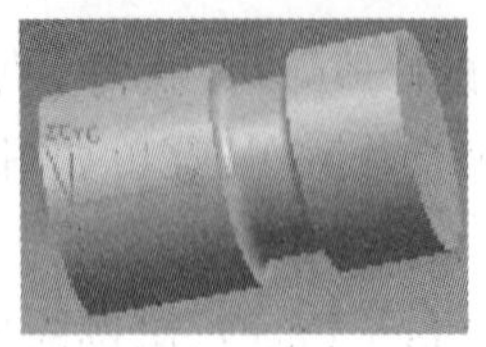

图 6-85　键槽和沟槽

Taper...
Body Taper...
Edge Blend...
Face Blend...
Soft Blend...
Chamfer...
Hollow...
Thread...
Instance...

Sew...
Patch...
Simplify...
Wrap Geometry...
Offset Face...
Scale...
Emboss Sheet

Trim...
Split...

Unite...
Subtract...
Intersect...

Promote...

图 6-86　特征操作下拉菜

图 6－87 分别为倒斜角、面倒圆、螺纹及环形阵列的实例。

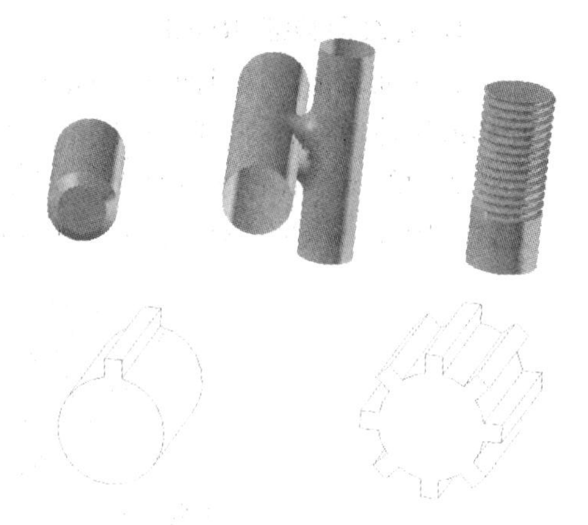

图 6－87　倒斜角、面倒圆、螺纹及环形阵列

UG 建模时大致遵循由粗到细的过程。即首先准备一个毛坯，可通过草图建立截面曲线，再通过拉伸或旋转实现；然后对毛坯进行粗加工，可通过凸台 Boss、凸垫 Pad、孔 Hole、腔 Pocket、直槽 Slot、环槽 Groove 等实现；最后对模型进行细化，即对模型进行精加工，可通过倒圆 Blend、倒角 Chamfer、修剪体 Trim Body、镂空 Hollow、拔锥 Taper、缝合 Sew 以及布尔操作等实现。图 6－88 为齿轮油泵泵盖实体建模实例。

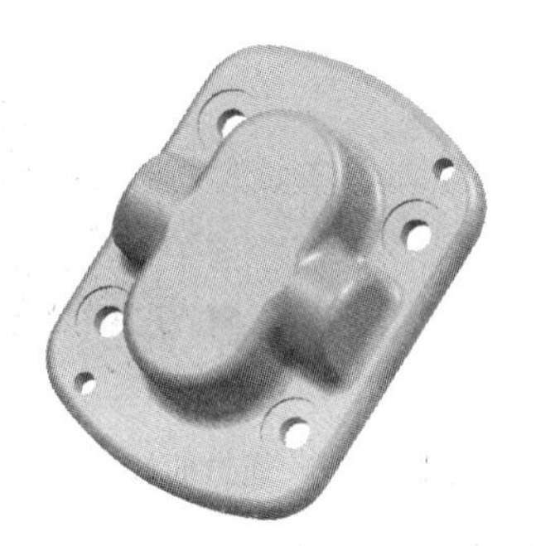

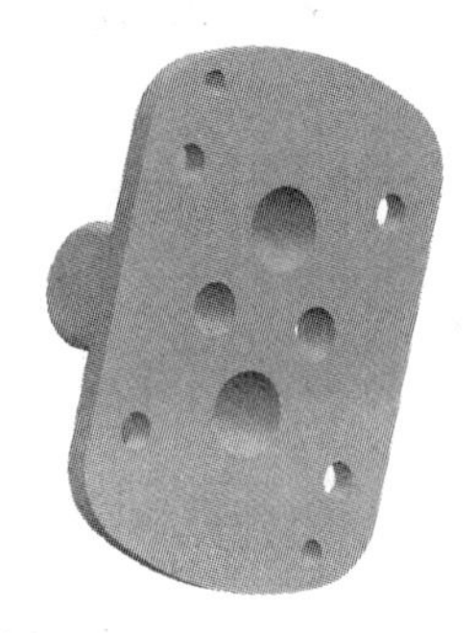

图 6－88　实体建摸实例

## 6.3.4　自由形状特征 Free Form Feature

自由形状特征 Free Form Feature 是 CAD 模块的重要组成部分，现代产品设计中绝大多数产品的设计都离不开自由形状特征。绝大多数实际产品的设计都离不开自由形状特征。UG 自由曲面造型的构造方法繁多，功能强大，它既能生成曲面，也能生成实体。从下拉式菜单 Insert—Free from feature 可得自由形状特征的所有命令。自由形状特征工具条如图 6－89 所示。

由点生成的自由形状特征是非参数化特征，即生成的特征与原始构造点不关联，当构造点变化后，特征不会产生关联性更新变化。所以，尽量不要使用由点生成的自由形状特征。常用的由点生成的自由形状特征有直纹面（Ruled）、通过曲线（Through Curves）、过曲线网格（Through Curve Mash）、扫描（Sweot）、截面体（Section）、桥接（Bridge）、N 边表面（N-Sided

Surface)、延伸(Extension)、偏置片体(Offset)等。

**1. 直纹面特征(Ruled)**

直纹面特征为通过两条截面线串(Section String)而生成的片体或实体,每条截面线串可以由多条连续的曲线、体边界或多个体表面组成。在创建直纹面时常用参数对齐方式和弧长对齐方式。图 6 - 90 为参数对齐方式生成的直纹面。

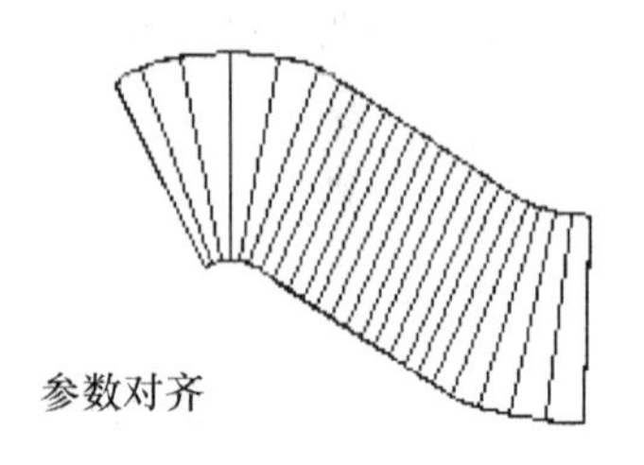


图 6 - 90　直纹面特征

**2. 通过曲线(Through Curves)**

通过曲线方法是利用一系列截面线串作为轮廓曲线,建立片体或实体,如图 6 - 91 所示。利用通过曲线方法所生成的特征与截面线串相关联。当截面线串编辑修改后,特征会自动更新。

图 6 - 91　通过曲线

Through Points...
From Poles...
From Point Cloud...

Ruled...
Through Curves...
Through Curve Mesh...
Swept...
Section...
Bridge...
N-Sided Surface...
Transition...

Extension...
Law Extension...
Silhouette Flange...
Offset...
Rough Offset...
Quilt...

Swoop...
Surface by 4 Points...
Studio Surface ▸
Styled Blend...
Styled Corner...
Styled Sweep...

Global Shaping...
Trimmed Sheet...
Trim and Extend...
Ribbon Builder...

图 6 - 89　自由形状特征下拉菜单

**3. 过曲线网格(Through Curve Mesh)**

交叉线串过曲线网格使用一系列在两个方向的截面线串建立片体或实体。创建曲面时将一组同方向的截面线串定义为主曲线,而另一组大致垂直于主曲线的截面线则成为交叉线串。图 6 - 92 为主线串和交叉线串生成的过曲线网格。

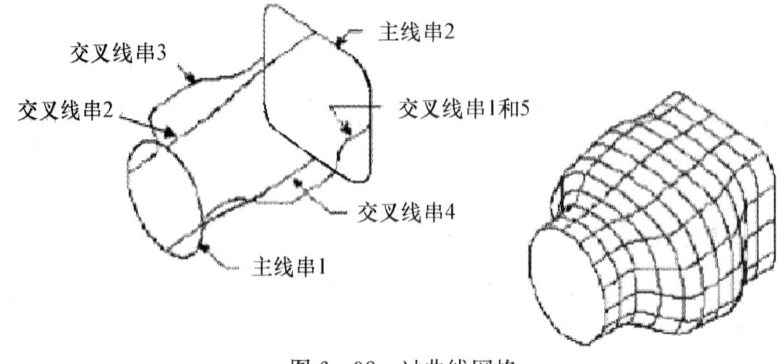


图 6 - 92　过曲线网格

**4. 扫描(Swept)**

扫描特征使用轮廓曲线沿空间路径扫描而成。扫描路径称为导向线串(Guide Strings)；而轮廓曲线称为截面线串(Section Strings)。图 6 - 93 为一条截面线串沿着一条倒向线串扫描的结果。

**5. 截面体(Section Body)**

截面体使用二次曲面技术构造特征,可看作是一系列二次截面线的集合,这些截面线位于指定的平面内,从头到尾,通过所选择的控制线。截面体的特点是垂直于脊柱线串的每个截面内均为精确的二次、三次或五次曲线。截面体特征可用于汽车车身、飞机机身的构建。建立截面体需要提供足够的数据,一个二次的截面线,一般需要定义 5 个条件。UG 中截面体有 20 种类型,如图 6 - 94 所示。

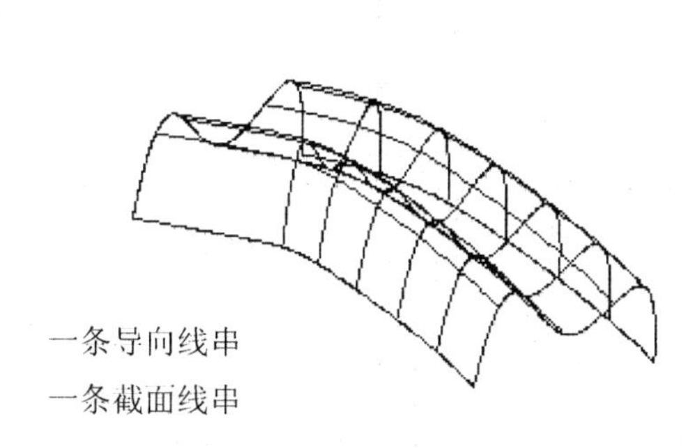


图 6 - 93　扫描特征

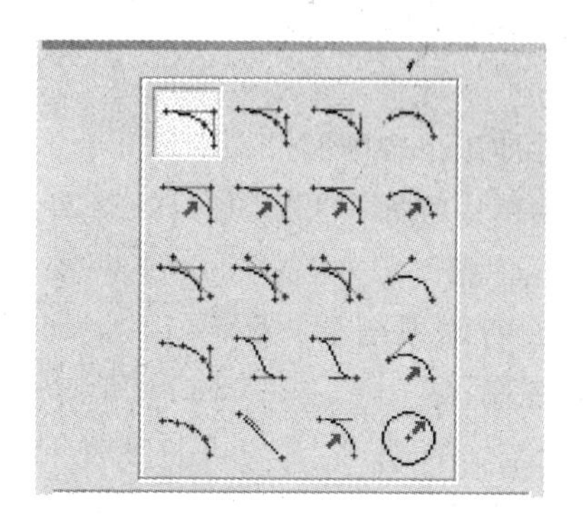

图 6 - 94　截面体工具栏

**6. 桥接片体(Bridge)**

桥接片体是在两个曲面之间建立过渡曲面,过渡曲面与两个曲面之间的连接可以采用相切连续或曲率连续两种方法,所构造的曲面为 B-样条曲面。为了进一步精确控制桥接片体的形状,可以选择另外两组曲面或曲线作为片体的侧面边界条件。

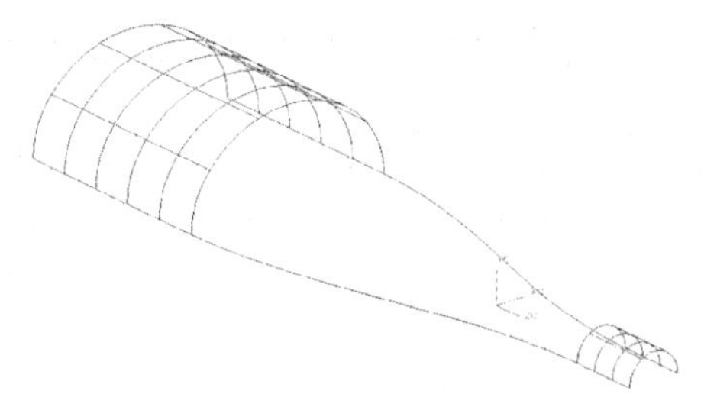

图 6 - 95　桥接片体

**7. 延伸片体(Extension)**

延伸片体主要用于延伸曲面片体的边。延伸方法有 4 种,即相切延伸、法向延伸、角度延伸和圆弧延伸。图 6 - 96 为相切延伸。

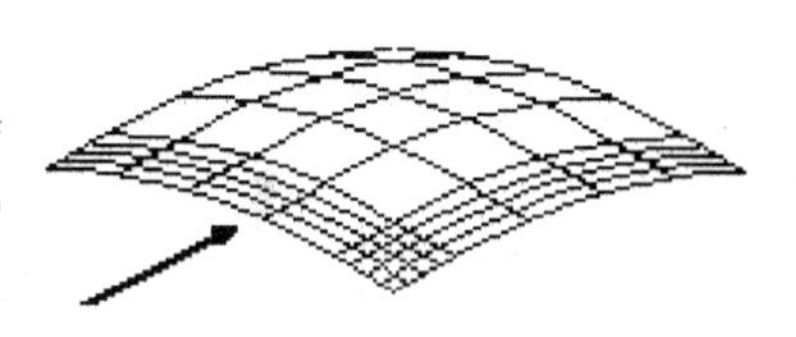

图 6 - 96　相切延伸

**8. 片体偏置(Offset)**

片体偏置可以将一些已有的曲面(基础曲面)沿法线方向等距或变距偏移,生成新的曲面特征。图 6-97 为沿法线方向等距偏移。

偏置正方向　偏置面

等距偏置　基面

图 6-97　沿法线方向等距偏移

## 6.3.5　工程图(Drafting)

在建模 Modeling 模块中建立的实体模型,可以引用到工程图 Drafting 模块中进行投影,自动生成平面工程图。UG 的平面工程图与实体模型完全相关,实体模型的尺寸、形状以及位置的改变都会引起工程图的相应更新。

在使用工程图 Drafting 模块之前,必须先在建模 Modeling 模块中建立实体模型。利用实体模型可建立不同投射方向的视图、局部放大图、全剖视图、半剖视图、几个平行的剖切平面形成的剖视图、几个相交的剖切平面形成的剖视图、展开剖视图和轴测剖视图等,如图6-98所示。各视图间可自动对齐,剖视图能自动生成剖面线,并控制隐藏线的显示。可对工程图进行各种尺寸标注、加入文字说明、标题栏、明细表等。图 6-99 为工程图实例。

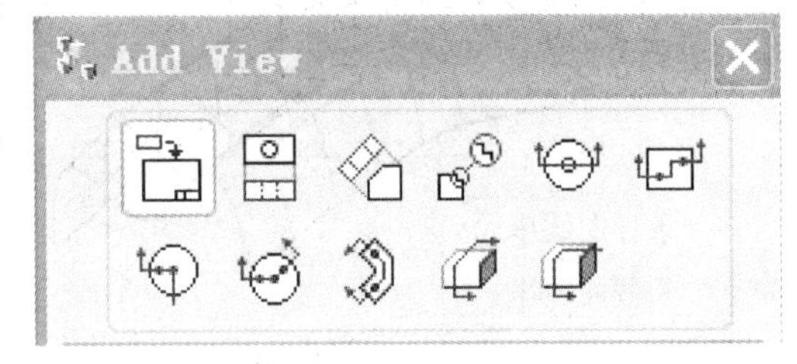


图 6-98　添加视图

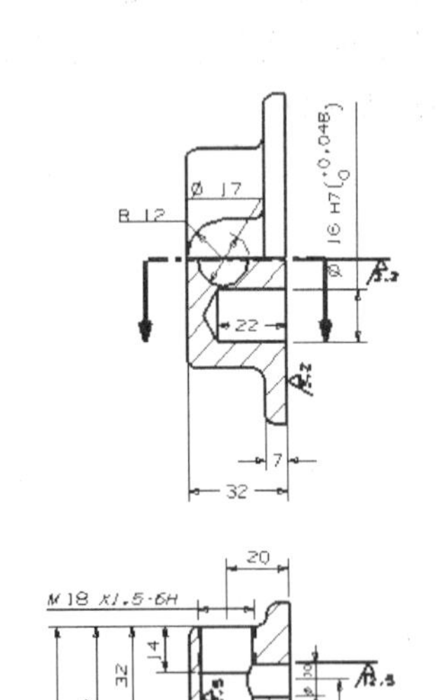

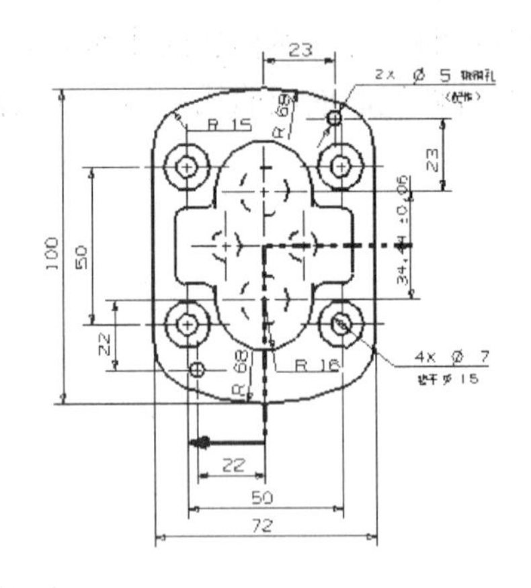


图 6-99　工程图实例

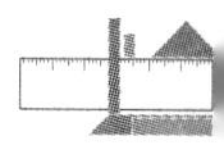

## 6.3.6　UG 装配模块(Assemblies)

UG 的装配模块是一种虚拟装配 Virtual Assemblies,将一个零部件引入装配模型中,不是将模型的所有数据复制过来,而只是建立装配模块和被引入零部件模块文件之间的链接关系。一旦被引用的零部件被修改,其装配模型也随之更新。

UG 的装配方法有三种:即自顶向下装配、自底向上装配、混合装配。

自顶向下装配:由装配的顶级开始自顶向下进行设计,直接在装配层中建立和编辑零件和组件模型,边装配边建立部件模型。

自底向上装配:先建立零件模型,再组装成子装配件,最后将其加入到装配中,自底向上逐级进行设计。

混合装配:在实际装配建模中可根据建模需要将两种方法灵活穿插使用。

图 6 - 100 所示为装配工具栏。在 UG 装配操作过程中,将添加存在部件对话框中的定位方法设置为 Mate,组件添加并弹出配对条件对话框,如图 6 - 101 所示。配对约束类型 Mating Type 共有 8 种,配对条件由一个或多个配对约束组成。

图 6 - 100

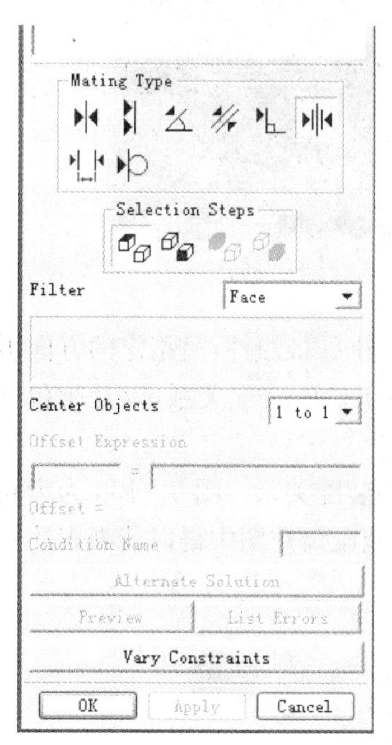


图 6 - 101　配对条件对话框

装配导航器是以树状图形方式显示装配结构,能清楚地表达装配关系。如图 6 - 102 所示。装配导航器提供了一种选择组件和操作组件的快速而简单的方法。

在装配的树形结构中,每一个部件显示为一个节点。每个节点由检查框标志、图标、部件名及其他列组成。如果部件是装配件,则左侧还有一个压缩/展开盒。"+"表示压缩,"-"表示展开。双击节点图标或部件名,可将指定部件变成"工作部件"。第一个节点表示顶层装配部件,其下方的每一个节点均表示装配中的子装配件。

代表装配件或子装配件。

代表叶子节点,即单个零件。

检查盒不带勾,该节点代表一个被关闭的部件。

检查盒带有灰色勾,该节点代表一个已经打开并且被隐藏的部件。

检查盒带有红色勾,该节点代表一个已经打开并且没有被隐藏的部件。

将鼠标移到装配树的节点上单击鼠标右键,弹出菜单,如图 6 - 103 所示。弹出的菜单形式与节点类型有关。利用弹出菜单可以方便地进行各种操作。

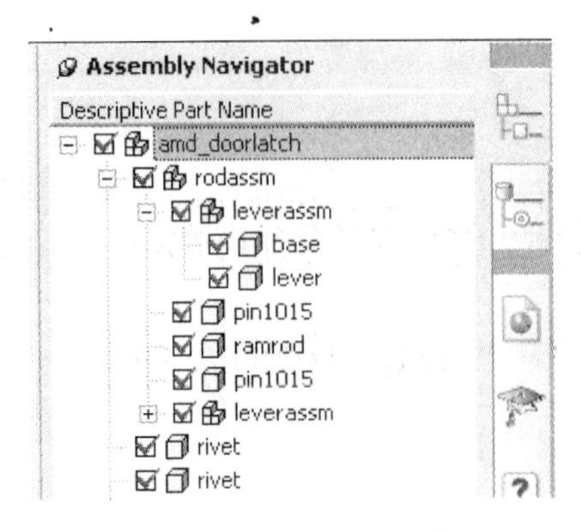

图 6-102　装配导航器

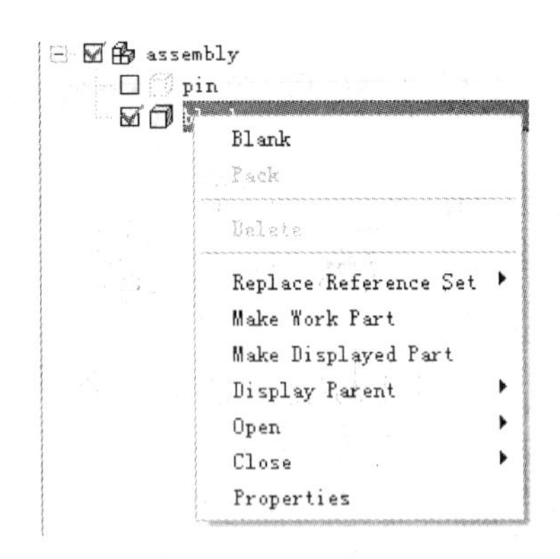


图 6-103　弹出菜单

图 6-104 所示为齿轮油泵装配图。其中每一个零件都是按照一定的装配约束关系进行装配的。为了更加清晰地表达各零件之间的装配关系，必须创建装配爆炸图 Assemblies Exploded Views。

图 6-104　齿轮油泵装配图

装配爆炸图是在某一视图显示中，将建立好配对条件的装配中的各组件，沿指定的方向拆开，即离开组件的装配位置，从而清楚地显示装配或子装配中各组件的装配关系，以及所包含的零件数。

装配爆炸图常用于产品的说明书中，用于说明各零件之间的装配关系。图 6-105 为齿轮油泵的装配爆炸图，显然，齿轮油泵的各个零件及其装配关系在装配爆炸图中得以清晰表达。

图 6-105　齿轮油泵装配爆炸图

# 第7章 工程设计图样

# (Drawing of engineering design)

## 7.1 概述(Summary)

图样是任何设计信息储存与输出的重要技术文件,而以二维表达为主的零件图和装配图是工程设计中的重要图样。本章介绍零件图和装配图的作用、内容,表达与绘制方法以及如何阅读等知识。同时针对工科非机械类专业的实际,本章内容以零件图为主,并且在零件的选择上从简。装配体亦采用简单的部件,目的是使相应的零件图和装配图容易读懂。

## 7.2 零件图(Detail drawing)

### 7.2.1 零件图的作用和内容

任何机器或部件都是由满足一定功能的零件按既定的装配关系和技术要求装配组成的,零件是机器或部件的基本单元。表示零件结构、大小和技术要求等内容的图样称为零件图。根据零件图进行加工制造和检验零件,因此零件图是工程设计中的重要技术文件之一。

图 7-1 是一轴承的零件图,由此可以看出零件图应包括下列基本内容:

1) 一组表达合理的视图,用以完整、清晰地表达零件的结构形状。

2) 满足制造、检验零件所需的全部尺寸。

3) 技术要求。如尺寸公差、形位公差、表面粗糙度以及热处理、表面处理等。

4) 标题栏。用来填写零件的名称、数量、材料、比例、图号以及设计、批准人员签名等。

### 7.2.2 零件图的视图选择

如何用合理的一组视图把零件的结构形状完整、清晰地进行表达,使零件图样的读图和画图都十分方便,这是零件图视图选择所应达到的目的。零件图的视图选择应遵循以下原则和方法进行:

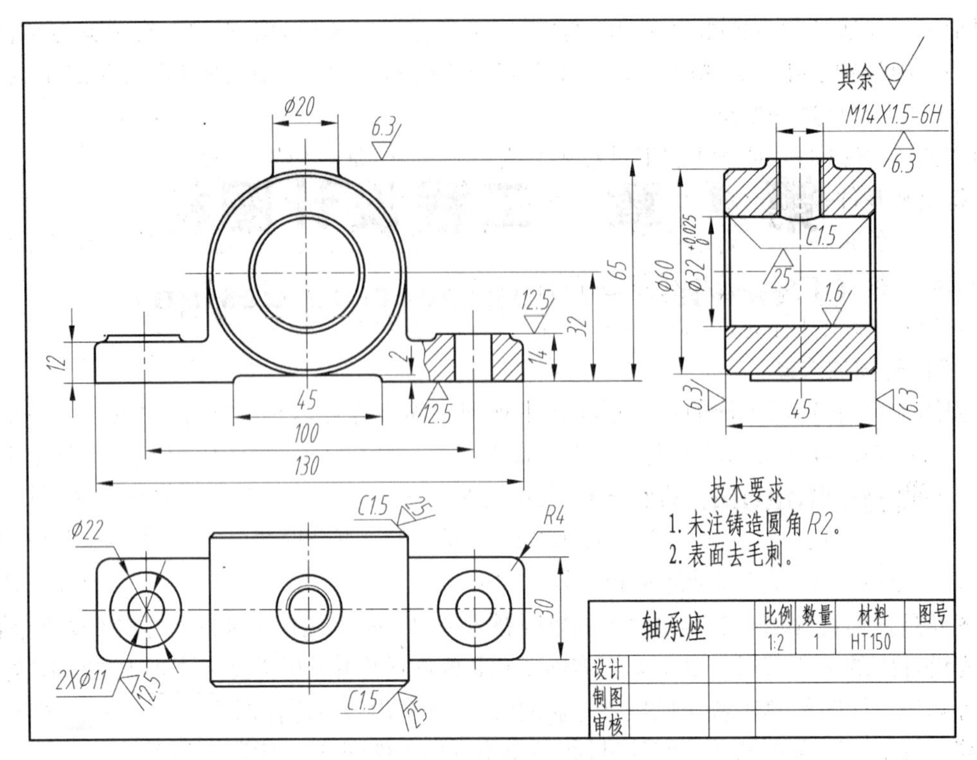


图 7 - 1　零件图

**1. 分析零件的结构形状和其体现的功能要求，确定最佳表达方案**

零件的功能要求对应着具体的结构形状，而结构形状的实现涉及到加工方法。因此用合理的视图完整、清晰的在图样中表达零件的结构形状，才能正确反映设计思想和使零件图符合制造加工方法。同一零件的视图表达方案可以有多种，但相互比较总能找出其中最佳的表达方案。

**2. 主视图的选择**

主视图是一组视图中起主导作用的视图，其选择是否恰当将直接影响到其他视图的表达内容和视图数量等问题。所以选择主视图应考虑下列原则：

1) 特征原则。将最能反映零件的主要结构形状或结构形状之间的相互位置特征的视图作为主视图。这些特征也是零件主要功能的反映。如图 7 - 1 滑动轴承的主视图反映了轴承孔∅32 的形状和安装底板与轴承孔的相互位置特征。即是滑动轴承支承转轴(另一零件)的主要功能的反映。如果将滑动轴承用图 7 - 2 的方案表达，不难看出其主视图没有反映出主要结构形状特征，显然是不恰当的。

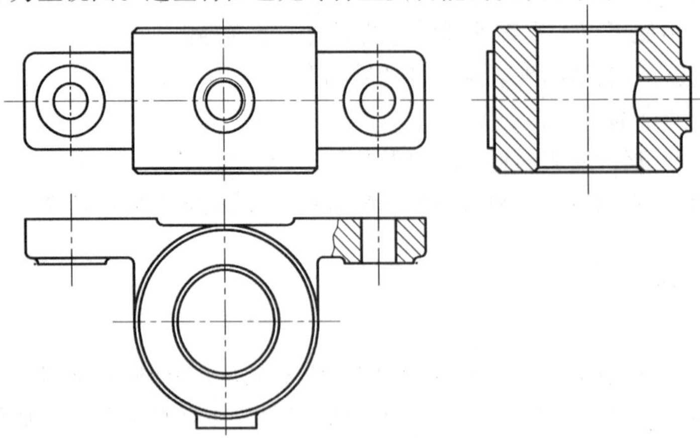

图 7 - 2　零件的视图

2) 加工位置原则。为了在加工零件时对应实际零件方便看图，可按零件在加工

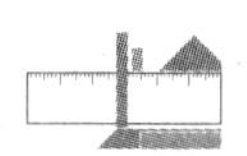

时主要加工工序所处的位置作为主视图的投射方向。图 7-1 滑动轴承的主视图就是符合这样位置的。因为轴承孔∅32、螺孔 M14×1.5 和安装孔 2×∅11 等结构加工时都是这个位置。当然图 7-2 不符合这一要求。

3）工作位置原则。对一些加工过程中具有多种工序，加工位置不断发生改变的零件，往往考虑将反映零件在机器或部件中工作时的位置作为主视图的投射方向。

应该注意的是，一个零件的主视图，并不一定完全能符合上述三条原则。应根据零件的具体结构形状特征综合考虑，权衡利弊之后确定。

最后，在主视图选择时，还应考虑到合理利用图纸幅面。

**3. 其他视图的选择**

主视图选定后，针对零件的结构形状在主视图中尚未表达清楚的部分，确定选择其他视图。所选视图必须有其表达的重点内容去配合主视图，达到完整、清晰地表达出零件的全部结构形状。同时在完整、清晰表达的前提下，所选用的视图数量要尽可能少，方便画图和看图。

图 7-1 滑动轴承的主视图表达了轴承孔∅32 的形状和安装底板与轴承孔的相互位置特征后，选用的俯视图则表达安装底板和安装孔的形状，是必须的；而左视图反映了安装油杯的螺孔 M14×1.5 与轴承孔∅32 的关系。这些视图将滑动轴承支承转轴（另一零件）并有可加油润滑转轴的功能反映出来。滑动轴承的安装，不难看出是采用可拆的螺纹连接件与其他零件连接。

图 7-3(a)，(b)所示轴和端盖，是以加工位置和其轴线方向的结构形状特征选择的主视

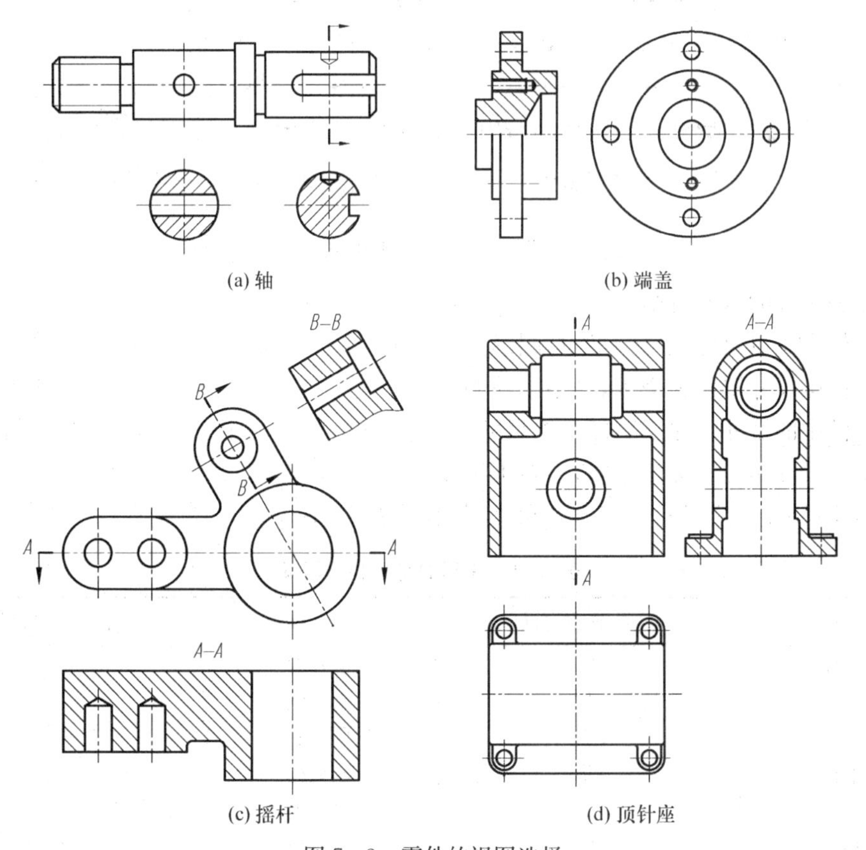


(a) 轴　(b) 端盖

(c) 摇杆　(d) 顶针座

图 7-3　零件的视图选择

图；图 7-3(c)，(d)所示摇杆和顶针座，则是以结构形状特征和工作位置选择的主视图。

## 7.2.3 零件图的尺寸标注

### 7.2.3.1 尺寸标注基本知识

**1. 尺寸的组成**

如图 7-4 所示，尺寸由尺寸线(细实线)、尺寸界线(细实线)、尺寸数字和箭头组成。

尺寸线必须单独画出，且平行于所标注的线段，尺寸线终端画上箭头。

尺寸界线一般自轮廓线、轴线或中心线引出，也可利用以上三种图线作为尺寸界线。

尺寸数字决定零件的真实大小，图样中的尺寸以毫米为单位。如采用其他单位时，则必须注明单位名称。尺寸数字的注写方向，随着尺寸线方向而定。

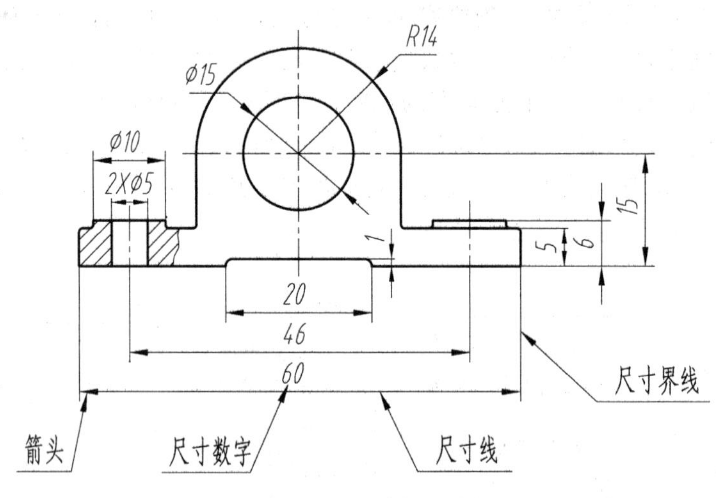


图 7-4 尺寸的组成

**2. 标注尺寸的基本规则**

1) 零件大小以尺寸数字为准，与图形大小无关。

2) 图样中尺寸单位为毫米，且不予写明。

3) 图样中的尺寸指完工后的最终尺寸。

4) 每一尺寸一般只标注一次，一般不重复。

5) 标注尺寸时，应尽量使用符号和缩写词，见表 7-1。

**表 7-1 常用的符号和缩写词**

| 名　称 | 符号或缩写词 | 名　称 | 符号或缩写词 |
| --- | --- | --- | --- |
| 直　径 | ∅ | 正方形 | □ |
| 半　径 | *R* | 弧　度 | ⌒ |
| 球直径 | *S*∅ | 沉孔或锪平 | ⌴ |
| 球半径 | *SR* | 埋头孔 | ∨ |
| 厚　度 | *t* | 深　度 | ↧ |
| 45°倒角 | *C* | 均　布 | EQS |

### 7.2.3.2　尺寸标注的基本要求

图样上的尺寸标注应该做到符合标准、完整、清晰和合理。

符合标准指要符合国家标准 GB/T 4458.4－2003 尺寸注法的规定，见附录 3－5。

完整指确定零件各部分结构形状大小及相对位置的尺寸标注要完全，不遗漏也不重复。清晰指尺寸布置要整齐、清晰，便于阅读。合理指尺寸标注要符合设计、加工、检验、装配等要求。

**1. 完整**

满足一定功能要求的零件具有相应的结构形状和组成零件的各结构形状之间的即定位置等两个要素，因此完整的零件尺寸应包括确定结构形状大小的定形尺寸和确定各结构形状相互位置的定位尺寸。

确定结构形状大小的定形尺寸应该有长、宽、高三个方向的尺寸。而确定各结构形状相互位置的定位尺寸在标注时首先要有标注的起点，定位尺寸标注的起点称为尺寸基准。显然，在三维空间中，应该分别有长、宽、高三个方向的尺寸基准，且每个方向至少有一个基准，以便确定各结构形状在各个方向上的位置。一般采用零件的对称中心线、轴线、端面、底面等具有装配与配合特性的要素作为尺寸基准。图 7－5 基本立体的尺寸注法和图 7－6 常见结构的尺寸注法都反映了尺寸标注的完整要求。其中图 7－6 中的各尺寸 L 都是定位尺寸。

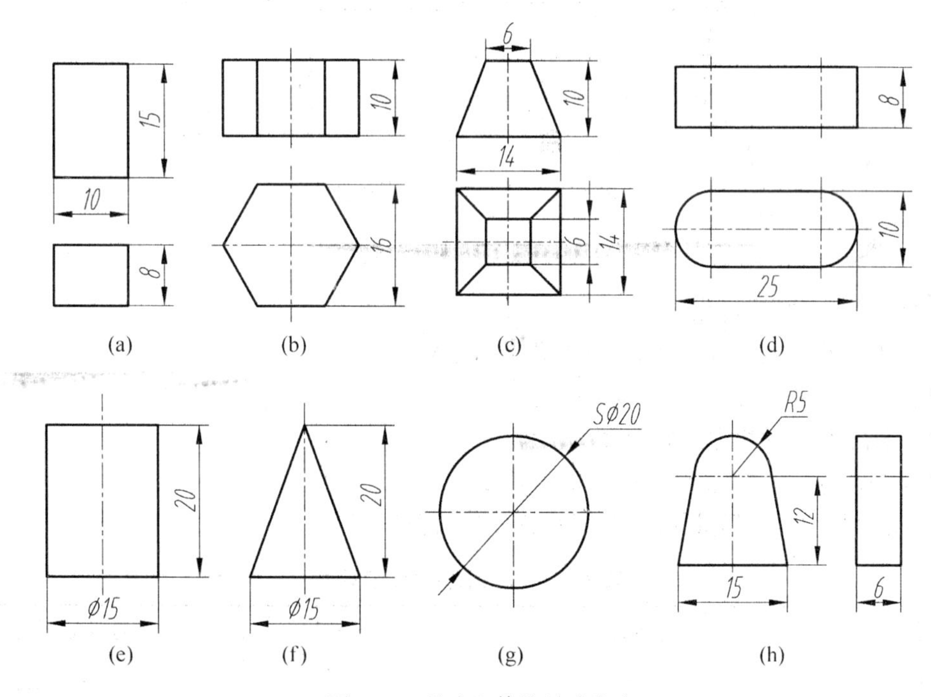


图 7－5　基本立体的尺寸注法

应该注意的是，在标注尺寸时，对在加工过程中自然形成的交线，如零件上的截交线、相贯线等一般不标注尺寸，如图 7－7 中所示。

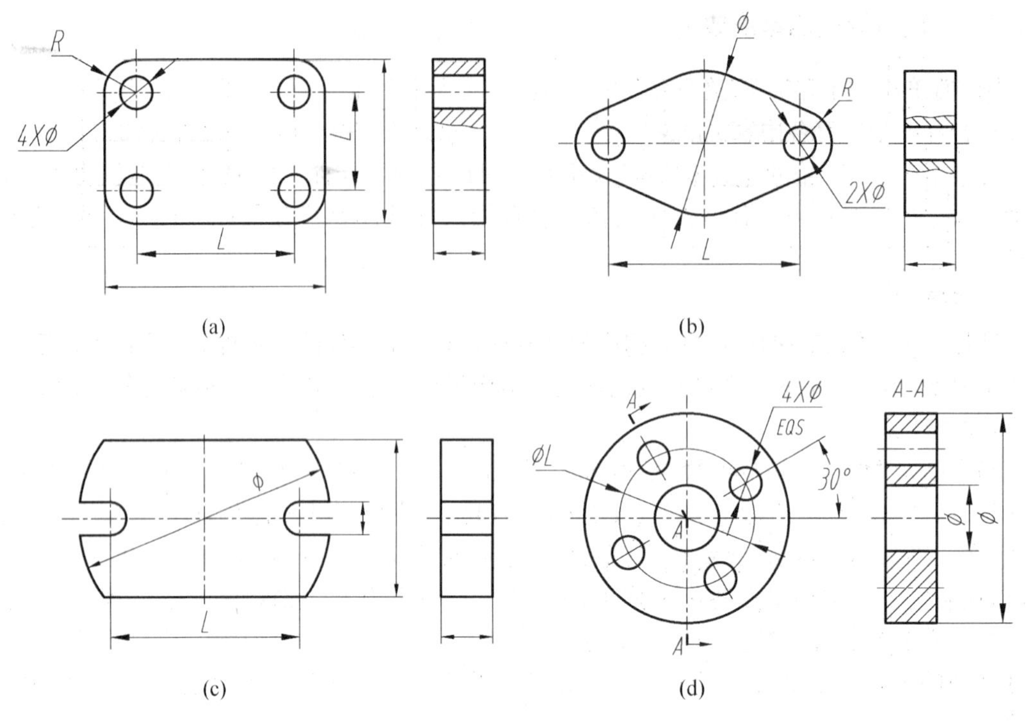


(a) (b) (c) (d)

图 7-6　常见结构的尺寸注法

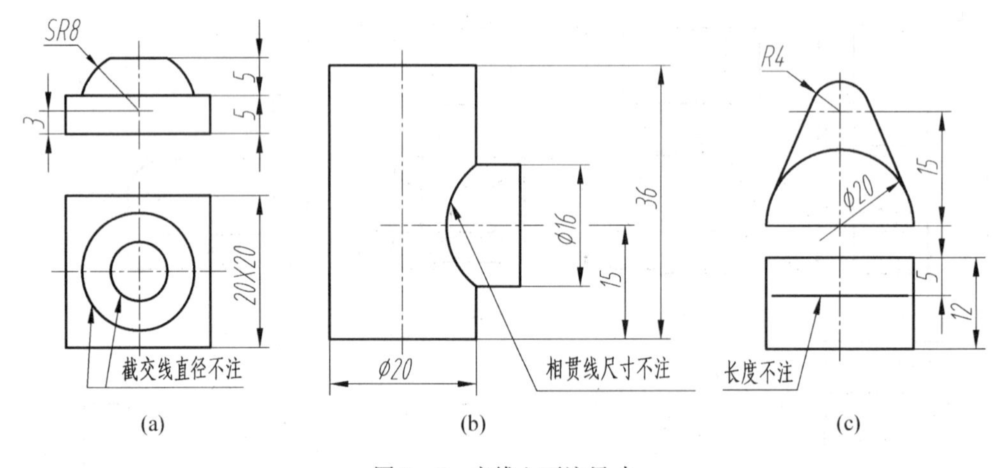


(a) (b) (c)

图 7-7　交线上不注尺寸

**2. 清晰**

图样上尺寸如何配置得当,使看图时便于寻找,避免造成误会是清晰标注尺寸的目的。下面介绍一些基本注意点。

1) 尺寸应尽可能标注在表示形体特征最明显的视图上,如图 7-8 所示。

2) 同一形体的尺寸应尽量集中标注,如图 7-9 所示。

3) 同一方向平行排列的尺寸应将小的尺寸标注在内,而大尺寸标注在外,以避免尺寸线与尺寸界线交叉。并且尺寸应尽量注在视图之外,如图 7-10(a),(b)所示。

4) 根据具体情况可将内外结构的尺寸按内外各自集中分别标注,如图 7-10(c)

所示。

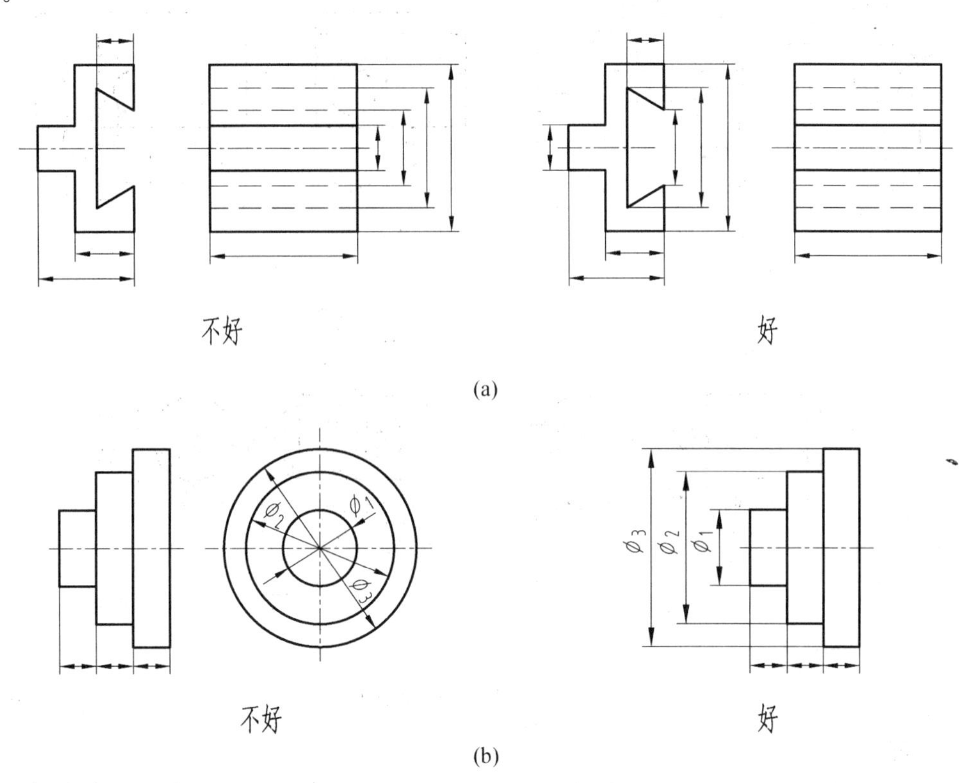


图 7-8 尺寸标注在形体特征最明显的视图上

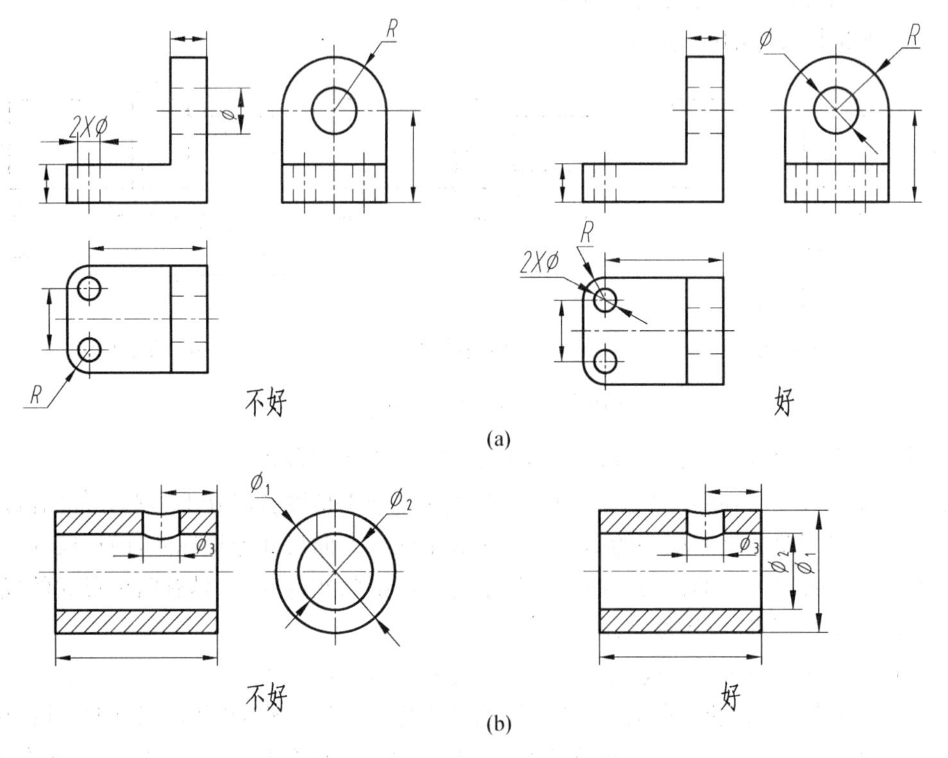


图 7-9 同一形体的尺寸尽量集中标注

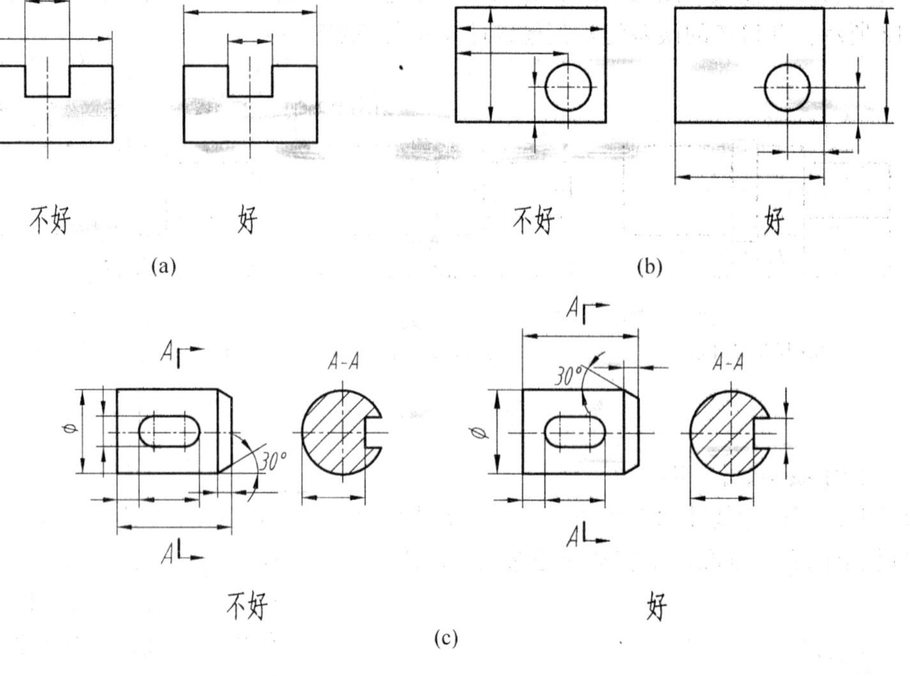


图 7－10　尺寸排列要清晰

**3. 合理**

尺寸是加工制造和检验零件是否符合设计要求的依据。因此，尺寸标注必须合理。下面介绍合理标注尺寸应该注意的基本问题。

(1) 合理选择尺寸的配置形式

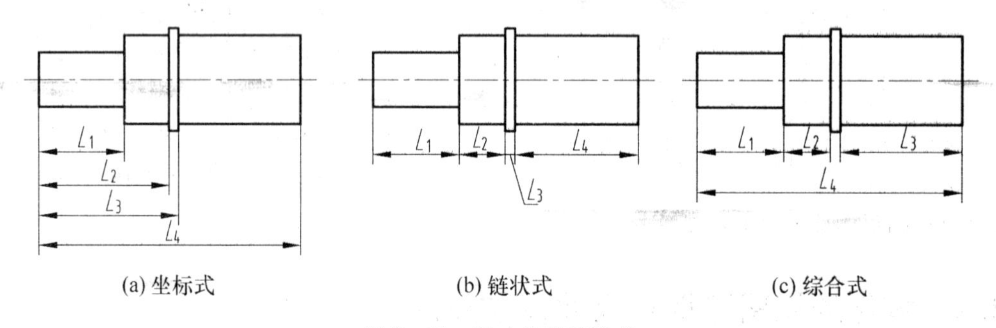


图 7－11　尺寸的配置形式

如图 7－11 所示，尺寸的配置形式有坐标式、链状式和综合式。

坐标式配置尺寸时，同方向是一个基准，因此尺寸加工精度各段互不影响。但两段之间的尺寸则要同时受到两段尺寸误差的影响。链状式是同一方向尺寸连接标注，前后段互不影响，但各段误差累计成总尺寸的误差。综合式是坐标式和链状式的综合，具有两种形式的优点，最能适应设计和工艺要求，应用最多。

(2) 不要注成封闭的尺寸链

尺寸首尾相接封闭成圈，称为尺寸链，尺寸链的每一个尺寸称为“环”。封闭尺寸链中任一环的尺寸，都将受其他各环尺寸的影响，加工时很难同时保证各环的尺寸精度，因此在零件上

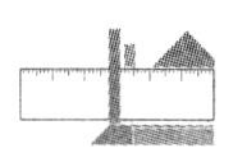

一般不允许将尺寸注成封闭尺寸链。必须将尺寸链中不重要的一环尺寸不注，称为开口环，如图 7－12 所示。开口环的误差将是其他各环尺寸误差之和。

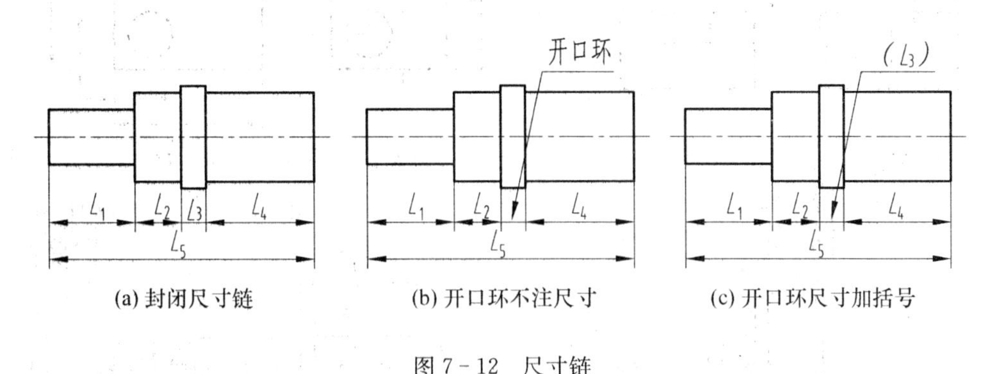


(a) 封闭尺寸链　(b) 开口环不注尺寸　(c) 开口环尺寸加括号

图 7－12　尺寸链

(3) 正确选择尺寸基准

尺寸基准有设计基准和工艺基准。设计基准是确定零件在机器或部件中的位置，以保证零、部件性能的有关基准。工艺基准是保证零件制造精度或加工测量方便所选定的基准。零件图上的尺寸基准应既能满足零件的设计要求，又要便于加工和测量。因此，选择尺寸基准时原则上应尽量使设计基准与工艺基准重合，以减少由于基准转换而产生的误差而影响功能。

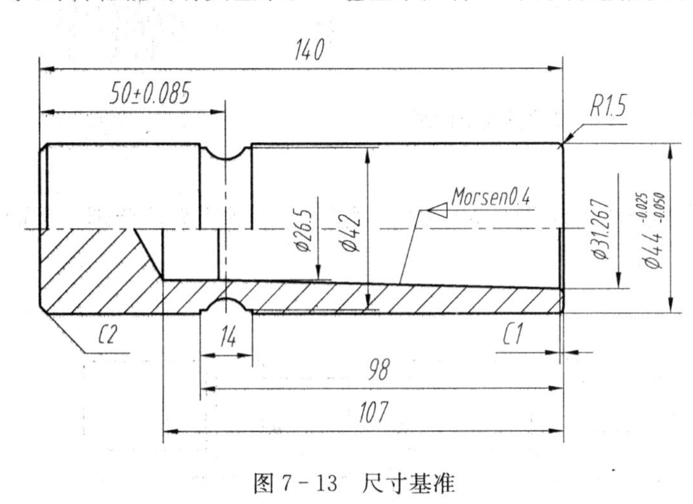


图 7－13　尺寸基准

如图 7－13 轴套零件其高度与宽度方向的主要基准为该轴套的轴线，由此注出尺寸 $\varnothing 44_{-0.050}^{-0.025}$，$\varnothing$31.267，$\varnothing$26.5 等。左端面则是其长度方向的主要基准，也即是设计基准，由此注出重要尺寸 50 ± 0.085，而右端面为工艺基准。

## 7.2.4　零件的视图选择和尺寸标注分析

零件的种类繁多，根据零件在机器或部件中的功能可归纳成三类：

**1. 标准件**

常用的标准件有螺纹紧固件、键、销、滚动轴承等，它们的结构已标准化，由专业厂生产后供应市场。设计时只需根据其规格、代号查阅有关标准，就能得到全部尺寸，因此不必绘制它们的零件图。

**2. 常用件**

齿轮、弹簧、皮带轮等零件，它们的部分结构已标准化，但不属标准件，设计时需要根据有关规定画法画出其零件图。

**3. 非标零件**

除标准件和常用件外的零件均称为非标零件。它们是根据机器或部件的功能要求设计和必须绘制图样的零件。根据零件的结构形状、加工方法及其功能等特点将非标零件分成四类，即轴套类、盘盖类、叉架类和箱体类。下面对它们的视图选择和尺寸标注进行分别讨论。

(1) 轴套类零件(Shaft-sleeve parts)

1) 视图表达。轴套类零件通常在机器中起支承和传递动力的作用。它们的基本形状大多为同轴线的回转体，主要在车床上加工。

图 7－14 是转子泵泵轴的零件图。零件的主要结构是同轴线的圆柱体，其中间互相垂直的两个销孔∅5，是弹性柱销的配合孔，内转子与轴即是由弹性柱销连接的。右段有键槽的轴颈与传动齿轮的孔配合，右端有螺纹，通过螺母连接固定传动齿轮。

泵轴主要在车床上加工，为了加工时方便看图，因此将轴线水平放置并采用垂直于轴线的方向画出主视图。对轴上的键槽、销孔采用移出断面图表示。轴上的螺纹退刀槽、砂轮越程槽用局部放大图表达。对于实心的轴，主视图不适宜采用全剖视，表达轴上的孔、槽结构，一般采用局部剖视图。

2) 尺寸标注。轴套类零件多为同轴线的回转体结构并在车床上加工，一般有径向和轴向两个主要基准。标注尺寸时，将轴线作为径向基准。标出各端轴的直径，如图 7－14 中所示的尺寸$\varnothing 14^{0}_{-0.01}$，$\varnothing 11^{0}_{-0.01}$，M10－6g 等。轴向尺寸基准往往选用重要的端面，轴肩等。图 7－14 中紧靠传动齿轮的左轴肩是轴向的主要基准，注出长度尺寸 13，2，28，27 等。而轴的右端面是轴向的辅助基准，注出尺寸 6，94 等。应该注意的是主要基准与辅助基准之间一定有一尺寸联系，如尺寸 28。

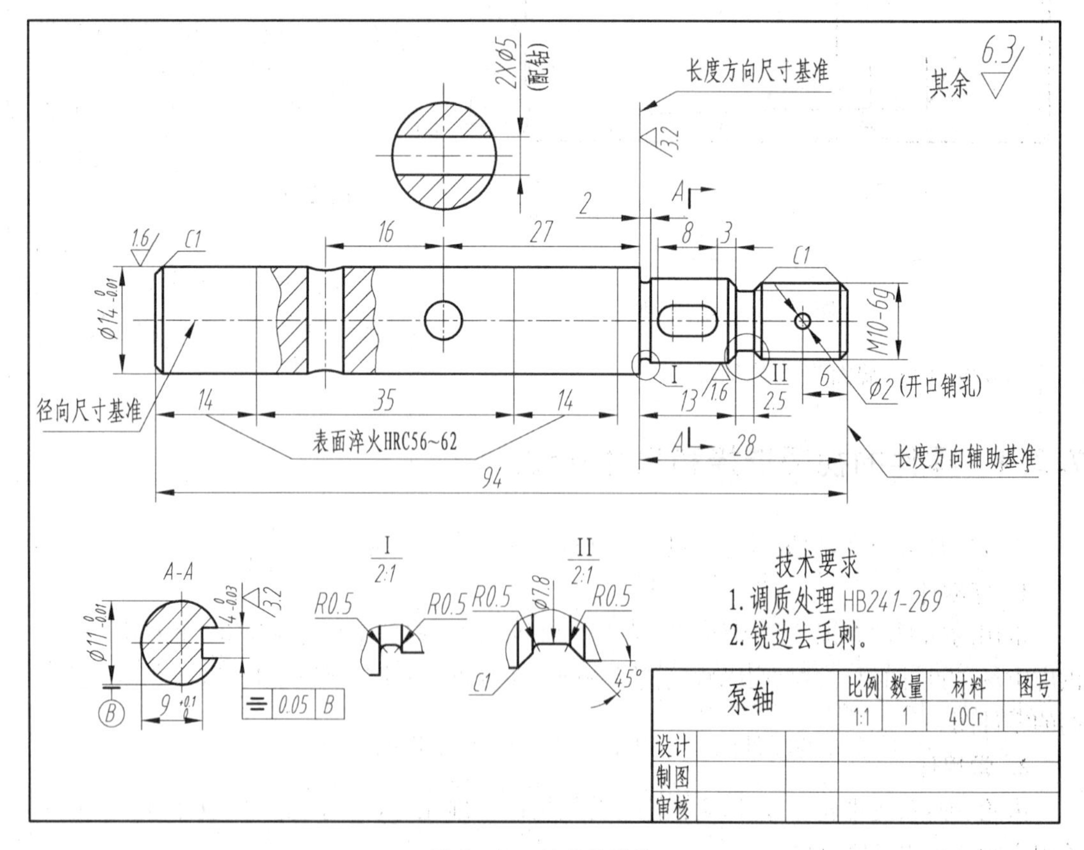


图 7－14 轴套类零件

(2) 盘盖类零件(Disk-shaped parts)

1) 视图表达。盘盖类零件的基本形状是扁平盘状,如齿轮、皮带轮、端盖、法兰盘、手轮等。它们大多数也是在车床上加工。

图 7-15 是转子泵泵盖的零件图。根据其加工位置将轴线水平放置,垂直于轴线方向的投影作为主视图,并采用全剖视图表达泵盖的轴孔和安装孔的内形。左视图则表达了三个安装孔和销孔的位置,以及凸缘的形状结构。

2) 尺寸标注。盘盖类零件常选轴孔的轴线作为主要基准,图 7-15 中泵盖轴孔的轴线是高度方向的主要基准,以此注出尺寸 3.5±0.015 确定圆柱∅68 轴线的位置,而圆柱∅68 的轴线则是高度方向的辅助基准。长度方向以右端面为主要基准,注出尺寸 9, 15 等。宽度方向是通过轴线的前后对称面为主要基准。

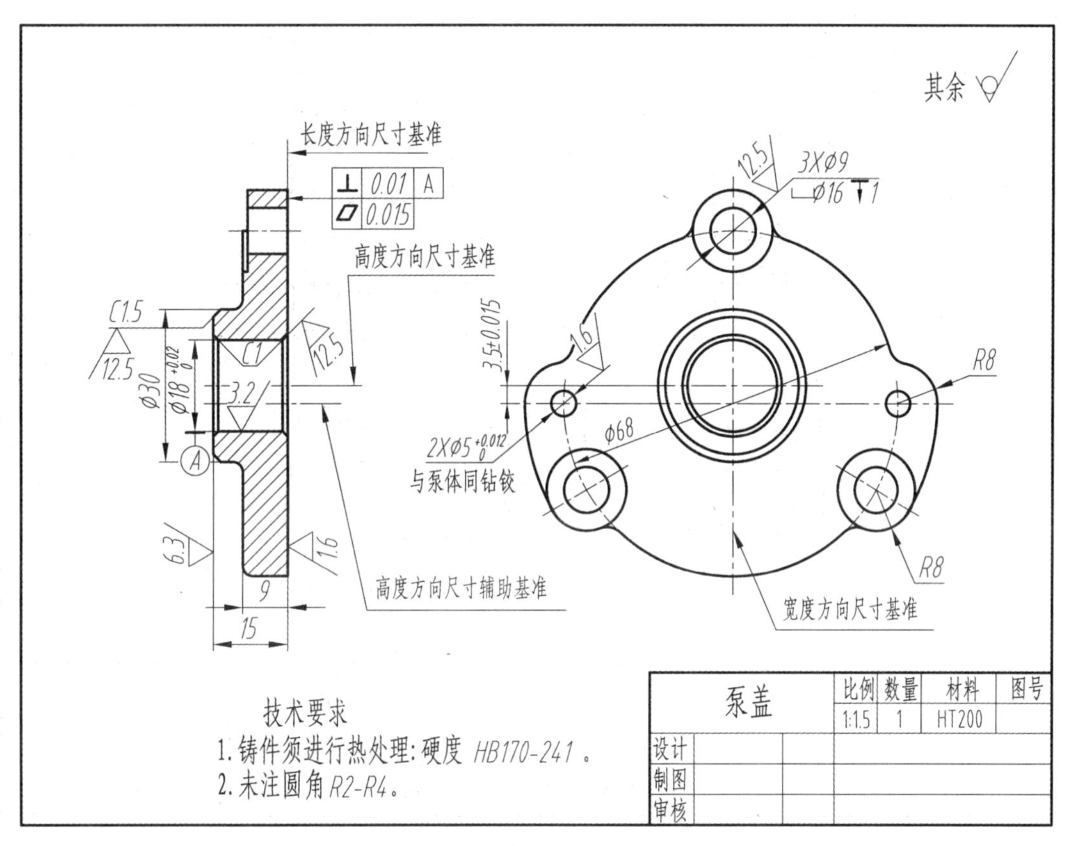


图 7-15　盘盖类零件

(3) 叉架类零件(Fork-shaped parts)

1) 视图表达。叉架类零件的结构形状较为复杂。它们的加工位置有较多变化。因此,在选择主视图时主要考虑工作位置和形状特征,一般采用基本视图。其他视图则根据具体情况增加各种剖视图、断面图等表达。

图 7-16 是摇杆的零件图。它以工作位置安放,主视图反映了摇杆的主要结构形状,左视图采用全剖视图反映摇杆各孔的结构,肋板的厚度则用了重合断面图。

2) 尺寸标注。叉架类零件的尺寸;常选用安装基面和主要结构的对称要素作为主要基准。图 7－16 摇杆的长度方向选通过主轴孔 $\varnothing 20_{0}^{+0.033}$ 的对称面为主要基准，注出尺寸 $\varnothing 38$，$\varnothing 28$，30°等。宽度方向尺寸基准选前端面(安装基面)，注出 15，2，18，60 等尺寸。高度方向以主轴孔 $\varnothing 20_{0}^{+0.033}$ 的轴线为主要基准，注出尺寸 75±0.015。

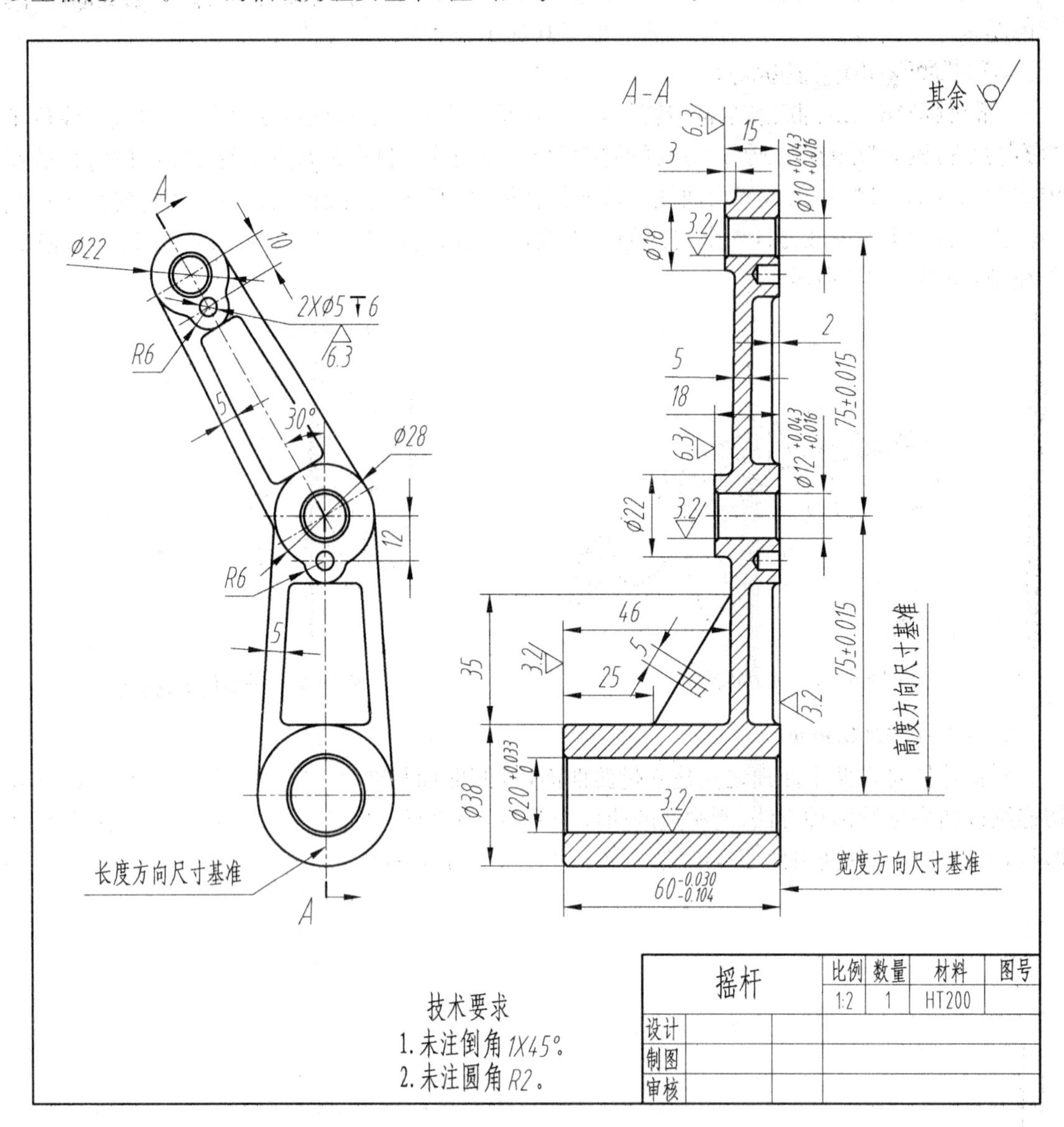


图 7－16　叉架类零件

(4) 箱体类零件(Case-shaped parts)

1) 视图表达。箱体类零件是用来支承、包容其他零件，如减速箱体、泵体、阀体等。它们的形状结构较前三类零件复杂，加工位置也多变。选择主视图时，考虑工作位置及形状特征。其他视图应综合应用基本视图、各种剖视图、断面图等多种表达形式来表达箱体零件的内外结构形状。

图 7－17 是转子泵泵体的零件图。它是按工作位置，安装板向上并反映前端面特征形状的视图作为主视图。主视图中也反映了月牙形进、出油槽及圆柱孔 $2\times\varnothing 12$ 的形状。左视图采用全剖视图，反映腔体、轴孔、螺纹孔的深度。俯视图为顶部外形投影，表达安装板的螺栓孔、

销孔、肋板等形状及相对位置。另外采用 A－A 局部剖视图表达进油孔和油槽的关系。

2) 尺寸标注。箱体类零件常选用轴线、安装面、重要的接触面或对称面等作为设计的主要基准。图 7－17 泵体在长度方向以其左右对称面为主要基准，注出 110±0.070，90，36，4，8，10 等尺寸。高度方向以顶部安装面作为主要基准，注出尺寸 43.5±0.02。宽度方向则选前端面（泵体与泵盖的安装接触面）为主要基准，注出 27.5，$35_{0}^{+0.039}$，50 等尺寸。

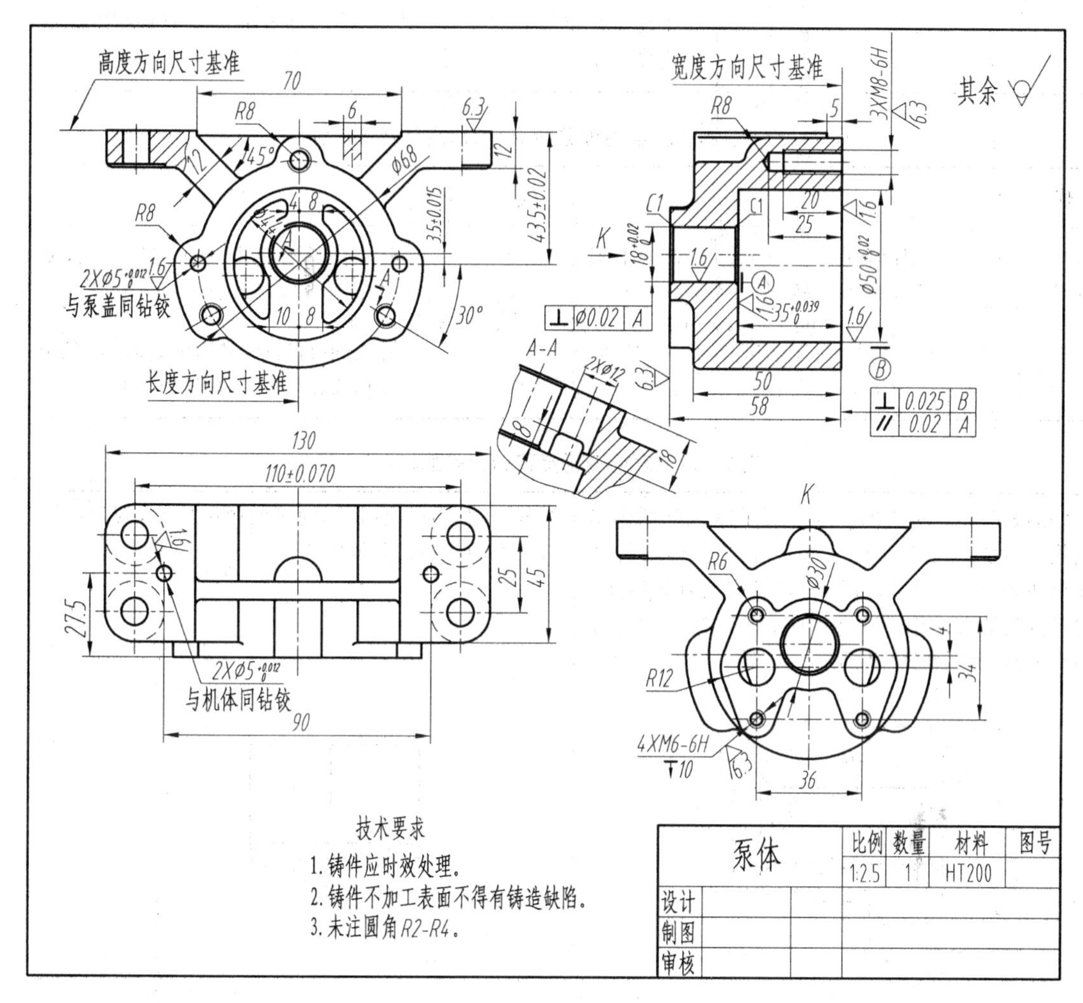


图 7－17　箱体类零件

## 7.2.5　零件的合理结构及尺寸标注

按零件在机器中的功能要求设计确定的零件结构形状还要能符合制造工艺的要求，因此了解一些零件常见的工艺结构及其尺寸标注方法是十分重要的。

**1. 铸造零件的工艺结构**

(1) 拔模斜度

如图 7－18 所示，在铸造零件时，为便于将木模从砂型中取出，在铸件起模方向的内外壁上应做成具有一定的斜度，称为拔模斜度。铸造零件的拔模斜度在图中一般可以不画、不注，必要时在技术要求或图形中注明。

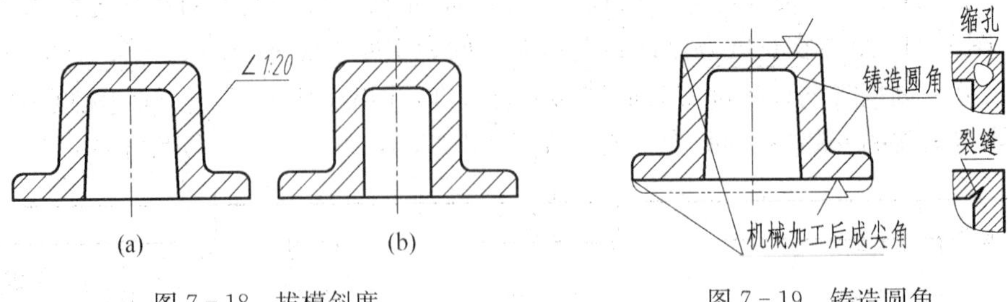


图 7-18　拔模斜度

图 7-19　铸造圆角

(2) 铸造圆角及过渡线

如图 7-19 所示，为防止铸造零件时金属液体冲坏砂型转角和避免金属冷却时产生缩孔、裂纹，必须将铸件的转角做成圆角，称为铸造圆角。铸造圆角在图中画出时表示零件表面不进行机械加工，是毛坯面。若是加工面，则圆角被去掉，变成了尖角。因此零件图上圆角与尖角表示了零件表面是否进行机械加工。同样，锻造零件也有圆角。

由于铸件(或锻件)毛坯的相交表面为圆角过渡，因此表面交线消失，但为了便于看图，仍然要画出交线，这种交线称为过渡线。各种情况的过渡线画法见图 7-20 所示。

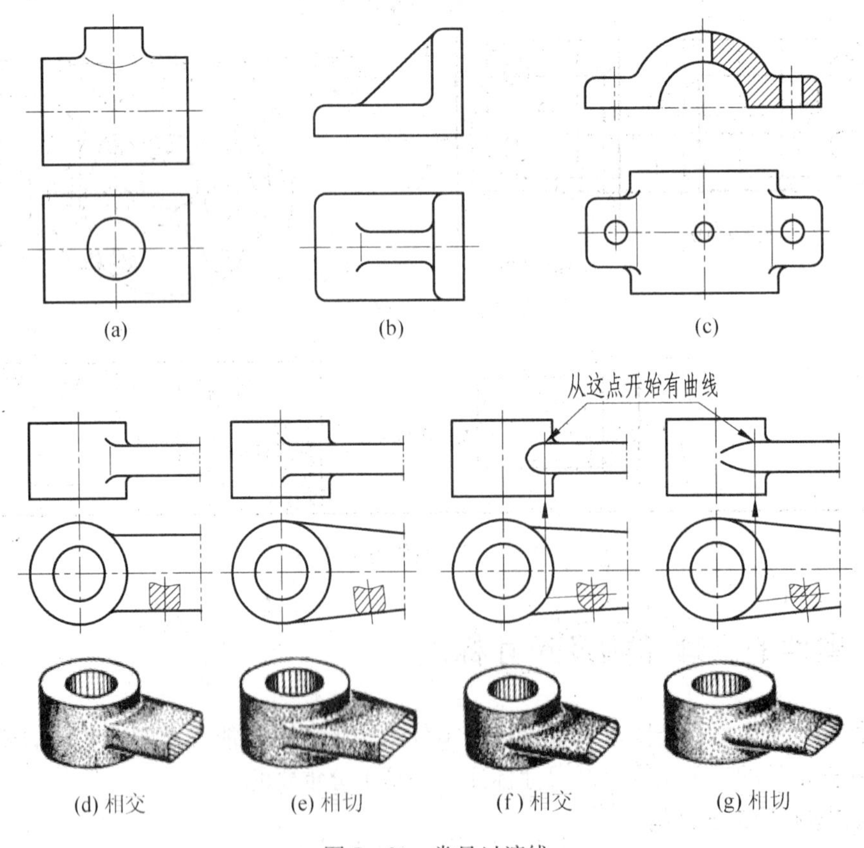


图 7-20　常见过渡线

(3) 铸件的壁厚

为了避免铸件因金属液体冷却速度不同而产生缩孔和裂缝，铸件的壁厚应均匀或逐渐过

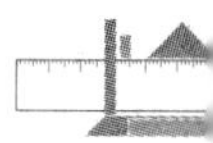

渡，如图 7－21 所示。

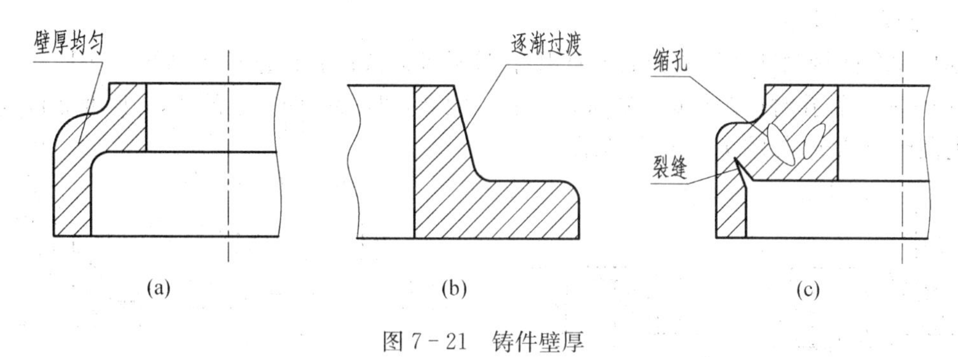


(a)　　(b)　　(c)

图 7－21　铸件壁厚

**2. 零件机械加工工艺结构**

（1）倒角和倒圆

为了去除零件加工表面转角处的毛刺、锐边和便于零件的装配，一般在轴或孔的端部加工成 45°倒角（或其他角度的倒角），如图 7－22(a)所示。

为了避免阶梯轴轴肩的根部因应力集中而容易断裂，故在轴肩的根部加工成圆角过渡，称为倒圆，如图 7－22(b)所示。

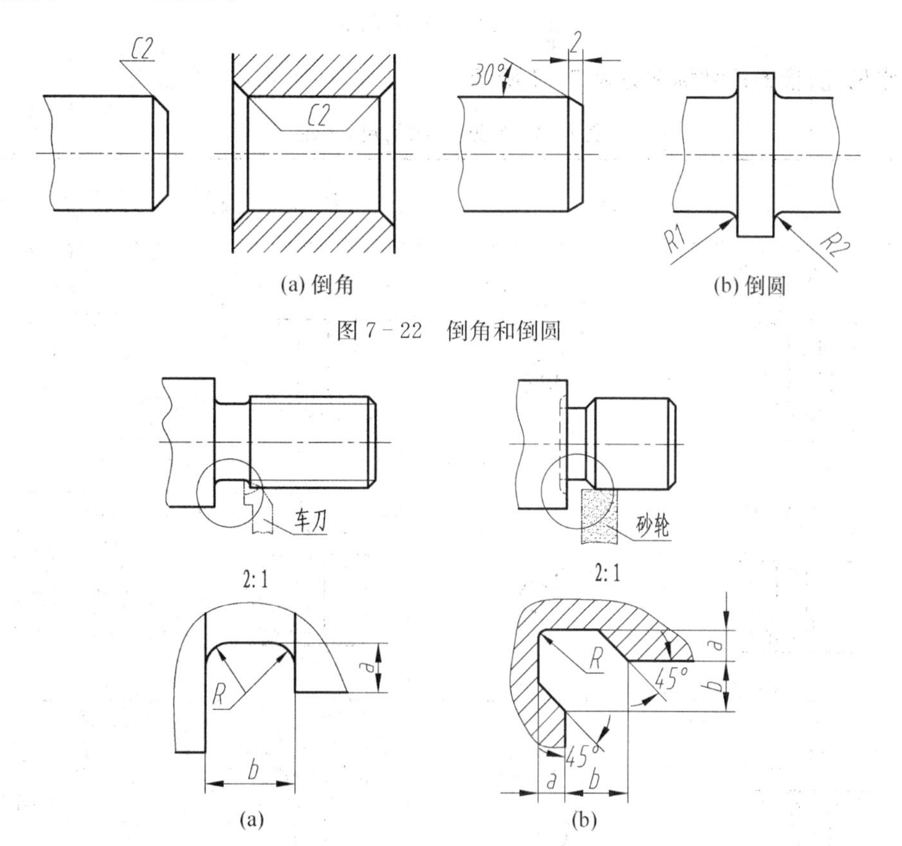


(a) 倒角　　(b) 倒圆

图 7－22　倒角和倒圆

(a)　　(b)

图 7－23　退刀槽和砂轮越程槽

（2）退刀槽和砂轮越程槽

在车削、磨削加工时，为保证被加工面的加工质量和刀具退出时不伤及零件的表面，常在被加工部位的终端加工出退刀槽或砂轮越程槽，如图 7－23 所示。

(3) 凸台和凹坑

为使配合面接触良好且减少加工面积，在接触处制成凸台或凹坑等结构，如图 7－24(a)，(b)，(c)所示。钻孔时钻头与钻孔端面应垂直。因此，对斜孔、曲面上的孔，一般要制成与钻头垂直的凸台或凹坑，如图 7－24(d)所示。

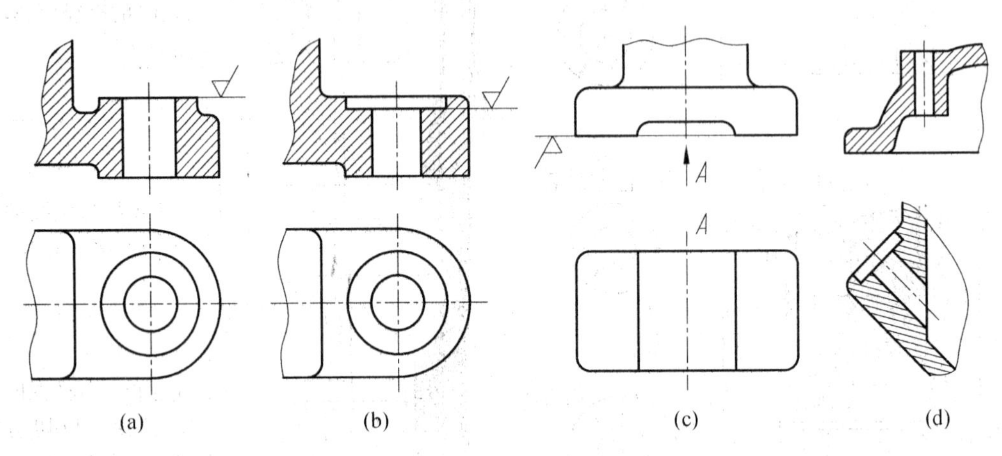


图 7－24　凸台和凹坑

**3. 常见孔、槽的尺寸标注见表 7－2 所示**

**表 7－2　常见孔、槽的尺寸标注**

| 结构名称 | 简化注法 | | 常用注法 | 说明 |
|---|---|---|---|---|
| 光孔 | 4XØ4H7↧10 ↧12 | 4XØ4H7↧10 ↧12 | 4XØ4H7 10 12 | 光孔深为 12，钻孔后需精加工至 Ø4H7，其深度为 10 |
| 螺孔 | 3XM6-7H | 3XM6-7H | 3XM6-7H | 表示直径为 6，均匀分布的三个螺孔 |
| | 3XM6-7H↧10 | 3XM6-7H↧10 | 3XM6-7H 10 | "↧10"是指螺孔深度为 10 |

（续表）

| 结构名称 | 简化注法 | | 常用注法 | 说明 |
|---|---|---|---|---|
| 沉孔 | 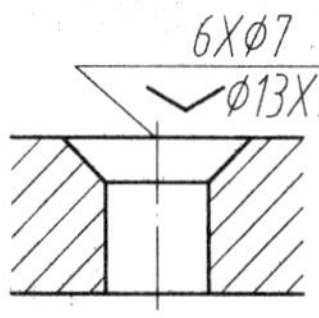 6X∅7 ⌵∅13X90° | 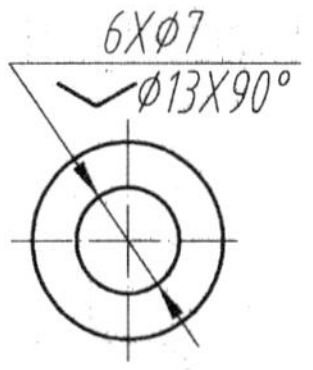 6X∅7 ⌵∅13X90° | 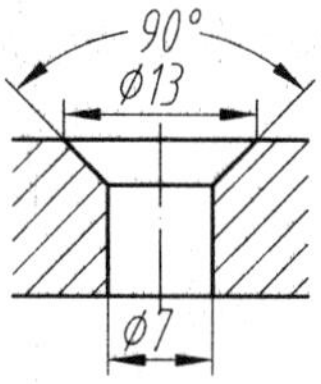 90° ∅13 ∅7 | 表示埋头孔（锥形沉孔）的直径∅13，锥角为 90° |
| | 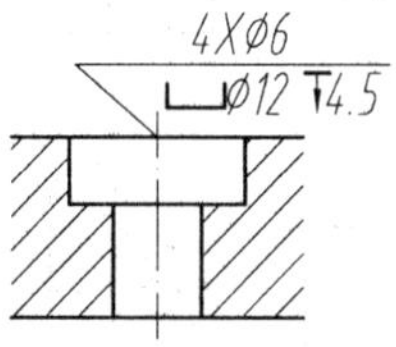 4X∅6 ⌴∅12 ↧4.5 | 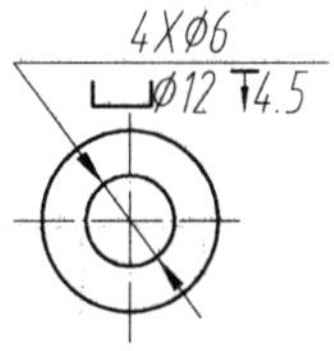 4X∅6 ⌴∅12 ↧4.5 | 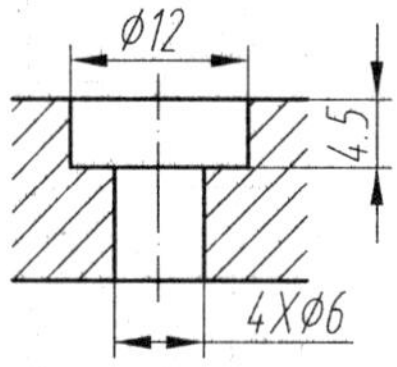 ∅12 4.5 4X∅6 | 表示柱形沉孔的直径∅12，深度为 4.5 |
| | 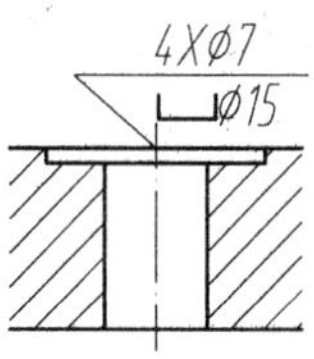 4X∅7 ⌴∅15 | 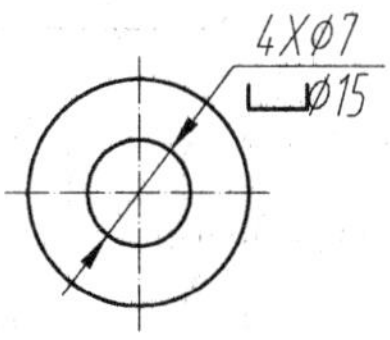 4X∅7 ⌴∅15 | 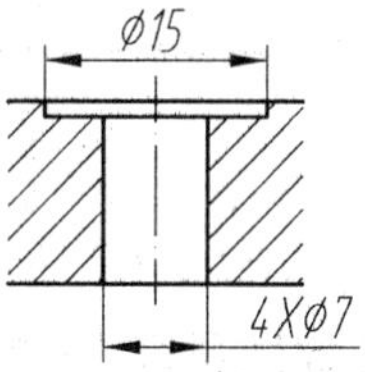 ∅15 4X∅7 | 鍃平∅20 的深度不注，该深度以切削出和孔轴线垂直的圆形平面为准 |
| 键槽 | 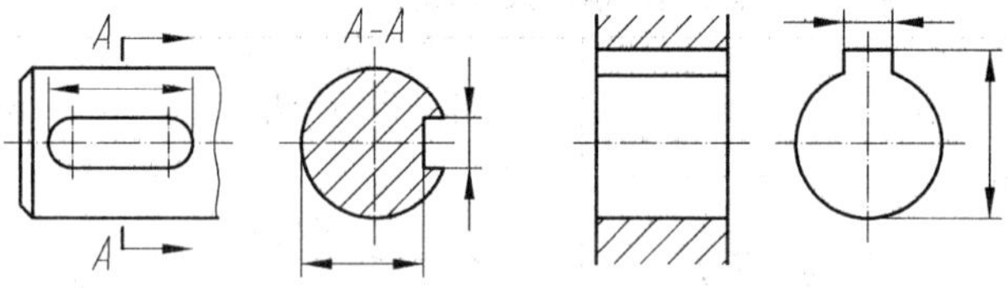 A A-A A | | | 轴和轮孔常有键槽，用以安装键。实现周向固定、传递扭矩。 |

## 7.2.6　零件图的技术要求

为了保证零件的功能而提出的一些要求，如表面粗糙度、极限与配合、表面形状和位置公差以及表面热处理等。技术要求是设计、加工制造和检验零件的技术指标。

### 7.2.6.1　极限与配合

从一批相同的零件中任取一件，不经任何的再次加工就能装配到机器上并满足既定的功能要求，零件的这种性质称为互换性。为了使零件具有互换性，要求在保证零件功能的前提下，允许零件的尺寸有一个变动量，这个允许的尺寸变动量称为公差。

**1. 基本术语**

（1）基本尺寸（Basic size）

设计给定的尺寸，如图 7－25 中的尺寸∅20。

（2）实际尺寸（Actual size）

零件加工完成后，实际测量所得的尺寸。

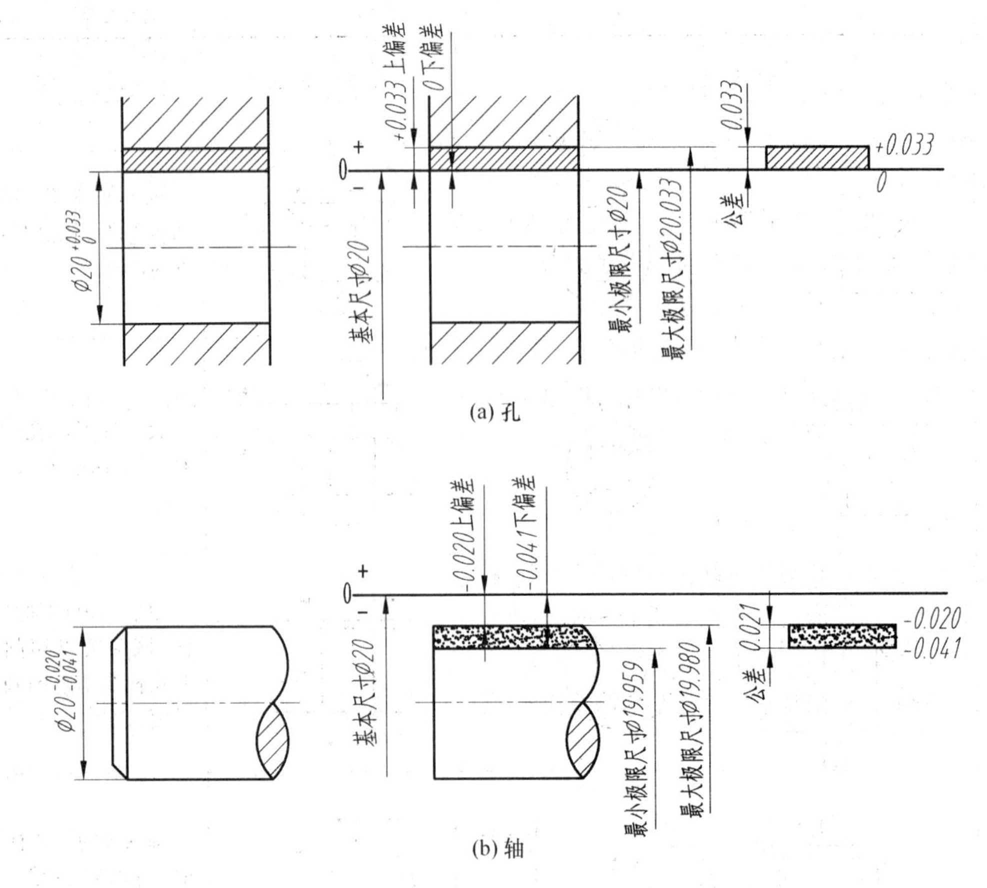

(a) 孔

(b) 轴

图 7-25　基本术语

(3) 极限尺寸(Limits of size)

允许尺寸变动的两个极限值，它是以基本尺寸为基数来确定的。其中较大的一个称为最大极限尺寸，较小的一个称为最小极限尺寸。如图 7-25 中所示的孔的最大极限尺寸是∅20.033，最小极限尺寸是∅20；轴的最大极限尺寸是∅19.980，最小极限尺寸是∅19.959。零件的合格条件是实际尺寸必须在这两个极限值之间。

(4) 尺寸偏差(Deviation)(简称偏差)

某一尺寸减去其基本尺寸的代数差。其中最大极限尺寸减去基本尺寸得到的代数差称为上偏差(Upper Deviation)，最小极限尺寸减去基本尺寸得到的代数差称为下偏差(Lower Deviation)。国家标准规定了偏差代号：孔的上偏差用 ES 表示、下偏差用 EI 表示；轴的上偏差用 es 表示、下偏差用 ei 表示。如图 7-25 所示孔的上偏差 $ES = 20.033 - 20 = +0.033$，下偏差 $EI = 20 - 20 = 0$；轴的上偏差 $es = 19.980 - 20 = -0.020$，下偏差 $ei = 19.959 - 20 = -0.041$。由此可以看出偏差值可以是正值、负值或零。

(5) 尺寸公差(Size tolerance)(简称公差)

允许尺寸的变动量。公差等于最大极限尺寸减最小极限尺寸，也等于上偏差减下偏差。图 7-25 所示的孔的公差是 0.033，轴的公差是 0.021。公差始终是正值。

(6) 尺寸公差带(Tolerance zone)

如图 7-26 所示，由上、下偏差的两条直线所限定的区域称为公差带。在公差带图解中，

基本尺寸的一条直线作为确定偏差的基准线，称为零线（Zero Line）。零线上方的偏差为正，下方的偏差为负。公差带图解表示了公差带的大小和公差带相对于零线的位置。

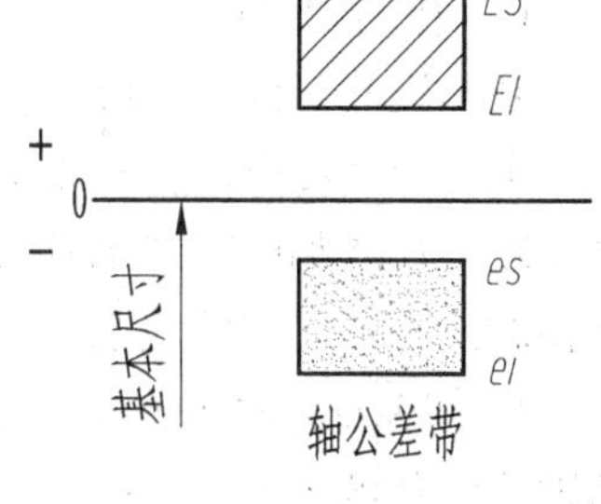

图 7－26　公差带图解

**2. 标准公差（IT）与基本偏差（Standard tolerance and fundamental deviation）**

公差带由标准公差和基本偏差组成。标准公差确定公差带的大小；基本偏差确定公差带相对于零线的位置。

（1）标准公差（IT）（Standard tolerance）

在国家标准极限与配合中，所规定的任一公差。标准公差有 20 个等级，即 IT01，IT0，IT1，IT2…IT18。IT 表示标准公差，数字表示公差等级。它反映了尺寸精确程度。IT01 公差值最小，尺寸精度最高；IT18 公差值最大，尺寸精度最低。标准公差数值见附录的附表 1－1。

（2）基本偏差（Fundamental deviation）

用以确定公差带相对于零线位置的那个极限偏差。它可以是上偏差或下偏差，一般为靠近零线的那个偏差。即当公差带在零线下方时，基本偏差为上偏差，反之为下偏差。国家标准规定了 28 个基本偏差，代号用拉丁字母表示，大写表示孔（如 C，D，E，…），小写表示轴（如 c，d，e，…），如图 7－27 所示。根据基本尺寸和基本偏差代号可以从相应标准中查得孔、轴的基本偏差数值。

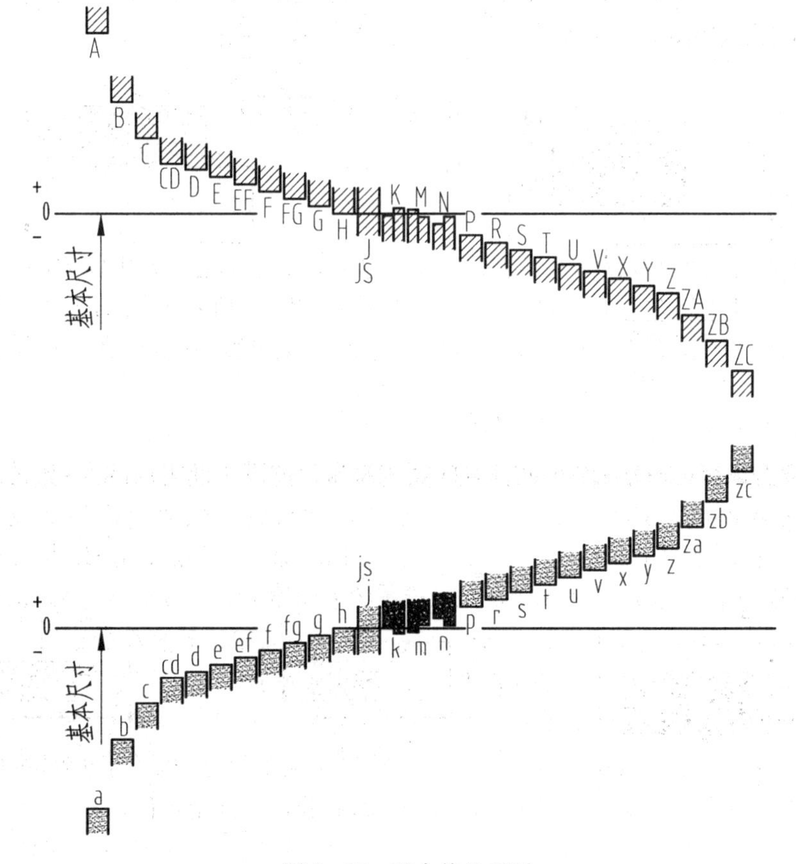

图 7－27　基本偏差系列

### 3. 配合与配合制(Fit and fit system)

(1) 配合(Fit)

基本尺寸相同、相互结合的孔和轴之间的关系称为配合。

由于相互配合的孔和轴的实际尺寸不同,装配后可能出现不同大小的间隙或过盈。孔的尺寸减去与之相配合的轴的尺寸之差是正值时为间隙,是负值时为过盈。根据相互配合的孔和轴的公差带之间的关系,国家标准规定配合有间隙配合、过盈配合和过渡配合三类。

1) 间隙配合(Clearance fit)。具有间隙(包括最小间隙为零)的配合。此时,孔的公差带在轴的公差带之上。如图 7-28 所示。

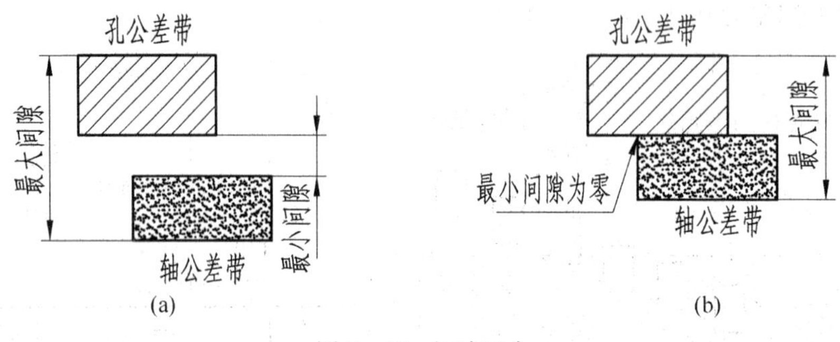


图 7-28 间隙配合

2) 过盈配合(Interference fit)具有过盈(包括最小过盈为零)的配合。此时,孔的公差带在轴的公差带之下,如图 7-29 所示。

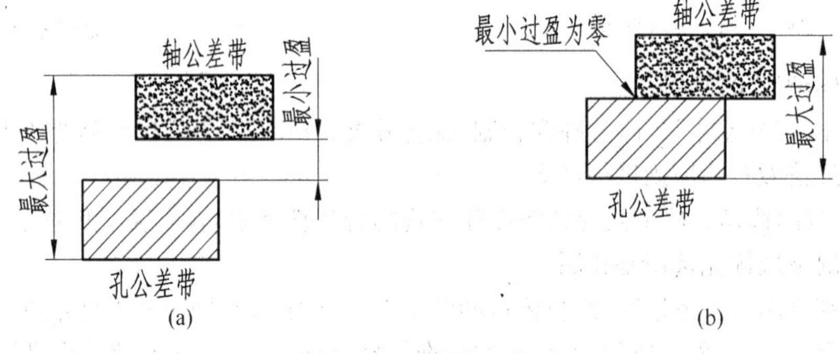


图 7-29 过盈配合

3) 过渡配合(Transition fit)可能具有间隙或过盈的配合。此时,孔的公差带和轴的公差带相互交叠,如图 7-30 所示。

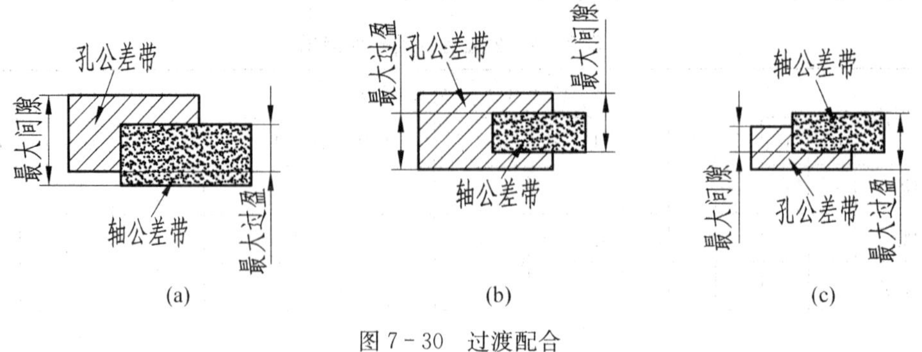


图 7-30 过渡配合

(2) 配合制(Fit system)

同一极限制的孔和轴组成配合的一种制度称为配合制。国家标准对配合规定了基孔制和基轴制两种配合制度。

1) 基孔制(Hole-basis System of fits)。如图 7-31 所示,基本偏差为一定的孔的公差带,与不同基本偏差的轴的公差带形成各种配合的一种制度。基孔制的孔称为基准孔,基本偏差代号为 H,其下偏差为 0。

2) 基轴制(Shaft-basis System of fits)。如图 7-32 所示,基本偏差为一定的轴的公差带,与不同基本偏差的孔的公差带形成各种配合的一种制度。基轴制的轴称为基准轴,基本偏差代号为 h,其上偏差为 0。

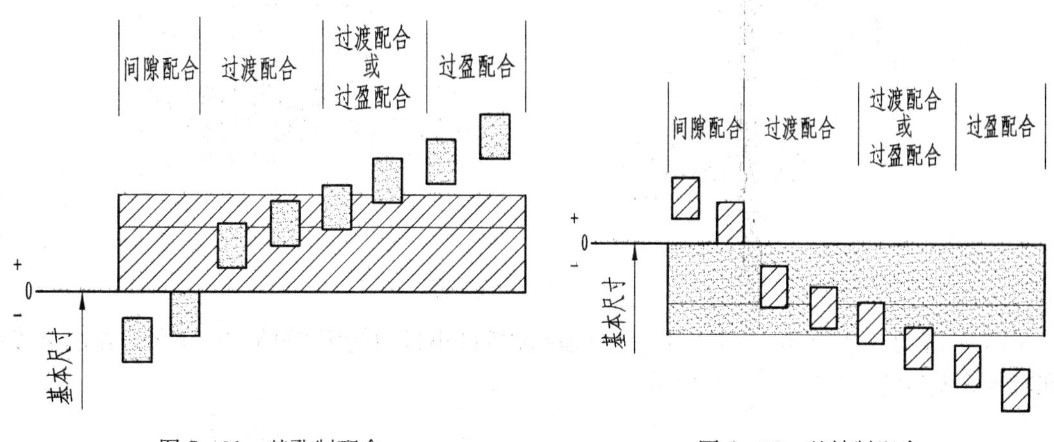


图 7-31　基孔制配合　　　　图 7-32　基轴制配合

**4. 极限与配合的应用**

在设计中,已知基本尺寸,选择配合制、配合种类、公差等级等应以产品的使用价值和制造成本的综合经济效益为原则进行考虑。

1) 配合制的选择。从工艺的经济性和结构的合理性考虑,孔的加工相对于轴要困难,所以在一般情况下应优先选用基孔制。

基轴制则常用于以下情况:冷拉棒料的轴不需要再加工时;同一基本尺寸的轴与几个孔组成不同的配合;与标准件形成的配合,应按标准件确定配合制,如滚动轴承外圈与轴承孔的配合采用基轴制等。

2) 公差等级的选择。公差等级的高低直接影响产品的使用性能和加工经济性。公差等级的一般选用如表 7-3 所示。常用配合尺寸的公差等级如表 7-4 所示。

**表 7-3　公差等级的一般选用**

| 应　用 | 公差等级(IT) | | | | | | | | | | | | | | | | | | |
|---|---|---|---|---|---|---|---|---|---|---|---|---|---|---|---|---|---|---|---|
| | 01 | 0 | 1 | 2 | 3 | 4 | 5 | 6 | 7 | 8 | 9 | 10 | 11 | 12 | 13 | 14 | 15 | 16 | 17 | 18 |
| 量 块 | — | — | — | | | | | | | | | | | | | | | | | |
| 量 规 | | | — | — | — | — | — | — | — | | | | | | | | | | | |
| 配合尺寸 | | | | | | | — | — | — | — | — | — | — | — | — | | | | | |

（续表）

| 应　用 | 公差等级(IT) | | | | | | | | | | | | | | | | | | | |
|---|---|---|---|---|---|---|---|---|---|---|---|---|---|---|---|---|---|---|---|---|
| | 01 | 0 | 1 | 2 | 3 | 4 | 5 | 6 | 7 | 8 | 9 | 10 | 11 | 12 | 13 | 14 | 15 | 16 | 17 | 18 |
| 特精件配合 | | | | — | — | — | — | | | | | | | | | | | | | |
| 未注公差尺寸(包括气割件、铸件等) | | | | | | | | | | | | | | — | — | — | — | — | — | — |
| 原材料公差 | | | | | | | | | | — | — | — | — | — | — | — | | | | |

**表 7－4　常用配合尺寸的公差等级**

| 公差等级 | IT5 | IT6(轴)IT7(孔) | IT8，IT9 | IT10～IT12 | 举　例 |
|---|---|---|---|---|---|
| 精密机械 | 常用 | 次要处 | | | 仪器、航空机械 |
| 一般机械 | 重要处 | 常用 | 次要处 | | 机床、汽车制造 |
| 非精密机械 | | 重要处 | 常用 | 次要处 | 矿山、农业机械 |

3）优先选用的公差带与配合。由于标准公差等级有 20 个，孔、轴的基本偏差各有 28 个，两者可组成大量的配合，数量过多，难于应用。因此国家标准中对孔、轴规定了优先、常用和一般用途的公差带以及相应的配合。优先选用的配合如表 7－5 所示。

**表 7－5　优先选用的配合**

| 配合类别 | 基孔制 | 基轴制 | 适 用 范 围 |
|---|---|---|---|
| 间隙配合 | H11/c11 | C11/h11 | 间隙非常大，用于转动很慢，要求装配方便和低精度的很松的动配合 |
| | H9/d9 | D9/h9 | 间隙很大，用于大温差、高速或大轴颈压力时的自动配合 |
| | H8/f7 | F8/h7 | 间隙不大，用于中等转速与轻轴颈压力的精确转动，或自由装配的中等定位配合 |
| | H7/g6 | G7/h6 | 间隙很小，用于可自由移动和滑动并精密定位的配合，而不希望自由转动 |
| | H7/h6，H8/h7，H9/h8，H11/h11 | | 均为间隙定位配合，零件可自由装拆，工作时一般相对静止不动 |
| 过渡配合 | H7/k6 | K7/h6 | 过渡配合，用于精密定位 |
| | H7/n6 | N7/h6 | 过渡配合，允许有较大过盈的精密定位 |
| 过盈配合 | H7/p6 | P7/h6 | 小过盈配合，用于定位精度特别重要并用以达到部件的刚性及对中性要求，不能传递摩擦负荷，尺寸≤3 mm时 H7/p6 为过渡配合 |
| | H7/s6 | S7/h6 | 中等压入配合，用于一般钢件，薄壁件的冷缩配合，铁铸件的最紧配合 |
| | H7/u6 | U7/h6 | 压入配合，用于可承受大压力的零件，或不宜承受大压入力的冷缩配合 |

在基孔制配合中，基本偏差为 a～h 的轴与基准孔的配合是间隙配合，基本偏差为 j～n 的轴与基准孔的配合基本是过渡配合，基本偏差为 p～zc 的轴与基准孔的配合是过盈配合。

在基轴制配合中，基本偏差为 A～H 的孔与基准轴的配合是间隙配合，基本偏差为 J～N 的孔与基准轴的配合基本是过渡配合，基本偏差为 P～ZC 的孔与基准轴的配合是过盈配合。

**5. 极限与配合的标注**

极限与配合的标注形式是：在基本尺寸后注写公差带与配合代号或极限偏差数值。

公差带代号　孔、轴公差带代号由基本偏差代号与公差等级代号组成。孔的基本偏差代号用大写的拉丁字母表示，轴的基本偏差代号用小写的拉丁字母表示，公差等级代号用阿拉伯数字表示。如 H8，F8，f7，h7，…

配合代号　用孔、轴公差带组合表示，写成分数形式，分子为孔的公差带代号，分母为轴的公差带代号。如$\frac{H8}{f7}$，$\frac{F8}{h7}$，$\frac{H7}{p6}$，…分子为 H 的是基孔制，分母为 h 的是基轴制。

(1) 装配图中的标注

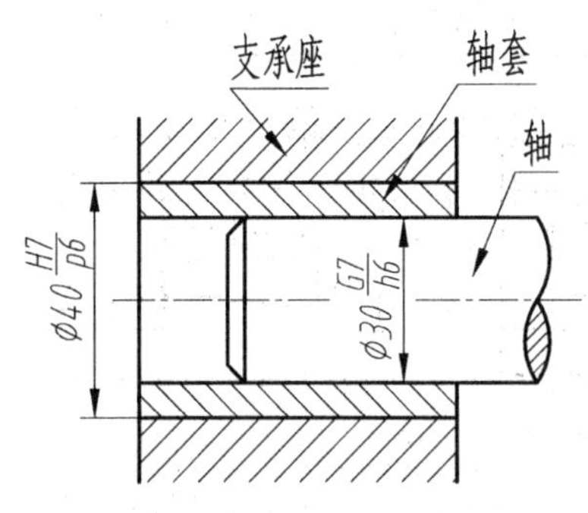


图 7－33　装配图中的标注

由基本尺寸和配合代号组成。如图 7－33 中的标注$\varnothing 40\frac{H7}{p6}$表示基本尺为$\varnothing 40$的基孔制过盈配合。孔的公差等级为 7 级。轴的基本偏差代号为 p，公差等级为 6 级。标注$\varnothing 30\frac{G7}{h6}$表示基本尺寸为$\varnothing 30$的基轴制间隙配合。轴的公差等级为 6 级。孔的基本偏差代号为 G，公差等级为 7 级。

(2) 零件图中的标注

标注形式有三种：

1) 在基本尺寸后只标注极限偏差数值，如图 7－34(a)所示的$\varnothing 30^{0}_{-0.013}$。直接标注上下偏差数值，用万能量具检测方便，单件及小批量生产用得较多。

2) 在基本尺寸后标注公差带代号和上、下偏差数值，这时上下偏差数值必须加圆括号，如图 7－34(b)所示的$\varnothing 40p6(^{+0.042}_{+0.026})$。既明确配合精度又有公差数值，适用于生产规模不确定的情况。

3) 在基本尺寸后只标注公差带代号，7－34(c)所示的$\varnothing 40H7$。配合精度明确，标注简单，适用于量规检测的尺寸。

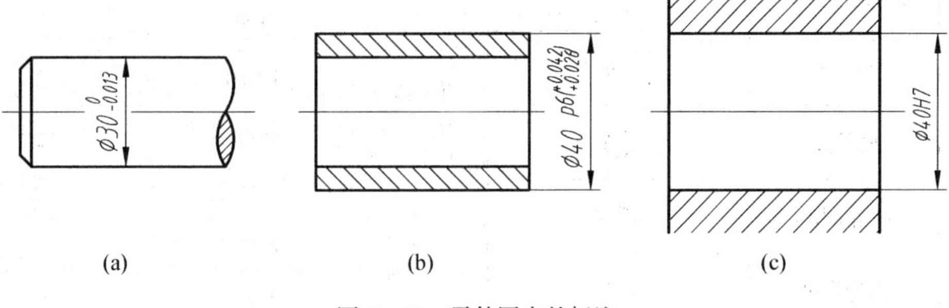


图 7－34　零件图中的标注

(3) 孔、轴的极限偏差表

根据孔、轴的公差带代号，查极限偏差表即可确定其极限偏差数值。例如∅40H7，这是孔的公差带。查附录的附表1-3，由基本尺寸分段30—40的一行与公差带代号H7一列的相交处得到$^{+25}_{0}$(即为$^{+0.025}_{0}$ mm)，因此得到标注∅$40^{+0.025}_{0}$。再例如∅40p6，这是轴的公差带。查附录的附表1-2，由基本尺寸分段30—40的一行与公差带代号p6一列的相交处得到$^{+42}_{+26}$(即为$^{+0.042}_{+0.026}$ mm)，因此得到标注∅$40^{+0.042}_{+0.026}$。

### 7.2.6.2 形状和位置公差(Geometric tolerance)简介

**1. 基本概念**

在零件加工时，除了产生尺寸误差外，零件的形状和位置也会产生误差。如图7-35(a)所示，在孔、轴的尺寸都符合尺寸公差要求的情况下，轴加工得不直，即有形状误差。又如图7-35(b)所示，由于轴的轴线与接触端面不垂直，即有位置误差。这些误差的存在使孔、轴仍然可能满足不了装配要求。因此对一些重要零件有必要规定形状和位置的变化范围，即规定形状和位置公差，简称形位公差。它是指零件的实际形状和实际位置对理想形状和理想位置相对于基准的允许变动量。

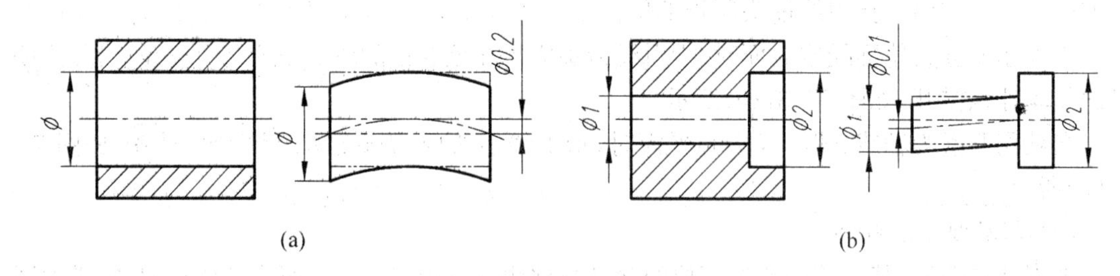


图7-35 形状和位置的误差

**2. 形位公差代号**

形位公差代号包括：形位公差符号、框格及指引线、公差数值、基准符号等。形位公差各项目及符号见表7-6所示。

**表7-6 形位公差各项目及符号**

| 分类 | 项目 | 符号 |
|---|---|---|
| 形状公差 | 直线度 | — |
| | 平面度 | ▱ |
| | 圆度 | ○ |
| | 圆柱度 | ⌭ |
| 形状或位置公差 | 线轮廓度 | ⌒ |
| | 面轮廓度 | ⌓ |

| 分类 | | 项目 | 符号 |
|---|---|---|---|
| 位置公差 | 定向 | 平行度 | // |
| | | 垂直度 | ⊥ |
| | | 倾斜度 | ∠ |
| | 定位 | 同轴度 | ◎ |
| | | 对称度 | ⌯ |
| | | 位置度 | ⌖ |
| | 跳动 | 圆跳动 | ↗ |
| | | 全跳动 | ⌰ |

形位公差代号、基准符号的内容如图 7－36 所示。图中 $h$ 为图样上尺寸数字的高度。

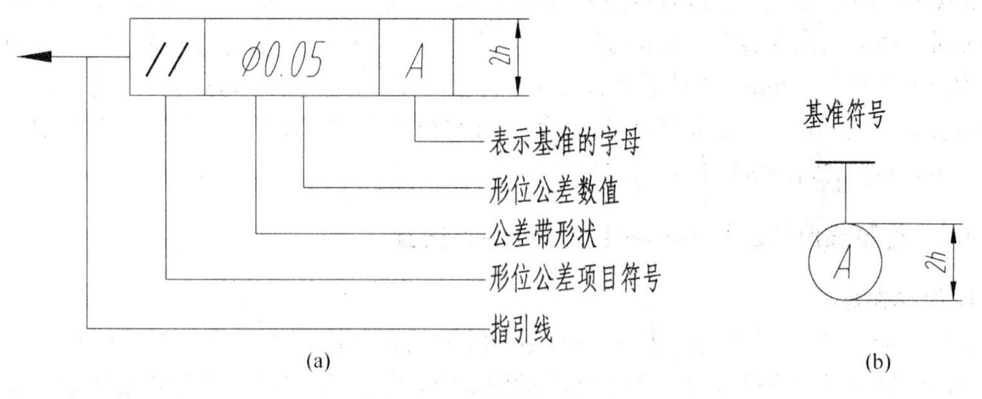


图 7－36　形位公差代号

**3. 形位公差的标注**

(1) 被测要素的标注

用带箭头的指引线将被测要素与公差框格的一端相连，指引线的箭头应指向公差带的宽度方向或直径方向。指引线箭头所指部位：

当被测要素为轮廓线或表面时，指引线箭头应指在该要素的轮廓线或其引出线上，并应明显地与尺寸线错开，如图 7－37(a)所示。

当被测要素为轴线、球心或中心平面时，指引线箭头应与该要素的尺寸线对齐，如图 7－37(b)所示。

(2) 基准要素的标注

采用基准符号，基准符号所指部位的含义与被测要素指引线箭头所指部位相同，同样如图 7－37 所示。

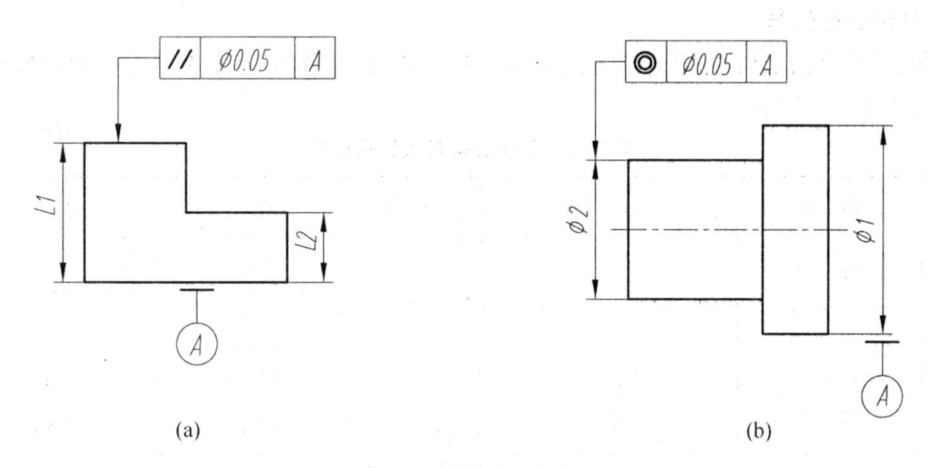


图 7－37　形位公差的标注

(3) 标注示例

如图 7－38 所示的气门阀杆，其形位公差项目的含义如下：

1) 杆身∅16 的圆柱度公差值为 0.005 mm。

2) M8×1 的螺孔轴线对于∅16 轴线的同轴度公差值为∅0.1 mm。

3) SR75 的球面对于∅16 轴线的圆跳动公差值为 0.03 mm。

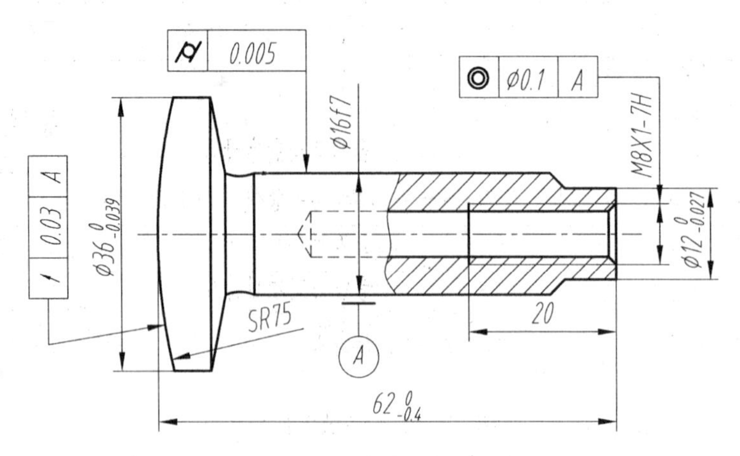


图 7-38 形位公差标注示例

### 7.2.6.3 表面粗糙度(Surface roughness)

**1. 基本概念**

零件的加工表面上具有较小间距和峰谷所形成的微观几何形状特征称为表面粗糙度。不同作用的零件表面加工要求不同,所形成的表面粗糙度也不同。表面粗糙度的评定参数主要有:轮廓算术平均偏差($R_a$);轮廓的均方根偏差($R_q$);轮廓最大高度($R_z$)等。在零件图中多采用轮廓算术平均偏差 $R_a$ 值。

**2. 轮廓算术平均偏差(Arithmetical mean deviation of the profile)$R_a$ 简介**

轮廓算术平均偏差 $R_a$ 是指在取样长度(Sampling length)内轮廓偏距(Surface profile)绝对值的算术平均值。如图 7-39 所示,零件轮廓线上的点与基准线(中线,即图中的 X 轴)之间的距离 $y_i$ 称为轮廓偏距,则有 $R_a=\frac{1}{l}\int_0^l |y(x)|\,dx$ 或简化成

$$R_a=\frac{1}{n}\sum_{i=1}^{n}|y_i|$$

式中,$l$ 为取样长度。用以判别具有表面粗糙度特征的一段基准长度;$y_i$ 为轮廓偏距。表面轮廓上各点到基准线的距离。

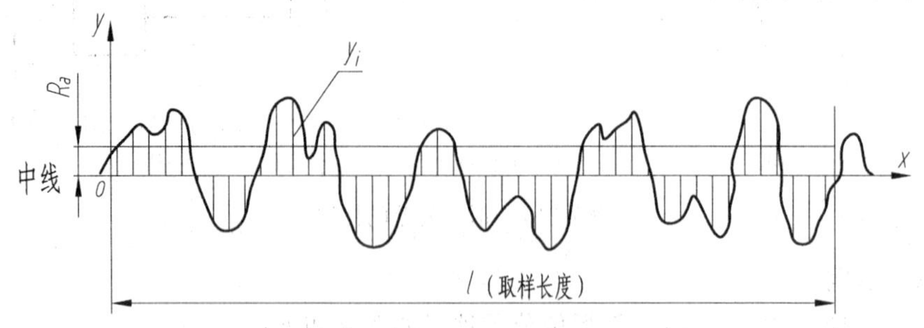


图 7-39 轮廓算术平均偏差 $R_a$

$R_a$ 的单位为 μm,表 7-7 列出了 $R_a$ 值的优先选用系列;表 7-8 列出了 $R_a$ 值与其对应的

主要加工方法和应用举例。

表 7－7　轮廓算术平均偏差 $R_a$ 值　　(单位：μm)

| 0.012 | 0.025 | 0.05 | 0.10 | 0.20 | 0.40 | 0.80 |
|---|---|---|---|---|---|---|
| 1.6 | 3.2 | 6.3 | 12.5 | 25 | 50 | 100 |

表 7－8　$R_a$ 值与表面特征、加工方法及应用举例

| $R_a$/μm | 表面特征 | 主要加工方法 | 应用举例 |
|---|---|---|---|
| >40～80 | 明显可见刀痕 | 粗车、粗铣、粗刨、钻、粗纹锉刀和粗砂轮加工 | 光洁程度最低的加工面，一般很少应用 |
| >20～40 | 可见刀痕 | | |
| >10～20 | 微见刀痕 | 粗车、刨、立铣、平铣、钻等 | 不接触表面、不重要的接触面，如螺钉孔、倒角、机座底面等 |
| >5～10 | 可见加工痕迹 | 精车、精铣、精刨、铰、镗、粗磨等 | 无相对运动的零件接触面，如箱、盖、套筒；要求紧贴的表面、键和键槽工作表面，相对运动速度不高的接触面，如支架孔、衬套、带轮轴孔的工作表面等 |
| >2.5～5 | 微见加工痕迹 | | |
| >1.25～2.5 | 看不见加工痕迹 | | |
| >0.63～1.25 | 可辨加工痕迹方向 | 精车、精铰、精拉、精镗、精磨等 | 要求很好密合的接触面，如与滚动轴承配合的表面、销孔等；相对运动速度较高的接触面，如滑动轴承的配合表面、齿轮轮齿的工作表面等 |
| >0.32～0.63 | 微辨加工痕迹方向 | | |
| >0.16～0.32 | 不可辨加工痕迹方向 | | |
| >0.08～0.16 | 暗光泽面 | 研磨、抛光、超级精细研磨等 | 精密量具表面、极重要零件的摩擦面，如汽缸的内表面、精密机床的主轴轴颈、坐标镗床的主轴轴颈等 |
| >0.04～0.08 | 亮光泽面 | | |
| >0.02～0.04 | 镜状光泽面 | | |
| >0.01～0.02 | 雾状镜面 | | |
| ≯0.01 | 镜面 | | |

**3. 表面粗糙度的符(代)号及其在图样上的标注**

表面粗糙度的代号是由规定的符号和有关参数值组成。符号见表 7－9 所示，标注示例及其意义见表 7－10 所示，图样上的标注见表 7－11 所示。

表 7－9　表面粗糙度符(代)号

| 符　号 | 意义说明 |
|---|---|
| | 基本符号，表示表面可用任何方法获得。当不加注粗糙度参数值或有关说明时，仅适用于简化代号标注。 |
| | 基本符号加短划，表示表面是用去除材料的方法获得。例如车、铣、钻、磨、抛光、腐蚀、电火花加工、气割等。 |
| | 基本符号加一小圈，表示表面是用不去除材料的方法获得。例如铸、锻、冲压、冷轧、热轧、粉末冶金等。 |

（续表）

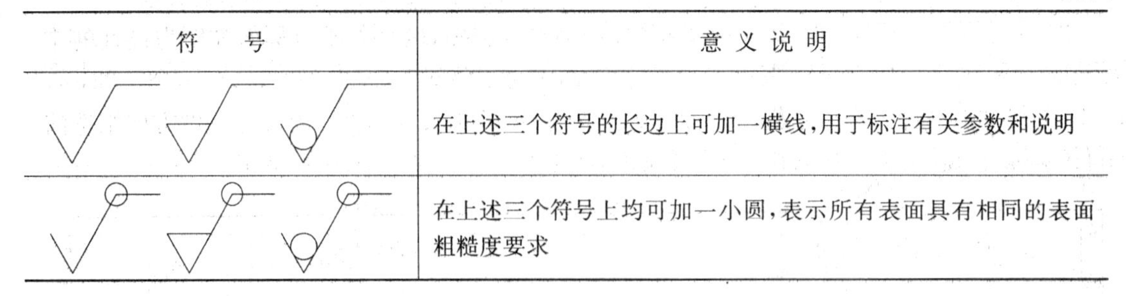

| 符　　号 | 意义说明 |
|---|---|
| 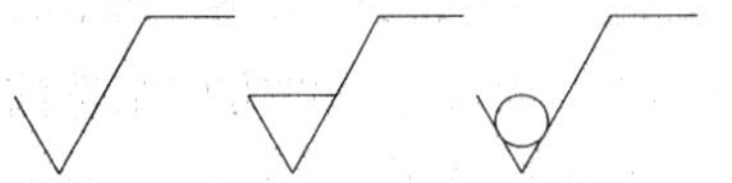 | 在上述三个符号的长边上可加一横线，用于标注有关参数和说明 |
| 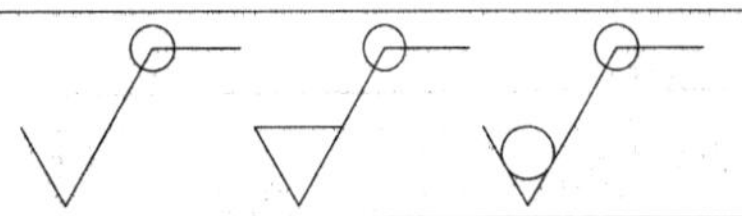 | 在上述三个符号上均可加一小圆，表示所有表面具有相同的表面粗糙度要求 |

**表 7-10　表面粗糙度高度参数 $R_a$ 的标注示例及其意义**

| 代　　号 | 意　　义 | 代　　号 | 意　　义 |
|---|---|---|---|
| 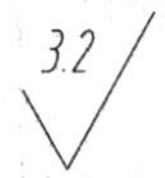 | 用任何方法获得的表面，$R_a$ 的上限值为 3.2 μm | 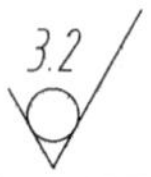 | 用不去除材料方法获得的表面，$R_a$ 的上限值为 3.2 μm |
| 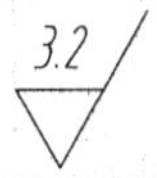 | 用去除材料方法获得的表面，$R_a$ 的上限值为 3.2 μm | 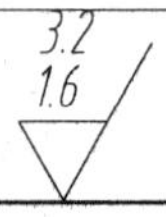 | 用去除材料方法获得的表面，$R_a$ 的上限值为 3.2 μm，下限值为 1.6 μm |

**表 7-11　表面粗糙度代（符）号的标注**

| | |
|---|---|
| 零件的表面具有不同的粗糙度要求时应分别标出其代（符）号（一般只标注一次）。代（符）号应标注在可见轮廓线、尺寸线、尺寸界线或其延长线上。符号的尖端必须由材料外指向表面。数字和符号注写方向，必须和尺寸数字方向一致<br>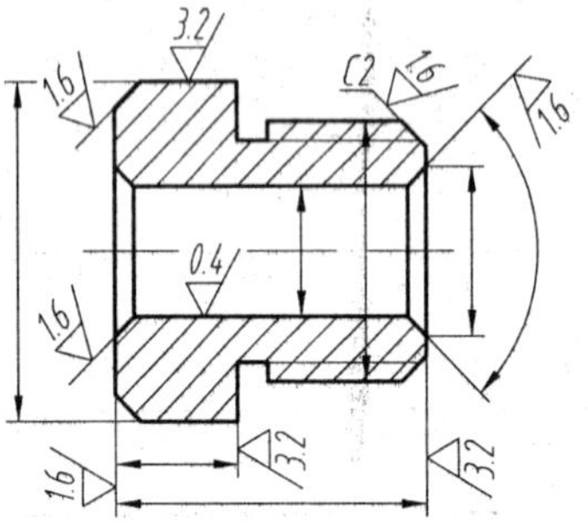 | 当零件的表面具有相同的表面粗糙度时，其代（符）号可在图样的右上角统一标注<br>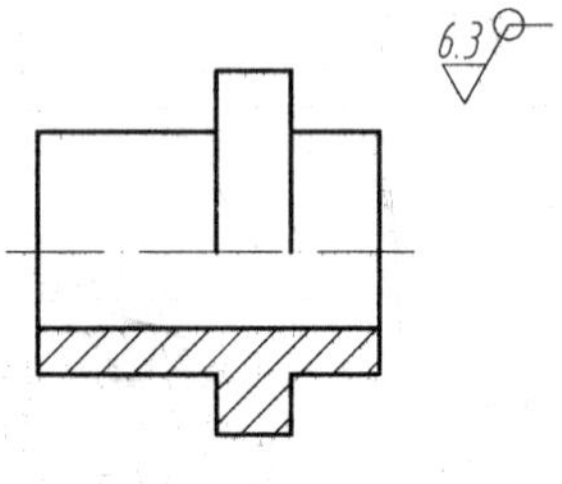 |
| 零件的大部分表面具有相同的表面粗糙度时，对其中使用最多的一种代（符）号可以统一注在图样的右上角，并加注“其余”两字<br>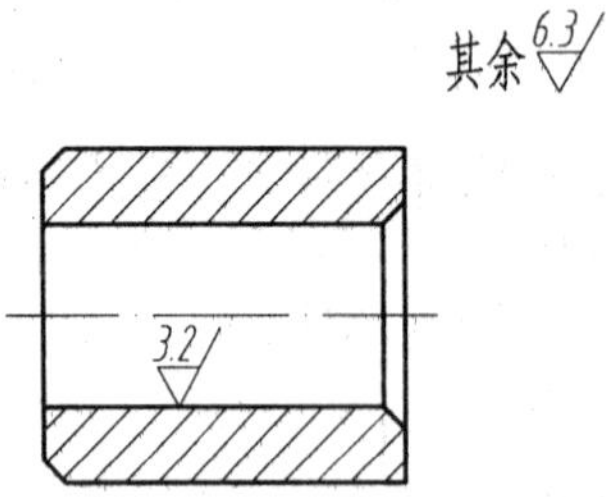 | 连续表面及重复要素（孔、槽、齿等）的表面，表面粗糙度代（符）号只标注一次<br>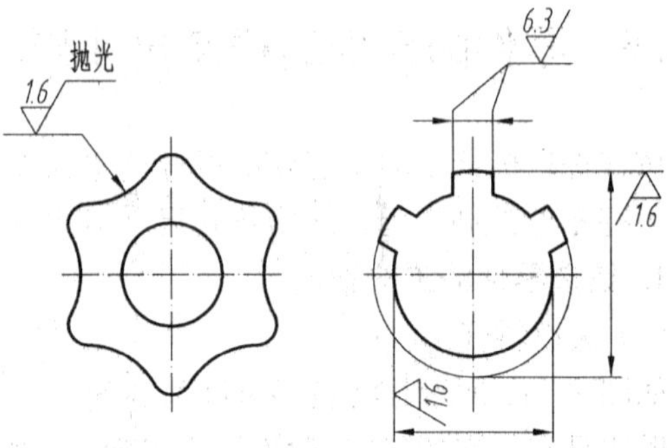 |

（续表）

<table>
<tr>
<td>用细实线连接的同一表面，其表面粗糙度代号只标注一次。当地位狭小或不便标注时，代号可以引出标注<br>
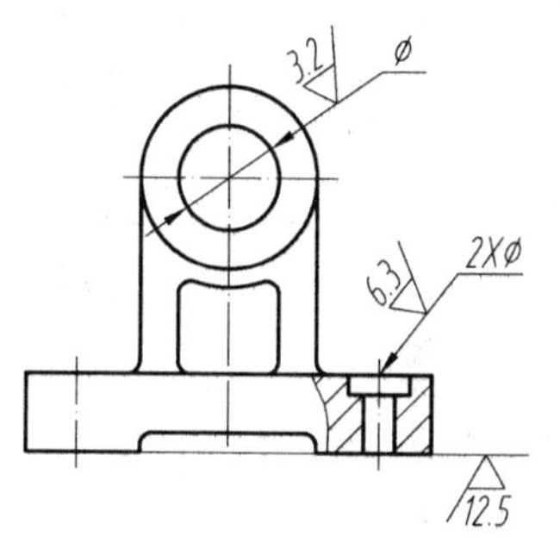
</td>
<td>同一表面上有不同的表面粗糙度要求时，须用细实线画出其分界线，并注出相应的表面粗糙度代号和尺寸<br>
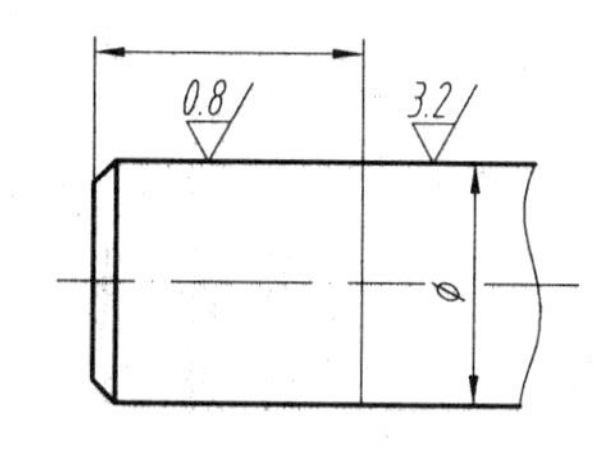
</td>
</tr>
<tr>
<td>齿轮和渐开线花键等工作表面的粗糙度代号在没有画出齿（牙）形时，可注在节线上<br>
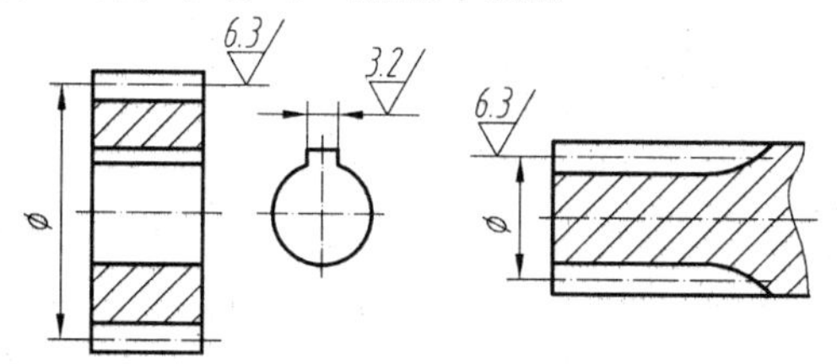
</td>
<td>为了简化标注方法或标注位置受到限制时，可以标注简化代号，但必须在标题栏附近说明简化代号的意义<br>
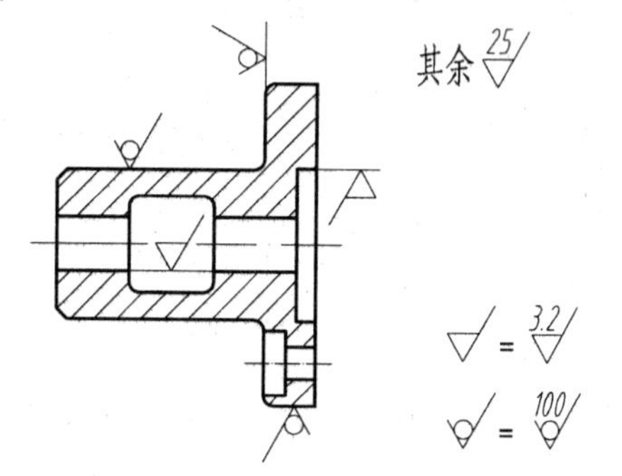
</td>
</tr>
</table>

## 7.2.7　读零件图（Reading a detail drawing）

在设计、制造等工作中均需识读零件图。读零件图的基本要求是根据零件图想象出零件的结构形状，了解零件的尺寸和技术要求等。下面以图 7－40 所示的齿轮油泵泵体零件图为例说明读零件图的方法和步骤。

**1. 初步了解**

由零件图的标题栏了解零件的名称、数量、材料及画图的比例等。

从图 7－40 零件图的标题栏可知，该零件名称为泵体，是齿轮油泵的壳体，属于箱体类零件。材料（HT200）为铸铁，是铸造结构零件。数量 1 件，即指每个齿轮泵有一件泵体，绘图比例 1∶2。

**2. 分析视图，想象零件的结构形状**

根据所学的形体分析和线面分析等读图方法，并结合基本视图、剖视图、断面图等表达方法，对零件的视图作详细分析，看懂零件的内外结构形状。还应从设计和加工方面的要求，了解零件的相应工艺结构及其作用。

分析泵体零件图，其表达采用三个基本视图。其中主视图为全剖视图，表达了齿轮腔室、

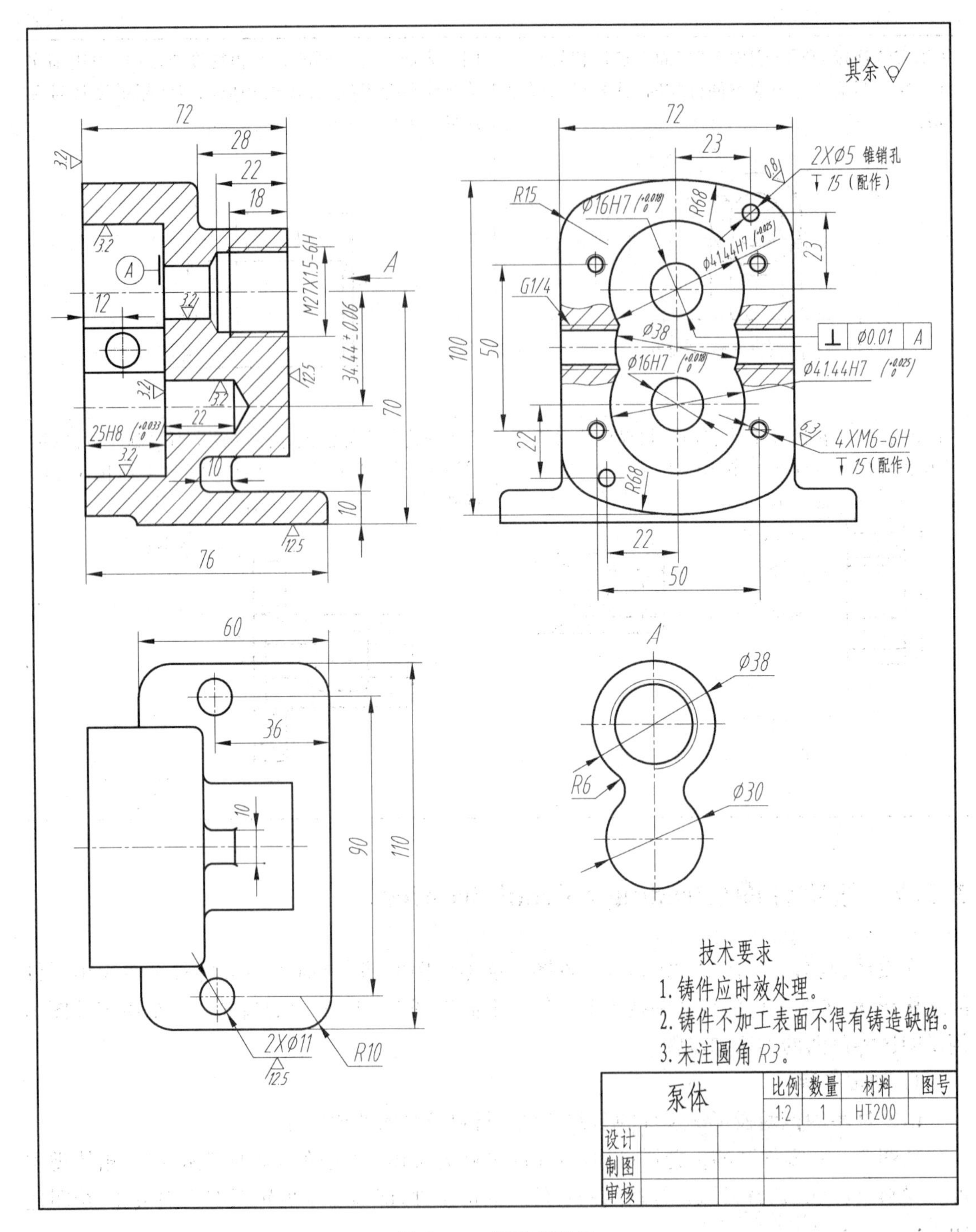


图 7-40　泵体零件图

主动齿轮轴支承孔、填料密封腔的内螺纹孔和从动齿轮轴支承端的盲孔等结构。俯视图为外形视图，表达了腔体与底板之间的位置关系，以及底板上两个安装孔的位置。左视图除表达泵体腔室的圆形结构和与泵盖连接、定位的螺孔、销孔等，还作了局部剖视表达进出油口的管螺纹结构。另外增加了 A 向的向视图，表达泵体右端面的真形。根据这些分析，即可想象出泵

体的整体结构形状。

**3. 分析尺寸和技术要求**

在读懂零件结构形状的基础上，进一步分析零件的定形、定位和总体尺寸，分析零件在长、宽、高三个方向的尺寸基准，同时分析零件图的技术要求，读懂尺寸公差和配合要求，表面粗糙度及形状和位置公差，有关热处理、表面处理等要求。

分析泵体的尺寸，不难看出泵体长度方向的尺寸基准为左端面，即泵体与泵盖的接合面。从该基准出发标注出齿轮腔室的深度 25H8 这一重要尺寸和进出油口的定位尺寸 12 等。而泵体右端面是长度方向的辅助基准，从该辅助基准出发，标注出螺孔及光孔的深度尺寸和一个外形尺寸 18，22，28 等。高度方向的尺寸基准为主动齿轮轴的轴线，由此基准出发，标注出两轴轴心距 $34.44\pm0.06$、主动齿轮的中心高 70 以及定位销在高度方向的定位尺寸等。

宽度方向的尺寸基准为泵体前后对称中心平面，由此标注出腔室、底板的形体尺寸和定位销、螺孔、底板安装孔在宽度方向的定位尺寸 22，23，50，90 等。

分析技术要求可知，图中表面粗糙度要求最高的是定位销孔表面，$R_a$ 上限值为 0.8 μm，其次是腔室内表面、轴孔配合表面及泵体与泵盖连接端面等，它们的 $R_a$ 上限值为 3.2 μm。未注表面粗糙度符号的均为非加工表面。

提出尺寸公差要求的有多处，如圆形腔室大小和深度尺寸、二轴孔中心距及轴孔的配合尺寸等。

形位公差有主动齿轮轴孔相对于左端面的垂直度。用文字说明的技术要求有三条，是泵体的铸造要求和圆角结构等。

技术要求涉及到零件结构、加工方法和检验等的重要内容，应仔细研究。

通过以上分析，对泵体零件的结构形状、尺寸大小、制造要求等有了全面的了解，达到了完全、正确地读懂零件图的目的。

## 7.3 装配图(Assembly drawings)简介

表达机器或部件的结构、工作原理、零部件装配关系和技术要求等的图样称为装配图。

### 7.3.1 装配图的作用和内容

#### 7.3.1.1 装配图的作用

在产品设计中，根据确定的产品功能要求，一般先绘制出机器或部件的装配图，用以表达机器或部件的主要结构和工作原理，然后根据装配图进行组成装配体的各个零件的设计；在产品制造中，装配图是机器或部件进行装配和检验的技术依据；在产品安装、使用和维修中需要通过装配图来了解机器的性能、构造、零件的装配关系等。因此装配图是生产中的重要技术文件之一，在工业生产中起着非常重要的作用。

#### 7.3.1.2 装配图的内容

图 7－41 是滑动轴承的装配图，由图可知，装配图包括下列内容：

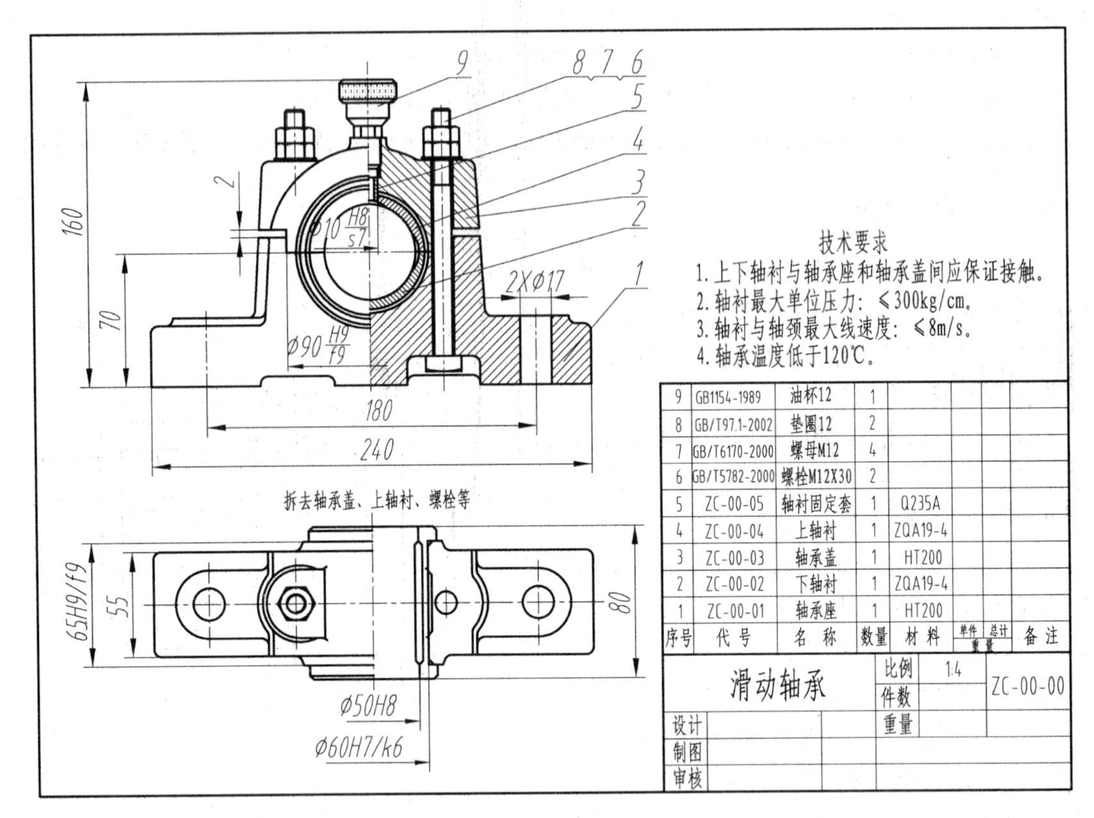


| 9 | GB1154-1989 | 油杯12 | 1 | | | | |
|---|---|---|---|---|---|---|---|
| 8 | GB/T97.1-2002 | 垫圈12 | 2 | | | | |
| 7 | GB/T6170-2000 | 螺母M12 | 4 | | | | |
| 6 | GB/T5782-2000 | 螺栓M12X30 | 2 | | | | |
| 5 | ZC-00-05 | 轴衬固定套 | 1 | Q235A | | | |
| 4 | ZC-00-04 | 上轴衬 | 1 | ZQA19-4 | | | |
| 3 | ZC-00-03 | 轴承盖 | 1 | HT200 | | | |
| 2 | ZC-00-02 | 下轴衬 | 1 | ZQA19-4 | | | |
| 1 | ZC-00-01 | 轴承座 | 1 | HT200 | | | |
| 序号 | 代 号 | 名 称 | 数量 | 材 料 | 单件 重量 | 总计 重量 | 备 注 |

| 滑动轴承 | | 比例 | 1:4 | ZC-00-00 |
|---|---|---|---|---|
| | | 件数 | | |
| 设计 | | 重量 | | |
| 制图 | | | | |
| 审核 | | | | |

图 7－41 滑动轴承

1）一组视图。表达机器或部件的工作原理、零件装配关系、连接方式和零件的主要结构形状等。

2）必要的尺寸。标注出机器或部件的性能、装配、检验和安装所必需的一些尺寸。

3）技术要求。说明对机器或部件的性能、装配、检验、调整及使用方法等方面的要求。

4）零件序号、明细表和标题栏。在视图中用指引线依次标出各零件的序号；在标题栏的上方绘制零件明细表以注明零件的序号、代号、名称、规格、数量、材料和标准件的国标代号；在标题栏中填写部件或机器的名称、绘图比例等。

### 7.3.2 装配图的画法

装配图的画法与零件图相似，零件的表达方法也适用于机器或部件的表达。其步骤一般是：

1）确定装配体的表达方案，选取绘图比例和图纸幅面，安排视图位置。此时要注意留出编注零件序号、标注尺寸以及标题栏、明细表、技术要求等的位置。

2）画各视图的主要中心线、对称线和作图基线等。目的是恰当、合理的布置图幅，确定各

视图的位置。

3）画底稿。先画主要零件的主要结构，后画次要结构。可根据装配干线，从内向外逐个进行绘制，里面零件被外面零件遮住部分则不必画出。要注意按各视图关系同时进行对应视图的绘制。

4）校对底稿，去除多余图线，进行图线加深并画剖面线、标注尺寸等。

5）编注零件序号，填写标题栏、明细表和技术要求，完成装配图。

此外，机械制图国家标准中还对装配图指定了一些规定画法和特殊画法。下面作一些介绍。

#### 7.3.2.1　规定画法

1）两个零件的接触表面或基本尺寸相同的配合面，只画一条线，不能画成两条线。但两个零件的基本尺寸不同时，即使间隙很小，仍应画两条线。

如图7-42中在直径方向上，轴与滚动轴承的内圈、箱座孔与轴承外圈以及齿轮孔与轴等为配合面；在轴的方向上，轴承内圈的右端面与挡油盘，挡油盘与齿轮，齿轮与轴肩均为接触面，因此按规定都画成一条线。而端盖上的孔与螺钉为非配合面，其基本尺寸不同，即使间隙很小，也必须画成两条线。

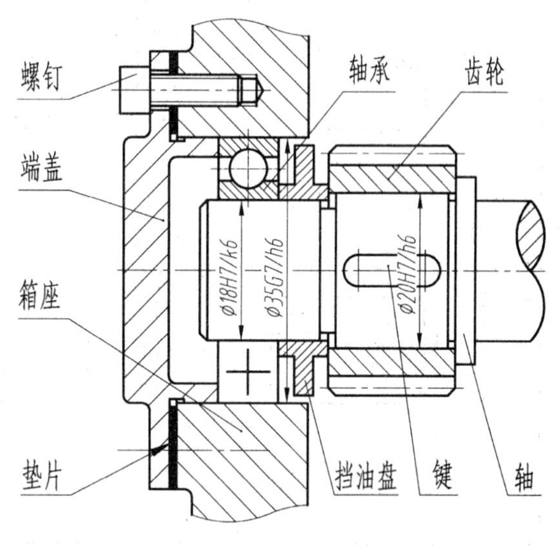


图7-42　规定画法

2）在装配图中，两相邻零件的剖面线应画成不同方向或不同间隔。但同一零件的剖面线，在各个视图上的方向和间隔均应一致，如图7-42中端盖和箱座的剖面线方向相反，箱座与轴承的剖面线间隔不同等。当宽度不超过2 mm的区域的剖面符号可涂黑代替，如图7-42中的垫片被剖后涂黑。

3）对于紧固件以及实心的轴、手柄、球、键等零件，若剖切平面通过其轴线或对称平面时，则这些零件均按不剖处理，如图7-42中的轴、螺钉等。

#### 7.3.2.2　特殊画法

**1. 假想画法**

在装配图中，为了表示某些运动件的极限位置，或者为了表示该部件与相邻的零、部件的安装连接关系，可以用双点划线画出这些运动零件的另一极限位置，或与部件相邻的零、部件的部分轮廓。如图7-43所示。

**2. 简化画法**

在装配图中，对于若干相同的零件组，如螺钉连接等，可详细地画出一组或几组，其余只用点画线表示其位置；零件的工艺结构，如倒角、退刀槽、圆角等可以不画出；装配中的滚动轴承允许采用简化画法，如图7-42所示。

此外，拆卸画法与单件画法也是一种简化画法。

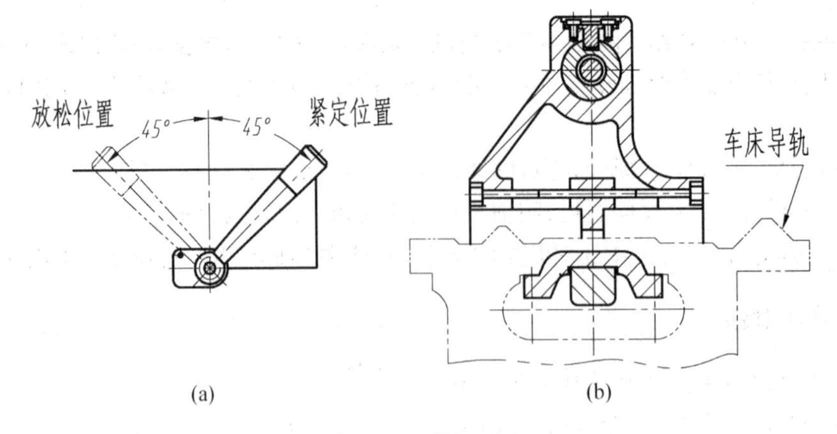


(a)　　(b)

图 7-43　假想画法

在装配图中，当某些零件遮住了其他需要表达的部分时，可假想沿零件的结合面剖切后将这些零件拆卸后再画出该视图，但在结合面上不应画剖面线。这种表达方法称为拆卸画法。在需要说明时，可加标注"拆去××等"，图 7-41 所示滑动轴承的俯视图就是采用拆卸画法。

当个别零件的某些结构在装配图中还没有表示清楚，而又必须表达清楚时，可单独画出该零件的视图，然后在所画视图的上方注出该零件的视图名称，在相应视图的附近用箭头指明投影方向并标注字母，在所画视图上用相同的字母注出该零件的视图名称，如图 7-44 所示的泵盖 $B$。

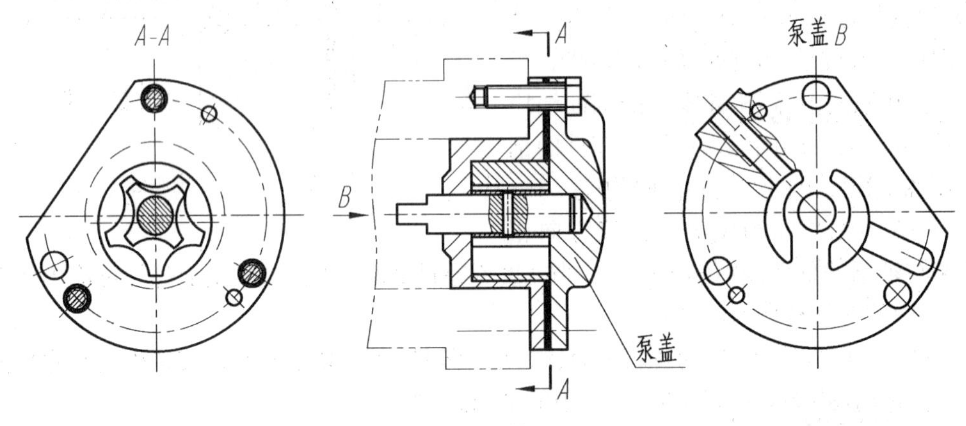


图 7-44　单件画法

**3. 夸大画法**

在装配图中，一些薄垫片、细弹簧以及锥度很小的圆锥销，按其实际尺寸画出后表达不清的，可不按比例而适当夸大画出，如图 7-42 中垫片的画法。

## 7.3.3　装配图的尺寸标注和技术要求

### 7.3.3.1　装配图的尺寸标注

装配图和零件图的作用不同，在装配图上不需要注出每一个零件的全部尺寸。根据装配图的要求，通常在装配图上应标注以下几类尺寸。

**1. 规格尺寸(性能尺寸)**

表示机器或部件的规格或性能的尺寸,由设计确定。它是了解、选用机器或部件的主要依据。如图 7-41 滑动轴承的轴孔直径∅50H8 为滑动轴承的性能尺寸。

**2. 装配尺寸**

表示机器或部件上有关零件间装配关系的尺寸,可分为:

1) 配合尺寸。表示零件间配合性质的尺寸,如图 7-41 中的轴承盖、轴承座之间的配合尺寸$\varnothing 90\ \frac{H9}{f9}$;下轴衬与轴承座之间的配合尺寸$\varnothing 60\ \frac{H7}{k6}$。

2) 相对位置尺寸。表示装配时需要保证的主要零件之间相对位置的尺寸。如图 7-41 中轴承盖和轴承座之间的间隙尺寸 2 等。

**3. 外形尺寸**

表示机器或部件外形轮廓的尺寸,包括总体长、宽、高。它是机器或部件在包装、运输、安装和设计厂房时的依据。如图 7-41 所示的外形尺寸 240, 80 和 160。

**4. 安装尺寸**

机器或部件安装时所需的尺寸,如图 7-41 中的螺栓孔 2×∅17、孔距 180,底座的长和宽 240, 55 等。

**5. 其他重要尺寸**

不属于上述几类,但在设计和装配中需保证的其他尺寸,如图 7-41 中滑动轴承的中心高 70 等。

当然,并不是每张装配图上都一定完全包含上述五种尺寸。有时,装配图上的一个尺寸同时有几种含义。因此,装配图上的尺寸标注,应根据机器或部件的实际情况来进行。

#### 7.3.3.2 装配图的技术要求

在装配图上,对无法在视图中直接表达的技术要求,可以用文字说明。通常有如下内容:

1) 有关产品性能、安装、使用、维护等方面的要求。

2) 有关试验和检验的方法和要求。

3) 有关装配时的加工、密封和润滑等方面的要求等。

如图 7-41 滑动轴承装配图中所示的技术要求。

#### 7.3.3.3 零件的序号和代号

为了便于看图和技术文件的管理,必须对装配图上的零(部)件编写序号,并在标题栏上方画出明细表,填写零(部)件的序号、代号、名称、数量、材料等内容,如图 7-41 所示。

序号是在装配图中对各个零件或部件按顺序编制的号码,而代号则是按照零件或部件对整个机器产品的隶属关系编制的号码。下面给出编制零件序号的一些规定:

1) 序号应尽可能放在反映装配关系最清楚的视图上。

2) 装配图中的每种零件(部件)都要进行编号。形状、尺寸完全相同的零件只编一个号,数量填在明细表里。

3) 编序号时,从反映该零件最明显的可见轮廓内用细实线向图外画指引线,并在线的引出端画一个小圆点,线的另一端可以用细实线画一水平直线段或圆,指引线应通过圆的中心。序号写在水平直线上方或圆内。序号字体高度要比尺寸数字大一号或两号。如图 7-45(a)

所示。也可以不画水平直线段或圆，直接在指引线附近写序号，但序号字体应比尺寸数字大两号，如图 7－45(b)所示。对于很薄的零件或涂黑的剖面，指引线的末端用箭头表示，并指向该部分的轮廓，如图 7－45(c)所示。

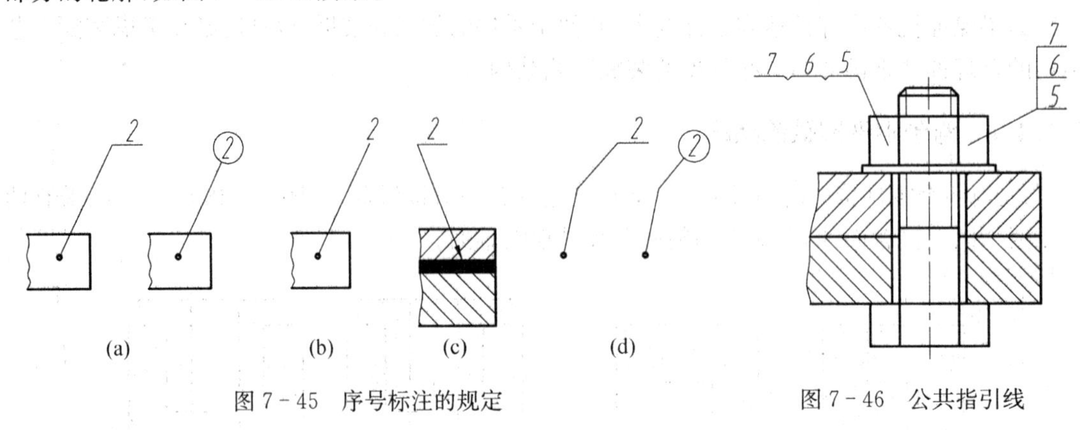


图 7－45　序号标注的规定　　　　图 7－46　公共指引线

4）指引线应尽量不穿过或少穿过其他零件的投影，也不宜画得过长，不能彼此相交，且不要与通过的剖面线平行。不可避免时，指引线可画成折线，但只能曲折一次，如图 7－45(d)所示。

5）装配关系清楚的零件组，如螺栓、螺母、垫片等连接件，可采用公共指引线。如图 7－46 所示。

6）装配图中的标准化组件（如油杯、滚动轴承等）作为一个整体，只编写一个序号，如图 7－41中的油杯 9。

7）序号在装配图上应沿水平或垂直方向，按顺时针（或逆时针）顺序排列整齐，且尽可能排列均匀，如图 7－41 所示。

#### 7.3.3.4　明细表

明细表是表达零件信息的目录表，它画在标题栏的上方，外框线为粗实线，内框线为细实线。零、部件的序号在明细表中应自下而上依次填写，且必须与装配图中零件的序号一一对应，其标准格式见图 7－47 所示。若空间不够时，可以自右而左靠近标题栏继续画出，也可以单独编写在另一张纸上。

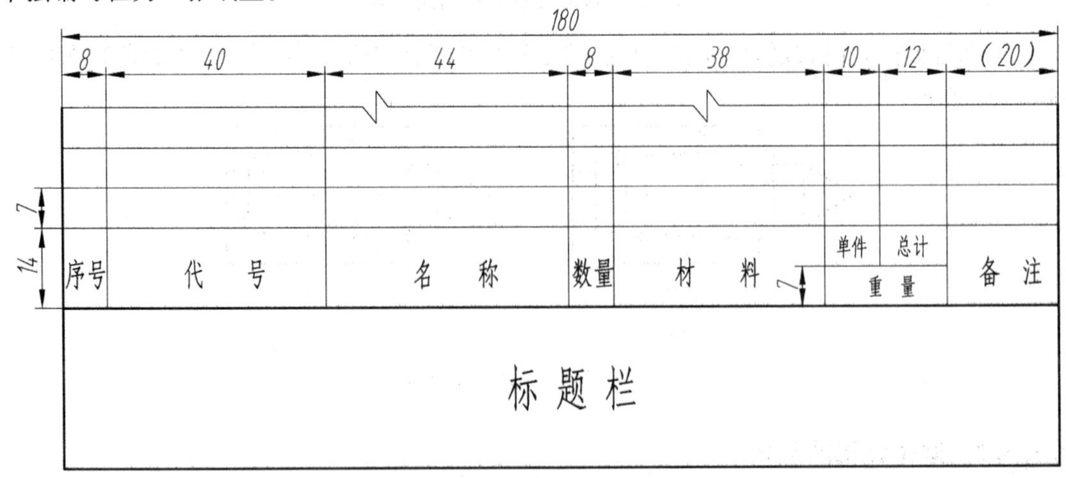


图 7－47　明细表

### 7.3.4 装配的工艺结构

为了保证机器或部件达到设计要求，并便于零件的加工和装拆，设计时必须考虑装配工艺结构的合理性。下面介绍一些常见的装配工艺结构。

#### 7.3.4.1 两个零件接触的结构

1）当两个零件接触时，在同一方向上只允许有一对接触面，如图 7－48 所示。如果有两个或两个以上接触面，则在加工和装配上都是很困难的。

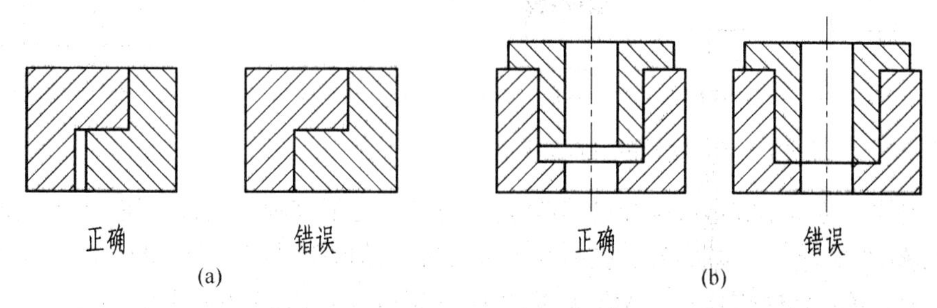


图 7－48 同一方向接触的结构

2）对于端面要求接触的孔轴配合，应在孔的端面上制成倒角或在轴的轴颈上加工退刀槽，以保证接触面间的良好接触，如图 7－49 所示。

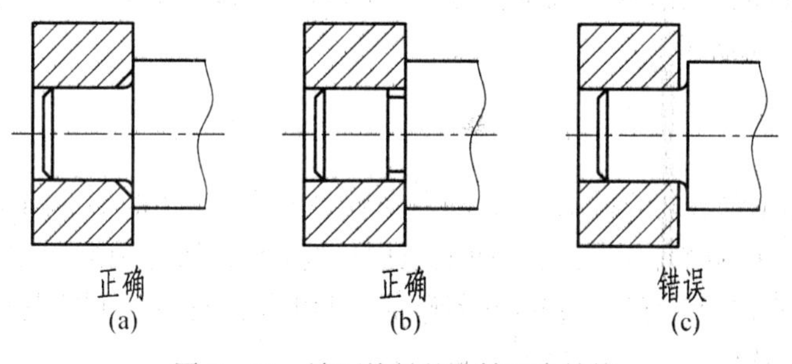


图 7－49 端面接触的孔轴配合结构

3）两锥面配合时，锥体顶部和锥孔底部之间必须留有空隙，以保证锥面间的良好配合，如图 7－50 所示。

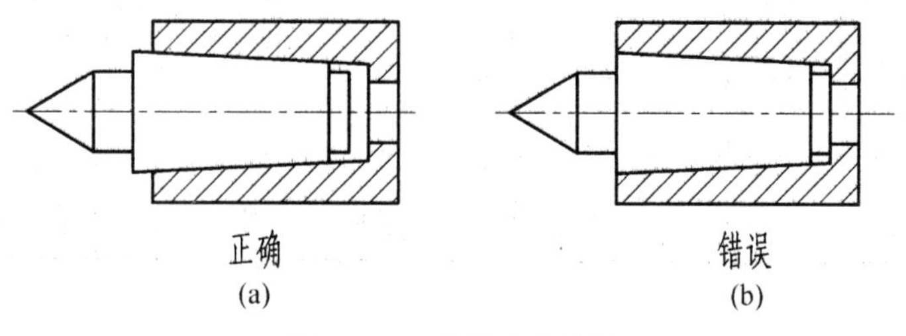


图 7－50 锥面配合结构

#### 7.3.4.2 便于装拆的结构

1）对螺纹紧固件连接结构，应考虑装拆的方便性，必须留出扳手的活动空间，如图 7－51

所示。

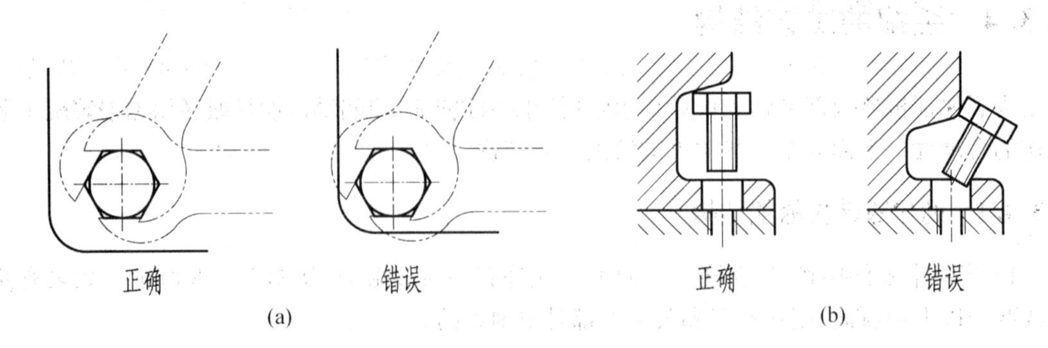


图 7－51　便于装拆的结构

2）滚动轴承常以轴肩定位，为了便于装拆，要求轴肩的高度必须小于轴承内圈或外圈的厚度，如图 7－52 所示。

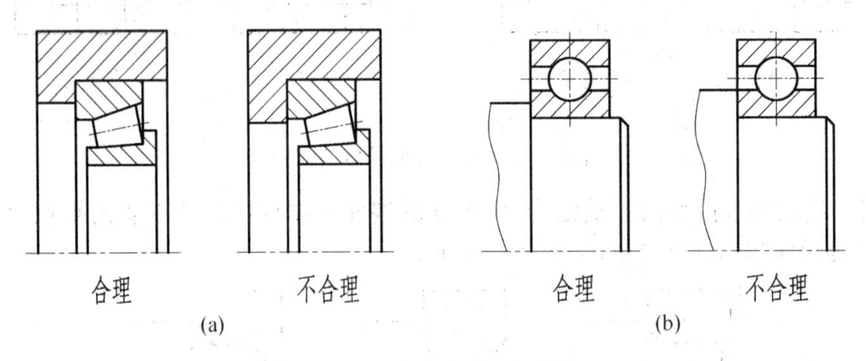


图 7－52　轴承端面接触结构

#### 7.3.4.3　防松结构

机器运转过程中，其螺纹紧固件部分可能由于振动或冲击，将会逐渐松动和脱落，甚至造成严重事故。所以，在这些机构中，必要时应有防松结构。图 7－53 是几种常用的防松结构。

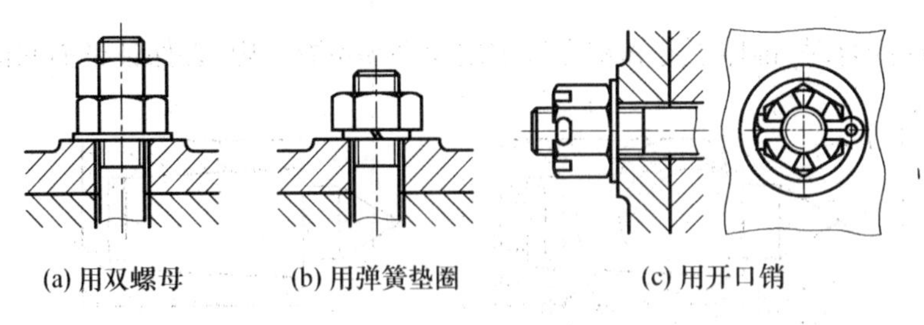


图 7－53　防松结构

### 7.3.5　读装配图，由装配图拆画零件图

在产品的设计、制造、装配以及技术交流过程中，都要与装配图打交道。因此，工程技术人员必须掌握阅读装配图的方法。

### 7.3.5.1　读装配图的目的

首先要了解机器或部件的名称、用途以及工作原理;其次要了解各个零件之间的装配关系以及机器或部件的装拆次序;最后还要了解各个零件的结构和作用,以及它们的名称、数量、材料、重量等。

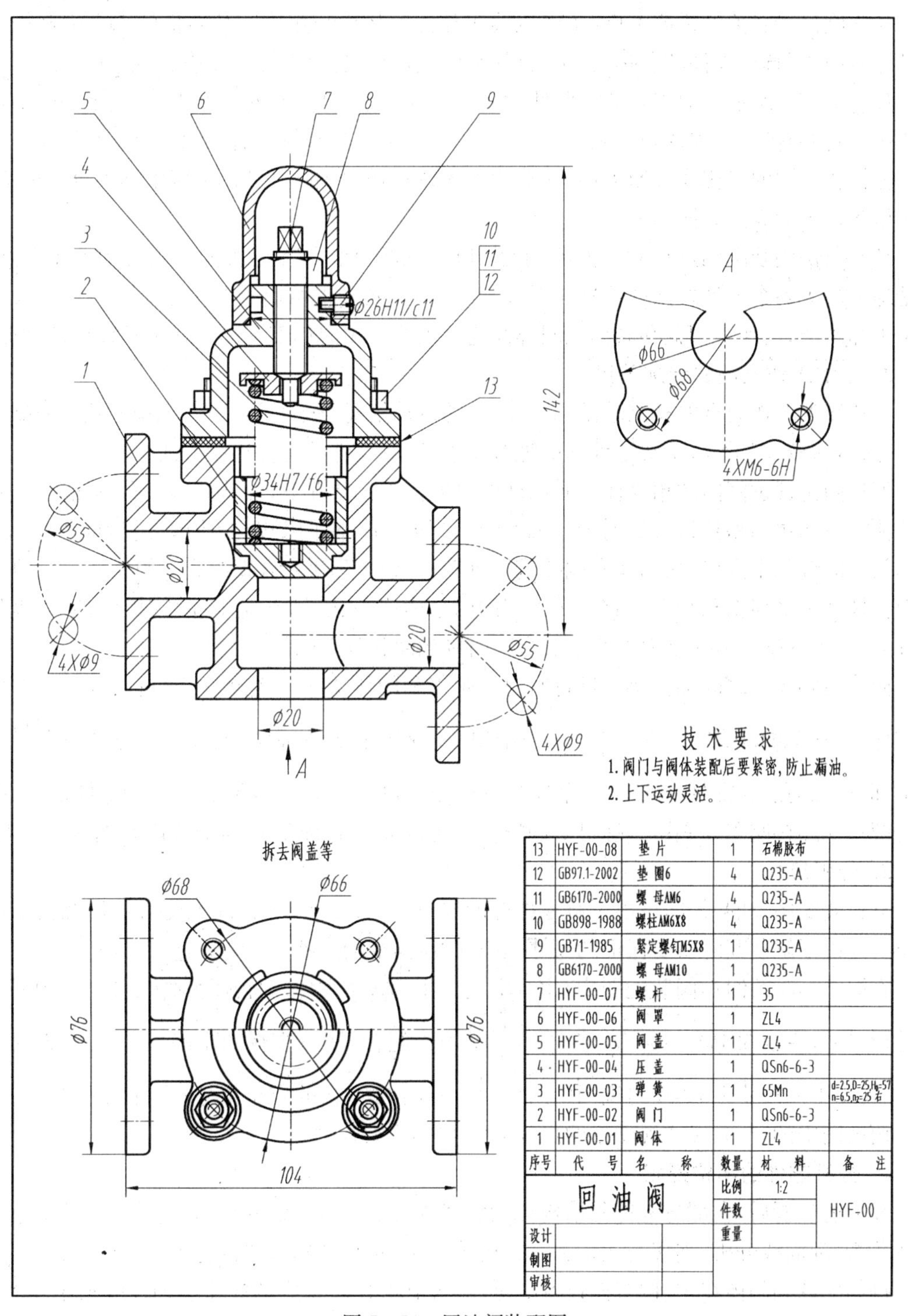


| 序号 | 代号 | 名称 | 数量 | 材料 | 备注 |
|---|---|---|---|---|---|
| 13 | HYF-00-08 | 垫片 | 1 | 石棉胶布 | |
| 12 | GB97.1-2002 | 垫圈6 | 4 | Q235-A | |
| 11 | GB6170-2000 | 螺母AM6 | 4 | Q235-A | |
| 10 | GB898-1988 | 螺柱AM6X8 | 4 | Q235-A | |
| 9 | GB71-1985 | 紧定螺钉M5X8 | 1 | Q235-A | |
| 8 | GB6170-2000 | 螺母AM10 | 1 | Q235-A | |
| 7 | HYF-00-07 | 螺杆 | 1 | 35 | |
| 6 | HYF-00-06 | 阀罩 | 1 | ZL4 | |
| 5 | HYF-00-05 | 阀盖 | 1 | ZL4 | |
| 4 | HYF-00-04 | 压盖 | 1 | QSn6-6-3 | |
| 3 | HYF-00-03 | 弹簧 | 1 | 65Mn | $d=2.5, D=25, H_0=57$ $n=6.5, n_2=25$ 右 |
| 2 | HYF-00-02 | 阀门 | 1 | QSn6-6-3 | |
| 1 | HYF-00-01 | 阀体 | 1 | ZL4 | |

| 回油阀 | | 比例 | 1:2 | HYF-00 |
|---|---|---|---|---|
| | | 件数 | | |
| 设计 | | 重量 | | |
| 制图 | | | | |
| 审核 | | | | |

图 7－54　回油阀装配图

#### 7.3.5.2 读装配图的方法与步骤

现以图 7－54 所示的回油阀装配图为例，分以下五个步骤进行阐述。

**1. 概括了解并分析视图**

从标题栏和有关的说明书中，了解机器或部件的名称与用途。从零件的明细表和图上的零件序号中，了解各零件的名称、数量、材料和位置，以及各标准件的规格、标记等。

如图 7－54 所示回油阀是装在柴油发动机上的一个部件，起安全作用，使剩余的柴油回到油箱中。它共有 13 种零件，其中标准件 5 种。主要零件为阀体、阀盖、阀罩、阀门、弹簧等。

分析各视图的名称及投影方向，弄清剖视图、断面图的剖切位置，采用了哪些特殊画法，从而了解各视图的表达意图和重点。

从对回油阀装配图进行初步分析，了解到该装配图用了主、俯视图。主视图采用全剖视，清楚地反映了各个零件之间的位置关系和装配关系，同时也给出了几个重要尺寸。俯视图采用了拆卸画法，反映了阀盖和阀体之间螺纹连接关系。*A* 向局部视图表达了阀体下部的形状。

**2. 了解工作原理和装配关系**

先从反映工作原理的视图着手，分析零件的运动情况，从而了解工作原理。然后根据投影规律分析各条装配干线，了解零件间的配合要求，以及零件的定位连接方式。

回油阀是通过阀门的抬起而达到回油的目的。正常状况下，油从阀体 1 右端孔流入，从下端孔流出。当主油路获得过量的油，并超过允许压力时，阀门 2 即被抬起，过量油就从阀体 1 和阀门 2 的缝隙中流出，从阀体左端孔流回油箱。螺杆 7 用来调节弹簧 3 的压力。阀罩 6 用来保护螺杆免受损伤和触动。阀门 2 下部的两个横向小孔，用来流出回油时进入阀门里的柴油，阀门 2 中的螺孔 M5 是为了便于研磨阀门接触面和装卸阀门。

阀体与阀盖 5 之间加上垫片进行密封。阀盖和阀体依靠 4 个螺柱 10 进行连接。阀门置于阀体内，它们的配合尺寸为 $\varnothing 34\ \frac{H7}{f6}$；阀罩位于阀盖上部，它们的配合尺寸为 $\varnothing 26\ \frac{H11}{c11}$。阀盖上部有一螺孔，与螺杆 7 配合。弹簧 3 一端压在阀门上，另一端与压盖 4、螺杆依次配合。紧钉螺钉 9 连接阀盖与阀罩。螺母 8 和螺杆一起调节弹簧的长度，从而决定回油的压力大小。

**3. 分析尺寸**

分析装配图上的尺寸，可以了解零部件的规格、外形大小、零件间的配合性质和公差值的大小。可以了解装配时所要保证的尺寸、安装时所需要的一些尺寸等。

在图 7－54 的回油阀装配图中，主视图上注出的尺寸 142、俯视图上的尺寸 104 为回油阀的外形尺寸；主视图中的 $\varnothing 34\ \frac{H7}{f6}$ 和 $\varnothing 26\ \frac{H11}{c11}$ 均为配合尺寸；主视图中的尺寸 ∅20 为规格尺寸；主视图中的尺寸 ∅55、*A* 向视图中的尺寸 ∅68 为（螺）孔的定位尺寸；主视图中的尺寸 4×∅9、俯视图中的 ∅76、*A* 向视图中的尺寸 ∅66 均为重要尺寸。

**4. 分析零件的结构形状**

经上述分析后，大部分零件的结构形状已基本清楚。对少数复杂的主要零件，须采用投影关系分析、剖面线分析、连接与运动关系分析等方法，对其结构形状进行进一步的分析。

例如回油阀阀体在主、俯视图以及 *A* 向视图中均有其对应的投影，先在主视图上分离出阀体的投影轮廓，接着按投影关系分离出阀体在俯视图上的投影轮廓，再结合 A 向视图，就能

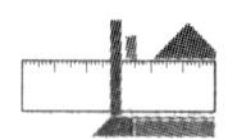

想象出阀体的整个结构形状。

**5. 总结归纳**

进一步分析机器或部件的设计意图、工作原理、零件间的传动线路、装配关系、零部件的拆装顺序、技术要求、全部尺寸等，从而获得对整个机器或部件的完整认识。

### 7.3.5.3　由装配图拆画零件图

由装配图拆画零件图是设计的一个重要组成部分，拆画零件的过程是对零件形状与大小的继续设计的过程。因此，根据装配图拆画零件图就成为一项非常重要的工作。

如图 7-55 所示为从图 7-54 回油阀装配图中拆画的序号为 5 的阀盖零件图。

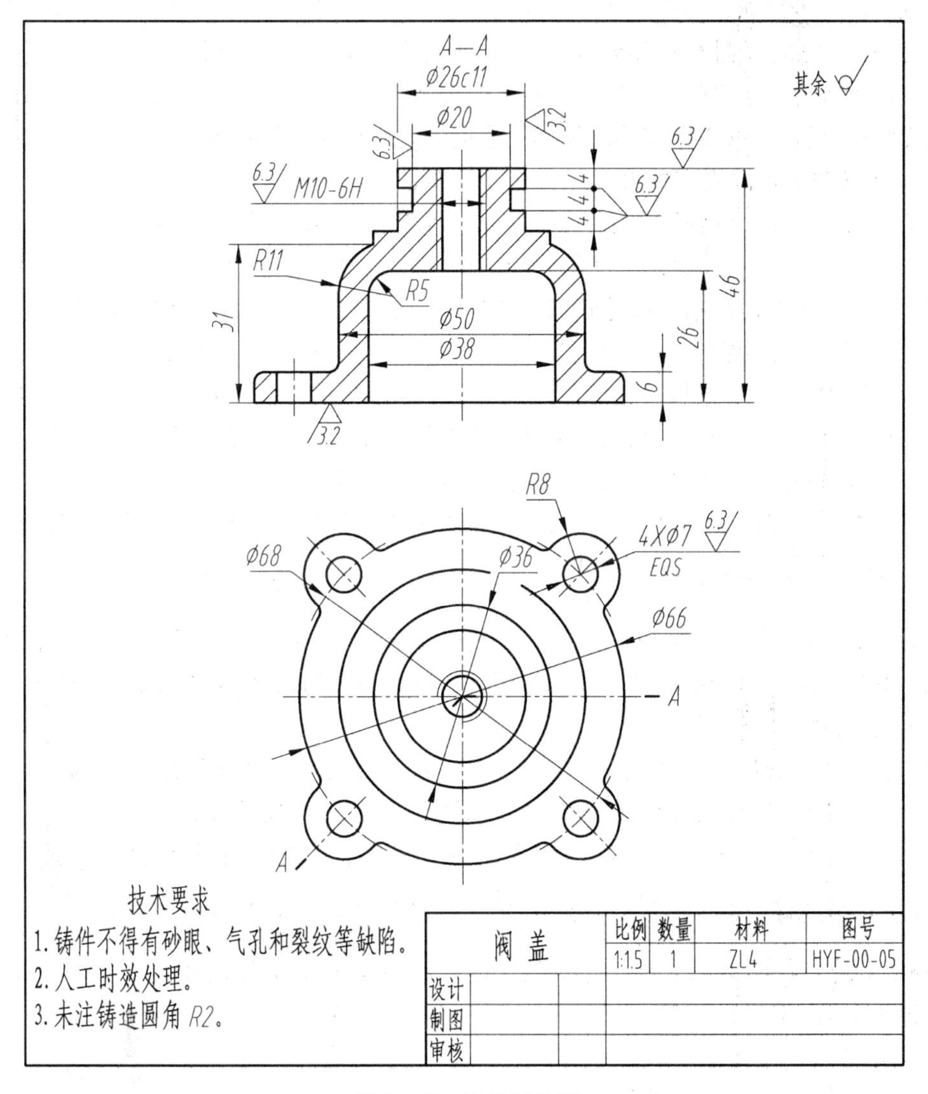


图 7-55　阀盖零件图

拆画零件图一般可按以下步骤进行：

1）在完全看懂装配图的基础上，对所要拆画的零件，仔细分析其结构形状并了解清楚该零件在装配体中的功能。

2）参考装配图中该零件的表达情况，选择适当的视图表达方案。

3）按照选定的表达方案，画出零件图。

在拆画零件图的过程中，应注意如下问题：

1）零件在装配图中表达的是主要结构形状，因此在绘制零件图时，还必须

根据零件的设计、加工要求补充和完善工艺结构，如倒角、退刀槽等。

2）装配图的视图选择主要是从表达装配关系、工作原理出发考虑的，因此对零件的视图选择不应简单照抄装配图中的表达，而要分析零件的结构形状按零件图的视图选择方法确定。

3）装配图中已标注的尺寸，是设计时确定的重要尺寸，不可随意改动。其他尺寸则可采用按比例从装配图中量取并考虑各零件的相互关系等进行圆整确定。对标准结构，如螺钉的沉孔、键槽等，其尺寸应根据有关参数查阅标准确定。

4）确定零件的表面粗糙度、尺寸公差以及形位公差等技术要求时，要根据该零件在机器中的功能、与其他零件的相互关系以及加工方法等因数来确定。

# 附录 1　极限与配合

附表 1－1　标准公差数值(摘自 GB/T1800. 3－1998)

| 基本尺寸/mm | | 公差等级 | | | | | | | | | | | | | | | | | |
|---|---|---|---|---|---|---|---|---|---|---|---|---|---|---|---|---|---|---|---|
| | | IT1 | IT2 | IT3 | IT4 | IT5 | IT6 | IT7 | IT8 | IT9 | IT10 | IT11 | IT12 | IT13 | IT14 | IT15 | IT16 | IT17 | IT18 |
| 大于 | 至 | μm | | | | | | | | | | | | mm | | | | | |
| — | 3 | 0.8 | 1.2 | 2 | 3 | 4 | 6 | 10 | 14 | 25 | 40 | 60 | 0.10 | 0.14 | 0.25 | 0.40 | 0.60 | 1.0 | 1.4 |
| 3 | 6 | 1 | 1.5 | 2.5 | 4 | 5 | 8 | 12 | 18 | 30 | 48 | 75 | 0.12 | 0.18 | 0.30 | 0.48 | 0.75 | 1.2 | 1.8 |
| 6 | 10 | 1 | 1.5 | 2.5 | 4 | 6 | 9 | 15 | 22 | 36 | 58 | 90 | 0.15 | 0.22 | 0.36 | 0.58 | 0.90 | 1.5 | 2.2 |
| 10 | 18 | 1.2 | 2 | 3 | 5 | 8 | 11 | 18 | 27 | 43 | 70 | 110 | 0.18 | 0.27 | 0.43 | 0.70 | 1.10 | 1.8 | 2.7 |
| 18 | 30 | 1.5 | 2.5 | 4 | 6 | 9 | 13 | 21 | 33 | 52 | 84 | 130 | 0.21 | 0.33 | 0.52 | 0.84 | 1.30 | 2.1 | 3.3 |
| 30 | 50 | 1.5 | 2.5 | 4 | 7 | 11 | 16 | 25 | 39 | 62 | 100 | 160 | 0.25 | 0.39 | 0.62 | 1.00 | 1.60 | 2.5 | 3.9 |
| 50 | 80 | 2 | 3 | 5 | 8 | 13 | 19 | 30 | 46 | 74 | 120 | 190 | 0.30 | 0.46 | 0.74 | 1.20 | 1.90 | 3.0 | 4.6 |
| 80 | 120 | 2.5 | 4 | 6 | 10 | 15 | 22 | 35 | 54 | 87 | 140 | 220 | 0.35 | 0.54 | 0.87 | 1.40 | 2.20 | 3.5 | 5.4 |
| 120 | 180 | 3.5 | 5 | 8 | 12 | 18 | 25 | 40 | 63 | 100 | 160 | 250 | 0.40 | 0.63 | 1.00 | 1.60 | 2.50 | 4.0 | 6.3 |
| 180 | 250 | 4.5 | 7 | 10 | 14 | 20 | 29 | 46 | 72 | 115 | 185 | 290 | 0.46 | 0.72 | 1.15 | 1.85 | 2.90 | 4.6 | 7.2 |
| 250 | 315 | 6 | 8 | 12 | 16 | 23 | 32 | 52 | 81 | 130 | 210 | 320 | 0.52 | 0.81 | 1.30 | 2.10 | 3.20 | 5.2 | 8.1 |
| 315 | 400 | 7 | 9 | 13 | 18 | 25 | 36 | 57 | 89 | 140 | 230 | 360 | 0.57 | 0.89 | 1.40 | 2.30 | 3.60 | 5.7 | 8.9 |

注:基本尺寸小于 1 mm 时,无 IT14 至 IT18。

**附表 1－2　轴的极限偏差(摘自 GB/T1800.4－1999)(单位:μm)**

| 基本尺寸/mm | | 常用公差带 | | | | | | | | | | | | |
|---|---|---|---|---|---|---|---|---|---|---|---|---|---|---|
| | | a* | b* | | c | | | d | | | | e | | |
| 大于 | 至 | 11 | 11 | 12 | 9 | 10 | 11 | 8 | 9 | 10 | 11 | 7 | 8 | 9 |
| — | 3 | −270<br>−330 | −140<br>−200 | −140<br>−240 | −60<br>−85 | −60<br>−100 | −60<br>−120 | −20<br>−34 | −20<br>−45 | −20<br>−60 | −20<br>−80 | −14<br>−24 | −14<br>−28 | −14<br>−39 |
| 3 | 6 | −270<br>−345 | −140<br>−215 | −140<br>−260 | −70<br>−100 | −70<br>−118 | −70<br>−145 | −30<br>−48 | −30<br>−60 | −30<br>−78 | −30<br>−105 | −20<br>−32 | −20<br>−38 | −20<br>−50 |
| 6 | 10 | −280<br>−370 | −150<br>−240 | −150<br>−300 | −80<br>−116 | −80<br>−138 | −80<br>−170 | −40<br>−62 | −40<br>−76 | −40<br>−98 | −40<br>−130 | −25<br>−40 | −25<br>−47 | −25<br>−61 |
| 10 | 14 | −290<br>−400 | −150<br>−260 | −150<br>−330 | −95<br>−138 | −95<br>−165 | −95<br>−205 | −50<br>−77 | −50<br>−93 | −50<br>−120 | −50<br>−160 | −32<br>−50 | −32<br>−59 | −32<br>−75 |
| 14 | 18 | | | | | | | | | | | | | |
| 18 | 24 | −300<br>−430 | −160<br>−290 | −160<br>−370 | −110<br>−162 | −110<br>−194 | −110<br>−240 | −65<br>−98 | −65<br>−117 | −65<br>−149 | −65<br>−195 | −40<br>−61 | −40<br>−73 | −40<br>−92 |
| 24 | 30 | | | | | | | | | | | | | |
| 30 | 40 | −310<br>−470 | −170<br>−330 | −170<br>−420 | −120<br>−182 | −120<br>−220 | −120<br>−280 | −80<br>−119 | −80<br>−142 | −80<br>−180 | −80<br>−240 | −50<br>−75 | −50<br>−89 | −50<br>−112 |
| 40 | 50 | −320<br>−480 | −180<br>−340 | −180<br>−430 | −130<br>−192 | −130<br>−230 | −130<br>−290 | | | | | | | |
| 50 | 65 | −340<br>−530 | −190<br>−380 | −190<br>−490 | −140<br>−214 | −140<br>−260 | −140<br>−330 | −100<br>−146 | −100<br>−174 | −100<br>−220 | −100<br>−290 | −60<br>−90 | −60<br>−106 | −60<br>−134 |
| 65 | 80 | −350<br>−550 | −200<br>−390 | −200<br>−500 | −150<br>−224 | −150<br>−270 | −150<br>−340 | | | | | | | |
| 80 | 100 | −380<br>−600 | −220<br>−440 | −220<br>−570 | −170<br>−257 | −170<br>−310 | −170<br>−390 | −120<br>−174 | −120<br>−207 | −120<br>−260 | −120<br>−340 | −72<br>−107 | −72<br>−126 | −72<br>−159 |
| 100 | 120 | −410<br>−630 | −240<br>−460 | −240<br>−590 | −180<br>−267 | −180<br>−320 | −180<br>−400 | | | | | | | |
| 120 | 140 | −460<br>−710 | −260<br>−510 | −260<br>−660 | −200<br>−300 | −200<br>−360 | −200<br>−450 | −145<br>−208 | −145<br>−245 | −145<br>−305 | −145<br>−395 | −85<br>−125 | −85<br>−148 | −85<br>−185 |
| 140 | 160 | −520<br>−770 | −230<br>−530 | −280<br>−680 | −210<br>−310 | −210<br>−370 | −210<br>−460 | | | | | | | |
| 160 | 180 | −580<br>−830 | −310<br>−560 | −310<br>−710 | −230<br>−330 | −230<br>−390 | −230<br>−480 | | | | | | | |
| 180 | 200 | −660<br>−950 | −340<br>−630 | −340<br>−800 | −240<br>−355 | −240<br>−425 | −200<br>−530 | −170<br>−242 | −170<br>−285 | −170<br>−355 | −170<br>−460 | −100<br>−146 | −100<br>−172 | −100<br>−215 |
| 200 | 225 | −740<br>−1 030 | −380<br>−670 | −380<br>−840 | −260<br>−375 | −260<br>−445 | −260<br>−550 | | | | | | | |
| 225 | 250 | −820<br>−1 110 | −420<br>−710 | −420<br>−880 | −280<br>−395 | −280<br>−465 | −280<br>−570 | | | | | | | |
| 250 | 280 | −920<br>−1 240 | −480<br>−800 | −480<br>−1 000 | −300<br>−430 | −300<br>−510 | −305<br>−620 | −190<br>−271 | −190<br>−320 | −190<br>−400 | −190<br>−510 | −110<br>−162 | −110<br>−191 | −110<br>−240 |
| 280 | 315 | −1 050<br>−1 370 | −540<br>−860 | −540<br>−1 060 | −330<br>−460 | −330<br>−540 | −330<br>−650 | | | | | | | |
| 315 | 355 | −1 200<br>−1 560 | −600<br>−960 | −600<br>−1 170 | −360<br>−500 | −360<br>−590 | −360<br>−720 | −210<br>−299 | −210<br>−350 | −210<br>−440 | −210<br>−570 | −125<br>−182 | −125<br>−214 | −125<br>−265 |
| 355 | 400 | −1 350<br>−1 740 | −680<br>−1 040 | −680<br>−1 250 | −400<br>−540 | −400<br>−630 | −400<br>−760 | | | | | | | |

* 基本尺寸小于 1 mm 时，各级的 a 和 b 均不采用。

（续表）

| 基本尺寸/mm | | 常用公差带 | | | | | | | | | | | | | | | |
|---|---|---|---|---|---|---|---|---|---|---|---|---|---|---|---|---|---|
| | | f | | | | | g | | | h | | | | | | | |
| 大于 | 至 | 5 | 6 | 7 | 8 | 9 | 5 | 6 | 7 | 5 | 6 | 7 | 8 | 9 | 10 | 11 | 12 |
| — | 3 | −6<br>−11 | −6<br>−12 | −6<br>−16 | −6<br>−20 | −6<br>−31 | −2<br>−6 | −2<br>−8 | −2<br>−12 | 0<br>−4 | 0<br>−6 | 0<br>−10 | 0<br>−14 | 0<br>−25 | 0<br>−40 | 0<br>−60 | 0<br>−100 |
| 3 | 6 | −11<br>−15 | −10<br>−18 | −10<br>−22 | −10<br>−28 | −10<br>−40 | −4<br>−9 | −4<br>−12 | −4<br>−16 | 0<br>−5 | 0<br>−8 | 0<br>−12 | 0<br>−18 | 0<br>−30 | 0<br>−48 | 0<br>−75 | 0<br>−120 |
| 6 | 10 | −13<br>−19 | −13<br>−22 | −13<br>−28 | −13<br>−35 | −13<br>−49 | −5<br>−11 | −5<br>−14 | −5<br>−20 | 0<br>−6 | 0<br>−9 | 0<br>−15 | 0<br>−22 | 0<br>−36 | 0<br>−58 | 0<br>−90 | 0<br>−150 |
| 10<br>14 | 14<br>18 | −16<br>−24 | −16<br>−27 | −16<br>−34 | −16<br>−43 | −16<br>−59 | −6<br>−14 | −6<br>−17 | −6<br>−24 | 0<br>−8 | 0<br>−11 | 0<br>−18 | 0<br>−27 | 0<br>−43 | 0<br>−70 | 0<br>−110 | 0<br>−180 |
| 18<br>24 | 24<br>30 | −20<br>−29 | −20<br>−33 | −20<br>−41 | −20<br>−53 | −20<br>−72 | −7<br>−16 | −7<br>−20 | −7<br>−28 | 0<br>−9 | 0<br>−13 | 0<br>−21 | 0<br>−33 | 0<br>−52 | 0<br>−84 | 0<br>−130 | 0<br>−210 |
| 30<br>40 | 40<br>50 | −25<br>−36 | −25<br>−41 | −25<br>−50 | −25<br>−64 | −25<br>−87 | −9<br>−20 | −9<br>−25 | −9<br>−34 | 0<br>−11 | 0<br>−16 | 0<br>−25 | 0<br>−39 | 0<br>−62 | 0<br>−100 | 0<br>−160 | 0<br>−250 |
| 50<br>65 | 65<br>80 | −30<br>−45 | −30<br>−49 | −30<br>−60 | −30<br>−76 | −30<br>−104 | −10<br>−23 | −10<br>−29 | −10<br>−40 | 0<br>−13 | 0<br>−19 | 0<br>−30 | 0<br>−46 | 0<br>−74 | 0<br>−120 | 0<br>−190 | 0<br>−300 |
| 80<br>100 | 100<br>120 | −36<br>−51 | −36<br>−58 | −36<br>−71 | −36<br>−90 | −36<br>−123 | −12<br>−27 | −12<br>−34 | −12<br>−47 | 0<br>−15 | 0<br>−22 | 0<br>−35 | 0<br>−54 | 0<br>−87 | 0<br>−140 | 0<br>−220 | 0<br>−350 |
| 120<br>140<br>160 | 140<br>160<br>180 | −43<br>−61 | −43<br>−68 | −43<br>−83 | −43<br>−106 | −43<br>−143 | −14<br>−32 | −14<br>−39 | −14<br>−54 | 0<br>−18 | 0<br>−25 | 0<br>−40 | 0<br>−63 | 0<br>−100 | 0<br>−160 | 0<br>−250 | 0<br>−400 |
| 180<br>200<br>225 | 200<br>225<br>250 | −50<br>−70 | −50<br>−79 | −50<br>−96 | −50<br>−122 | −50<br>−165 | −15<br>−35 | −15<br>−44 | −15<br>−61 | 0<br>−20 | 0<br>−29 | 0<br>−46 | 0<br>−72 | 0<br>−115 | 0<br>−185 | 0<br>−290 | 0<br>−460 |
| 250<br>280 | 280<br>315 | −56<br>−79 | −56<br>−88 | −56<br>−108 | −56<br>−137 | −56<br>−186 | −17<br>−40 | −17<br>−49 | −17<br>−69 | 0<br>−23 | 0<br>−32 | 0<br>−52 | 0<br>−81 | 0<br>−130 | 0<br>−210 | 0<br>−320 | 0<br>−520 |
| 315<br>355 | 355<br>400 | −62<br>−87 | −62<br>−98 | −62<br>−119 | −62<br>−151 | −62<br>−202 | −18<br>−43 | −18<br>−54 | −18<br>−75 | 0<br>−25 | 0<br>−36 | 0<br>−57 | 0<br>−89 | 0<br>−140 | 0<br>−230 | 0<br>−360 | 0<br>−570 |

（续表）

| 基本尺寸/mm | | 常用公差带 | | | | | | | | | | | | | | |
|---|---|---|---|---|---|---|---|---|---|---|---|---|---|---|---|---|
| | | js | | | k | | | m | | | n | | | p | | |
| 大于 | 至 | 5 | 6 | 7 | 5 | 6 | 7 | 5 | 6 | 7 | 5 | 6 | 7 | 5 | 6 | 7 |
| — | 3 | ±2 | ±3 | ±5 | +4<br>0 | +6<br>0 | +10<br>0 | +6<br>+2 | +8<br>+2 | +12<br>+2 | +8<br>+4 | +10<br>+4 | +14<br>+4 | +10<br>+6 | +12<br>+6 | +16<br>+6 |
| 3 | 6 | ±2.5 | ±4 | ±6 | +6<br>+1 | +9<br>+1 | +13<br>+1 | +9<br>+4 | +12<br>+4 | +16<br>+4 | +13<br>+8 | +16<br>+8 | +20<br>+8 | +17<br>+12 | +20<br>+12 | +24<br>+12 |
| 6 | 10 | ±3 | ±4.5 | ±7 | +7<br>+1 | +10<br>+1 | +16<br>+1 | +12<br>+6 | +15<br>+6 | +21<br>+6 | +16<br>+10 | +19<br>+10 | +25<br>+10 | +21<br>+15 | +24<br>+15 | +30<br>+15 |
| 10 | 14 | ±4 | ±5.5 | ±9 | +9<br>+1 | +12<br>+1 | +19<br>+1 | +15<br>+7 | +18<br>+7 | +25<br>+7 | +20<br>+12 | +23<br>+12 | +30<br>+12 | +26<br>+18 | +29<br>+18 | +36<br>+18 |
| 14 | 18 | | | | | | | | | | | | | | | |
| 18 | 24 | ±4.5 | ±6.5 | ±10 | +11<br>+2 | +15<br>+2 | +13<br>+2 | +17<br>+8 | +21<br>+8 | +29<br>+8 | +24<br>+15 | +28<br>+15 | +36<br>+15 | +31<br>+22 | +35<br>+22 | +43<br>+22 |
| 24 | 30 | | | | | | | | | | | | | | | |
| 30 | 40 | ±5.5 | ±8 | ±12 | +13<br>+2 | +18<br>+2 | +27<br>+2 | +20<br>+9 | +25<br>+9 | +34<br>+9 | +28<br>+17 | +32<br>+17 | +42<br>+17 | +37<br>+26 | +42<br>+26 | +51<br>+26 |
| 40 | 50 | | | | | | | | | | | | | | | |
| 50 | 65 | ±6.5 | ±9.5 | ±15 | +15<br>+2 | +21<br>+2 | +32<br>+2 | +24<br>+11 | +30<br>+11 | +41<br>+11 | +33<br>+20 | +39<br>+20 | +50<br>+20 | +45<br>+32 | +51<br>+32 | +62<br>+32 |
| 65 | 80 | | | | | | | | | | | | | | | |
| 80 | 100 | ±7.5 | ±11 | ±7 | +18<br>+3 | +25<br>+3 | +38<br>+3 | +28<br>+13 | +35<br>+15 | +48<br>+13 | +38<br>+23 | +45<br>+23 | +58<br>+23 | +52<br>+37 | +59<br>+37 | +72<br>+37 |
| 100 | 120 | | | | | | | | | | | | | | | |
| 120 | 140 | ±9 | ±12.5 | ±20 | +21<br>+3 | +28<br>+3 | +43<br>+3 | +33<br>+15 | +40<br>+15 | +55<br>+15 | +45<br>+27 | +52<br>+27 | +67<br>+27 | +61<br>+43 | +68<br>+43 | +83<br>+43 |
| 140 | 160 | | | | | | | | | | | | | | | |
| 160 | 180 | | | | | | | | | | | | | | | |
| 180 | 200 | ±10 | ±14.5 | ±23 | +24<br>+4 | +33<br>+4 | +50<br>+4 | +37<br>+17 | +46<br>+17 | +63<br>+17 | +51<br>+31 | +60<br>+31 | +77<br>+31 | +70<br>+50 | +79<br>+50 | +96<br>+50 |
| 200 | 225 | | | | | | | | | | | | | | | |
| 225 | 250 | | | | | | | | | | | | | | | |
| 250 | 280 | ±11.5 | ±16 | ±26 | +27<br>+4 | +36<br>+4 | +56<br>+4 | +43<br>+20 | +52<br>+20 | +72<br>+20 | +57<br>+34 | +66<br>+34 | +86<br>+34 | +79<br>+56 | +88<br>+56 | +108<br>+56 |
| 280 | 315 | | | | | | | | | | | | | | | |
| 315 | 355 | ±12.5 | ±18 | ±28 | +29<br>+4 | +40<br>+4 | +61<br>+4 | +46<br>+21 | +57<br>+21 | +78<br>+21 | +62<br>+37 | +73<br>+37 | +94<br>+37 | +87<br>+62 | +98<br>+62 | +119<br>+62 |
| 355 | 400 | | | | | | | | | | | | | | | |

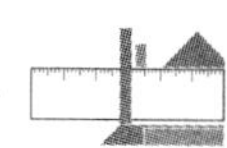

（续表）

| 基本尺寸/mm | | 常用公差带 | | | | | | | | | | | | | | |
|---|---|---|---|---|---|---|---|---|---|---|---|---|---|---|---|---|
| | | r | | | s | | | t | | | u | | v | x | y | z |
| 大于 | 至 | 5 | 6 | 7 | 5 | 6 | 7 | 5 | 6 | 7 | 6 | 7 | 6 | 6 | 6 | 6 |
| — | 3 | +14<br>+10 | +16<br>+10 | +20<br>+10 | +18<br>+14 | +20<br>+14 | +24<br>+14 | — | — | — | +24<br>+18 | +28<br>+18 | — | +26<br>+20 | — | +32<br>+26 |
| 3 | 6 | +20<br>+15 | +23<br>+15 | +27<br>+15 | +24<br>+19 | +27<br>+19 | +31<br>+19 | — | — | — | +31<br>+23 | +35<br>+23 | — | +36<br>+28 | — | +43<br>+35 |
| 6 | 10 | +25<br>+19 | +28<br>+19 | +34<br>+19 | +29<br>+23 | +32<br>+23 | +38<br>+23 | — | — | — | +37<br>+28 | +48<br>+28 | — | +43<br>+34 | — | +51<br>+42 |
| 10 | 14 | +31<br>+23 | +34<br>+23 | +41<br>+23 | +36<br>+28 | +39<br>+28 | +46<br>+28 | — | — | — | +44<br>+33 | +51<br>+33 | — | +51<br>+40 | — | +61<br>+50 |
| 14 | 18 | | | | | | | — | — | — | | | +50<br>+39 | +56<br>+15 | — | +71<br>+60 |
| 18 | 24 | +37<br>+28 | +41<br>+28 | +49<br>+28 | +44<br>+35 | +48<br>+35 | +56<br>+35 | — | — | — | +54<br>+41 | +62<br>+41 | +60<br>+47 | +67<br>+54 | +76<br>+63 | +86<br>+73 |
| 24 | 30 | | | | | | | +50<br>+41 | +54<br>+41 | +62<br>+41 | +61<br>+48 | +69<br>+48 | +68<br>+55 | +77<br>+64 | +88<br>+75 | +101<br>+88 |
| 30 | 40 | +45<br>+34 | +50<br>+34 | +59<br>+34 | +54<br>+43 | +59<br>+43 | +68<br>+43 | +59<br>+48 | +64<br>+48 | +73<br>+48 | +76<br>+60 | +85<br>+60 | +84<br>+68 | +96<br>+80 | +110<br>+94 | +128<br>+112 |
| 40 | 50 | | | | | | | +65<br>+54 | +70<br>+54 | +79<br>+54 | +86<br>+70 | +95<br>+70 | +97<br>+81 | +113<br>+97 | +130<br>+114 | +152<br>+136 |
| 50 | 65 | +54<br>+41 | +60<br>+41 | +71<br>+41 | +66<br>+53 | +72<br>+53 | +83<br>+53 | +79<br>+66 | +85<br>+66 | +96<br>+66 | +106<br>+87 | +117<br>+87 | +121<br>+102 | +141<br>+122 | +163<br>+144 | +191<br>+172 |
| 65 | 80 | +56<br>+43 | +62<br>+43 | +73<br>+43 | +72<br>+59 | +78<br>+59 | +89<br>+59 | +88<br>+75 | +94<br>+75 | +105<br>+75 | +121<br>+102 | +132<br>+102 | +139<br>+120 | +165<br>+146 | +193<br>+174 | +229<br>+210 |
| 80 | 100 | +66<br>+51 | +73<br>+51 | +86<br>+51 | +86<br>+71 | +93<br>+71 | +106<br>+71 | +106<br>+91 | +113<br>+91 | +126<br>+91 | +146<br>+124 | 159<br>124 | +168<br>+146 | +200<br>+178 | +236<br>+214 | +280<br>+258 |
| 100 | 120 | +69<br>+54 | +76<br>+54 | +89<br>+54 | +94<br>+79 | +101<br>+79 | +114<br>+79 | +110<br>+104 | +126<br>+104 | +139<br>+104 | +166<br>+144 | +179<br>+144 | +194<br>+172 | +232<br>+210 | +276<br>+254 | +332<br>+310 |
| 120 | 140 | +81<br>+63 | +88<br>+63 | +103<br>+69 | +110<br>+92 | +117<br>+92 | +132<br>+92 | +140<br>+122 | +147<br>+122 | +162<br>+122 | +195<br>+170 | +210<br>+170 | +227<br>+202 | +273<br>+248 | +325<br>+300 | +390<br>+365 |
| 140 | 160 | +83<br>+65 | +90<br>+65 | +105<br>+65 | +118<br>+100 | +125<br>+100 | +140<br>+100 | +152<br>+134 | +159<br>+134 | +174<br>+134 | +215<br>+190 | +230<br>+190 | +253<br>+228 | +305<br>+280 | +365<br>+340 | +440<br>+415 |
| 160 | 180 | +86<br>+68 | +93<br>+68 | +108<br>+68 | +126<br>+108 | +133<br>+108 | +148<br>+108 | +164<br>+146 | +171<br>+146 | +186<br>+146 | +235<br>+210 | +250<br>+210 | +277<br>+252 | +335<br>+310 | +405<br>+380 | +490<br>+465 |
| 180 | 200 | +97<br>+77 | +106<br>+77 | +123<br>+77 | +142<br>+122 | +151<br>+122 | +168<br>+122 | +186<br>+166 | +195<br>+166 | +212<br>+166 | +265<br>+236 | +282<br>+236 | +313<br>+284 | +379<br>+350 | +454<br>+425 | +549<br>+520 |
| 200 | 225 | +100<br>+80 | +109<br>+80 | +120<br>+80 | +150<br>+130 | +159<br>+130 | +176<br>+130 | +200<br>+180 | +209<br>+180 | +226<br>+180 | +287<br>+258 | +304<br>+258 | +339<br>+310 | +414<br>+385 | +499<br>+470 | +604<br>+575 |
| 225 | 250 | +104<br>+84 | +113<br>+84 | +130<br>+84 | +160<br>+140 | +164<br>+140 | +186<br>+140 | +216<br>+196 | +225<br>+196 | +242<br>+196 | +313<br>+284 | +330<br>+284 | +369<br>+340 | +454<br>+425 | +549<br>+520 | +669<br>+640 |
| 250 | 280 | +117<br>+94 | +126<br>+94 | +146<br>+94 | +181<br>+158 | +290<br>+158 | +210<br>+158 | +241<br>+213 | +250<br>+218 | +270<br>+218 | +347<br>+315 | +367<br>+315 | +417<br>+385 | +507<br>+475 | +612<br>+580 | +742<br>+710 |
| 280 | 315 | +121<br>+98 | +130<br>+98 | +150<br>+98 | +193<br>+170 | +200<br>+170 | +222<br>+170 | +263<br>+240 | +272<br>+240 | +292<br>+240 | +382<br>+350 | +402<br>+350 | +457<br>+425 | +557<br>+525 | +682<br>+650 | +822<br>+790 |
| 315 | 355 | +133<br>+108 | +144<br>+108 | +165<br>+108 | +215<br>+190 | +226<br>+190 | +247<br>+190 | +293<br>+268 | +304<br>+268 | +325<br>+268 | +426<br>+390 | +447<br>+390 | +511<br>+475 | +626<br>+590 | +766<br>+730 | +936<br>+900 |
| 355 | 400 | +139<br>+114 | +150<br>+114 | +171<br>+114 | +233<br>+208 | +244<br>+208 | +265<br>+208 | +319<br>+294 | +330<br>+294 | +351<br>+294 | +471<br>+435 | +492<br>+435 | +566<br>+530 | +696<br>+660 | +856<br>+820 | +1036<br>+1000 |

**附表 1-3 孔的极限偏差(摘自 GB/T1800.4-1999)(单位:μm)**

| 基本尺寸/mm | | 常用公差带 | | | | | | | | | | | | | |
|---|---|---|---|---|---|---|---|---|---|---|---|---|---|---|---|
| | | A* | B* | | C | D | | | | E | | F | | | |
| 大于 | 至 | 11 | 11 | 12 | 11 | 8 | 9 | 10 | 11 | 8 | 9 | 6 | 7 | 8 | 0 |
| — | 3 | +330<br>+270 | +200<br>+140 | +240<br>+140 | +120<br>+60 | +34<br>+20 | +45<br>+20 | +60<br>+20 | +80<br>+20 | +28<br>+14 | +39<br>+14 | +12<br>+6 | +16<br>+6 | +20<br>+6 | +31<br>+6 |
| 3 | 6 | +345<br>+270 | +215<br>+140 | +260<br>+140 | +145<br>+70 | +48<br>+30 | +60<br>+30 | +78<br>+30 | +105<br>+30 | +38<br>+20 | +50<br>+20 | +18<br>+10 | +22<br>+10 | +28<br>+10 | +40<br>+10 |
| 6 | 10 | +370<br>+280 | +240<br>+150 | +300<br>+150 | +170<br>+80 | +62<br>+40 | +76<br>+40 | +98<br>+40 | +130<br>+40 | +47<br>+25 | +61<br>+35 | +22<br>+13 | +28<br>+13 | +35<br>+13 | +49<br>+13 |
| 10 | 14 | +400<br>+290 | +260<br>+150 | +330<br>+150 | +205<br>+95 | +77<br>+50 | +93<br>+50 | +120<br>+50 | +160<br>+50 | +59<br>+32 | +75<br>+32 | +27<br>+16 | +34<br>+16 | +43<br>+16 | +59<br>+16 |
| 14 | 18 | | | | | | | | | | | | | | |
| 18 | 24 | +430<br>+300 | +290<br>+160 | +370<br>+160 | +240<br>+110 | +98<br>+65 | +117<br>+65 | +149<br>+65 | +195<br>+65 | +73<br>+40 | +92<br>+40 | +33<br>+20 | +41<br>+20 | +53<br>+20 | +72<br>+20 |
| 24 | 30 | | | | | | | | | | | | | | |
| 30 | 40 | +470<br>+310 | +330<br>+170 | +420<br>+190 | +280<br>+120 | +119<br>+80 | +142<br>+80 | +180<br>+80 | +240<br>+80 | +89<br>+50 | +112<br>+50 | +41<br>+25 | +50<br>+25 | +64<br>+25 | +87<br>+25 |
| 40 | 50 | +480<br>+320 | +340<br>+180 | +430<br>+180 | +290<br>+130 | | | | | | | | | | |
| 50 | 65 | +530<br>+340 | +380<br>+190 | +490<br>+190 | +330<br>+140 | +146<br>+100 | +170<br>+100 | +220<br>+100 | +290<br>+100 | +106<br>+60 | +134<br>+60 | +49<br>+30 | +60<br>+30 | +76<br>+30 | +104<br>+30 |
| 65 | 80 | +550<br>+360 | +390<br>+200 | +500<br>+200 | +340<br>+150 | | | | | | | | | | |
| 80 | 100 | +600<br>+330 | +440<br>+220 | +570<br>+220 | +390<br>+170 | +174<br>+120 | +207<br>+120 | +260<br>+120 | +340<br>+120 | +126<br>+72 | +159<br>+72 | +58<br>+36 | +71<br>+36 | +90<br>+36 | +123<br>+36 |
| 100 | 120 | +630<br>+410 | +460<br>+240 | +590<br>+240 | +400<br>+180 | | | | | | | | | | |
| 120 | 140 | +710<br>+450 | +510<br>+260 | +650<br>+260 | +450<br>+200 | +208<br>+145 | +245<br>+145 | +305<br>+145 | +395<br>+145 | +148<br>+85 | +185<br>+85 | +68<br>+43 | +83<br>+43 | +105<br>+43 | +143<br>+43 |
| 140 | 160 | +770<br>+520 | +530<br>+280 | +680<br>+280 | +460<br>+210 | | | | | | | | | | |
| 160 | 180 | +830<br>+530 | +560<br>+310 | +710<br>+310 | +480<br>+230 | | | | | | | | | | |
| 180 | 200 | +950<br>+650 | +630<br>+340 | +800<br>+340 | +530<br>+240 | +242<br>+170 | +285<br>+170 | +355<br>+170 | +460<br>+170 | +172<br>+100 | +215<br>+100 | +79<br>+50 | +96<br>+50 | +122<br>+50 | +165<br>+50 |
| 200 | 225 | +1 030<br>+740 | +670<br>+380 | +840<br>+380 | +550<br>+260 | | | | | | | | | | |
| 225 | 250 | +1 110<br>+820 | +710<br>+420 | +880<br>+420 | +570<br>+280 | | | | | | | | | | |
| 250 | 280 | +1 240<br>+920 | +800<br>+480 | +1 000<br>+480 | +620<br>+300 | +271<br>+190 | +320<br>+190 | +400<br>+190 | +510<br>+190 | +191<br>+110 | +240<br>+110 | +88<br>+56 | +108<br>+56 | +137<br>+56 | +186<br>+56 |
| 280 | 315 | +1 370<br>+1 050 | +860<br>+540 | +1 060<br>+540 | +650<br>+330 | | | | | | | | | | |
| 315 | 355 | +1 560<br>+1 200 | +960<br>+600 | +1 170<br>+600 | +720<br>+360 | +290<br>+210 | +350<br>+210 | +440<br>+210 | +570<br>+210 | +214<br>+125 | +265<br>+125 | +98<br>+62 | +119<br>+62 | +151<br>+63 | +202<br>+62 |
| 355 | 400 | +1 710<br>+1 350 | +1 040<br>+680 | +1 250<br>+680 | +760<br>+400 | | | | | | | | | | |

* 基本尺寸小于 1 mm 时,各级的 A 和 B 均不采用。

（续表）

| 基本尺寸/mm | | 常用公差带 | | | | | | | | | | | | | | | | | |
|---|---|---|---|---|---|---|---|---|---|---|---|---|---|---|---|---|---|---|---|
| | | G | | H | | | | | | | Js | | | K | | | M | | |
| 大于 | 至 | 6 | 7 | 6 | 7 | 8 | 9 | 10 | 11 | 12 | 6 | 7 | 8 | 6 | 7 | 8 | 6 | 7 | 8 |
| — | 3 | +8<br>+2 | +12<br>+2 | +6<br>0 | +10<br>0 | +14<br>0 | +25<br>0 | +40<br>0 | +60<br>0 | +100<br>0 | ±3 | ±5 | ±7 | 0<br>−6 | 0<br>−10 | 0<br>−14 | −2<br>−8 | −2<br>−12 | −2<br>16 |
| 3 | 6 | +12<br>+4 | −16<br>−4 | +8<br>0 | +12<br>0 | +18<br>0 | +30<br>0 | +48<br>0 | +75<br>0 | +120<br>0 | ±4 | ±6 | ±9 | +2<br>−6 | +3<br>−9 | +5<br>−13 | −1<br>−9 | 0<br>−12 | +2<br>−16 |
| 6 | 10 | +14<br>+5 | +20<br>+5 | +9<br>0 | +15<br>0 | +22<br>0 | +36<br>0 | +58<br>0 | +50<br>0 | +150<br>0 | ±4.5 | ±7 | ±11 | +2<br>−7 | +5<br>−10 | +6<br>−16 | −3<br>−12 | 0<br>−15 | +1<br>−21 |
| 10 | 14 | +17<br>+6 | +24<br>+6 | +11<br>0 | +18<br>0 | +27<br>0 | +43<br>0 | +70<br>0 | +110<br>0 | +180<br>0 | ±5.5 | ±9 | ±13 | +2<br>−9 | +6<br>−12 | +8<br>−19 | −4<br>−15 | 0<br>−18 | +2<br>−25 |
| 14 | 18 | | | | | | | | | | | | | | | | | | |
| 18 | 24 | +20<br>+7 | +28<br>+7 | +13<br>0 | +21<br>0 | +33<br>0 | +52<br>0 | +84<br>0 | +130<br>0 | +210<br>0 | ±6.5 | ±10 | ±16 | +2<br>−11 | +6<br>−15 | +10<br>−23 | −4<br>−17 | 0<br>−21 | +4<br>−29 |
| 24 | 30 | | | | | | | | | | | | | | | | | | |
| 30 | 40 | +25<br>+9 | +34<br>+9 | +16<br>0 | +25<br>0 | +39<br>0 | +62<br>0 | +100<br>0 | +160<br>0 | +250<br>0 | ±8 | ±12 | ±19 | +3<br>−13 | +7<br>−18 | +12<br>−27 | +4<br>−20 | 0<br>−25 | +5<br>−34 |
| 40 | 50 | | | | | | | | | | | | | | | | | | |
| 50 | 65 | +29<br>+10 | +40<br>+10 | +19<br>0 | +30<br>0 | +46<br>0 | +74<br>0 | +120<br>0 | +190<br>0 | +130<br>0 | ±9.5 | ±15 | ±23 | +4<br>−15 | +9<br>−21 | +14<br>−32 | −5<br>−24 | 0<br>−30 | +5<br>−41 |
| 65 | 80 | | | | | | | | | | | | | | | | | | |
| 80 | 100 | +34<br>+12 | +47<br>+12 | +22<br>0 | +35<br>0 | +54<br>0 | +87<br>0 | +140<br>0 | +220<br>0 | +350<br>0 | ±11 | ±17 | ±27 | +4<br>−18 | +10<br>−25 | +16<br>−38 | −6<br>−28 | 0<br>−35 | +6<br>−48 |
| 100 | 120 | | | | | | | | | | | | | | | | | | |
| 120 | 140 | +39<br>+14 | +54<br>+14 | +25<br>0 | +40<br>0 | +63<br>0 | +100<br>0 | +160<br>0 | +250<br>0 | +400<br>0 | ±<br>12.5 | ±20 | ±31 | +4<br>−21 | +12<br>−28 | +20<br>−43 | −8<br>−33 | 0<br>−40 | +8<br>−55 |
| 140 | 160 | | | | | | | | | | | | | | | | | | |
| 160 | 180 | | | | | | | | | | | | | | | | | | |
| 180 | 200 | +24<br>+15 | +61<br>+15 | +29<br>0 | +46<br>0 | +72<br>0 | +115<br>0 | +180<br>0 | +290<br>0 | +460<br>0 | ±<br>14.5 | ±23 | ±36 | +5<br>−24 | +13<br>−33 | +22<br>−50 | −8<br>−37 | 0<br>−46 | +9<br>−63 |
| 200 | 225 | | | | | | | | | | | | | | | | | | |
| 225 | 250 | | | | | | | | | | | | | | | | | | |
| 250 | 280 | +29<br>+17 | +69<br>+17 | +32<br>0 | +52<br>0 | +81<br>0 | +130<br>0 | +210<br>0 | +320<br>0 | +520<br>0 | ±<br>1.6 | ±26 | ±40 | +5<br>−27 | +16<br>−36 | +25<br>−56 | −9<br>−41 | 0<br>−52 | +9<br>−72 |
| 280 | 315 | | | | | | | | | | | | | | | | | | |
| 315 | 355 | +54<br>+18 | +75<br>+18 | +36<br>0 | +57<br>0 | +89<br>0 | +140<br>0 | +230<br>0 | +360<br>0 | +570<br>0 | ±18 | ±28 | ±44 | +7<br>−29 | +17<br>−40 | +28<br>−61 | −10<br>−46 | 0<br>−57 | +11<br>−78 |
| 355 | 400 | | | | | | | | | | | | | | | | | | |

（续表）

| 基本尺寸 /mm | | 常用公差带 | | | | | | | | | | | |
|---|---|---|---|---|---|---|---|---|---|---|---|---|---|
| | | N | | | P | | R | | S | | T | | U |
| 大于 | 至 | 6 | 7 | 8 | 6 | 7 | 6 | 7 | 6 | 7 | 6 | 7 | 7 |
| — | 3 | −4<br>−10 | −4<br>−14 | −4<br>−18 | −6<br>−12 | −6<br>−16 | −10<br>−16 | −10<br>−20 | −14<br>−20 | −14<br>−24 | — | — | −18<br>−28 |
| 3 | 6 | −5<br>−13 | −4<br>−16 | −2<br>−20 | −9<br>−17 | −8<br>−20 | −12<br>−20 | −11<br>−23 | −16<br>−24 | −15<br>−27 | — | — | −19<br>−31 |
| 6 | 10 | −7<br>−16 | −4<br>−19 | −3<br>−25 | −12<br>−21 | −9<br>−24 | −16<br>−25 | −13<br>−28 | −20<br>−29 | −17<br>−32 | — | — | −22<br>−37 |
| 10 | 14 | −9<br>−20 | −5<br>−23 | −3<br>−30 | −15<br>−26 | −11<br>−29 | −20<br>−31 | −16<br>−34 | −25<br>−36 | −21<br>−39 | — | — | −26<br>−44 |
| 14 | 18 | | | | | | | | | | | | |
| 18 | 24 | −11<br>−24 | −7<br>−28 | −3<br>−36 | −18<br>−31 | −14<br>−35 | −24<br>−37 | −20<br>−41 | −31<br>−44 | −27<br>−48 | — | — | −33<br>−54 |
| 24 | 30 | | | | | | | | | | −37<br>−50 | −33<br>−54 | −40<br>−61 |
| 30 | 40 | −12<br>−28 | −8<br>−33 | −3<br>−42 | −21<br>−37 | −17<br>−42 | −29<br>−45 | −25<br>−50 | −38<br>−54 | −34<br>−59 | −43<br>−59 | −39<br>−64 | −51<br>−76 |
| 40 | 50 | | | | | | | | | | −49<br>−65 | −45<br>−70 | −61<br>−86 |
| 50 | 65 | −14<br>−33 | −9<br>−39 | −4<br>−50 | −26<br>−45 | −21<br>−51 | −35<br>−54 | −30<br>−60 | −47<br>−66 | −42<br>−72 | −60<br>−79 | −55<br>−85 | −76<br>−106 |
| 65 | 80 | | | | | | −37<br>−56 | −32<br>−62 | −53<br>−72 | −48<br>−78 | −69<br>−88 | −64<br>−94 | −91<br>−121 |
| 80 | 100 | −16<br>−38 | −10<br>−45 | −4<br>−58 | −30<br>−52 | −24<br>−59 | −44<br>−66 | −38<br>−73 | −64<br>−86 | −59<br>−93 | −84<br>−106 | −78<br>−113 | −111<br>−146 |
| 100 | 120 | | | | | | −47<br>−69 | −41<br>−76 | −72<br>−94 | −66<br>−101 | −97<br>−119 | −91<br>−126 | −131<br>−166 |
| 120 | 140 | −20<br>−45 | −12<br>−52 | −4<br>−67 | −36<br>−61 | −28<br>−68 | −56<br>−81 | −48<br>−88 | −85<br>−110 | −77<br>−117 | −115<br>−140 | −107<br>−147 | −155<br>−195 |
| 140 | 160 | | | | | | −58<br>−83 | −50<br>−90 | −93<br>−118 | −85<br>−125 | −127<br>−152 | −119<br>−159 | −175<br>−215 |
| 160 | 180 | | | | | | −61<br>−86 | −53<br>−93 | −101<br>−126 | −93<br>−133 | −139<br>−164 | −131<br>−171 | −195<br>−235 |
| 180 | 200 | −22<br>−51 | −14<br>−60 | −5<br>−77 | −41<br>−70 | −33<br>−79 | −68<br>−97 | −60<br>−106 | −113<br>−142 | −105<br>−151 | −157<br>−186 | −149<br>−195 | −219<br>−265 |
| 200 | 225 | | | | | | −71<br>−100 | −63<br>−109 | −121<br>−150 | −113<br>−159 | −171<br>−200 | −163<br>−209 | −241<br>−287 |
| 225 | 250 | | | | | | −75<br>−104 | −67<br>−113 | −131<br>−160 | −123<br>−169 | −187<br>−216 | −179<br>−225 | −267<br>−313 |
| 250 | 280 | −25<br>−57 | −14<br>−66 | −5<br>−86 | −47<br>−79 | −36<br>−88 | −85<br>−117 | −74<br>−126 | −149<br>−181 | −138<br>−190 | −209<br>−241 | −198<br>−250 | −295<br>−347 |
| 280 | 315 | | | | | | −89<br>−121 | −78<br>−130 | −161<br>−193 | −150<br>−202 | −231<br>−263 | −220<br>−272 | −330<br>−382 |
| 315 | 355 | −26<br>−62 | −16<br>−73 | −5<br>−94 | −51<br>−87 | −41<br>−98 | −97<br>−133 | −87<br>−144 | −179<br>−215 | −169<br>−226 | −257<br>−293 | −247<br>−304 | −369<br>−426 |
| 355 | 400 | | | | | | −103<br>−139 | −93<br>−150 | −197<br>−233 | −187<br>−244 | −283<br>−319 | −273<br>−330 | −414<br>−471 |

# 附录 2　几何作图及徒手绘图

**1. 等分已知线段**

对一条已知线段 $AB$ 作七等分，可过线段的一个端点 $A$ 任意作一条射线 $AC$，用分规以任意长度在 $AC$ 上截取七等分，得到七个点 1，2，3，4，5，6，7，连接 $7B$。过其余六个点分别作 $7B$ 的平行线交 $AB$ 于 $1'$，$2'$，$3'$，$4'$，$5'$，$6'$，即将线段 $AB$ 七等分，如附图 2－1 所示。

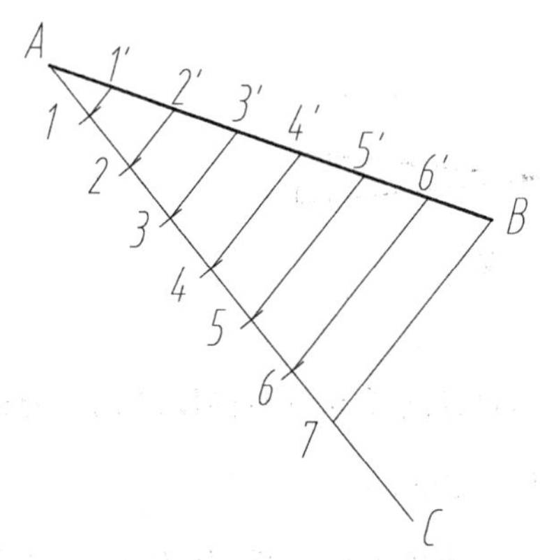


附图 2－1　等分已知线段

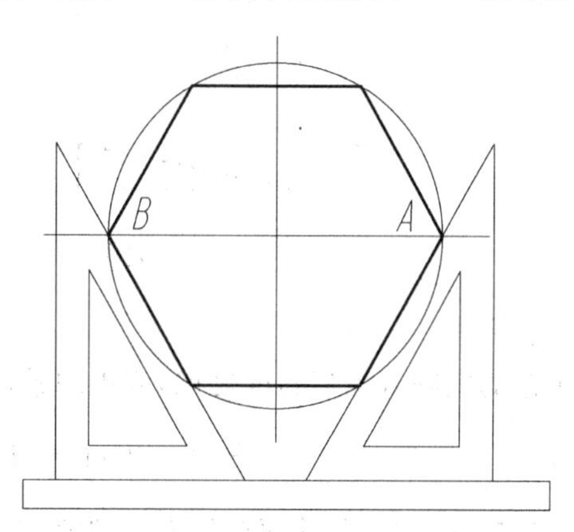


附图 2－2　六等分圆周

**2. 等分圆周作正多边形**

(1) 六等分圆周

对已知圆作六等分时，只要将 30°，60°三角板与丁字尺配合使用，即可方便地做出圆内接正六边形和圆外接正六边形，如附图 2－2 所示。

(2) 五等分圆周

如附图 2－3 所示，将直径为 $AB$ 的圆作五等分圆周时，先将半径平分得点 $P$，再以 $P$ 为圆心，以 $PC$ 为半径画弧交 $AB$ 于 $H$，以 $CH$ 为弦长将圆周五等分。

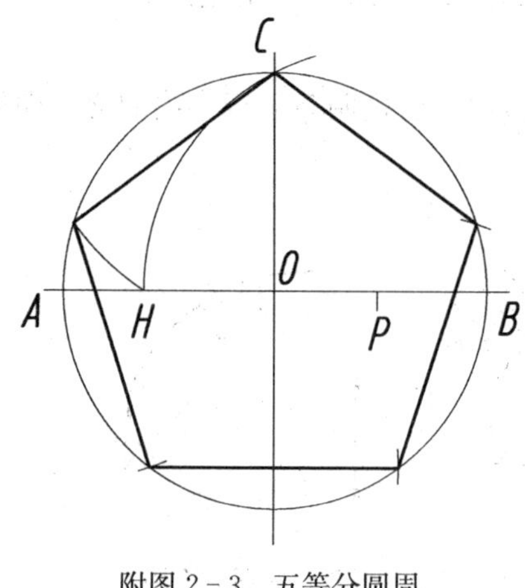


附图 2－3　五等分圆周

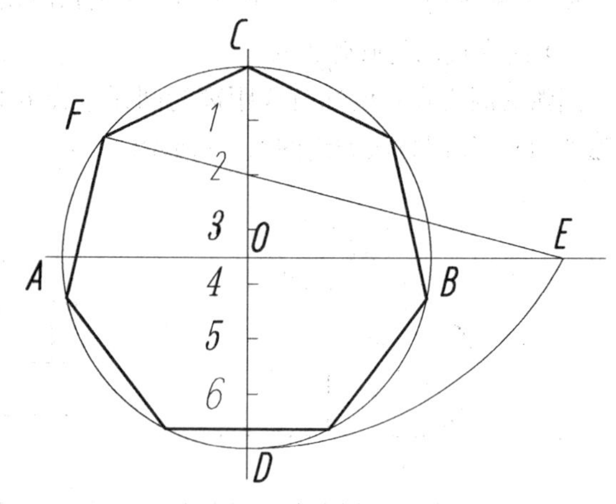


附图 2－4　任意等分圆周

(3) 任意等分圆周

将已知直径为 $AB$ 的圆作 $n$ 等分时,先将铅垂直径 $CD$ 作 $n$ 等分,以 $C$ 为圆心,以 $DC$ 为半径画弧与 $AB$ 的延长线交于 $E$,过 $E$ 和 2 作直线交圆于 $F$,利用分规以弦长 $CF$ 将圆 $n$ 等分即可,如附图 2-4 所示。

**3. 斜度与锥度**

(1) 斜度

一直线或平面对另一直线或平面的倾斜程度称为斜度,用倾斜角 $\alpha$ 的正切表示。

$$斜度 = \tan\alpha = H/L$$

斜度的标注"$\angle 1:n$",并使符号中的斜线方向与图中的斜度方向一致,如附图 2-5 所示。

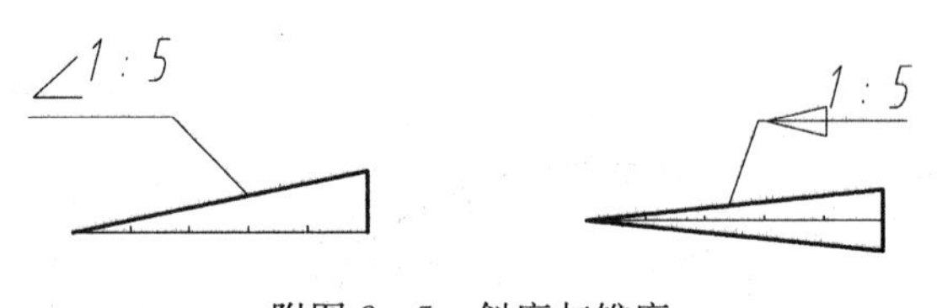


附图 2-5　斜度与锥度

(2) 锥度

正圆锥的底圆直径与高度之比,或正圆锥台两底圆直径之差与锥台高度之比称为锥度。

$$锥度 = D/L = D - d/L = 2\tan\alpha$$

锥度的标注"$1:n$",并使符号中的倾斜方向与图中的锥度方向一致,如附图 2-6 所示。

**4. 圆弧连接**

在绘图时经常会遇到圆弧连接,要使圆弧光滑连接,就必须使连接圆弧与被连接的直线或圆弧准确相切。为此,必须求出连接弧的圆心和切点。

与已知直线相切的圆弧,圆心轨迹是一条直线,该直线与已知直线平行,且距离为圆弧半径 $R$。从确定的圆心向已知直线作垂线,垂足就是切点。

与已知圆弧(已知圆心 $O_1$,半径 $R_1$)相切的圆弧(已知半径 $R$),其圆心轨迹为已知圆弧的同心圆。当两圆弧外切时,同心圆的半径 $R_x$ 等于已知弧半径与相切弧半径之和,即 $R_x = R_1 + R$;当两圆内切时,$R_x = R_1 - R$。两圆弧的切点在连心线与已知圆弧的交点处。

(1) 两直线间的圆弧连接

圆弧的圆心在距已知直线距离为圆弧半径 $R$ 的平行直线上,这两条平行直线的交点即为圆弧的圆心,作图方法如附图 2-6 所示。

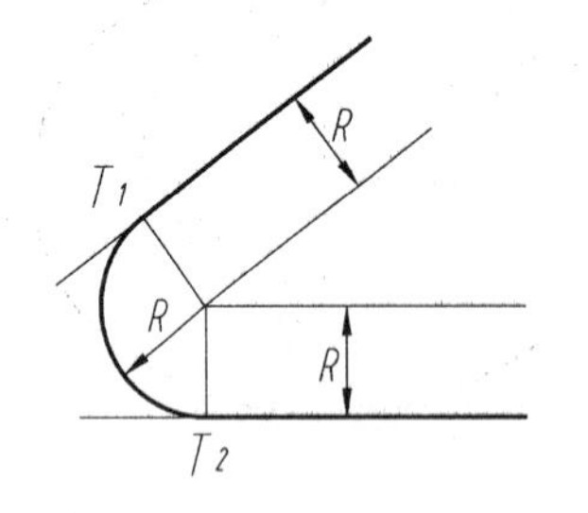


附图 2-6　两直线间的圆弧连接

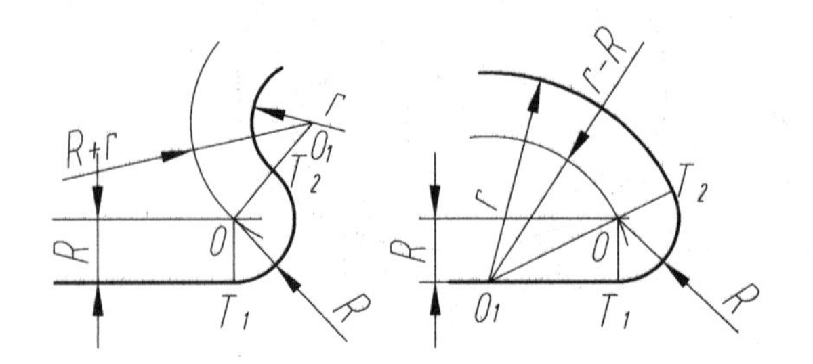


附图 2-7　直线与圆弧间的圆弧连接

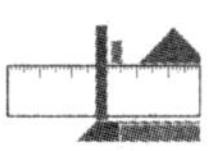

(2) 直线与圆弧(已知圆心 $O_1$,半径 $r$)间的圆弧(已知半径 $R$)连接

作距直线为 $R$ 的平行线,再以 $O_1$ 为圆心,$R_1 \pm r$(视内切或外切而定)为半径画圆弧,平行线与这断圆弧的交点即为所求连接弧的圆心 $O$。$O$ 向直线作垂足 $T_1$ 为一切点,$OO_1$ 连线于已知弧的交点 $T_2$ 为另一交点。作图方法如附图 2-7 所示。

(3) 两圆弧间的圆弧连接

已知弧圆心 $O_1$,$O_2$,半径为 $R_1$,$R_2$,连接弧半径为 $R$。以 $O_1$,$O_2$ 为圆心,$R \pm R_1$,$R \pm R_2$ 为半径作两弧的交点 $O$ 即为连接弧圆心。切点为 $OO_1$,$OO_2$ 与已知弧的交点 $T_1$,$T_2$。作图方法如附图 2-8 所示。附图 2-8(a)为连接弧与两个已知弧外接,附图 2-8(b)为连接弧与两个已知弧内接,附图 2-8(c)为连接弧与一个已知弧外接同时与另一个已知弧内接。

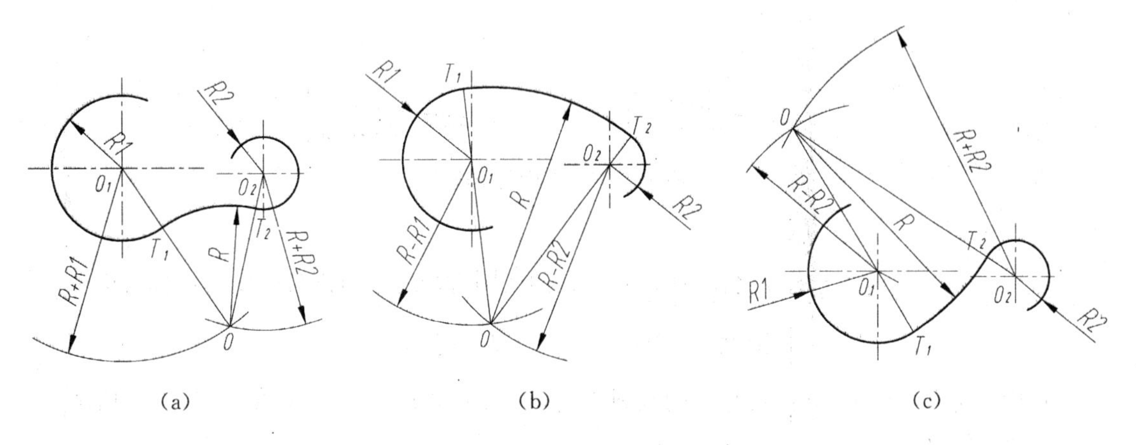


附图 2-8　两圆弧间的圆弧连接

**5. 椭圆的画法**

画椭圆的方法很多,在此介绍两种椭圆的画法。

(1) 由椭圆的几何性质作椭圆

以椭圆的长、短轴半径为半径作两个同心圆,然后自圆心作一系列的直径与两圆相交。分别从这些直径与大圆交点作垂线,直径与小圆交点作水平线,该垂线与水平线的交点就是椭圆上的点。用曲线板光滑连接各点,即完成椭圆的绘制,如附图 2-9 所示。

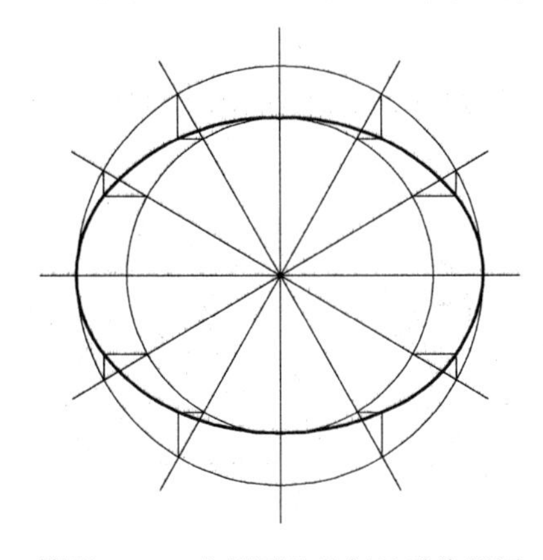

附图 2-9　由椭圆的几何性质作椭圆

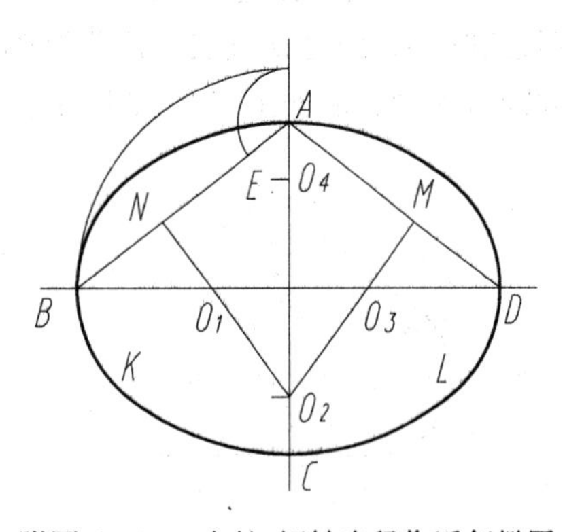


附图 2-10　由长、短轴半径作近似椭圆

(2) 由长、短轴半径作近似椭圆

作长短轴顶点 $A$, $B$, $C$, $D$,在线段 $AC$ 上量取两半径之差得分点 $E$,作 $BE$ 的中垂线交长轴于 $O_1$,交短轴于 $O_2$。求 $O_1$, $O_2$ 对椭圆中心的对称点 $O_3$, $O_4$。以 $O_1$, $O_3$ 为圆心,以 $O_1B$ 为半径作圆弧 $NK$, $LM$;以 $O_2$, $O_4$ 为圆心,以 $O_2A$ 为半径作圆弧 $KL$, $MN$。即完成近似椭圆,如附图 2-10 所示。

**6. 平面图形的画法**

平面图形是以直线、圆弧等基本图形要素组成的图形。而每个基本图形要素都有其定形尺寸和定位尺寸。定形尺寸确定了图形的大小,定位尺寸确定各图形要素与基准之间的相互位置。平面图形常以对称图形的中心线、轴线、较大圆的中心或较长直线作为基准。

根据给定的尺寸和图形绘制平面图时,应当对图形进行分析,分清已知弧(已知圆弧的圆心和半径)、中间弧(已知圆弧圆心的一个坐标和半径)和连接弧(已知圆弧的半径)。画图时先画已知弧,再考虑中间弧。中间弧虽然缺少一个定位尺寸,但利用它总是与一已知图形要素相切关系,可以确定中间弧圆心位置,从而画出中间弧。连接弧虽然缺少两个定位尺寸,但它总是与两条已经画出的图形要素相切,由相切关系可确定圆弧的圆心位置,从而画出连接弧。

**例** 如附图 2-11 所示为挂轮架的一个视图,要求按给定尺寸作图。

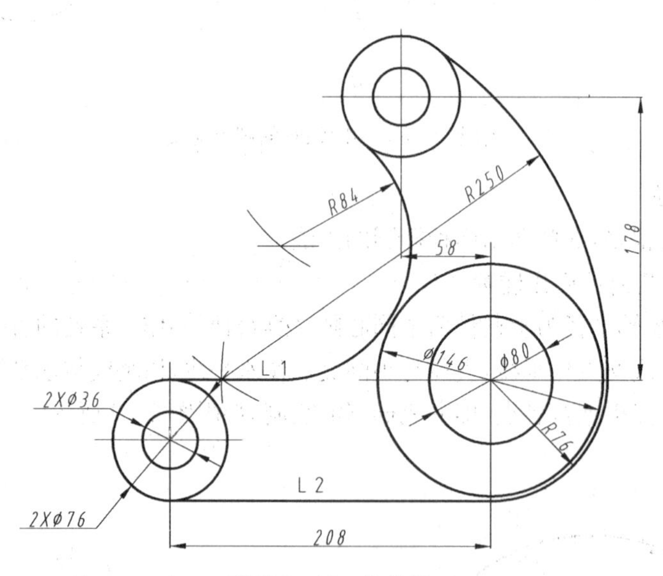


附图 2-11 挂轮架

**解** 挂轮架主要由三个圆孔组成。中间的大圆中心线是纵、横方向的尺寸基准。由此可确定另两个$\varnothing$76 和$\varnothing$36 的同心圆的圆心位置,可根据直径或半径做出相应的圆或圆弧。线段 $L_2$, $L_1$ 由相切和平行即可画出。图中 $R84$, $R250$ 是连接弧。$R84$ 圆弧根据其与线段 $L_1$ 及上方$\varnothing$76 圆相外切,即可确定其圆心和切点。而 $R250$ 圆弧根据其与 $R76$ 圆弧及上方$\varnothing$76 圆相内切,即可确定其圆心和切点。

挂轮架的作图步骤如附图 2-12 所示。

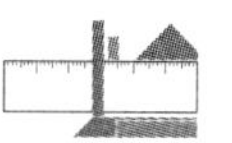

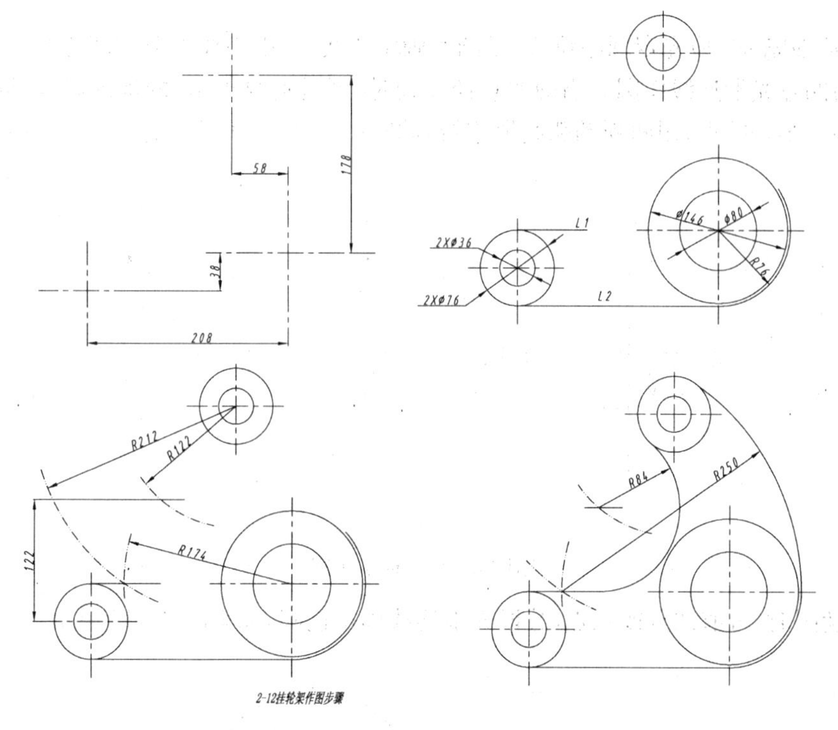


附图 2－12　挂轮架的作图步骤

**7. 徒手绘图**

随着计算机绘图技术的发展，用图板、仪器绘图已基本被计算机绘图所取代。然而在讨论设计方案、测绘机器、交流技术时，还常常需要徒手绘图。徒手绘图是工程技术人员必须具备的基本技能。

(1) 徒手绘图的基本要求

徒手绘图应做到线型正确、线条粗细分明。徒手绘图不需精确地按物体各部分尺寸和比例绘制，但要求物体的各部分比例协调。图面清洁、字体工整。

(2) 徒手绘图的方法

1) 画直线时，铅笔向运动方向倾斜，小拇指微触纸面。当直线较长时，可用目测在直线中间定几个点，分几段画出。画水平线时，一般由左向右画；画铅垂线时，一般由上向下画。画斜线时，可转动图纸，使所画线处于顺手的方向。画 30°, 45°, 60°角度线时，可通过两直角边长度的比例，由斜边得出，如附图 2－13 所示。

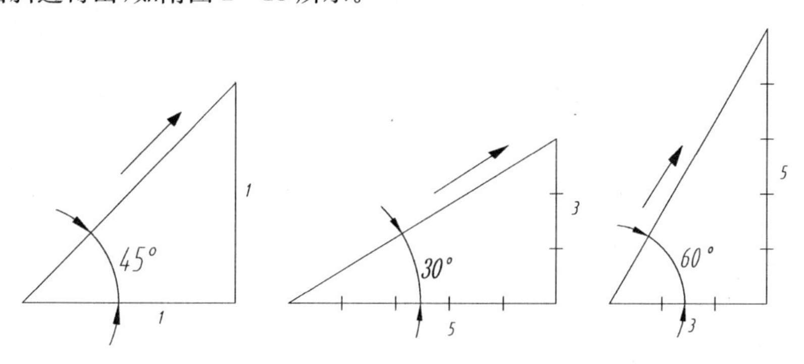


附图 2－13　画 30°, 45°, 60°角度线

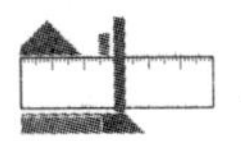



2）画圆、圆弧时，应先定圆心位置，过圆心画中心线，在中心线上取距圆心为半径的点，过中心线上的四点光滑连线作圆。当圆的直径较大时，可增画两条 45°的辅助斜线，同样在斜线上取距圆心为半径的点，用两断圆弧光滑连线画圆，如附图 2－14 所示。

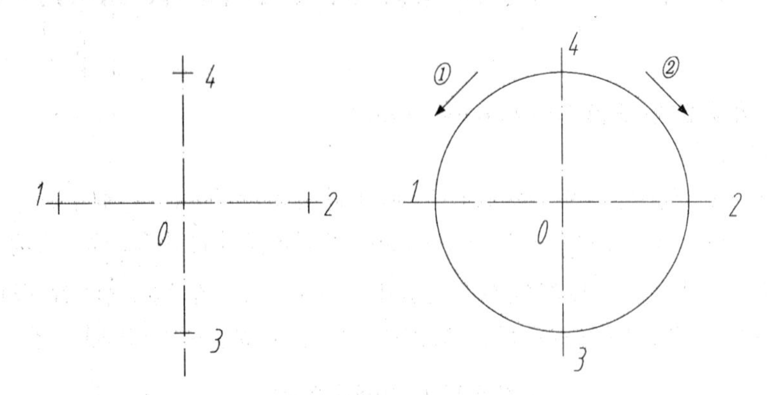


附图 2－14 徒手画圆

3）画椭圆时，可取四点或八点，分段光滑连线画出椭圆，如附图 2－15 所示。

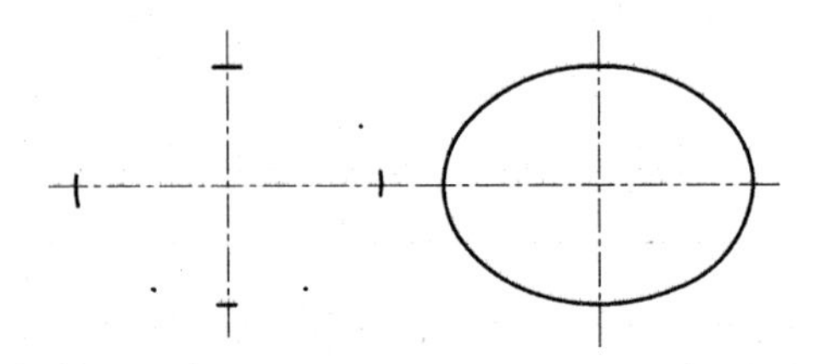

附图 2－15 徒手画椭圆

4）如果有实体模型，且模型上具有较复杂的平面轮廓时，可采用勾描轮廓法和拓印法。勾描轮廓法是将实体模型的复杂表面放在白纸上，用铅笔沿其轮廓画线；而拓印法是在被拓印表面上涂上颜料，再将纸贴上，直接拓下其轮廓，再找出连接关系，最后完成平面图形的绘制。

# 附录3　机械制图国家标准介绍

**1. 图纸幅面及格式(摘自GB/T14689－1993)**

(1) 图纸幅面

国家标准规定机械图样的基本幅面有5种,如附表3－1所示。分别用A0,A1,A2,A3,A4为代号。A0最大,幅面尺寸为841×1 189 $mm^2$,以下各代号的图纸幅面为其前一代号图纸幅面的横向对折裁开。各代号的图纸幅面的长宽比都是1∶$\sqrt{2}$。在实际绘图时,根据需要图纸幅面允许沿短边方向并按基本幅面短边的整数倍适当加长,其规定可查阅国家标准的相关部分。

附表3－1　图纸幅面尺寸

| 幅面代号 | A0 | A1 | A2 | A3 | A4 |
|---|---|---|---|---|---|
| $B\times L$(宽×长) | 841×1 189 | 594×841 | 420×594 | 297×420 | 210×297 |
| $a$ | 25 | | | | |
| $c$ | 10 | | | 5 | |
| $e$ | 20 | | 10 | | |

(2) 图框格式

需要装订的图样,其图框格式如附图3－1(a)所示。不需要装订的图样,其图框格式如附图3－1(b)所示。图框线用粗实线绘制。表3－1中列出了各图纸幅面的图框尺寸。

为了复制方便,可采用带有对中符号和图幅分区的图框,如附图3－2所示。

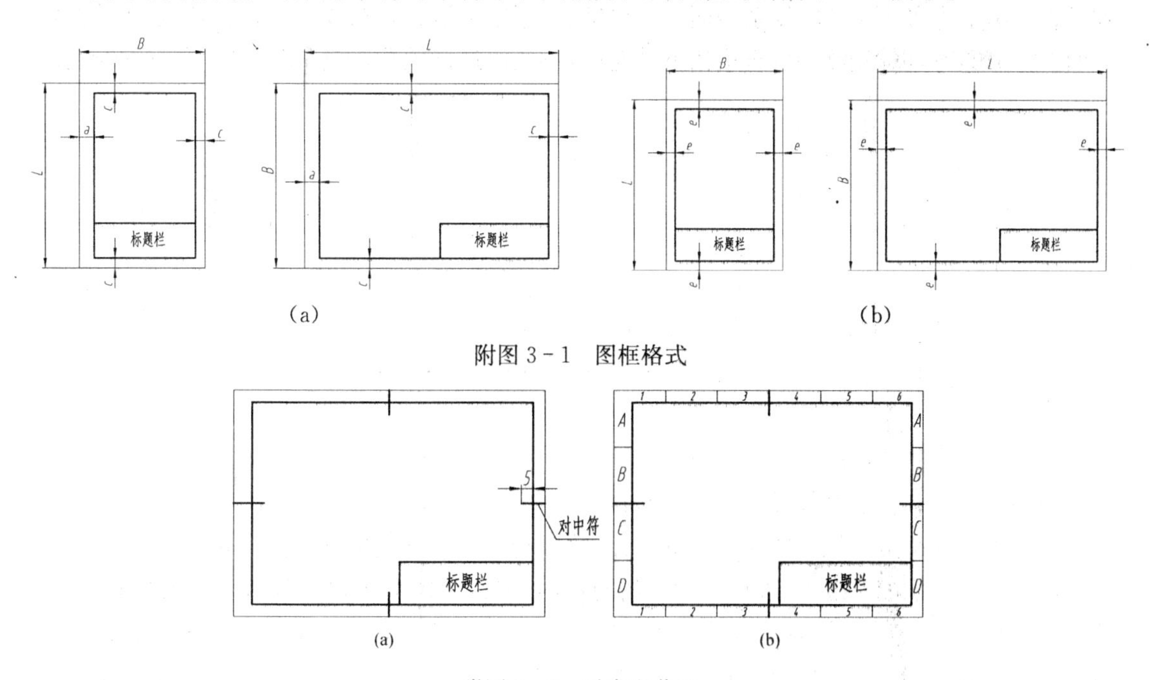


附图3－1　图框格式

附图3－2　对中和分区

(3) 标题栏

GB/T10609.1－1989 技术制图标题栏中规定的标题栏如附图 3－3 所示。

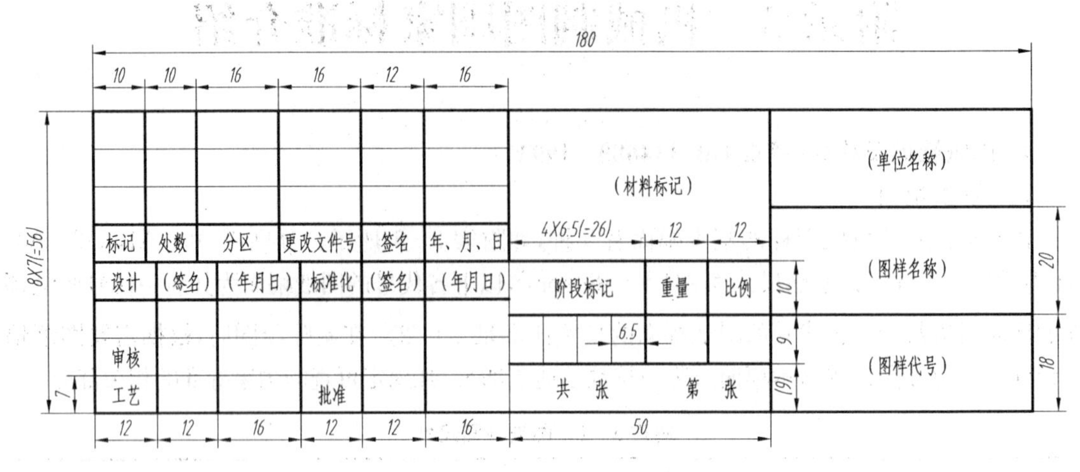


附图 3－3　标题栏

但许多单位使用的技术图纸，其上的边框和标题栏都事先印好，不必由设计者绘制。

**2. 比例(摘自 GB/T14690－1993)**

“图样上机件要素的线性尺寸与实际机件相应要素的线性尺寸之比”称为比例。国标规定的比例如附表 3－2 所示。

**附表 3－2　比例**

| 种　类 | 比　　例 | | | | |
|---|---|---|---|---|---|
| 原值比例 | 1∶1 | | | | |
| 放大比例 | 5∶1<br>$5\times10^n$∶1 | 2∶1<br>$2\times10^n$∶1 | $1\times10^n$∶1 | (4∶1)<br>($4\times10^n$∶1) | (2.5∶1)<br>($2.5\times10^n$∶1) |
| 缩小比例 | 1∶2<br>1∶$2\times10^n$<br>(1∶1.5)<br>(1∶$1.5\times10^n$) | 1∶5<br>1∶$5\times10^n$<br>(1∶2.5)<br>(1∶$2.5\times10^n$) | 1∶10<br>1∶$1\times10^n$<br>(1∶3)<br>(1∶$3\times10^n$) | (1∶4)<br>(1∶$4\times10^n$) | (1∶6)<br>(1∶$6\times10^n$) |

注：$n$ 为正整数；括号内的值在必要时选用。

**3. 字体(摘自 GB/T14691－1993)**

图样有三种常用字符，即汉字、数字和拉丁字母。

国标规定汉字用长仿宋体作为标准字体，数字和拉丁字母则用书写体，如附图 3－4 所示。

图样上的字体按 GB/T14691－1993 的规定，要求：“字体端正，笔划清楚，排列整齐，间隔均匀”。规定字体高度的公称尺寸系列为：即 1.8，2.5，3.5，5，7，10，14，20 mm，并以此高度值为字号，例如 5 号字即字高为 5 mm。

1. 拉丁字母示例(A型字体,直体)

1234567890

ABCDEFGHIJKLMN

OPQRSTUVWXYZ

abcdefghijklmn

opqrstuvwxyz

2. 拉丁字母示例(A型字体,斜体)

*1234567890*

*ABCDEFGHIJKLMN*

*OPQRSTUVWXYZ*

*abcdefghijklmn*

*opqrstuvwxyz*

3. 长仿宋体汉字示例

图样上书写必须做到 字体端正 笔画清楚 排列整齐 间隔均匀

书写长仿宋体字要领 横平竖直 注意起落 结构匀称 填满方格

附图3-4 字体示例

**4. 线型(摘自 GB/T4457.4-2002)**

图样用各种不同的线型表示不同的意义,工程图样中常用的线型有粗实线、虚线、细实线、点画线及双点画线等等。所有线型的图线仅采用粗细两种线宽,其比例为 2:1。图线宽度和图线组别的选择应按图样的类型、尺寸、比例和缩放复制的要求确定,具体见附表 3-3 所示。

**附表 3-3　线型组别和图线宽度**

| 线型组别 | 粗实线、粗虚线、粗点画线 | 细实线、细虚线、细点画线、细双点画线 |
|---|---|---|
| 0.25 | 0.25 | 0.13 |
| 0.35 | 0.35 | 0.18 |
| 0.5* | 0.5 | 0.25 |
| 0.7* | 0.7 | 0.35 |
| 1 | 1 | 0.5 |
| 1.4 | 1.4 | 0.7 |
| 2 | 2 | 1 |

注:* 为优先采用的组别。

各种线型在绘制时,若粗实线的宽度为 $d$,则点、短间隔、画及长画的长度可分别采用以下比例。

点的长度≤0.5$d$　　(细、粗点画线,细双点画线的点)
短间隔的长度=3$d$　　(虚线,点画线的间隔)
画的长度=12$d$　　(虚线的画)
长画的长度=24$d$　　(点画线的长画)

工程图样中常见线型的应用和画图线时的注意点见附图 3-5。

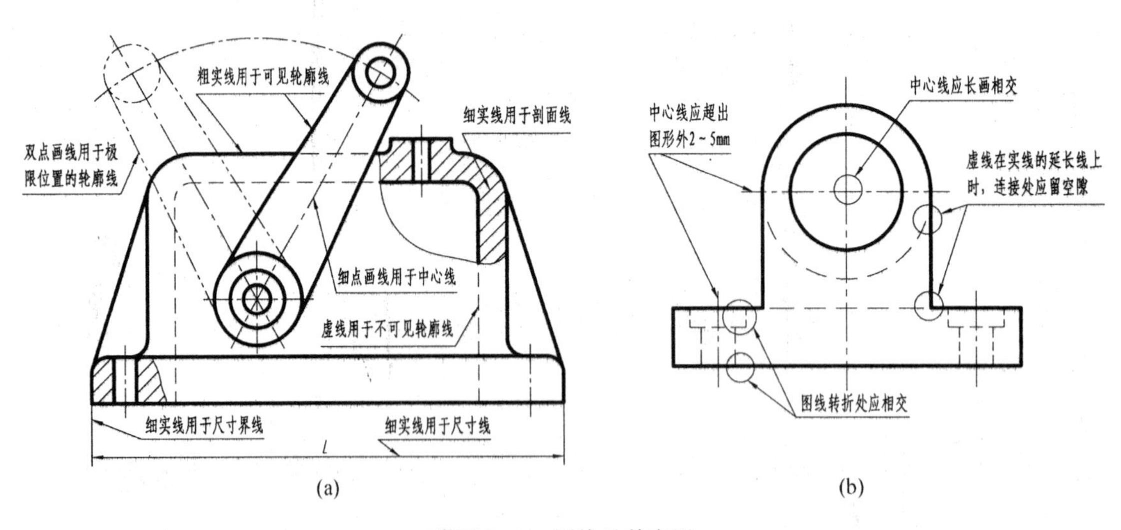


附图 3-5　图线及其应用

**5. 尺寸标注(摘自 GB/T4458.4-2003)**

尺寸注法基本规定如附表 3-4 所示。

**附表 3-4 尺寸注法基本规定**

<table>
<tr><th>说 明</th><th>图 例</th></tr>
<tr><td>尺寸由下列内容组成：<br>1. 尺寸界线(细实线)；<br>2. 尺寸线(细实线)；<br>3. 箭头；<br>4. 尺寸数字。<br>尺寸界线一般由轮廓线、轴线或对称中心线处引出，也可利用这些线作为尺寸界线。<br>尺寸线必须单独画出，且平行于所标注的线段，在终端画上箭头，尺寸线不能用其他图线代替。<br>尺寸线终端的画种形式如右图所示。机械图样中一般采用箭头作为尺寸线终端。同一张图样一般采用同一种尺寸线终端的形式</td><td>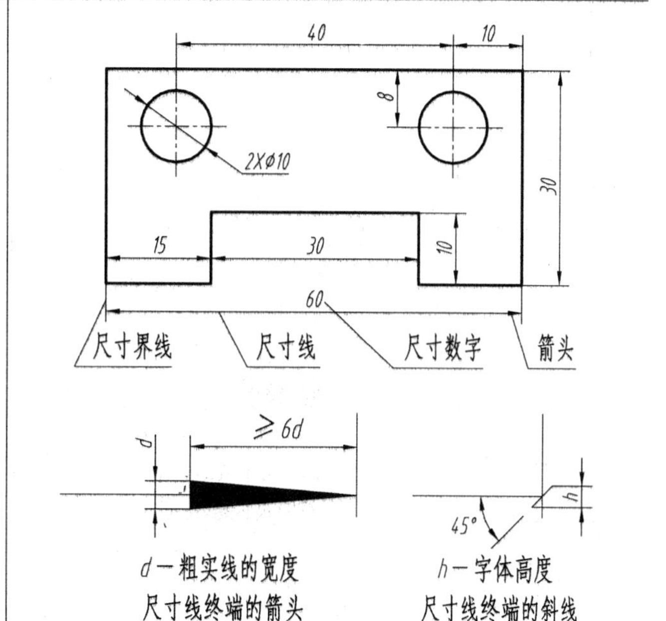<br></td></tr>
<tr><td>线性尺寸的数字一般应注写在尺寸线的上方，也允许注写在尺寸线的中断处，在一张图样中，应尽可能采用同一种方法。</td><td>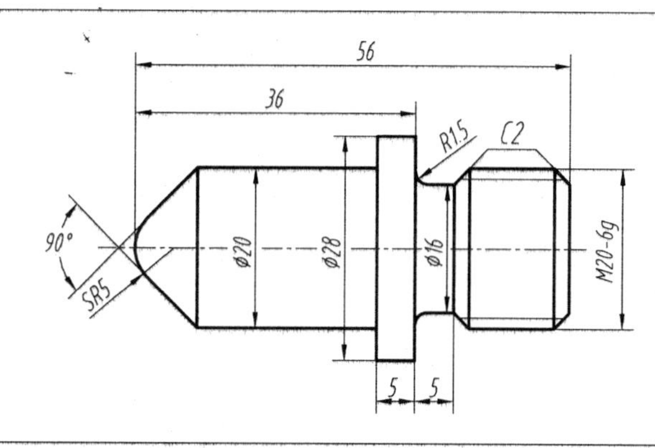<br></td></tr>
<tr><td>尺寸数字的注写方向随着尺寸线方向而定，并尽可能避开图中向左倾斜 30°的范围内标注尺寸，如无法避免则可按右方尺寸数字注写的形式标注尺寸。</td><td>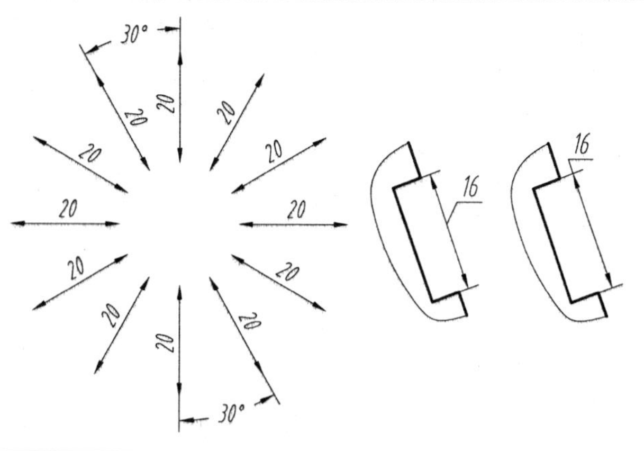<br></td></tr>
</table>

（续表）

| 说　明 | 图　例 |
| --- | --- |
| 角度的数字一律写成水平方向，一般注写在尺寸线的中断处。<br>角度尺寸的尺寸界线为径向线，尺寸线是以角顶点为圆心的圆弧。 | 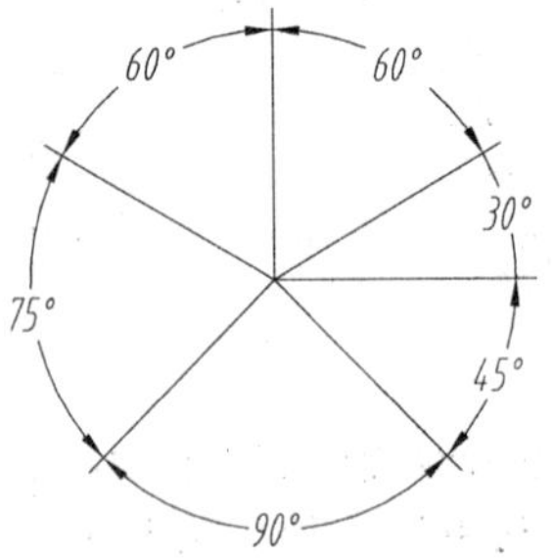  |
| 注直径或半径时，数字前应冠以∅或 $R$。<br>大于半圆的圆弧一般多注写直径。<br>不论注直径或半径，尺寸线都要通过或指向圆心。当圆心在图外时可采用如(d)的方式。 | 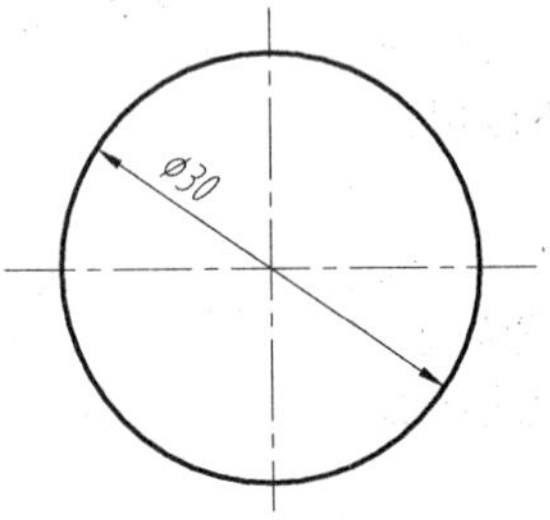 <br>(a) 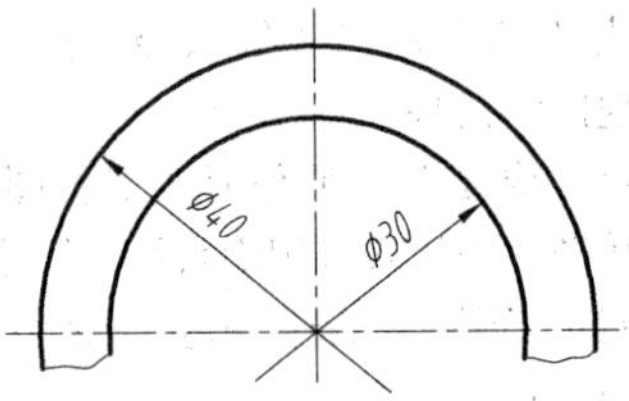　(b) 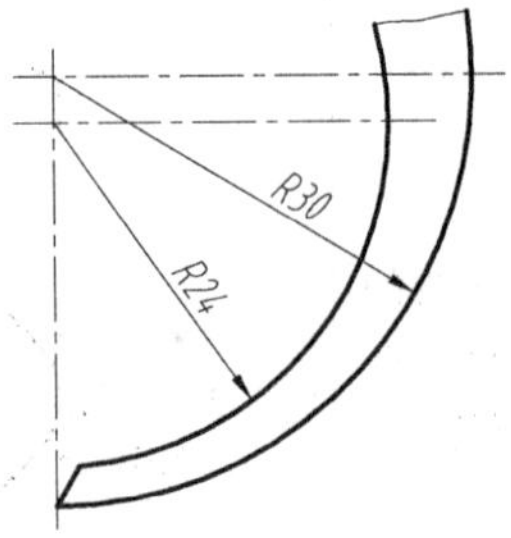　(c) 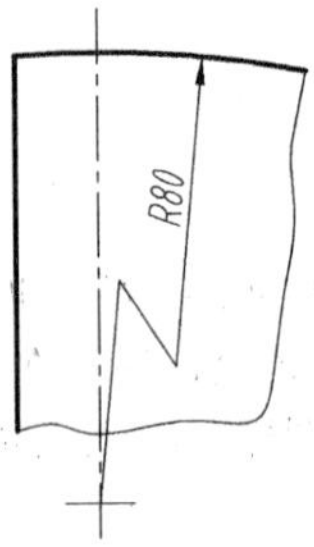　(d) |
| 小圆和小圆弧的尺寸数字多引出其外注写，可水平，竖直或倾斜书写。<br>尺寸很小或写不下数字，或画不下箭头时，可用脚点或 45°斜线代替箭头，数字可引出到外面书写。 | 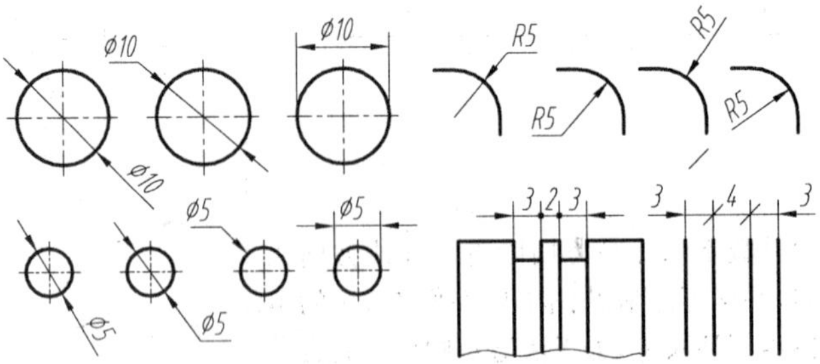  |
| 当尺寸界线很贴近轮廓线时，允许与尺寸线倾斜，但画端尺寸界限必须互相平行。 | 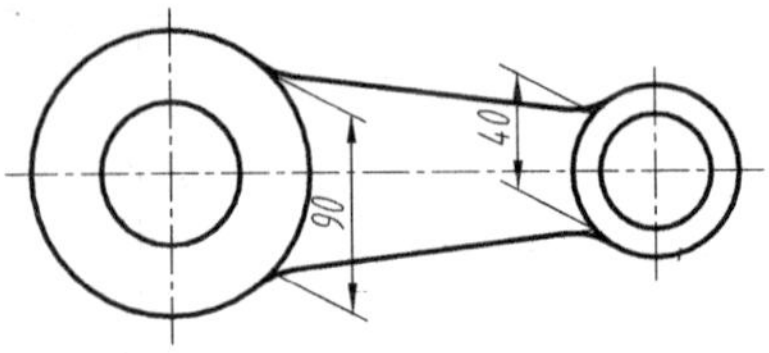  |

# 附录 4　螺纹与螺纹紧固件

**附表 4－1　普通螺纹　直径与螺距系列(GB/T193—2003)**

(单位:mm)

| 公称直径 D, d | | | 螺距 P | | | | | | | | | | |
|---|---|---|---|---|---|---|---|---|---|---|---|---|---|
| 第 1 系列 | 第 2 系列 | 第 3 系列 | 粗牙 | 细牙 | | | | | | | | | |
| | | | | 3 | 2 | 1.5 | 1.25 | 1 | 0.75 | 0.5 | 0.35 | 0.25 | 0.2 |
| 1 | | | 0.25 | | | | | | | | | | 0.2 |
| | 1.1 | | 0.25 | | | | | | | | | | 0.2 |
| 1.2 | | | 0.25 | | | | | | | | | | 0.2 |
| | 1.4 | | 0.3 | | | | | | | | | | 0.2 |
| 1.6 | | | 0.35 | | | | | | | | | | 0.2 |
| | 1.8 | | 0.35 | | | | | | | | | | 0.2 |
| 2 | | | 0.4 | | | | | | | | | 0.25 | |
| | 2.2 | | 0.45 | | | | | | | | | 0.25 | |
| 2.5 | | | 0.45 | | | | | | | | 0.35 | | |
| 3 | | | 0.5 | | | | | | | | 0.35 | | |
| | 3.5 | | 0.6 | | | | | | | | 0.35 | | |
| 4 | | | 0.7 | | | | | | | 0.5 | | | |
| | 4.5 | | 0.75 | | | | | | | 0.5 | | | |
| 5 | | | 0.8 | | | | | | | 0.5 | | | |
| | | 5.5 | | | | | | | | 0.5 | | | |
| 6 | | | 1 | | | | | | 0.75 | | | | |
| | 7 | | 1 | | | | | | 0.75 | | | | |
| 8 | | | 1.25 | | | | | 1 | 0.75 | | | | |
| | | 9 | 1.25 | | | | | 1 | 0.75 | | | | |
| 10 | | | 1.5 | | | | 1.25 | 1 | 0.75 | | | | |
| | | 11 | 1.5 | | | 1.5 | | 1 | 0.75 | | | | |
| 12 | | | 1.75 | | | | 1.25 | 1 | | | | | |
| | 14 | | 2 | | | 1.5 | 1.25[a] | 1 | | | | | |
| | | 15 | | | | 1.5 | | 1 | | | | | |
| 16 | | | 2 | | | 1.5 | | 1 | | | | | |
| | | 17 | | | | 1.5 | | 1 | | | | | |
| | 18 | | 2.5 | | 2 | 1.5 | | 1 | | | | | |
| 20 | | | 2.5 | | 2 | 1.5 | | 1 | | | | | |
| | 22 | | 2.5 | | 2 | 1.5 | | 1 | | | | | |
| 24 | | | 3 | | 2 | 1.5 | | 1 | | | | | |
| | | 25 | | | 2 | 1.5 | | 1 | | | | | |
| | | 26 | | | | 1.5 | | | | | | | |
| | 27 | | 3 | | 2 | 1.5 | | 1 | | | | | |
| | | 28 | | | 2 | 1.5 | | 1 | | | | | |
| 30 | | | 3.5 | (3) | 2 | 1.5 | | 1 | | | | | |
| | | 32 | | | 2 | 1.5 | | | | | | | |
| | 33 | | 3.5 | (3) | 2 | 1.5 | | | | | | | |
| | | 35[b] | | | | 1.5 | | | | | | | |
| 36 | | | 4 | 3 | 2 | 1.5 | | | | | | | |
| | | 38 | | | | 1.5 | | | | | | | |
| | 39 | | 4 | 3 | 2 | 1.5 | | | | | | | |

**附表 4-2　六角头螺栓——(A 级和 B 级)(GB/T5782—2000)**

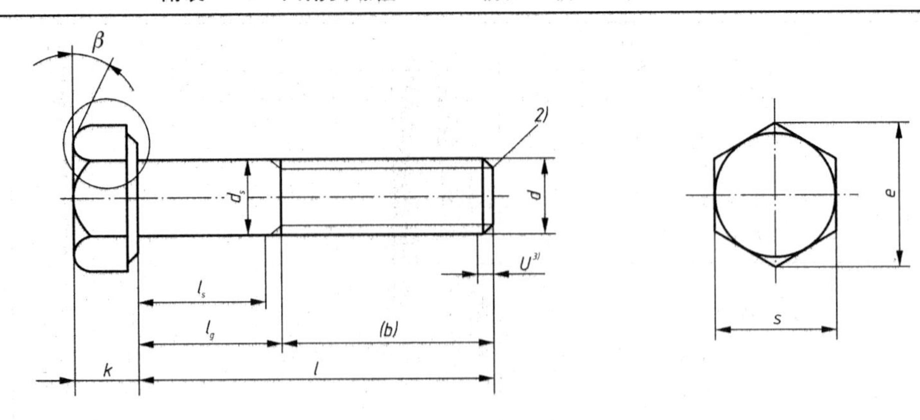


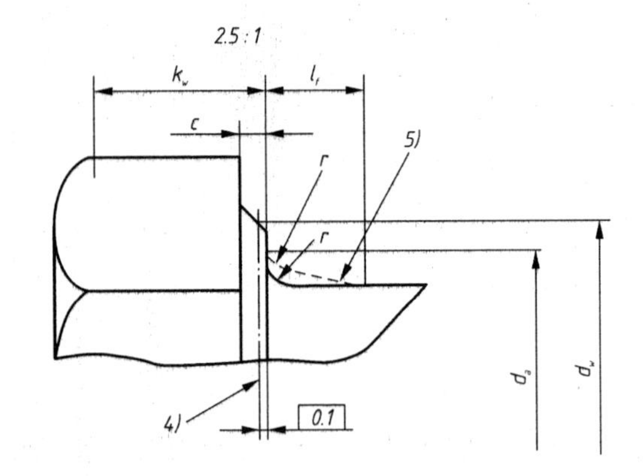


1) $\beta = 15° \sim 30°$。
2) 末端应倒角，对螺纹规格≤M4 可为辗制末端(GB/T 2)。
3) 不完整螺纹 $u \leqslant 2P$。
4) $d_w$ 的仲裁基准。
5) 圆滑过渡。

(单位：mm)

| 螺纹规格 $d$ | | | | M1.6 | M2 | M2.5 | M3 | M4 | M5 | M6 | M8 | M10 |
|---|---|---|---|---|---|---|---|---|---|---|---|---|
| $P^{1)}$ | | | | 0.35 | 0.4 | 0.45 | 0.5 | 0.7 | 0.8 | 1 | 1.25 | 1.5 |
| $b_{参考}$ | | | 2) | 9 | 10 | 11 | 12 | 14 | 16 | 18 | 22 | 26 |
| | | | 3) | 15 | 16 | 17 | 18 | 20 | 22 | 24 | 28 | 32 |
| | | | 4) | 28 | 29 | 30 | 31 | 33 | 35 | 37 | 41 | 45 |
| $c$ | | | max | 0.25 | 0.25 | 0.25 | 0.40 | 0.40 | 0.50 | 0.50 | 0.60 | 0.60 |
| | | | min | 0.10 | 0.10 | 0.10 | 0.15 | 0.15 | 0.15 | 0.15 | 0.15 | 0.15 |
| $d_a$ | | | max | 2 | 2.6 | 3.1 | 3.6 | 4.7 | 5.7 | 6.8 | 9.2 | 11.2 |
| $d_s$ | 公称=max | | | 1.60 | 2.00 | 2.50 | 3.00 | 4.00 | 5.00 | 6.00 | 8.00 | 10.00 |
| | min | 产品等级 | A | 1.46 | 1.86 | 2.36 | 2.86 | 3.82 | 4.82 | 5.82 | 7.78 | 9.78 |
| | | | B | 1.35 | 1.75 | 2.25 | 2.75 | 3.70 | 4.70 | 5.70 | 7.64 | 9.64 |

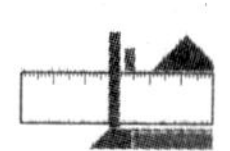

（续表）

| 螺纹规格 $d$ | | | | M1.6 | M2 | M2.5 | M3 | M4 | M5 | M6 | M8 | M10 |
|---|---|---|---|---|---|---|---|---|---|---|---|---|
| $d_w$ min | | 产品等级 | A | 2.27 | 3.07 | 4.07 | 4.57 | 5.88 | 6.88 | 8.88 | 11.63 | 14.63 |
| | | | B | 2.3 | 2.95 | 3.95 | 4.45 | 5.74 | 6.74 | 8.74 | 11.47 | 14.47 |
| $e$ min | | 产品等级 | A | 3.41 | 4.32 | 5.45 | 6.01 | 7.66 | 8.79 | 11.05 | 14.38 | 17.77 |
| | | | B | 3.28 | 4.18 | 5.31 | 5.88 | 7.50 | 8.63 | 10.89 | 14.20 | 17.59 |
| $l_f$ max | | | | 0.6 | 0.8 | 1 | 1 | 1.2 | 1.2 | 1.4 | 2 | 2 |
| $k$ | 公称 | | | 1.1 | 1.4 | 1.7 | 2 | 2.8 | 3.5 | 4 | 5.3 | 6.4 |
| | 产品等级 | A | max | 1.225 | 1.525 | 1.825 | 2.125 | 2.925 | 3.65 | 4.15 | 5.45 | 6.58 |
| | | | min | 0.975 | 1.275 | 1.575 | 1.875 | 2.675 | 3.35 | 3.85 | 5.15 | 6.22 |
| | | B | max | 1.3 | 1.6 | 1.9 | 2.2 | 3.0 | 3.26 | 4.24 | 5.54 | 6.69 |
| | | | min | 0.9 | 1.2 | 1.5 | 1.8 | 2.6 | 3.35 | 3.76 | 5.06 | 6.11 |
| $k_w$[5] min | | 产品等级 | A | 0.68 | 0.89 | 1.10 | 1.31 | 1.87 | 2.35 | 2.70 | 3.61 | 4.35 |
| | | | B | 0.63 | 0.84 | 1.05 | 1.26 | 1.82 | 2.28 | 2.63 | 3.54 | 4.28 |
| $r$ min | | | | 0.1 | 0.1 | 0.1 | 0.1 | 0.2 | 0.2 | 0.25 | 0.4 | 0.4 |
| $s$ | 公称=max | | | 3.20 | 4.00 | 5.00 | 5.50 | 7.00 | 8.00 | 10.00 | 13.00 | 16.00 |
| | min | 产品等级 | A | 3.02 | 3.82 | 4.82 | 5.32 | 6.78 | 7.78 | 9.78 | 12.73 | 15.73 |
| | | | B | 2.90 | 3.70 | 4.70 | 5.20 | 6.64 | 7.64 | 9.64 | 12.57 | 15.57 |

| $l$ | | | | | $l_s$ 和 $l_g$[6] | | | | | | | | | | | | | | | | | |
|---|---|---|---|---|---|---|---|---|---|---|---|---|---|---|---|---|---|---|---|---|---|---|
| 公称 | 产品等级 A | | 产品等级 B | | M1.6 | | M2 | | M2.5 | | M3 | | M4 | | M5 | | M6 | | M8 | | M10 | |
| | min | max | min | max | $l_g$ min | $l_g$ max | $l_s$ min | $l_g$ max | $l_s$ min | $l_g$ max | $l_s$ min | $l_g$ max | $l_s$ min | $l_g$ max | $l_s$ min | $l_g$ max | $l_s$ min | $l_g$ max | $l_s$ min | $l_g$ max | $l_s$ min | $l_g$ max |
| 12 | 11.65 | 12.35 | — | — | 1.2 | 3 | | | | | | | | | | | | | | | | |
| 16 | 15.65 | 16.35 | — | — | 5.2 | 7 | 4 | 6 | 2.75 | 5 | | | | | | | | | | | | |
| 20 | 19.58 | 20.42 | 18.95 | 21.05 | | | 8 | 10 | 6.75 | 9 | 5.5 | 8 | | | | | | | | | | |
| 25 | 24.58 | 25.42 | 23.95 | 26.05 | | | | | 11.75 | 14 | 10.5 | 13 | 7.5 | 11 | 5 | 9 | | | | | | |
| 30 | 29.58 | 30.42 | 28.95 | 31.05 | | | | | | | 15.5 | 18 | 12.5 | 16 | 10 | 14 | 7 | 12 | | | | |
| 35 | 34.5 | 35.5 | 33.75 | 36.25 | | | | | | | | | 17.5 | 21 | 15 | 19 | 12 | 17 | | | | |
| 40 | 39.5 | 40.5 | 38.75 | 41.25 | | | | | | | | | 22.5 | 26 | 20 | 24 | 17 | 22 | 11.57 | 18 | | |
| 45 | 44.5 | 45.5 | 43.75 | 46.25 | | | | | | | | | | | 25 | 29 | 22 | 27 | 16.75 | 23 | 11.5 | 19 |
| 50 | 49.5 | 50.5 | 48.75 | 51.25 | | | | | | | | | | | 30 | 34 | 27 | 32 | 21.75 | 28 | 16.5 | 24 |
| 55 | 54.4 | 55.6 | 53.5 | 56.5 | | | | | | | | | | | | | 32 | 37 | 26.75 | 33 | 21.5 | 29 |
| 60 | 59.4 | 60.6 | 58.5 | 61.5 | | | | | | | | | | | | | 37 | 42 | 31.75 | 38 | 26.5 | 34 |
| 65 | 64.4 | 65.6 | 63.5 | 66.5 | | | | | | | | | | | | | | | 36.75 | 43 | 31.5 | 39 |
| 70 | 69.4 | 70.6 | 68.5 | 71.5 | | | | | | | | | | | | | | | 41.75 | 48 | 36.5 | 44 |
| 80 | 79.4 | 80.6 | 78.5 | 81.5 | | | | | | | | | | | | | | | 51.75 | 58 | 46.5 | 54 |
| 90 | 89.3 | 90.7 | 88.25 | 91.75 | | | | | | | | | | | | | | | | | 56.5 | 64 |
| 100 | 99.3 | 100.7 | 98.25 | 101.75 | | | | | | | | | | | | | | | | | 66.5 | 74 |
| 110 | 109.3 | 110.7 | 108.25 | 111.75 | | | | | | | | | | | | | | | | | | |
| 120 | 119.3 | 120.7 | 118.25 | 121.75 | | | | | | | | | | | | | | | | | | |

阶梯实线以上的规格推荐采用GB/T5783

**附表 4-3　开槽圆柱头螺钉(GB/T 65-2000)**

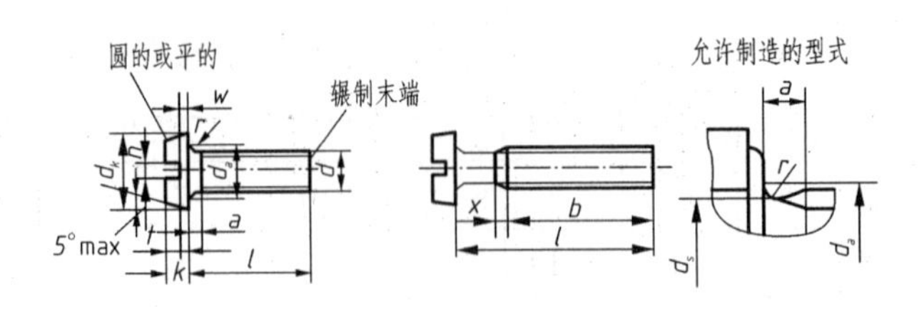


标记示例

螺纹规格 $d$ = M5，公称长度 $l$ = 20 mm，不经表面处理的开槽圆柱头螺钉：

螺钉　GB/T　65　M5×20

（单位：mm）

| 螺纹规格 $d$ | | M4 | M5 | M6 | M8 | M10 |
|---|---|---|---|---|---|---|
| $P$ | | 0.7 | 0.8 | 1 | 1.25 | 1.5 |
| $a$ max | | 1.4 | 1.6 | 2 | 2.5 | 3 |
| $b$ min | | 38 | 38 | 38 | 38 | 38 |
| $d_k$ | max | 7 | 8.5 | 10 | 13 | 16 |
| | min | 6.78 | 8.28 | 9.78 | 12.73 | 15.73 |
| $d_a$ max | | 4.7 | 5.7 | 6.8 | 9.2 | 11.2 |
| $k$ | max | 2.6 | 3.3 | 3.9 | 5 | 6 |
| | min | 2.45 | 3.1 | 3.6 | 4.7 | 5.7 |
| $n$ | 公称 | 1.2 | 1.2 | 1.6 | 2 | 2.5 |
| | min | 1.26 | 1.26 | 1.66 | 2.06 | 2.56 |
| | max | 1.51 | 1.51 | 1.91 | 2.31 | 2.81 |
| $r$ min | | 0.2 | 0.2 | 0.25 | 0.4 | 0.4 |
| $t$ min | | 1.1 | 1.3 | 1.6 | 2 | 2.4 |
| $w$ min | | 1.1 | 1.3 | 1.6 | 2 | 2.4 |
| $x$ max | | 1.75 | 2 | 2.5 | 3.2 | 3.8 |
| $l$ | | 5，6，8，10，12，(14)，16，20，25，30，35 | | | | |

**附表 4-4　开槽沉头螺钉(GB/T 68—2000)**

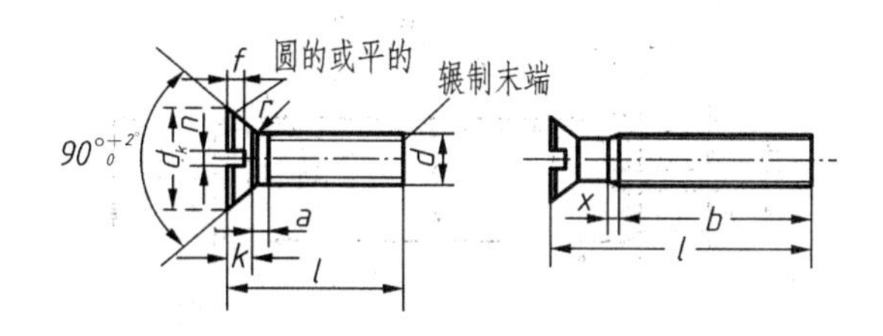


标记示例

螺纹规格 $d$ = M5，公称长度 $l$ = 20 mm，不经表面处理的开槽沉头螺钉：

螺钉　GB/T　68　M5×20

（单位：mm）

| 螺纹规格 $d$ | | | M1.6 | M2 | M2.5 | M3 | M4 | M5 | M6 | M8 | M10 |
|---|---|---|---|---|---|---|---|---|---|---|---|
| $P$ | | | 0.35 | 0.4 | 0.45 | 0.5 | 0.7 | 0.8 | 1 | 1.25 | 1.5 |
| $a$ max | | | 0.7 | 0.8 | 0.9 | 1 | 1.4 | 1.6 | 2 | 2.5 | 3 |
| $b$ min | | | 25 | 25 | 25 | 25 | 38 | 38 | 38 | 38 | 38 |
| $d_k$ | 理论值 | max | 3.6 | 4.4 | 5.5 | 6.3 | 9.4 | 10.4 | 12.6 | 17.3 | 20 |
| | 实际值 | max | 3 | 3.8 | 4.7 | 5.5 | 8.4 | 9.3 | 11.3 | 15.8 | 18.3 |
| | | min | 2.7 | 3.5 | 4.4 | 5.2 | 8.04 | 8.94 | 10.87 | 15.37 | 17.78 |
| $k$ max | | | 1 | 1.2 | 1.5 | 1.65 | 2.7 | 2.7 | 3.3 | 4.65 | 5 |
| $n$ | | 公称 | 0.4 | 0.5 | 0.6 | 0.8 | 1.2 | 1.2 | 1.6 | 2 | 2.5 |
| | | min | 0.46 | 0.56 | 0.66 | 0.86 | 1.26 | 1.26 | 1.66 | 2.06 | 2.56 |
| | | max | 0.6 | 0.7 | 0.8 | 1 | 1.51 | 1.51 | 1.91 | 2.31 | 2.31 |
| $r$ max | | | 0.4 | 0.5 | 0.6 | 0.8 | 1 | 1.3 | 1.5 | 2 | 2.5 |
| $t$ | | min | 0.32 | 0.4 | 0.5 | 0.6 | 1 | 1.1 | 1.2 | 1.8 | 2 |
| | | max | 0.5 | 0.6 | 0.75 | 0.85 | 1.3 | 1.4 | 1.6 | 2.3 | 2.6 |
| $x$ max | | | 0.9 | 1 | 1.1 | 1.25 | 1.75 | 2 | 2.5 | 3.2 | 3.8 |

附表 4-5　开槽锥端紧定螺钉(GB/T 71-85)

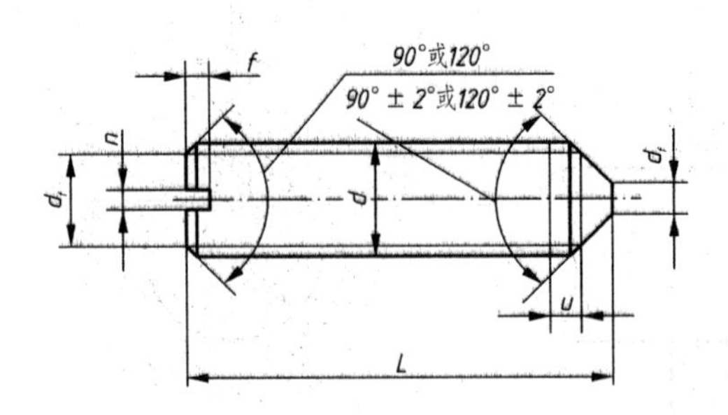


标记示例

螺纹规格 $d$ = M5，公称长度 $l$ = 20 mm，表面氧化的开槽锥端紧定螺钉：

螺钉　GB/T71　M5×20

(单位:mm)

| 螺纹规格 $d$ | | M1.2 | M1.6 | M2 | M2.5 | M3 | M4 | M5 | M6 | M8 | M10 | M12 |
|---|---|---|---|---|---|---|---|---|---|---|---|---|
| 螺距 $P$ | | 0.25 | 0.35 | 0.4 | 0.45 | 0.5 | 0.7 | 0.8 | 1 | 1.25 | 1.5 | 1.75 |
| $d_f \approx$ | | 螺纹小径 | | | | | | | | | | |
| $d_t$ | min | — | — | — | — | — | — | — | — | — | — | — |
| | max | 0.12 | 0.16 | 0.2 | 0.25 | 0.3 | 0.4 | 0.5 | 1.5 | 2 | 2.5 | 3 |
| $n$ | 公称 | 0.2 | 0.25 | 0.25 | 0.4 | 0.4 | 0.6 | 0.8 | 1 | 1.2 | 1.6 | 2 |
| | min | 0.26 | 0.31 | 0.31 | 0.46 | 0.46 | 0.66 | 0.86 | 1.06 | 1.26 | 1.66 | 2.06 |
| | max | 0.4 | 0.45 | 0.45 | 0.6 | 0.6 | 0.8 | 1 | 1.2 | 1.51 | 1.91 | 2.31 |
| $t$ | min | 0.4 | 0.56 | 0.64 | 0.72 | 0.8 | 1.12 | 1.28 | 1.6 | 2 | 2.4 | 2.8 |
| | max | 0.52 | 0.74 | 0.84 | 0.95 | 1.05 | 1.42 | 1.63 | 2 | 2.5 | 3 | 3.6 |
| $l$ | | 2, 2.5, 3, 4, 5, 6, 8, 10, 12, (14), 16, 20, 25, 30 | | | | | | | | | | |

**附表 4-6　双头螺柱**

双头螺柱 $b_m = 1d$ (GB/T897—1988)，$b_m = 1.25d$ (GB/T898—1988)，$b_m = 1.5d$ (GB/T899—1988)，$b_m = 2d$ (GB/T900—1988)

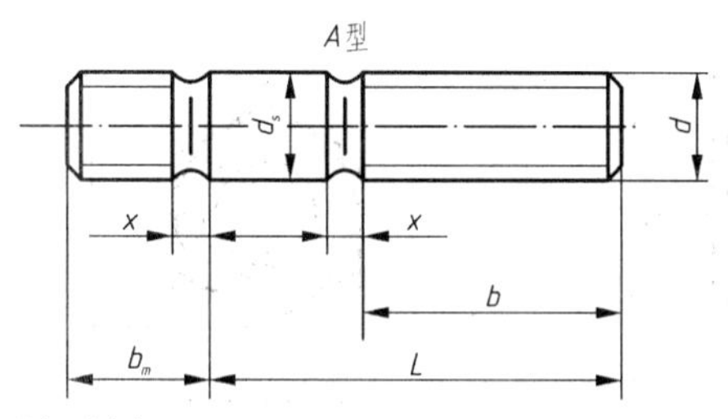


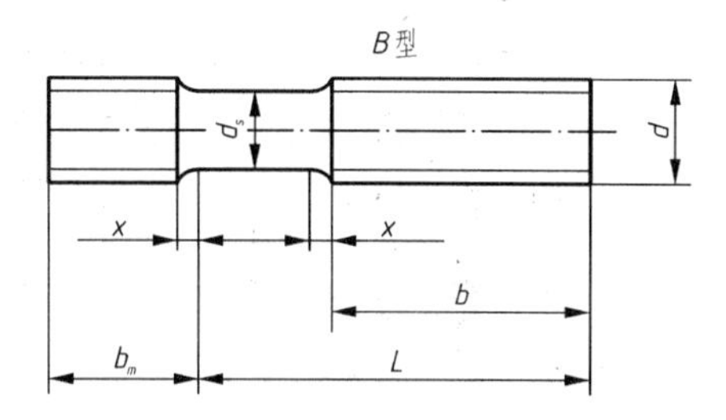


标注示例

两端均为粗牙普通螺纹，$d = 10$ mm，$l = 50$ mm，性能等级为 4.8 级，不经表面处理，B 型，$b_m = 1d$ 的双头螺柱：

螺柱　GB/T　897　M10×50

旋入机体一端为粗牙普通螺纹，旋螺母一端为螺距 $P = 1$ mm 的细牙普通螺纹，$d = 10$ mm，$l = 50$ mm，性能等级为 4.8 级，不经表面处理，A 型，$b_m = 1d$ 的双头螺柱：螺柱　GB/T　897　AM10—M10×1×50

（单位：mm）

| $d$ | $b_m$ | | | | $\frac{l}{b}$ |
|---|---|---|---|---|---|
| | GB/T 897 | GB/T 898 | GB/T 899 | GB/T 900 | |
| 2 | | | 3 | 4 | $\frac{12 \sim 16}{6}$，$\frac{20 \sim 25}{10}$ |
| 2.5 | | | 3.5 | 5 | $\frac{12 \sim 16}{8}$，$\frac{20 \sim 30}{12}$ |
| 3 | | | 4.5 | 6 | $\frac{16 \sim 20}{6}$，$\frac{20 \sim 40}{12}$ |
| 4 | | | 6 | 8 | $\frac{16 \sim 20}{8}$，$\frac{25 \sim 40}{14}$ |
| 5 | 5 | 6 | 8 | 10 | $\frac{16 \sim 20}{10}$，$\frac{25 \sim 50}{16}$ |
| 6 | 6 | 8 | 10 | 12 | $\frac{20 \sim 22}{10}$，$\frac{25 \sim 30}{14}$，$\frac{32 \sim 75}{18}$ |
| 8 | 8 | 10 | 12 | 16 | $\frac{16 \sim 20}{12}$，$\frac{25 \sim 30}{16}$，$\frac{35 \sim 90}{22}$ |
| 10 | 10 | 12 | 15 | 20 | $\frac{25 \sim 30}{14}$，$\frac{30 \sim 35}{16}$，$\frac{40 \sim 120}{26}$ |
| 12 | 12 | 15 | 18 | 24 | $\frac{25 \sim 30}{16}$，$\frac{35 \sim 40}{20}$，$\frac{45 \sim 120}{30}$ |
| 16 | 16 | 20 | 24 | 32 | $\frac{30 \sim 35}{20}$，$\frac{40 \sim 55}{30}$，$\frac{60 \sim 120}{38}$ |
| 20 | 20 | 25 | 30 | 40 | $\frac{35 \sim 40}{25}$，$\frac{45 \sim 65}{35}$，$\frac{70 \sim 120}{46}$ |
| 36 | 36 | 45 | 54 | 72 | $\frac{65 \sim 75}{45}$，$\frac{80 \sim 110}{60}$，$\frac{120}{78}$ |
| 42 | 42 | 50 | 63 | 84 | $\frac{70 \sim 80}{50}$，$\frac{85 \sim 110}{70}$，$\frac{120}{90}$ |
| 48 | 48 | 60 | 72 | 96 | $\frac{80 \sim 90}{60}$，$\frac{95 \sim 110}{80}$，$\frac{120}{102}$ |
| $l$(系列) | 12，16，20，25，30，35，40，45，50，55，60，65，70，75，80，85，90，95，100，110，120 | | | | |

附表 4-7　1 型六角螺母——A 级和 B 级(GB/T 6170—2000)

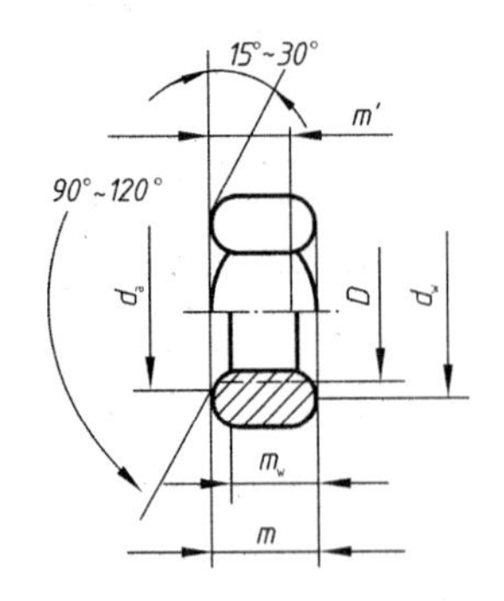


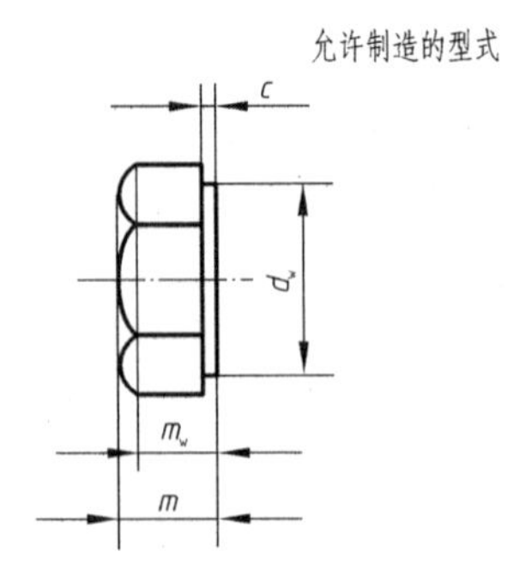


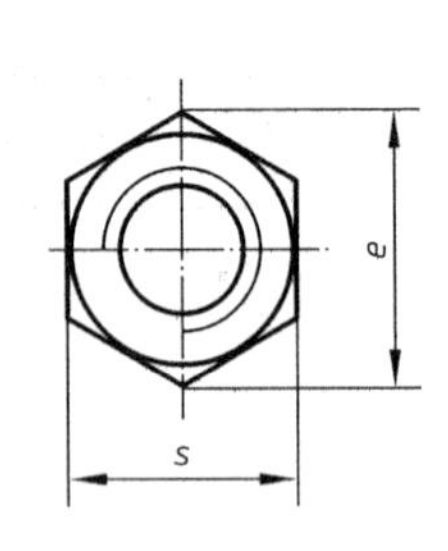


标记示例

螺纹规格 $D$ = M12，性能等级为 10 级，不经表面处理，A 级，1 型六角螺母：

螺母　GB/T 6170　M12

(单位：mm)

| 螺纹规格 $D$ | | M2 | M2.5 | M3 | M4 | M5 | M6 | M8 | M10 | M12 | M16 | M20 |
|---|---|---|---|---|---|---|---|---|---|---|---|---|
| $c$ | max | 0.2 | 0.3 | 0.4 | 0.4 | 0.5 | 0.5 | 0.6 | 0.6 | 0.6 | 0.8 | 0.8 |
| $d_a$ | max | 2.3 | 2.9 | 3.45 | 4.6 | 5.75 | 6.75 | 8.75 | 10.8 | 13 | 17.30 | 21.6 |
| | min | 2 | 2.5 | 3 | 4 | 5 | 6 | 8 | 10 | 12 | 16 | 20 |
| $d_w$ | min | 3.1 | 4.1 | 4.6 | 5.9 | 6.9 | 8.9 | 11.6 | 14.6 | 16.6 | 22.5 | 27.7 |
| $e$ | min | 4.32 | 5.45 | 6.01 | 7.66 | 8.79 | 11.05 | 14.38 | 17.77 | 20.03 | 26.75 | 32.95 |
| $m$ | max | 1.6 | 2 | 2.4 | 3.2 | 4.7 | 5.2 | 6.8 | 8.4 | 10.8 | 14.8 | 18 |
| | min | 1.35 | 1.75 | 2.15 | 2.9 | 4.4 | 4.9 | 6.44 | 8.04 | 10.37 | 14.1 | 16.9 |
| $m'$ | min | 1.1 | 1.4 | 1.7 | 2.3 | 3.5 | 3.9 | 5.1 | 6.4 | 8.3 | 11.3 | 13.5 |
| $m_w$ | min | 0.9 | 1.2 | 1.5 | 2 | 3.1 | 3.4 | 4.5 | 5.6 | 7.3 | 9.9 | 11.8 |
| $s$ | max | 4 | 5 | 5.5 | 7 | 8 | 10 | 13 | 16 | 18 | 24 | 30 |
| | min | 3.82 | 4.82 | 5.32 | 6.78 | 7.78 | 9.78 | 12.73 | 15.73 | 17.73 | 23.67 | 29.16 |

注：A 级用于 $D \leqslant 16$ 的螺母，B 级用于 $D > 16$ 的螺母。

**附表 4－8　2 型六角开槽螺母——A 级和 B 级(GB/T 6180—1986)**

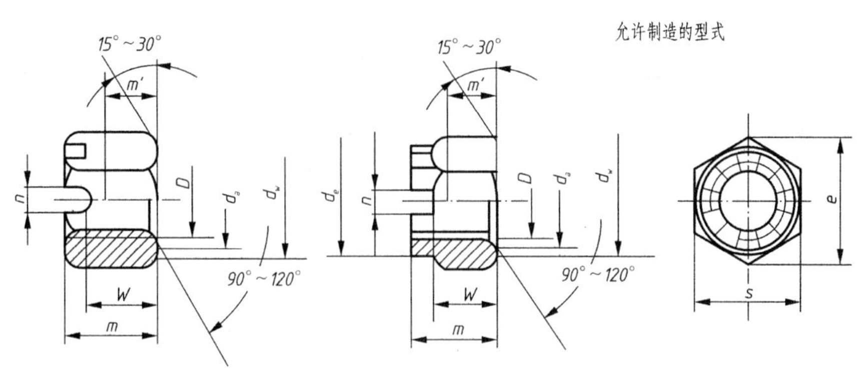


标记示例

螺纹规格 $D$ = M5，不经表面处理，A 级，2 型六角开槽螺母：

螺母　GB/T6180　M5

（单位：mm）

| 螺纹规格 $D$ | | M5 | M6 | M8 | M10 | M12 | (M14) | M16 | M20 | M24 | M30 | M36 |
|---|---|---|---|---|---|---|---|---|---|---|---|---|
| $d_a$ | max | 5.75 | 6.75 | 8.75 | 10.8 | 13 | 15.1 | 17.3 | 21.6 | 25.9 | 32.4 | 38.9 |
| | min | 5 | 6 | 8 | 10 | 12 | 14 | 16 | 20 | 24 | 30 | 36 |
| $d_e$ | max | — | — | — | — | — | — | — | 28 | 34 | 42 | 50 |
| | min | — | — | — | — | — | — | — | 27.16 | 33 | 41 | 49 |
| $d_w$ | min | 6.9 | 8.9 | 11.6 | 14.6 | 16.6 | 19.6 | 22.5 | 27.7 | 33.2 | 42.7 | 51.1 |
| $e$ | min | 8.79 | 11.05 | 14.38 | 17.77 | 20.03 | 23.35 | 26.75 | 32.95 | 39.55 | 50.85 | 60.79 |
| $m$ | max | 6.9 | 8.3 | 10 | 12.3 | 16 | 19.1 | 21.1 | 26.3 | 31.9 | 37.6 | 4.37 |
| | min | 6.6 | 7.94 | 9.64 | 11.87 | 15.57 | 18.58 | 20.58 | 25.46 | 31.06 | 36.7 | 42.7 |
| $m'$ | min | 3.84 | 4.32 | 5.71 | 7.15 | 9.26 | 10.7 | 12.6 | 15.2 | 18.1 | 21.8 | 26.5 |
| $n$ | min | 1.4 | 2 | 2.5 | 2.8 | 3.5 | 3.5 | 4.5 | 4.5 | 5.5 | 7 | 7 |
| | max | 2 | 2.6 | 3.1 | 3.4 | 4.25 | 4.25 | 5.7 | 5.7 | 6.7 | 8.5 | 8.5 |
| $s$ | max | 8 | 10 | 13 | 16 | 18 | 21 | 24 | 30 | 36 | 46 | 55 |
| | min | 7.85 | 9.78 | 12.73 | 15.73 | 17.73 | 20.67 | 23.67 | 29.16 | 35 | 45 | 53.8 |
| $w$ | max | 5.1 | 5.7 | 7.5 | 9.3 | 12 | 14.1 | 16.4 | 20.3 | 23.9 | 28.6 | 34.7 |
| | min | 4.8 | 5.4 | 7.14 | 8.94 | 11.57 | 13.4 | 15.7 | 19 | 22.6 | 27.3 | 3.1 |
| 开口销 | | 1.2×12 | 1.6×14 | 2×16 | 2.5×20 | 3.2×22 | 3.2×25 | 4×28 | 4×36 | 5×40 | 6.3×50 | 6.3×63 |

注：A 级用于 $D \leqslant 16$，B 级用于 $D > 16$。

## 附表 4-9　平垫圈——A 级(GB/T 97.1—2002)

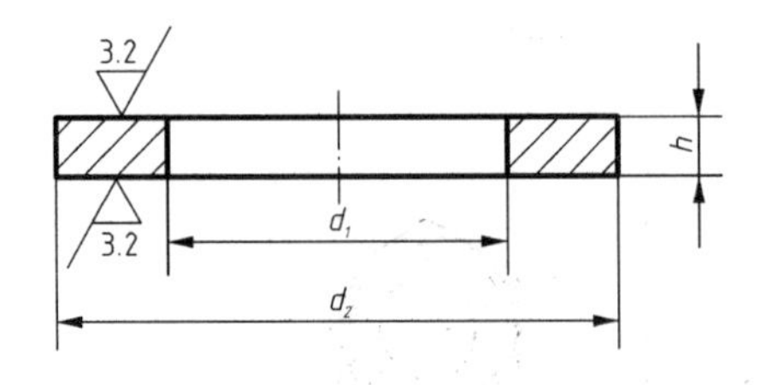


标记示例

标准系列,公称尺寸 $d$ = 8 mm,性能等级为 140HV 级不经表面处理的平垫圈:

垫圈　GB/T97.1　8—140HV

(单位:mm)

| 公称尺寸(螺纹规格 $d$) | | 3 | 4 | 5 | 6 | 8 | 10 | 12 | 14 | 16 | 20 | 24 | 30 | 36 |
|---|---|---|---|---|---|---|---|---|---|---|---|---|---|---|
| 内径 $d_1$ | 公称(min) | 3.2 | 4.3 | 5.3 | 6.4 | 8.4 | 10.5 | 13 | 15 | 17 | 21 | 25 | 31 | 37 |
| | max | 3.38 | 4.48 | 5.48 | 6.62 | 8.62 | 10.77 | 13.27 | 15.27 | 17.27 | 21.33 | 25.33 | 31.39 | 37.62 |
| 外径 $d_2$ | 公称(min) | 7 | 9 | 10 | 12 | 16 | 20 | 24 | 28 | 30 | 37 | 44 | 56 | 66 |
| | max | 6.44 | 8.64 | 9.64 | 11.57 | 15.57 | 19.48 | 23.48 | 27.48 | 29.48 | 36.38 | 43.38 | 55.26 | 64.8 |
| 厚度 $h$ | 公称 | 0.5 | 0.8 | 1 | 1.6 | 1.6 | 2 | 2.5 | 2.5 | 3 | 3 | 4 | 4 | 5 |
| | max | 0.55 | 0.9 | 1.1 | 1.8 | 1.8 | 2.2 | 2.7 | 2.7 | 3.3 | 3.3 | 4.3 | 4.3 | 5.6 |
| | min | 0.45 | 0.7 | 0.9 | 1.4 | 1.4 | 1.8 | 2.3 | 3.3 | 2.7 | 2.7 | 3.7 | 3.7 | 4.4 |

## 附表 4-10　平垫圈倒角型——C 级(GB/T 97.2—2002)

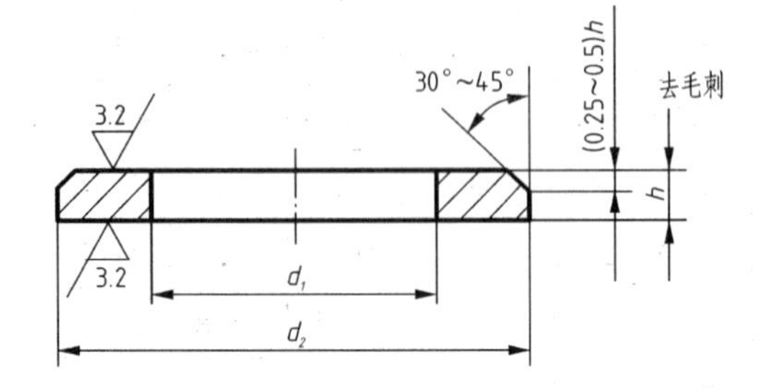


标记示例

标准系列,公称尺寸 $d$ = 8 mm,性能等级为 140HV 级,倒角型,不经表面处理的平垫圈:

垫圈　GB/T97.2　8—140HV

(单位:mm)

| 公称尺寸(螺纹规格)$d$ | 内径 $d_1$ | | 外径 $d_2$ | | 厚度 $h$ | | |
|---|---|---|---|---|---|---|---|
| | 公称(min) | max | 公称(max) | min | 公称 | max | min |
| 5 | 5.3 | 5.48 | 10 | 9.64 | 1 | 1.1 | 0.9 |
| 6 | 6.4 | 6.62 | 12 | 11.57 | 1.6 | 1.8 | 1.4 |
| 8 | 8.4 | 8.62 | 16 | 15.57 | 1.6 | 1.8 | 1.4 |
| 10 | 10.5 | 10.77 | 20 | 19.48 | 2 | 2.2 | 1.8 |
| 12 | 13 | 13.27 | 24 | 23.48 | 2.5 | 2.7 | 2.3 |
| 14 | 15 | 15.27 | 28 | 27.48 | 2.5 | 2.7 | 2.3 |
| 16 | 17 | 17.27 | 30 | 29.48 | 3 | 3.3 | 2.7 |
| 20 | 21 | 21.33 | 37 | 36.38 | 3 | 3.3 | 2.7 |
| 24 | 25 | 25.33 | 44 | 43.38 | 4 | 4.3 | 3.7 |
| 30 | 31 | 31.39 | 56 | 55.26 | 4 | 4.3 | 3.7 |
| 36 | 37 | 37.62 | 66 | 64.8 | 5 | 5.6 | 4.4 |

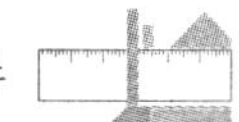

**附表 4 - 11 弹簧垫圈(GB/T 93—1987)**

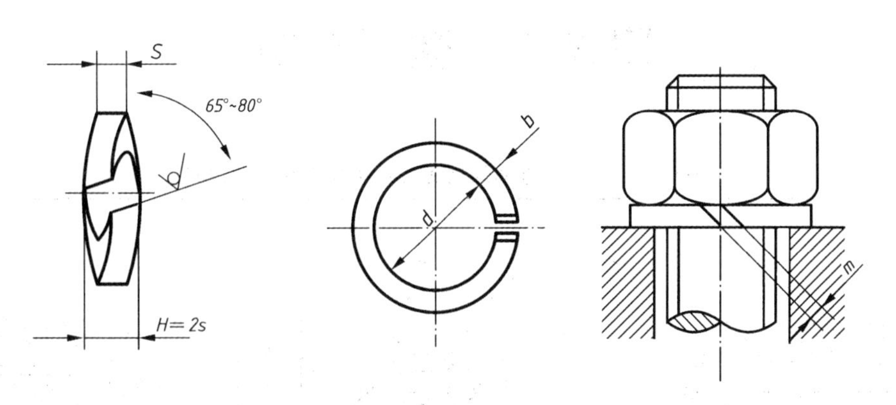


标记示例

规格为 16 mm,材料为 65Mn,表面氧化的标准型弹簧垫圈:

垫圈 GB/T93 16

(单位:mm)

| 规格<br>(螺纹大径) | *d* | | *S*(*b*) | | | *H* | | m<br>≤ |
|---|---|---|---|---|---|---|---|---|
| | min | max | 公称 | min | max | min | max | |
| 2 | 2.1 | 2.35 | 0.5 | 0.42 | 0.58 | 1 | 1.25 | 0.25 |
| 2.5 | 2.6 | 2.85 | 0.65 | 0.57 | 0.73 | 1.3 | 1.63 | 0.33 |
| 3 | 3.1 | 3.4 | 0.8 | 0.7 | 0.9 | 1.6 | 2 | 0.4 |
| 4 | 4.1 | 4.4 | 1.1 | 1 | 1.2 | 2.2 | 2.75 | 0.55 |
| 5 | 5.1 | 5.4 | 1.3 | 1.2 | 1.4 | 2.6 | 3.25 | 0.65 |
| 6 | 6.1 | 6.68 | 1.6 | 1.5 | 1.7 | 3.2 | 4 | 0.8 |
| 8 | 8.1 | 8.68 | 2.1 | 2 | 2.2 | 4.2 | 5.25 | 1.05 |
| 10 | 10.2 | 10.9 | 2.6 | 2.45 | 2.75 | 5.2 | 6.5 | 1.3 |
| 12 | 12.2 | 12.9 | 3.1 | 2.95 | 3.25 | 6.2 | 7.75 | 1.55 |
| (14) | 14.2 | 14.9 | 3.6 | 3.4 | 3.8 | 7.2 | 9 | 1.8 |
| 16 | 16.2 | 16.9 | 4.1 | 3.9 | 4.3 | 8.2 | 10.25 | 2.05 |
| (18) | 18.2 | 19.04 | 4.5 | 4.3 | 4.7 | 9 | 11.25 | 2.25 |
| 20 | 20.2 | 21.04 | 5 | 4.8 | 5.2 | 10 | 12.5 | 2.5 |
| (22) | 22.5 | 23.34 | 5.5 | 5.3 | 5.7 | 11 | 13.75 | 2.75 |
| 24 | 24.5 | 25.5 | 6 | 5.8 | 6.2 | 12 | 15 | 3 |
| (27) | 27.5 | 28.5 | 6.8 | 6.5 | 7.1 | 13.6 | 17 | 3.4 |
| 30 | 30.5 | 31.5 | 7.5 | 7.2 | 7.8 | 15 | 18.75 | 3.75 |
| (33) | 33.5 | 34.7 | 8.5 | 8.2 | 8.8 | 17 | 21.25 | 4.25 |
| 36 | 36.5 | 37.7 | 9 | 8.7 | 9.3 | 18 | 22.5 | 4.5 |
| (39) | 39.5 | 40.7 | 10 | 9.7 | 10.3 | 20 | 25 | 5 |
| 42 | 42.5 | 43.7 | 10.5 | 10.2 | 10.8 | 21 | 26.25 | 5.25 |
| (45) | 45.5 | 46.7 | 11 | 10.7 | 11.3 | 22 | 27.5 | 5.5 |
| 48 | 48.5 | 49.7 | 12 | 11.7 | 12.3 | 24 | 30 | 6 |

注:① 尽可能不采用括号内的规格。

② *m* 应大于零。

# 附录5　键 与 销

附表5-1　平键　键槽的剖面尺寸(GB/T 1095—2003)

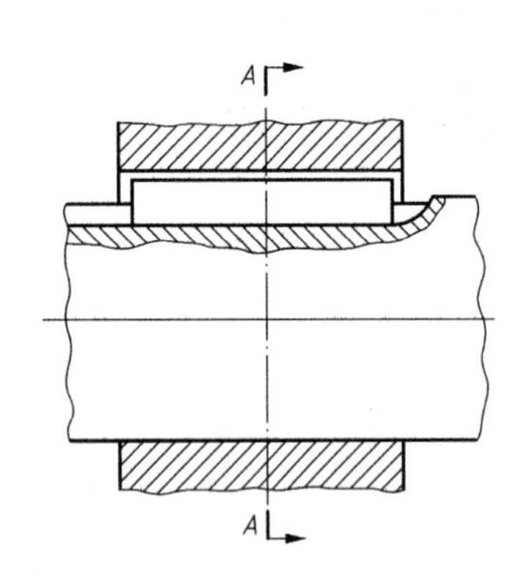

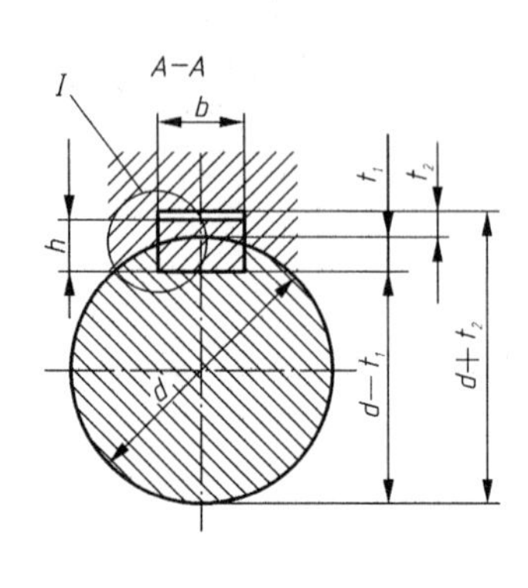

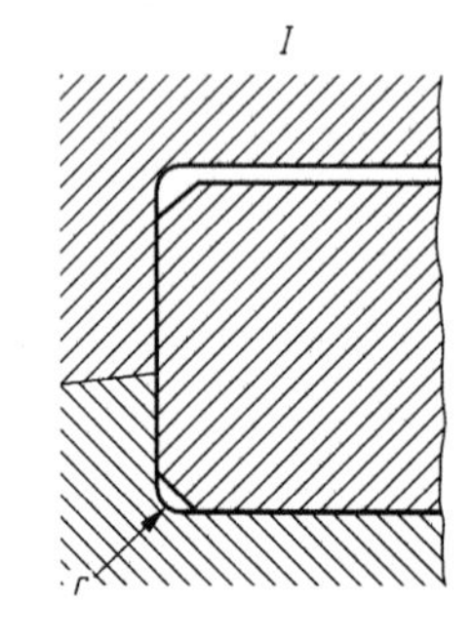


(单位:mm)

| 键尺寸 $b\times h$ | 键槽 | | | | | | | | | | | |
|---|---|---|---|---|---|---|---|---|---|---|---|---|
| | 宽度 $b$ | | | | | | 深度 | | | | 半径 $r$ | |
| | 基本尺寸 | 极限偏差 | | | | | 轴 $t_1$ | | 毂 $t_2$ | | | |
| | | 正常联结 | | 紧密联结 | 松联结 | | 基本尺寸 | 极限偏差 | 基本尺寸 | 极限偏差 | | |
| | | 轴 N9 | 毂 JS9 | 轴和毂 P9 | 轴 H9 | 毂 D10 | | | | | min | max |
| 2×2 | 2 | −0.004<br>−0.029 | ±0.0125 | −0.006<br>−0.031 | +0.025<br>0 | +0.060<br>+0.020 | 1.2 | +0.1<br>0 | 1.0 | +0.1<br>0 | 0.08 | 0.16 |
| 3×3 | 3 | | | | | | 1.8 | | 1.4 | | | |
| 4×4 | 4 | 0<br>−0.030 | ±0.015 | −0.012<br>−0.042 | +0.030<br>0 | +0.078<br>+0.030 | 2.5 | | 1.8 | | 0.16 | 0.25 |
| 5×5 | 5 | | | | | | 3.0 | | 2.3 | | | |
| 6×6 | 6 | | | | | | 3.5 | | 2.8 | | | |
| 8×7 | 8 | 0<br>−0.036 | ±0.018 | −0.015<br>−0.051 | +0.036<br>0 | +0.098<br>+0.040 | 4.0 | +0.2<br>0 | 3.3 | +0.2<br>0 | | |
| 10×8 | 10 | | | | | | 5.0 | | 3.3 | | 0.25 | 0.40 |
| 12×8 | 12 | 0<br>−0.043 | ±0.0215 | −0.018<br>−0.061 | +0.043<br>0 | +0.120<br>+0.050 | 5.0 | | 3.3 | | | |
| 14×9 | 14 | | | | | | 5.5 | | 3.8 | | | |
| 16×10 | 16 | | | | | | 6.0 | | 4.3 | | | |
| 18×11 | 18 | | | | | | 7.0 | | 4.4 | | | |

（续表）

| 键尺寸 $b \times h$ | 键槽 | | | | | | | | | | | |
|---|---|---|---|---|---|---|---|---|---|---|---|---|
| | 宽度 $b$ | | | | | | 深度 | | | | 半径 $r$ | |
| | 基本尺寸 | 极限偏差 | | | | | 轴 $t_1$ | | 毂 $t_2$ | | | |
| | | 正常联结 | | 紧密联结 | 松联结 | | 基本尺寸 | 极限偏差 | 基本尺寸 | 极限偏差 | | |
| | | 轴 N9 | 毂 JS9 | 轴和毂 P9 | 轴 H9 | 毂 D10 | | | | | min | max |
| 20×12 | 20 | 0<br>−0.052 | ±0.026 | −0.022<br>−0.074 | +0.052<br>0 | +0.149<br>+0.065 | 7.5 | +0.2<br>0 | 4.9 | +0.2<br>0 | 0.40 | 0.60 |
| 22×14 | 22 | | | | | | 9.0 | | 5.4 | | | |
| 25×14 | 25 | | | | | | 9.0 | | 5.4 | | | |
| 28×16 | 28 | | | | | | 10.0 | | 6.4 | | | |
| 32×18 | 32 | 0<br>−0.062 | ±0.031 | −0.026<br>−0.088 | +0.062<br>0 | +0.180<br>+0.080 | 11.0 | | 7.4 | | | |
| 36×20 | 36 | | | | | | 12.0 | +0.3<br>0 | 8.4 | +0.3<br>0 | 0.70 | 1.00 |
| 40×22 | 40 | | | | | | 13.0 | | 9.4 | | | |
| 45×25 | 45 | | | | | | 15.0 | | 10.4 | | | |
| 50×28 | 50 | | | | | | 17.0 | | 11.4 | | | |
| 56×32 | 56 | 0<br>−0.074 | ±0.037 | −0.032<br>−0.106 | +0.074<br>0 | +0.220<br>+0.100 | 20.0 | | 12.4 | | 1.20 | 1.60 |
| 63×32 | 63 | | | | | | 20.0 | | 12.4 | | | |
| 70×36 | 70 | | | | | | 22.0 | | 14.4 | | | |
| 80×40 | 80 | | | | | | 25.0 | | 15.4 | | 2.00 | 2.50 |
| 90×45 | 90 | 0<br>−0.087 | ±0.043 5 | −0.037<br>−0.124 | +0.087<br>0 | +0.260<br>+0.120 | 28.0 | | 17.4 | | | |
| 100×50 | 100 | | | | | | 31.0 | | 19.5 | | | |

**附表 5－2　普通型　平键(GB/T 1096—2003)**

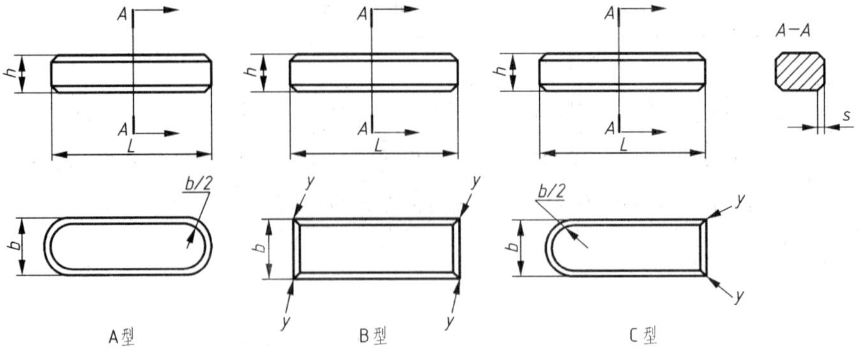

A型　　B型　　C型

(单位:mm)

| | | | | | | | | | | | | | | |
|---|---|---|---|---|---|---|---|---|---|---|---|---|---|---|
| 宽度 $b$ | 基本尺寸 | | 2 | 3 | 4 | 5 | 6 | 8 | 10 | 12 | 14 | 16 | 18 | 20 | 22 |
| | 极限偏差(h8) | | 0<br>−0.014 | | 0<br>−0.018 | | | 0<br>−0.022 | | 0<br>−0.027 | | | | 0<br>−0.033 | |
| 高度 $h$ | 基本尺寸 | | 2 | 3 | 4 | 5 | 6 | 7 | 8 | 8 | 9 | 10 | 11 | 12 | 14 |
| | 极限偏差 | 矩形(h11) | — | | — | | | 0<br>−0.090 | | | | | 0<br>−0.110 | | |
| | | 方形(h8) | 0<br>−0.014 | | 0<br>−0.018 | | | — | | | | | — | | |
| 倒角或倒圆 $s$ | | | 0.16～0.25 | | | 0.25～0.40 | | | 0.40～0.60 | | | | | 0.60～0.80 | |
| 长度 $L$ | | | | | | | | | | | | | | | |
| 基本尺寸 | 极限偏差(h14) | | | | | | | | | | | | | | |
| 6 | 0<br>−0.36 | | | | — | — | — | — | — | — | — | — | — | — | — |
| 8 | | | | | | — | — | — | — | — | — | — | — | — | — |
| 10 | | | | | | | — | — | — | — | — | — | — | — | — |
| 12 | 0<br>−0.43 | | | | | | — | — | — | — | — | — | — | — | — |
| 14 | | | | | | | | — | — | — | — | — | — | — | — |
| 16 | | | | | | | | — | — | — | — | — | — | — | — |
| 18 | | | | | | | | | — | — | — | — | — | — | — |
| 20 | 0<br>−0.52 | | | | | | | | — | — | — | — | — | — | — |
| 22 | | | — | | | 标准 | | | | — | — | — | — | — | — |
| 25 | | | — | | | | | | | — | — | — | — | — | — |
| 28 | | | — | | | | | | | | — | — | — | — | — |
| 32 | 0<br>−0.62 | | — | | | | | | | | — | — | — | — | — |
| 36 | | | — | | | | | | | | | — | — | — | — |
| 40 | | | — | — | | | | | | | | — | — | — | — |
| 45 | | | — | — | | | | | 长度 | | | | — | — | — |
| 50 | | | — | — | — | | | | | | | | | — | — |
| 56 | 0<br>−0.74 | | — | — | — | | | | | | | | | | — |
| 63 | | | — | — | — | — | | | | | | | | | |
| 70 | | | — | — | — | — | | | | | | | | | |
| 80 | | | — | — | — | — | — | | | | | | | | |
| 90 | 0<br>−0.87 | | — | — | — | — | — | | | | | 范围 | | | |
| 100 | | | — | — | — | — | — | — | | | | | | | |
| 110 | | | — | — | — | — | — | — | | | | | | | |

注:宽度 $b = 6$ mm, 高度 $h = 6$ mm, 长度 $L = 16$ mm 的平键,标记为 GB/T 1096　键 6×6×16

**附表5-3 半圆键 键槽的剖面尺寸(GB/T 1098—2003)**

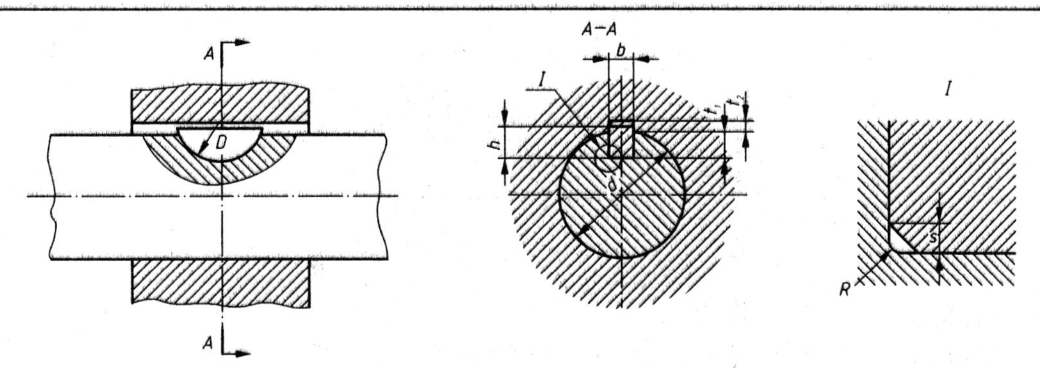


注:键尺寸中的公称直径 $D$ 即为键槽直径最小值。

(单位:mm)

| 键尺寸<br>$b\times h\times D$ | 键槽 | | | | | | | | | | | |
|---|---|---|---|---|---|---|---|---|---|---|---|---|
| | 宽度 $b$ | | | | | | 深度 | | | | 半径<br>$R$ | |
| | 基本尺寸 | 极限偏差 | | | | | 轴 $t_1$ | | 毂 $t_2$ | | | |
| | | 正常联结 | | 紧密联结 | 松联结 | | 基本尺寸 | 极限偏差 | 基本尺寸 | 极限偏差 | | |
| | | 轴 N9 | 毂 JS9 | 轴和毂 P9 | 轴 H9 | 毂 D10 | | | | | max | min |
| 1×1.4×4<br>1×1.1×4 | 1 | −0.004<br>−0.029 | ±0.0125 | −0.006<br>−0.031 | +0.025<br>0 | +0.060<br>+0.020 | 1.0 | +0.1<br>0 | 0.6 | +0.1<br>0 | 0.16 | 0.08 |
| 1.5×2.6×7<br>1.5×2.1×7 | 1.5 | | | | | | 2.0 | | 0.8 | | | |
| 2×2.6×7<br>2×2.1×7 | 2 | | | | | | 1.8 | | 1.0 | | | |
| 2×3.7×10<br>2×3×10 | 2 | | | | | | 2.9 | | 1.0 | | | |
| 2.5×3.7×10<br>2.5×3×10 | 2.5 | | | | | | 2.7 | | 1.2 | | | |
| 3×5×13<br>3×4×13 | 3 | | | | | | 3.8 | +0.2<br>0 | 1.4 | | | |
| 3×6.5×16<br>3×5.2×16 | 3 | | | | | | 5.3 | | 1.4 | | | |
| 4×6.5×16<br>4×5.2×16 | 4 | 0<br>−0.030 | ±0.015 | −0.012<br>−0.042 | +0.030<br>0 | +0.078<br>+0.030 | 5.0 | | 1.8 | | 0.25 | 0.16 |
| 4×7.5×19<br>4×6×19 | 4 | | | | | | 6.0 | | 1.8 | | | |
| 5×6.5×16<br>5×5.2×19 | 5 | | | | | | 4.5 | | 2.3 | | | |
| 5×7.5×19<br>5×6×19 | 5 | | | | | | 5.5 | | 2.3 | | | |
| 5×9×22<br>5×7.2×22 | 5 | | | | | | 7.0 | +0.3<br>0 | 2.3 | | | |
| 6×9×22<br>6×7.2×22 | 6 | | | | | | 6.5 | | 2.8 | | | |
| 6×10×25<br>6×8×25 | 6 | | | | | | 7.5 | | 2.8 | +0.2<br>0 | | |
| 8×11×28<br>8×8.8×28 | 8 | 0<br>−0.036 | ±0.018 | −0.015<br>−0.051 | +0.036<br>0 | +0.098<br>+0.040 | 8.0 | | 3.3 | | 0.40 | 0.25 |
| 10×13×32<br>10×10.4×32 | 10 | | | | | | 10 | | 3.3 | | | |

**附表 5-4　普通型　半圆键(GB/T 1099.1—2003)**

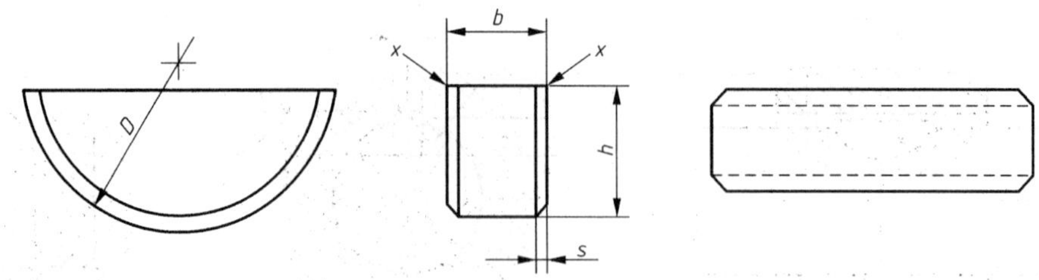


宽度 $b=6$ mm，高度 $h=10$ mm，直径 $D=25$ mm 普通型半圆键的标记为：
GB/T 1099.1　键 6×10×25

(单位:mm)

| 键尺寸<br>$b\times h\times D$ | 宽度 $b$ | | 高度 $h$ | | 直径 $D$ | | 倒角或倒圆 $s$ | |
|---|---|---|---|---|---|---|---|---|
| | 基本尺寸 | 极限偏差 | 基本尺寸 | 极限偏差<br>(h12) | 基本尺寸 | 极限偏差<br>(h12) | min | max |
| 1×1.4×4 | 1 | 0<br>−0.025 | 1.4 | 0<br>−0.10 | 4 | 0<br>−0.120 | 0.16 | 0.25 |
| 1.5×2.6×7 | 1.5 | | 2.6 | | 7 | 0<br>−0.150 | | |
| 2×2.6×7 | 2 | | 2.6 | | 7 | | | |
| 2×3.7×10 | 2 | | 3.7 | 0<br>−0.12 | 10 | | | |
| 2.5×3.7×10 | 2.5 | | 3.7 | | 10 | | | |
| 3×5×13 | 3 | | 5 | | 13 | 0<br>−0.180 | | |
| 3×6.5×16 | 3 | | 6.5 | 0<br>−0.15 | 16 | | | |
| 4×6.5×16 | 4 | | 6.5 | | 16 | | 0.25 | 0.40 |
| 4×7.5×19 | 4 | | 7.5 | | 19 | 0<br>−0.210 | | |
| 5×6.5×16 | 5 | | 6.5 | | 16 | 0<br>−0.180 | | |
| 5×7.5×19 | 5 | | 7.5 | | 19 | 0<br>−0.210 | | |
| 5×9×22 | 5 | | 9 | | 22 | | | |
| 6×9×22 | 6 | | 9 | | 22 | | | |
| 6×10×25 | 6 | | 10 | | 25 | | | |
| 8×11×28 | 8 | | 11 | 0<br>−0.18 | 28 | | 0.40 | 0.60 |
| 10×13×32 | 10 | | 13 | | 32 | 0<br>−0.250 | | |

**附表 5-5 圆柱销 不淬硬钢和奥氏体不锈钢(GB/T 119.1—2000)**

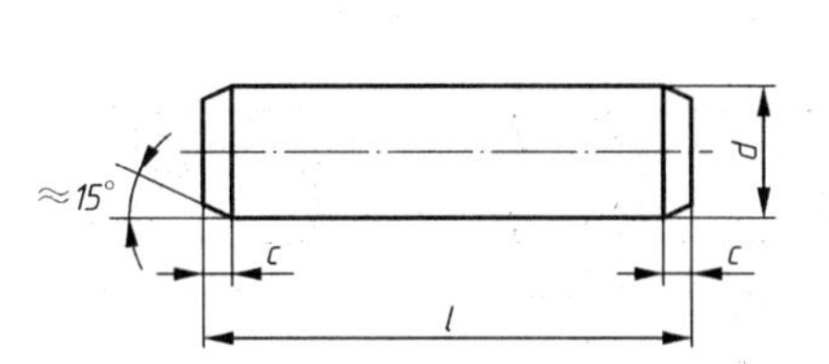


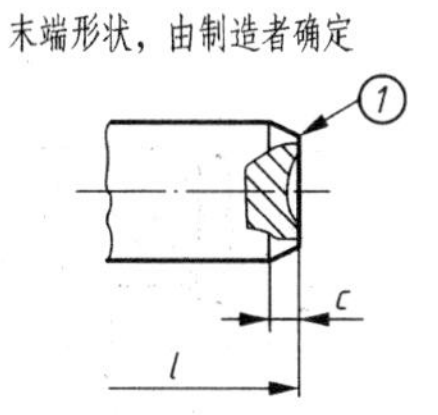


注:① 允许倒圆或凹穴。

标记

公称直径 $d=6$ mm，公差为 m6，公称长度 $l=30$ mm，材料为钢，不经淬火，不经表面处理的圆柱销标记为：

销 GB/T 119.1 6m6×30

(单位:mm)

| $d$ m6/h8[1] | | | 0.6 | 0.8 | 1 | 1.2 | 1.5 | 2 | 2.5 | 3 | 4 | 5 | 6 | 8 | 10 | 12 | 16 | 20 | 25 | 30 | 40 | 50 |
|---|---|---|---|---|---|---|---|---|---|---|---|---|---|---|---|---|---|---|---|---|---|---|
| $c$ ≈ | | | 0.12 | 0.16 | 0.2 | 0.25 | 0.3 | 0.35 | 0.4 | 0.5 | 0.63 | 0.8 | 1.2 | 1.6 | 2 | 2.5 | 3 | 3.5 | 4 | 5 | 6.3 | 8 |
| $l$[2] | | | | | | | | | | | | | | | | | | | | | | |
| 公称 | min | max | | | | | | | | | | | | | | | | | | | | |
| 2 | 1.75 | 2.25 | | | | | | | | | | | | | | | | | | | | |
| 3 | 2.75 | 3.25 | | | | | | | | | | | | | | | | | | | | |
| 4 | 3.75 | 4.25 | | | | | | | | | | | | | | | | | | | | |
| 5 | 4.75 | 5.25 | | | | | | | | | | | | | | | | | | | | |
| 6 | 5.75 | 6.25 | | | | | | | | | | | | | | | | | | | | |
| 8 | 7.75 | 8.25 | | | | | | | | | | | | | | | | | | | | |
| 10 | 9.75 | 10.25 | | | | | | | | | | | | | | | | | | | | |
| 12 | 11.5 | 12.5 | | | | | | | | | | | | | | | | | | | | |
| 14 | 13.5 | 14.5 | | | | | | | | | | | | | | | | | | | | |
| 16 | 15.5 | 16.5 | | | | | | | | | | | | | | | | | | | | |
| 18 | 17.5 | 18.5 | | | | | | | | | | | | | | | | | | | | |
| 20 | 19.5 | 20.5 | | | | | | | | | | | | | | | | | | | | |
| 22 | 21.5 | 22.5 | | | | | | | | | | | | | | | | | | | | |
| 24 | 23.5 | 24.5 | | | | | | | | | 商品 | | | | | | | | | | | |
| 26 | 25.5 | 26.5 | | | | | | | | | | | | | | | | | | | | |
| 28 | 27.5 | 28.5 | | | | | | | | | | | | | | | | | | | | |
| 30 | 29.5 | 30.5 | | | | | | | | | | | | | | | | | | | | |
| 32 | 31.5 | 32.5 | | | | | | | | | | | | | | | | | | | | |
| 35 | 34.5 | 35.5 | | | | | | | | | | | | | | | | | | | | |
| 40 | 39.5 | 40.5 | | | | | | | | | | | | | 长度 | | | | | | | |
| 45 | 44.5 | 45.5 | | | | | | | | | | | | | | | | | | | | |
| 50 | 49.5 | 50.5 | | | | | | | | | | | | | | | | | | | | |
| 55 | 54.25 | 55.75 | | | | | | | | | | | | | | | | | | | | |
| 60 | 59.25 | 60.75 | | | | | | | | | | | | | | | | | | | | |
| 65 | 64.25 | 65.75 | | | | | | | | | | | | | | | | | | | | |
| 70 | 69.25 | 70.75 | | | | | | | | | | | | | | | | 范围 | | | | |
| 75 | 74.25 | 75.75 | | | | | | | | | | | | | | | | | | | | |
| 80 | 79.25 | 80.75 | | | | | | | | | | | | | | | | | | | | |
| 85 | 84.25 | 85.75 | | | | | | | | | | | | | | | | | | | | |
| 90 | 89.25 | 90.75 | | | | | | | | | | | | | | | | | | | | |

## 附表 5-6 圆柱销 淬硬钢和马氏不锈钢(GB/T 119.2—2000)

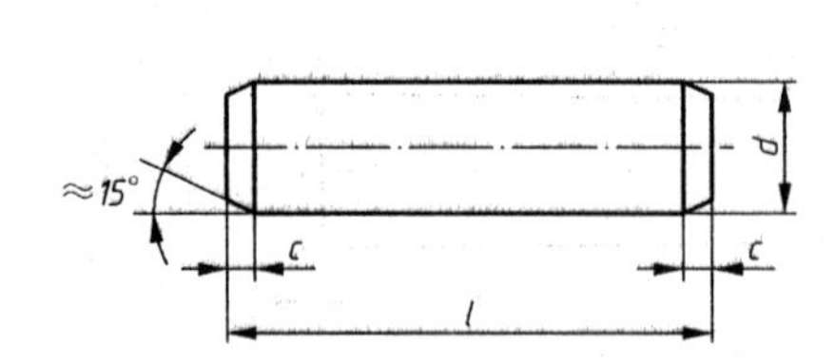


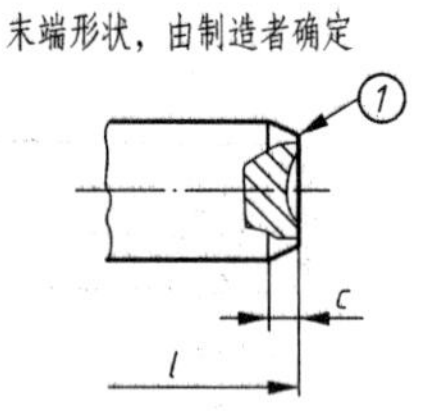


注:① 允许倒圆或凹穴。

公称直径 $d=6$ mm，公差为 m6，公称长度 $l=30$ mm，材料为钢，普通淬火(A 型)，表面氧化处理的圆柱销的标记：

销 GB/T 119.2 6×30

公称直径 $d=6$ mm，公差为 m6，公称长度 $l=30$ mm，材料为 C1 组马氏体不锈钢，表面简单处理的圆柱销的标记：

销 GB/T119.2 6×30—C1

(单位:mm)

| $d$ m6[1)] | | | 1 | 1.5 | 2 | 2.5 | 3 | 4 | 5 | 6 | 8 | 10 | 12 | 16 | 20 |
|---|---|---|---|---|---|---|---|---|---|---|---|---|---|---|---|
| $c$ ≈ | | | 0.2 | 0.3 | 0.35 | 0.4 | 0.5 | 0.63 | 0.8 | 1.2 | 1.6 | 2 | 2.5 | 3 | 3.5 |
| $l$[2)] | | | | | | | | | | | | | | | |
| 公称 | min | max | | | | | | | | | | | | | |
| 3 | 2.75 | 3.25 | | | | | | | | | | | | | |
| 4 | 3.75 | 4.25 | | | | | | | | | | | | | |
| 5 | 4.75 | 5.25 | | | | | | | | | | | | | |
| 6 | 5.75 | 6.25 | | | | | | | | | | | | | |
| 8 | 7.75 | 8.25 | | | | | | | | | | | | | |
| 10 | 9.75 | 10.25 | | | | | | | | | | | | | |
| 12 | 11.5 | 12.5 | | | | | | | | | | | | | |
| 14 | 13.5 | 14.5 | | | | | | | | | | | | | |
| 16 | 15.5 | 16.5 | | | | | | | | | | | | | |
| 18 | 17.5 | 18.5 | | | | | | | | | | | | | |
| 20 | 19.5 | 20.5 | | | | | | 商品 | | | | | | | |
| 22 | 21.5 | 22.5 | | | | | | | | | | | | | |
| 24 | 23.5 | 24.5 | | | | | | | | | | | | | |
| 26 | 25.5 | 26.5 | | | | | | | | | 长度 | | | | |
| 28 | 27.5 | 28.5 | | | | | | | | | | | | | |
| 30 | 29.5 | 30.5 | | | | | | | | | | | | | |
| 32 | 31.5 | 32.5 | | | | | | | | | | 范围 | | | |
| 35 | 34.5 | 35.5 | | | | | | | | | | | | | |
| 40 | 39.5 | 40.5 | | | | | | | | | | | | | |
| 45 | 44.5 | 45.5 | | | | | | | | | | | | | |
| 50 | 49.5 | 50.5 | | | | | | | | | | | | | |
| 55 | 54.25 | 55.75 | | | | | | | | | | | | | |
| 60 | 59.25 | 60.75 | | | | | | | | | | | | | |
| 65 | 64.25 | 65.75 | | | | | | | | | | | | | |
| 70 | 69.25 | 70.75 | | | | | | | | | | | | | |
| 75 | 74.25 | 75.75 | | | | | | | | | | | | | |
| 80 | 79.25 | 80.75 | | | | | | | | | | | | | |
| 85 | 84.25 | 85.75 | | | | | | | | | | | | | |
| 90 | 89.25 | 90.75 | | | | | | | | | | | | | |

**附表 5－7　圆锥销（GB/T 117—2000）**

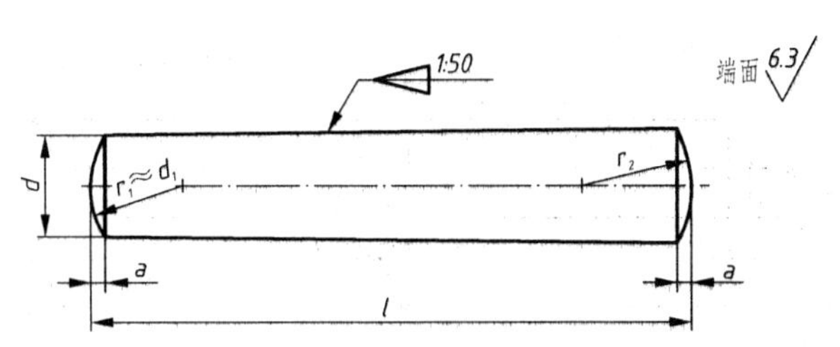


A 型（磨削）：锥面表面粗糙度 $Ra = 0.8\ \mu m$；B 型（切削或冷镦）：锥面表面粗糙度 $Ra = 3.2\ \mu m$。

$$r_2 \approx \frac{a}{2} + d + \frac{(0.021)^2}{8a}$$

公称直径 $d = 6\ \text{mm}$，公称长度 $l = 30\ \text{mm}$，材料为 35 钢，热处理硬度 28～38 HRC，表面氧化处理的 A 型圆锥销的标记：

销　GB/T117　6×30

（单位：mm）

| $d$ h10 | | | 0.6 | 0.8 | 1 | 1.2 | 1.5 | 2 | 2.5 | 3 | 4 | 5 | 6 | 8 | 10 | 12 | 16 | 20 | 25 | 30 | 40 | 50 |
|---|---|---|---|---|---|---|---|---|---|---|---|---|---|---|---|---|---|---|---|---|---|---|
| $a$ ≈ | | | 0.08 | 0.1 | 0.12 | 0.16 | 0.2 | 0.25 | 0.3 | 0.4 | 0.5 | 0.63 | 0.8 | 1 | 1.2 | 1.6 | 2 | 2.5 | 3 | 4 | 5 | 6.3 |
| $l$ | | | | | | | | | | | | | | | | | | | | | | |
| 公称 | min | max | | | | | | | | | | | | | | | | | | | | |
| 2 | 1.75 | 2.25 | | | | | | | | | | | | | | | | | | | | |
| 3 | 2.75 | 3.25 | | | | | | | | | | | | | | | | | | | | |
| 4 | 3.75 | 4.25 | | | | | | | | | | | | | | | | | | | | |
| 5 | 4.75 | 5.25 | | | | | | | | | | | | | | | | | | | | |
| 6 | 5.75 | 6.25 | | | | | | | | | | | | | | | | | | | | |
| 8 | 7.75 | 8.25 | | | | | | | | | | | | | | | | | | | | |
| 10 | 9.75 | 10.25 | | | | | | | | | | | | | | | | | | | | |
| 12 | 11.5 | 12.5 | | | | | | | | | | | | | | | | | | | | |
| 14 | 13.5 | 14.5 | | | | | | | | | | | | | | | | | | | | |
| 16 | 15.5 | 16.5 | | | | | | | | | | | | | | | | | | | | |
| 18 | 17.5 | 18.5 | | | | | | 商品 | | | | | | | | | | | | | | |
| 20 | 19.5 | 20.5 | | | | | | | | | | | | | | | | | | | | |
| 22 | 21.5 | 22.5 | | | | | | | | | | | | | | | | | | | | |
| 24 | 23.5 | 24.5 | | | | | | | | | | | | | | | | | | | | |
| 26 | 25.5 | 26.5 | | | | | | | | | | | | | | | | | | | | |
| 28 | 27.5 | 28.5 | | | | | | | | | | | | | | | | | | | | |
| 30 | 29.5 | 30.5 | | | | | | | | | 长度 | | | | | | | | | | | |
| 32 | 31.5 | 32.5 | | | | | | | | | | | | | | | | | | | | |
| 35 | 34.5 | 35.5 | | | | | | | | | | | | | | | | | | | | |
| 40 | 39.5 | 40.5 | | | | | | | | | | | | | | | | | | | | |
| 45 | 44.5 | 45.5 | | | | | | | | | | | | | | | | | | | | |
| 50 | 49.5 | 50.5 | | | | | | | | | | | | | | | | | | | | |
| 55 | 54.25 | 55.75 | | | | | | | | | | | | | | | | | | | | |
| 60 | 59.25 | 60.75 | | | | | | | | | | | | | | | | | | | | |
| 65 | 64.25 | 65.75 | | | | | | | | | | | | | | | | | | | | |
| 70 | 69.25 | 70.75 | | | | | | | | | | | | | 范围 | | | | | | | |
| 75 | 74.25 | 75.75 | | | | | | | | | | | | | | | | | | | | |
| 80 | 79.25 | 80.75 | | | | | | | | | | | | | | | | | | | | |
| 85 | 84.25 | 85.75 | | | | | | | | | | | | | | | | | | | | |
| 90 | 89.25 | 90.75 | | | | | | | | | | | | | | | | | | | | |
| 95 | 94.25 | 95.75 | | | | | | | | | | | | | | | | | | | | |
| 100 | 99.25 | 100.75 | | | | | | | | | | | | | | | | | | | | |
| 120 | 119.25 | 120.75 | | | | | | | | | | | | | | | | | | | | |

**附表 5-8　开口销(GB/T 91—2000)**

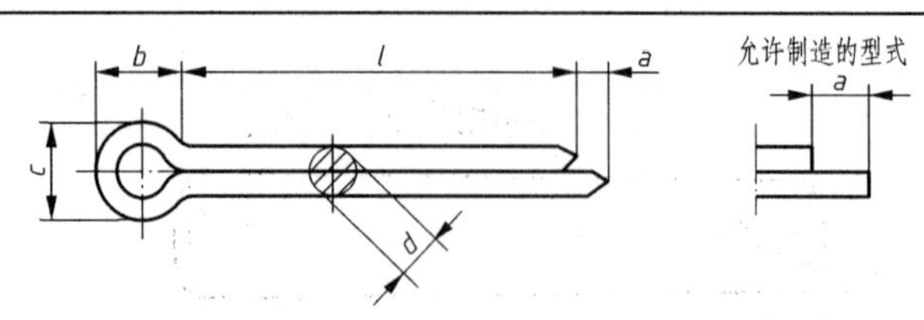


公称规格为 5 mm，公称长度 $l=50$ mm，材料为 Q215 或 Q235，不经表面处理的开口销的标记：
销　GB/T 91　5×50

(单位：mm)

| 公称规格① | | | 0.6 | 0.8 | 1 | 1.2 | 1.6 | 2 | 2.5 | 3.2 |
|---|---|---|---|---|---|---|---|---|---|---|
| *d* | | max | 0.5 | 0.7 | 0.9 | 1.0 | 1.4 | 1.8 | 2.3 | 2.9 |
| | | min | 0.4 | 0.6 | 0.8 | 0.9 | 1.3 | 1.7 | 2.1 | 2.7 |
| *a* | | max | 1.6 | 1.6 | 1.6 | 2.50 | 2.50 | 2.50 | 2.50 | 3.2 |
| | | min | 0.8 | 0.8 | 0.8 | 1.25 | 1.25 | 1.25 | 1.25 | 1.6 |
| *b* | | ≈ | 2 | 2.4 | 3 | 3 | 3.2 | 4 | 5 | 6.4 |
| *c* | | max | 1.0 | 1.4 | 1.8 | 2.0 | 2.8 | 3.6 | 4.6 | 5.8 |
| | | min | 0.9 | 1.2 | 1.6 | 1.7 | 2.4 | 3.2 | 4.0 | 5.1 |
| 适用的直径 | 螺栓 | > | — | 2.5 | 3.5 | 4.5 | 5.5 | 7 | 9 | 11 |
| | | ≤ | 2.5 | 3.5 | 4.5 | 5.5 | 7 | 9 | 11 | 14 |
| | U形销 | > | — | 2 | 3 | 4 | 5 | 6 | 8 | 9 |
| | | ≤ | 2 | 3 | 4 | 5 | 6 | 8 | 9 | 12 |
| 公称规格① | | | 4 | 5 | 6.3 | 8 | 10 | 13 | 16 | 20 |
| *d* | | max | 3.7 | 4.6 | 5.9 | 7.5 | 9.5 | 12.4 | 15.4 | 19.3 |
| | | min | 3.5 | 4.4 | 5.7 | 7.3 | 9.3 | 12.1 | 15.1 | 19.0 |
| *a* | | max | 4 | 4 | 4 | 4 | 6.30 | 6.30 | 6.30 | 6.30 |
| | | min | 2 | 2 | 2 | 2 | 3.15 | 3.15 | 3.15 | 3.15 |
| *b* | | ≈ | 8 | 10 | 12.6 | 16 | 20 | 26 | 32 | 40 |
| *c* | | max | 7.4 | 9.2 | 11.8 | 15.0 | 19.0 | 24.8 | 30.8 | 38.5 |
| | | min | 6.5 | 8.0 | 10.3 | 13.1 | 16.6 | 21.7 | 27.0 | 33.8 |
| 适用的直径 | 螺栓 | > | 14 | 20 | 27 | 39 | 56 | 80 | 120 | 170 |
| | | ≤ | 20 | 27 | 39 | 56 | 80 | 120 | 170 | — |
| | U形销 | > | 12 | 17 | 23 | 29 | 44 | 69 | 110 | 160 |
| | | ≤ | 17 | 23 | 29 | 44 | 69 | 110 | 160 | — |

注：① 公称规格等于开口销孔的直径。对销孔直径推荐的公差为：
　　公称规格≤1.2：H13；
　　公称规格>1.2：H14。

# 参 考 文 献


[1] 蒋寿伟,等. 现代机械工程图学[M]. 北京:高等教育出版社,2006.
[2] 王成焘. 现代机械设计思想和方法[M]. 上海:上海科学技术文献出版社 1999.
[3] 黄靖远,等. 机械设计学[M]. 北京:机械工业出版社 2000.
[4] 汪恺,等. 技术制图与机械制图标准使用手册[M]. 北京:中国标准出版社,1998.
[5] Cecil Jensen, etc.. Engineering Drawing and Design [M]. USA: McGraw-Hill, 1996.
[6] 吴永明,等. 计算机辅助设计基础[M]. 北京:高等教育出版社,2001.
[7] M. E. 摩滕森. 几何造型学[M]. 北京:机械工业出版社,1992.
[8] 贺才兴,等. 概率论与数理统计[M]. 北京:科学出版社,2000.
[9] 任飞. AutoCAD2004 标准教程[M]. 北京:海洋出版社,2003.
[10] Introductoin to Design and Manufacturing, Coursepak of ME250 in University of Michigan, USA.
[11] 潭浩强. 计算机辅助设计实用技术[M]. 北京:人民邮电出版社,2003.
[12] 张海潮. AutoCAD2004 短期培训教程[M]. 北京:科学出版社,2003.
[13] 罗卓书,等. AutoCAD2004 中文版培训教程[M]. 北京:电子工业出版社,2005.
[14] 曾向阳,等. UGNX 基础及应用教程 建模装配 制图[M]. 北京:电子工业出版社,2003.
[15] 赵波,等. UG CAD 实用教程编著[M]. 北京:清华大学出版社,2001.